이산형 분포들

Bernoulli
$0 < p < 1$

$$f(x) = p^x(1-p)^{1-x}, \qquad x = 0, 1$$
$$M(t) = 1 - p + pe^t$$
$$\mu = p, \qquad \sigma^2 = p(1-p)$$

Binomial
$b(n, p)$
$0 < p < 1$

$$f(x) = \frac{n!}{x!(n-x)!}p^x(1-p)^{n-x}, \qquad x = 0, 1, 2, \ldots, n$$
$$M(t) = (1 - p + pe^t)^n$$
$$\mu = np, \qquad \sigma^2 = np(1-p)$$

Geometric
$0 < p < 1$

$$f(x) = (1-p)^{x-1}p, \qquad x = 1, 2, 3, \ldots$$
$$M(t) = \frac{pe^t}{1-(1-p)e^t}, \qquad t < -\ln(1-p)$$
$$\mu = \frac{1}{p}, \qquad \sigma^2 = \frac{1-p}{p^2}$$

Hypergeometric
$N_1 > 0,\ N_2 > 0$
$N = N_1 + N_2$

$$f(x) = \frac{\binom{N_1}{x}\binom{N_2}{n-x}}{\binom{N}{n}}, \qquad x \le n, x \le N_1, n - x \le N_2$$
$$\mu = n\left(\frac{N_1}{N}\right), \qquad \sigma^2 = n\left(\frac{N_1}{N}\right)\left(\frac{N_2}{N}\right)\left(\frac{N-n}{N-1}\right)$$

Negative Binomial
$0 < p < 1$
$r = 1, 2, 3, \ldots$

$$f(x) = \binom{x-1}{r-1}p^r(1-p)^{x-r}, \qquad x = r, r+1, r+2, \ldots$$
$$M(t) = \frac{(pe^t)^r}{[1-(1-p)e^t]^r}, \qquad t < -\ln(1-p)$$
$$\mu = r\left(\frac{1}{p}\right), \qquad \sigma^2 = \frac{r(1-p)}{p^2}$$

Poisson
$0 < \lambda$

$$f(x) = \frac{\lambda^x e^{-\lambda}}{x!}, \qquad x = 0, 1, 2, \ldots$$
$$M(t) = e^{\lambda(e^t-1)}$$
$$\mu = \lambda, \qquad \sigma^2 = \lambda$$

Uniform
$m > 0$

$$f(x) = \frac{1}{m}, \qquad x = 1, 2, \ldots, m$$
$$\mu = \frac{m+1}{2}, \qquad \sigma^2 = \frac{m^2-1}{12}$$

연속형 분포들

Beta
$0 < \alpha$
$0 < \beta$

$$f(x) = \frac{\Gamma(\alpha+\beta)}{\Gamma(\alpha)\Gamma(\beta)} x^{\alpha-1}(1-x)^{\beta-1}, \qquad 0 < x < 1$$

$$\mu = \frac{\alpha}{\alpha+\beta}, \qquad \sigma^2 = \frac{\alpha\beta}{(\alpha+\beta+1)(\alpha+\beta)^2}$$

Chi-square
$\chi^2(r)$
$r = 1, 2, \ldots$

$$f(x) = \frac{1}{\Gamma(r/2)2^{r/2}} x^{r/2-1} e^{-x/2}, \qquad 0 \le x < \infty$$

$$M(t) = \frac{1}{(1-2t)^{r/2}}, \qquad t < \frac{1}{2}$$

$$\mu = r, \qquad \sigma^2 = 2r$$

Exponential
$0 < \theta$

$$f(x) = \frac{1}{\theta} e^{-x/\theta}, \qquad 0 \le x < \infty$$

$$M(t) = \frac{1}{1-\theta t}, \qquad t < \frac{1}{\theta}$$

$$\mu = \theta, \qquad \sigma^2 = \theta^2$$

Gamma
$0 < \alpha$
$0 < \theta$

$$f(x) = \frac{1}{\Gamma(\alpha)\theta^\alpha} x^{\alpha-1} e^{-x/\theta}, \qquad 0 \le x < \infty$$

$$M(t) = \frac{1}{(1-\theta t)^\alpha}, \qquad t < \frac{1}{\theta}$$

$$\mu = \alpha\theta, \qquad \sigma^2 = \alpha\theta^2$$

Normal
$N(\mu, \sigma^2)$
$-\infty < \mu < \infty$
$0 < \sigma$

$$f(x) = \frac{1}{\sigma\sqrt{2\pi}} e^{-(x-\mu)^2/2\sigma^2}, \qquad -\infty < x < \infty$$

$$M(t) = e^{\mu t + \sigma^2 t^2/2}$$

$$E(X) = \mu, \qquad \mathrm{Var}(X) = \sigma^2$$

Uniform
$U(a, b)$
$a < b$

$$f(x) = \frac{1}{b-a}, \qquad a \le x \le b$$

$$M(t) = \frac{e^{tb} - e^{ta}}{t(b-a)}, \qquad t \ne 0; \qquad M(0) = 1$$

$$\mu = \frac{a+b}{2}, \qquad \sigma^2 = \frac{(b-a)^2}{12}$$

A Brief Course in Mathematical Statistics

Elliot A. Tanis
Hope College

Robert V. Hogg
University of Iowa

Prentice Hall
is an imprint of
PEARSON

Upper Saddle River, NJ 07458

짧은 시간에 쉽게 배우는 **수리통계학**

발 행 일 2011년 7월 30일 초판 1쇄
저 자 Elliot A. Tanis · Robert V. Hogg
역 자 심규박 · 김주환
발 행 인 김준호
발 행 처 한티미디어
총 괄 오성준
마 케 팅 박재인 노재천
편 집 조영주 홍현정
관 리 전보라

등 록 제15-571호
주 소 서울시 마포구 연남동 570-20
전 화 02)332-7993~4
팩 스 02)332-7995
디 자 인 이경은
인 쇄 이산문화사
가 격 23,000원
홈페이지 www.hanteemedia.co.kr
이 메 일 hantee@empal.com

I S B N 978-89-6421-009-3 93410

A BRIEF COURSE IN MATHEMATICAL STATISTICS

짧 | 은 | 시 | 간 | 에 | 쉽 | 게 | 배 | 우 | 는

수리통계학

Elliot A. Tanis · Robert V. Hogg | 심규박 · 김주환 옮김

한티미디어

옮긴이 약력

심규박

동국대학교 통계학과 학사

동국대학교 통계학과 박사

미국 Rutgers 대학교 통계학과 객원교수

동국대학교 정보통계학과 교수

김주환

동국대학교 통계학과 학사

미국 뉴멕시코 주립대학 수학통계학과 박사

전, 동국대학교 정보통계학과 교수

저자서문

많은 통계학자들 사이에서 오랫동안 수리적인 부분은 줄이고 중요한 통계적 개념을 쉽게 소개하는 한 학기용 교재의 필요성이 제기되어 오고 있던 차에 이 책을 출간하게 되었다. 1장에서는 확률의 기초적인 내용에 대해 소개하였고, 2장에서는 이산형 확률분포에 대한 개념을 서술하였고, 표본평균 및 분산의 기대값과 신뢰구간, 다변량 이산분포를 소개하였다. 2장에서 소개하는 이산형 분포에 대한 추정은 대부분 같은 수준의 다른 서적에서는 채택하지 않는 본 교재만이 가지는 새로운 내용을 담고 있다. 3장에서는 연속형 확률분포에서의 추정 문제를 다루었다. 이산형 확률분포와 연속형 확률분포에 대한 특성을 요약한 내용을 각 장의 앞 페이지에 정리하여 놓았다.

4장에서는 통계적 추론에 대한 정형화 된 내용을 다루었는데, 신뢰구간을 이용한 추정과 통계적 가설검정을 같이 설명하였고 선형회귀분석에 대한 기초적인 개념도 소개하였다. 백분위수에 대한 분포-자유(distribution-free) 신뢰구간에서 허용 구간을 설명하였다. 4.10절과 4.11절에서는 카이제곱 검정을 설명하였다.

이 교재를 이용하여 수리통계학 과정을 한 학기에 강의하기 위해서는 1 – 3장과 4.1 – 4.6장에 있는 대부분의 내용을 다루어야 하며, 4.7절에서 4.11절까지와 5장 및 6장에서 설명되는 주제들도 필요에 따라 다룰 수 있겠다.

저자 중 한명인 Tanis는 자료 분석을 위해 Minitab을 사용하였고, 수학 연산 및 시뮬레이션을 위해 Maple을 성공적으로 사용한 바 있다. 물론 다른 소프트웨어를 사용할 수 도 있으나, 5장에서는 자료분석 및 시뮬레이션과 붓스트랩 같은 이론적 해법에 Minitab 및 몇 가지 소프트웨어를 사용하는 방법에 대해 설명하였다.

교재에 있는 모든 자료는 다양한 통계 패키지로 자료 분석을 할 수 있는 형태로 제공하였다. 자료들은 ASCII 파일이나 Minitab 워크시트에 저장하였으며, 또한 R 프로그램을 사용하는 독자들을 위해 ASCII 파일로 "R data" 폴더에 저장하였다. Maple을 사용하기 위한 자료의 형태가 각 장에 제공하였으며 이 자료는 출판사 홈페이지인 www.prenhall.com/statistics를 방문하면, A Brief Course in Mathematical Statistics에서 얻을 수 있다.

Zaven Karian이 작성한 Maple 응용 예가 사용되었으며 stat.m과 Maple 절차에 대한 몇 가지 내용들은 www.prenhall.com/statistics (A Brief Course in Mathematical Statistics)에서 “Maple Example” 폴더 안에 있다. pdf 파일인 Maple Card에는 이를 사용하기 위한 설명이 포함되어 있다. 절차에 대해 좀 더 자세히 알고 싶으면 Zaven Karian과 Elliot Tanis의 Probability and Statistics: Exploration with MAPLE을 참고하기 바란다.

보충절차를 이해하기 위해서는 그것들이 어디에 있는지 알아야 하는데, 웹사이트의 “Maple Example”폴더를 C 드라이브의 새로운 폴더(예를 들면 “Tanis-Hogg”)에 복사한 후, Maple을 구동하고 “Maple Examples”에서 “Menu” 파일을 열어서 사용할 수 있다.

저자 중 한명인 Hogg는 이미 Prentice Hall 출판사에서 세 권의 수리통계학 저서를 저술한 바 있다. 강의담당자와 이 강의를 수강하는 학생들에게 이 책을 이해하기 위한 가장 좋은 방법은 학부 1년 정도의 해석학 기초 지식이 있으면 강의에 대한 이해도를 높힐 수 있다. 본 교재는 2학년 수준의 교과목이다. Hogg and Tanis의 Probability and Statistical Inference(2006) 7판은 두 학기 과정의 확률과 수리통계학 교재로 적합한데, 학부 3학년 과정 교재로 적합하다.

끝으로, 대학 동료들과 값진 제안을 해주신 많은 분들에게 감사의 말씀을 드린다. 특히Hope 대학 물리학과 학과장인 Cathy Mader 교수는 LaTex 문제를 해결하는데 도움을 많이 주었다. 나의 좋은 친구이자 University of Iowa의 통계 및 보험학과 교수인 James Broffitt는 본 교재의 초기 원고에 대해 개선을 위한 많은 제안을 해주었다. 검토자인 Joe Kupresanin에게도 감사드린다. Javier Rogo, Qin Shao, M. L. Aggarwal, Charles Sommer 및 Ishwar Basawa 등도 내용을 검토하고 개선을 위한 많은 제안을 해주었다. 또한 오피스 공간과 환경을 제공해준 University of Iowa 및 Hope College에도 감사드린다. 물론 두 저자의 아내인 Elaine과 Ann의 사랑과 지원이 절대적이었으며 이에 진심으로 감사드린다.

E.A.T
tanis@hope.edu
R.V.H.

역자서문

대학에서 통계학 관련 학과의 교과과정을 살펴보면 교과목 명칭은 조금씩 다를 수 있겠지만 전통적으로 2학년에서 기초통계학 1, 2를 두 학기에 걸쳐 강의하고 3학년에서 수리통계학 1, 2를 일년 동안 강의하는 것이 대부분이었다. 최근 몇 년간 대학은 학부제, 트랙제 등과 졸업학점의 감소 등 다양하게 교육환경이 변화하고 있다. 학과내의 내규로 규정을 정할 수도 있겠지만 필수과목이 없어지고 학생들은 졸업에 필요한 전공학점만 이수하면 되므로 전통적으로 학생들이 어렵다고 생각하는 이론 교과목을 피해가며 학업을 이수하고 있어 문제가 되고 있다.

본 역자가 재직하고 있는 학과에서도 몇 년 전만 하더라도 필수적으로 수리통계학 1, 2를 두 학기 동안 수강하도록 하였으나 전반적인 학생들의 기초수학 수준의 저하 등 교과목을 운영하는 데 어려움이 많이 있었고 따라서 수리통계학 1을 듣더라도 수리통계학 2를 수강하지 않는 경우가 많이 나타났다. 이에 3년 전쯤 수리통계학 1, 2를 이론통계학으로 명칭을 변경하였고 1학기 강의로 축소하였다. 현재 국내에 나와 있는 대부분의 수리통계학 교재는 두 학기용 교재로서 내용을 선별하여 강의를 하더라도 시간 관계상 교재의 뒷부분인 통계적 추론과 최신 주제 내용을 다루지 못하였다.

이에 원 저자들이 서문에서 언급한 바와 같이 한 학기에 강의할 수 있는 분량의 수리통계학 교재를 원하고 있던 중 본 저서 'A Brief Course in Mathematical Statistics (2008)'를 접하게 되었다. 미국에서도 한국과 같이 비슷한 현상이 발생하는지 한학기용 수리통계학 교재가 필요했던 것 같다. 처음에는 원서로 강의를 하면서 학생들에게 필요한 내용들을 번역하여 가르치다 보니 많은 부분이 번역되어 있어 전체 번역을 하여 출간을 하게 되었다.

본 교재는 전통적으로 교재의 후반부에서 설명하던 추정과 신뢰구간 문제를 2장 이산확률분포와 3장 연속확률분포에서 설명하여 학생들이 중요한 개념을 미리 접할 수 있도록 구성하였다. 또한 컴퓨터의 발달과 함께 과거에는 손으로 증명하였던 것을 Maple이나 컴퓨터 대수 시스템을 활용하여 간단한 명령어로 결과를 확인해 볼 수 있는 내용을 5장에서 설명하고 있다. 컴퓨터에 기반한 통계적 방법들은 이론이 복잡하여 고급 통계학 이론에서나 소개되었는데 간단한 설명으로 개념을 이해하고 컴퓨터 결과들을 눈으로 확인하여 볼 수 있도록 하였다.

앞으로의 통계학은 기본적인 이론들을 바탕으로 현실적인 문제를 해결하기 위한 응용의 방향으로 나아가야 할 것이다. 따라서 본 교재에서는 꼭 필요하고 중요한 통계학 이론들을 간단히 설명하여 수리통계학을 공부하는 학생들의 한학기의 강의 분량으로 제공하고 있다. 설명도 쉽게하여 개념적으로 이해하면서 공부할 수 있도록 하였다. 희망컨대 한학기의 수리통계학 강의 교재로 사용하면 좋은 성과를 이룰 수 있다고 확신한다.

본 교재는 김주환교수가 번역작업을 하고자 했으나 이루지 못했기에 출판사의 요청에 의해 심규박교수가 완성하여 출간하게 되었다. 이 책이 나오기까지 도와주신 한티미디어 관계자 여러분들에게 감사드린다.

2011년 7월

경주 남산아래서 역자 씀

차례

CHAPTER 1

확률

1.1 기초적인 개념들

통계학자들이 무슨 일을 하는지 일반인들에게 설명하기란 쉬운 일은 아니다. 보통 사람들은 통계학자들이 숫자 다루는 것을 즐기는 "숫자에 미친 사람"이라 생각하는데 일정부분 사실인 점도 있다. 그러나 좀더 넓게 보면 통계학자들이 관찰이나 실험연구에서 중요한 역할을 한다는 것을 알 수 있을 것이다. 다음을 몇 가지 상황들을 생각해 보자.

1. 심각하게 생각해야 할 필요가 있는 문제나 상황이 발생했을 때, 이를 해결하기 위해 통계학자들은 조사자 혹은 연구원과 같이 일할 필요가 있는지 생각한다.

2. 어떤 상황을 좀더 정확하게 이해하기 위하여 **측정**(measure)**이** 필요하다. 정확하게 측정할 수 있는 방법이 있다면 이것은 가치 있는 기술이다. 예를 들면, 대학에서 강의의 질이 좋다는 것을 측정하기 위해 어떤 방법을 사용할 수 있는가? 이러한 문제를 해결하기 위해서는 학생들의 평가와 같은 몇 가지 측정도구가 있지만, 이 방법이 항상 객관적이고 만족할 만하다고는 할 수 없다.

3. 측정도구를 개발한 후에는 조사나 실험 등의 방법을 통해 결과를 짐작할 수 있도록 자료를 수집해야 한다.
4. 수집된 자료를 이용하여 통계학자들은 **기술통계적 방법**(descriptive statistical method)이나 그래프를 그리는 방법 등을 통해 필요한 정보를 요약한다.
5. 이렇게 요약된 정보는 상황을 분석하는 데 사용된다. 여기서 자료가 표본으로부터의 자료인 경우 통계학자들은 모집단에 대한 **통계적 추론**(statistical inferences)을 할 수 있다.
6. 마지막으로 자료와 분석결과를 바탕으로 얻어진 결론과 제안을 포함한 보고서를 제출한다. 자료의 분석을 통해 얻은 결과를 바탕으로 다른 실험을 요구할 수 있으며, 이는 통계학이 과학적 방법으로 사용되는 이유이기도 하다.

통계학은 **자료의 수집**(collection)과 **분석**(analysis) 방법을 다루는 학문이다. 결과를 얻기 위해 비록 동일한 조건에서 실험 또는 조사를 실행하여도 결과가 다르게 나타나는 경우가 대부분이다. 이렇게 변동이 생김에도 불구하고 통계학자는 **잡음(또는, 오차** noise)때문에 모든 자료들이 어떤 패턴(또는, 양식 pattern)과 정확히 일치하지는 않지만 일정하게 형성된 패턴을 찾으려고 노력한다. 이러한 변동들을 감안한 상태에서 패턴을 정의할 수 있는 가장 좋은 방법을 결정하여야 한다. 따라서 통계학자들은 자료 분석을 할 때 가능한 한 잘못된 결정을 내리는 원인이 되는 오류를 최소화하려는 노력을 기울이고 허용 가능한 오류의 범위나 한계를 제시하여야 한다. 연구자는 이러한 오류의 한계를 고려하여 분석이나 자료에 대해 신뢰할 수 있는 기준을 결정할 수 있다. 만일 오류의 범위가 허용한계를 넘어 크게 나타난다면 더 많은 자료를 수집하여야 한다. 그러나 오류의 범위가 허용한계 내에서 제한적이라면 연구자는 그 상황 하에서 의사결정을 내릴 수 있다.

현실 상황에서 취득한 자료에서 변동이 나타나는 것은 당연한 것이며, 적절한 통계적 방법을 사용하면 이러한 변동이 내재된 상황에서 수집되는 자료를 분석하여 필요한 정보를 얻는데 도움이 된다. 의사결정이 불확실한 상황 하에서 주로 이루어지는 것은 앞에서 언급했던 변동 때문이다. 몇 가지 예를 들어보면, 어떤 질병에 대한 예방약의 효과를 측정하는 의학연구, 새로운 밀 품종 생산을 증대시키는 요인을 결정하는 농학연구, 비올 확률을 예측하는 기상학

연구, 제한속도의 증가와 교통사고와의 인과관계를 계산하는 교통학 관련 연구, 대학당국자가 신입생들의 학업수행능력을 예측하기, 어떤 특정한 조류가 한 둥지에 부화하는 알의 수를 예측하는 생물학연구, 경제학에서 실업률을 예측하기, 환경학에서 새로운 공기오염 감소장치의 효과를 측정하기 등이 있다.

앞에서 언급한 바와 같이 통계학을 응용할 수 있는 여러 가지 분야를 볼 때 통계학은 많은 연구에서 요긴하게 활용할 수 있는 학문임을 알 수 있다. 통계학은 여러 가지 현상을 관찰하고, 의문을 제기하고, 실험을 수행하고, 필요한 정보를 얻기 위해 자료를 수집하고, 취득한 자료를 분석하고, 이전부터 알고 있었던 사실들과 결과를 비교하고, 새로운 의문을 제기하는 등의 일들을 수행한다. 적어도 통계학은 "계획(plan)-조사실험(do)-연구(study)-행동(act)" 사이클이라는 과학적 연구방법의 일부를 담당한다. 의문이 제기되면 조사 계획을 수립하고 결과자료를 분석하여, 이를 토대로 연구한 후 필요한 행동을 결정한다. 이 때 생각하지 못했던 새로운 문제가 제기될 수도 있다.

통계학의 연구에는 많은 측면이 있다. 자료를 수집하고 측정치에서 의미가 있는 결론을 이끌어내는 방법이 있는가 하면, 어떤 경우에는 기초적인 통계적 방법만을 사용해도 되는 경우도 있다. 그러나 깊은 연구가 진행될수록 패턴의 다양한 추정치와 관련된 오차 구조를 기술하기 위한 이론이 필요하다. 즉 자료의 형태가 복잡한 경우에는 이를 설명하는데 적절한 확률과 수학적 모형이 필요하게 되는데, 확률이론은 적절한 통계적 모형을 정의하는데 기초가 된다. 따라서 이 책에서는 단순히 통계학을 응용하기 보다는 좀더 수리적인 측면을 다루고자 한다. 물론 통계적 방법에 대한 응용을 이해하기 위해 필요하고 실제적인 예제도 제시하였다.

통계학의 연구에서는 관찰 결과들을 확실하게 예측할 수 없는 상황 하에서 이루어진 실험을 전제로 하는네, 이러한 실험을 **확률실험**(random experiment)이라고 한다. 실험을 실시하기 전에는 결과를 확실하게 결정할 수 없으나, 실험을 통해 나타나는 모든 가능한 결과들의 목록은 작성할 수 있다. 이러한 모든 가능한 결과들을 수집한 집합을 **결과공간**(outcome space) 또는, **표본공간**(sample space)이라고 하며 O 또는 S로 표시한다. 다음 예제들을 통해 확률실험, 그리고 결과와 결과공간에 대해 알아보자.

예제 1.1-1 정육면체 주사위 한 개를 던지는 실험이 있다. 결과는 주사위 윗면에 나타나는 점의 수라고 하면 결과공간은 $O=\{1, 2, 3, 4, 5, 6\}$이다.

예제 1.1-2 한 개의 동전을 임의로 던지는 실험에서 결과공간은 $O=$ { 앞면, 뒷면}이다.

예제 1.1-3 카드 한 벌에서 임의로 카드 한 장을 추출하는 경우 결과공간은 52매의 가능한 카드의 집합으로 $O=$ {Spades의 Ace, Spades의 King, ..., Club의 2}가 된다.

예제 1.1-4 시리얼 상자 안에 사은품으로 네 가지 종류의 상금들 중 한 개를 넣어 포장하였다. 시리얼 한 상자를 구매하면 네 가지 상금 중 하나를 얻을 수 있으며 이 경우 결과공간은 네 가지 다른 형태의 상금을 모아놓은 집합이다.

예제 1.1-5 사람의 체지방을 측정하는 여러 가지 방법들 중 하나는 물속에서 체중을 측정하는 것이다. 만일 w가 수중 체중(Kg)을 나타내고 과거의 경험으로부터 수중체중이 7Kg을 넘지 않는다는 사실을 알고 있다면 결과공간은 $O=\{w : 0 < w < 7\}$이 된다.

예제 1.1-6 조류학자들은 습지에서 서식하는 조류의 둥지에 있는 알의 개수를 연구한다. c가 둥지 안에 있는 알의 개수라고 하면 가능한 결과공간은 $O=\{c : c = 0, 1, 2, \ldots, 15\}$가 된다. 단 둥지의 최대 알의 개수는 15개로 알려져 있다.

따라서 모든 가능한 결과들을 모아놓은 집합(전체집합 : universal set)을 O로 표시하고 결과공간(outcome space)이라 부른다. A가 어떤 결과공간 O에서 얻어진 결과들의 일부분이라 하자. 즉 $A \subset O$로 A가 O의 부분집합일 때 A를 **사건(또는, 사상** event)이라 한다. 확률실험이 실행되고 A의 원소 중 하나가 실험결과이면 **사건 *A*가 발생되었다**(event ***A*** has occurred)고 한다.

확률론을 공부할 때 용어인 **집합**(set)과 **사건**(event)은 서로 바꾸어 사용할 수 있다. 다음은 **집합대수**(algebra of sets)의 기본적인 용어이다.

- ϕ : **공집합**(null set, empty set)을 나타낸다.
- $A \subset B$: A는 B의 **부분집합**(subset)이다.

- $A \cup B$: A와 B의 **합집합**(union)을 나타낸다.
- $A \cap B$: A와 B의 **교집합**(intersection)을 나타낸다.
- A'(또는 A^c) : A의 **여집합**(compliment)을 나타낸다.(즉 집합 O에서 A에 들어있지 않은 원소들의 집합)

그림 1.1-1은 위의 몇 가지 집합을 나타낸 것으로 O는 사각형의 내부를 나타낸다. 이와 같은 그림을 **벤다이어그램**(Venn diagrams)이라 한다.

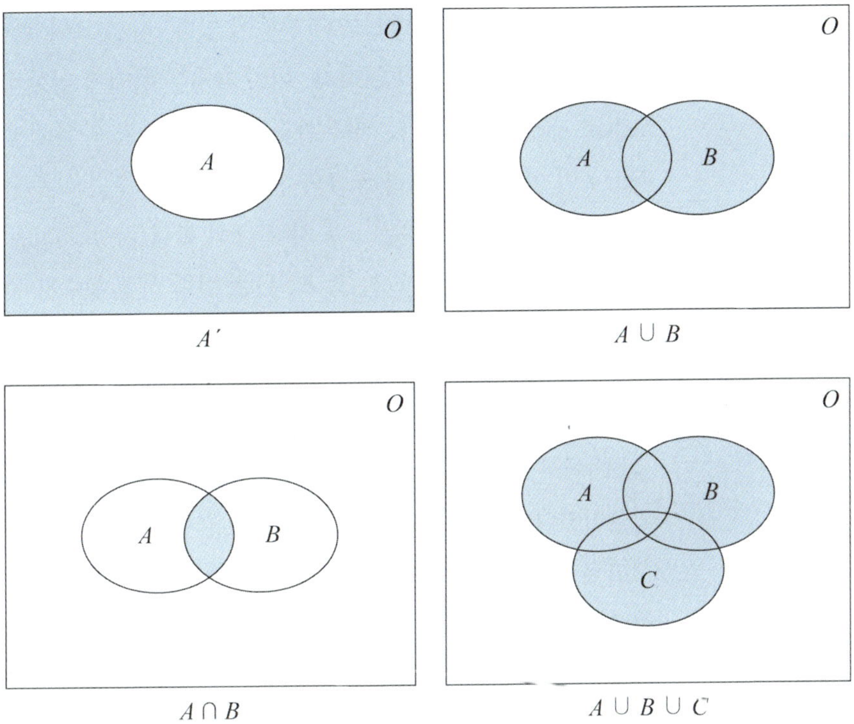

그림 1.1-1 집합대수

사건의 종류에는 다음과 같은 것들이 있다.

1. $A_1, A_2, \ldots, A_k$가 $A_i \cap A_j = \phi,\ i \neq j$이면 **상호배반사건**(mutually exclusive events)이라 한다. 즉 $A_1, A_2, \ldots, A_k$는 배반(disjoint)인 집합이다.

2. $A_1, A_2, \ldots, A_k$가 $A_1 \cup A_2 \cup \cdots \cup A_k = O$이면 **포괄적 사건**(exhaustive event)이라 한다.

만일 $A_1, A_2, \ldots, A_k$가 **상호배반적이고 포괄적**(mutually exclusive and exhaustive)이면 $A_i \cap A_j = \phi$, $i \neq j$ 이고 $A_1 \cup A_2 \cup \cdots \cup A_k = O$이다.

사건 A의 확률 또는 A의 발생 기회를 나타내는 $P(A)$의 의미가 무엇인지 알아보자. 사건 A의 확률이 의미하는 바를 이해하기 위하여 실험을 n번 반복하여 관찰한다고 하자. n번의 반복실험에서 사건 A가 실제로 발생한 횟수를 사건 A의 도수라고 하며 $N(A)$로 나타낸다. $N(A)/n$를 사건 A의 **상대도수**(relative frequency)라고 한다. 보통 n이 작을 때는 상대도수가 아주 불안정하지만 n이 커질수록 안정되는 경향이 있다. 사건 A와 관련하여 상대도수가 안정되는 어떤 값을 p라고 하자. 이 숫자 p는 미래에 실험에서 사건 A의 상대도수로 사용 할 수 있다. 비록 확률실험의 결과를 확실하게 예측할 수는 없더라도 n이 아주 커지면 사건 A와 관련한 상대도수는 아주 정확하게 예측할 수 있다. 사건 A에 대응하는 p를 **사건 A의 확률**(probability of event A)이라고 하며 $P(A)$로 나타낸다. 즉 $P(A)$는 실험 시행 횟수가 무한히 커질 때 사건 A가 발생하는 비율을 의미한다.

예제 1.1-7 공정하게 잘 만들어진 주사위를 6번 던진다고 하자. 만일 k번째 시행($k=1, 2, \ldots, 6$)에서 k개의 점이 나타나면 시행횟수와 주사위 눈금이 일치하는 사건이 발생하였다고 한다. 만일 6번의 시행 중 적어도 한 번 이상 일치하는 사건이 발생하면 실험이 성공(success)하였다고 하고 그렇지 않으면 실험이 실패하였다고 하자. 이 경우 결과공간은 $O=\{$성공, 실패$\}$가 된다. 사건 A를 $A=\{$성공$\}$이라 하고, 사건 A가 발생할 확률 $P(A)$를 구해보자. 이 실험을 컴퓨터를 이용한 모의실험을 통해 500번 반복 실시하였다. 그림 1.1-2에서 모의실험의 결과를 그래프로 나타내었으며, 다음 표는 모의실험의 일부 결과이다.

n	$N(A)$	$N(A)/n$
50	37	0.740
100	69	0.690
250	172	0.688
500	330	0.660

사건 A의 확률은 직관적으로 명확하지 않지만 예제 1.4-6의 결과로부터 $P(A)=1-(1-1/6)^6=0.665$이다. 이 확률값은 계산을 통해 산출한 값은

아니지만 모의실험을 통해 확인할 수 있다.

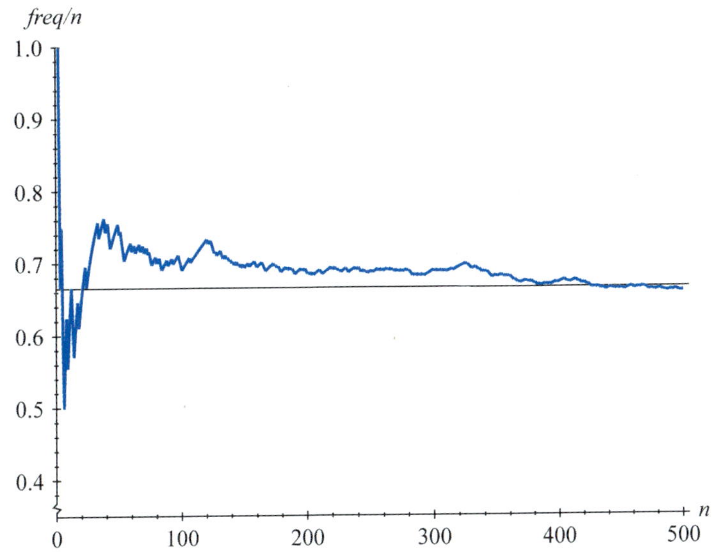

그림 1.1-2 적어도 하나 이상의 일치를 갖는 실험의 비율

예제 1.1-7을 통해 확률값을 직접 계산하지 않더라도 모의실험을 통해 경험적인 확률을 구할 수도 있음을 알 수 있다. 다음 예제는 어떤 사건의 확률을 직관적으로 구하는 예이다.

예제 1.1-8 지름이 2인치인 음반(disk)을 한 변의 길이가 4인치인 정사각형 모양의 타일 바닥에 임의로 던진다. 사건 C를 타일이 음반을 완전히 포함하는 사건이라 할 때, 확률 $P(C)$를 구하기 위해 음반의 중심이 놓인 위치를 고려해 보자. 음반이 타일 안에 완전히 포함되기 위해서는 음반의 중심이 어떤 위치에 놓여 있어야 하겠는가? 그림을 그려 보면 음반의 중심이 타일 상에서 길이 2인치의 정사각형 모양 안에 포함되면 된다. 타일의 면적은 16이고 2인치 사각형의 면적은 4이므로 확률은 $P(C) = 4/16$가 된다.

실험이 단순하여 사건 A의 확률계산이 쉬운 경우도 있다. 예를 들면, 세 자리 숫자를 맞추었을 때 당첨이 되는 미국 주의 복권에서 결과공간은 $O = \{000, 001, 002, \ldots, 999\}$이며 1000개의 출현 가능한 숫자 각각이 나타날 확률은 1/1000이다. 만일 선택한 숫자의 사건을 $A=\{233, 323, 332\}$라 하면 $P(A)=3/1000$이 된다. 만일 선택한 숫자의 사건을 $B=\{234, 243, 324, 342, 423, 432\}$라 하면 $P(B)=6/1000$이 된다. 그러나 예제 1.1-7에서와 같이 확률실험을 많이 실시하는 경우, 사건의 확률은 명백하지 않거나 직접적으로 계산할 수 없다.

따라서 $P(A)$는 사건 A의 상대도수 $N(A)/n$가 n이 아주 큰 경우에 수렴되는 값으로 간주한다. 집합 A에 대하여 평가하는 $P(A)$와 같은 함수를 **집합함수**(set function)라고 한다. 이 절에서는 집합함수 $P(A)$와 이에 대한 성질들을 학습하고자 한다. 다음 절에서는 특정한 실험에 대해 확률집합함수를 어떻게 정의하는지 설명하겠다.

확률집합함수가 어떤 성질들을 만족해야 하는가를 결정하기 위하여 상대도수 $N(A)/n$의 성질을 살펴보자. 예를 들면 $N(A)/n$는 항상 비음수(nonnegative)이다. 만일 A가 결과집합 O와 같으면($A=O$) 실험의 결과는 항상 O에 속하며 따라서 $N(O)/n=1$이 된다. 만일 A와 B가 상호배반인 사건이라면 $N(A\cup B)/n=N(A)/n+N(B)/n$가 된다. 이로부터 다음과 같이 확률의 공리를 정의할 수 있다.

정의 1.1-1

확률(probability)은 결과공간 O에서 각 사건 A에 확률 $P(A)$를 부여하는 **실수치 집합함수**(real-valued set function)이며 다음 성질을 만족한다.

(a) $P(A)\geq 0$

(b) $P(O)=1$

(c) 만일 $A_1, A_2, A_3, \ldots$이 사건들이고 $A_i\cap A_j=\phi,\ i\neq j$이면, 양의 정수 k에 대하여

$$P(A_1\cup A_2\cup \cdots \cup A_k)=P(A_1)+P(A_2)+\cdots+P(A_k)$$

이며 무한한 가산적인 사건들에 대해

$$P(A_1\cup A_2\cup A_3\cup \cdots)=P(A_1)+P(A_2)+P(A_3)+\cdots$$

가 성립한다.

다음 정리들은 확률집합함수의 중요한 성질들이다. 이러한 정리들에 대해서는 이론적 개념과 증명을 이해하는 것이 중요하나 상대도수의 성질을 생각하면 쉽게 이해할 수 있을 것이다.

정리 1.1-1 **(여사건의 확률)**

사건 A에 대해

$$P(A) = 1 - P(A')$$

이다.

증명 $O = A \cup A'$이고 $A \cap A' = \phi$이므로 정의 1.1−1의 성질 (b)와 (c)로부터

$$1 = P(A) + P(A')$$

이고 따라서

$$P(A) = 1 - P(A')$$

이다.

예제 1.1-9 동전을 연속적으로 같은 면이 나타날 때까지 던지는 실험이 있다고 하자. x가 필요한 시행 횟수라고 하자. 결과공간은 $O = \{x : x = 2, 3, 4, \cdots\}$이다. 사건 $A = \{x : x = 3, 4, 5, \cdots\}$는 두 번의 연속적인 시행에서 같은 면을 갖기 위한 시행 횟수가 세 번 이상일 사건을 나타낸다. 사건 A의 확률 $P(A)$를 직접 구하는 대신 여사건 A'의 확률을 먼저 계산한다. 이 때, A의 여사건 $A' = \{x : x = 2\}$는 두 번의 시행에서 같은 면이 나왔을 경우에 해당한다. 동전을 두 번 던지는 시행에서 가능한 결과는 $\{HH, HT, TH, TT\}$이며 네 개의 결과가 각각 발생할 확률은 동일하다고 가정한다. 따라서

$$P(A') = P(\{HH, TT\}) = \frac{2}{4}$$

이며 정리 1.1−1로부터

$$P(A) = 1 - P(A') = 1 - \frac{2}{4} = \frac{2}{4}$$

이다.

정리 1.1-2 **(공집합의 확률)**

$$P(\phi)=0$$

증명 정리 1.1-1에서 $A=\phi$이라고 하면 $A'=\phi'=O$가 된다. 따라서

$$P(\phi)=1-P(O)=1-1=0$$

이다.

정리 1.1-3 만일 사건 A와 B가 $A\subset B$이면 $P(A)\le P(B)$이다.

증명 $B=A\cup(B\cap A')$이고 $A\cap(B\cap A')=\phi$이므로 성질 (c)로부터

$$P(B)=P(A)+P(B\cap A')\le P(A)$$

이며, 성질 (a)로부터

$$P(B\cap A')\ge 0$$

이므로

$$P(A)\le P(B)$$

이다.

정리 1.1-4 사건 A에 대해 $P(A)\le 1$이다.

증명 $A\subset O$이므로 정리 1.1-3과 성질 (b)로부터

$$P(A)\le P(O)=1$$

이다.

정리 1.1-4와 성질 (a)로부터 각 사건 A에 대해

$$0\le P(A)\le 1$$

이다.

정리 1.1-5 **(확률의 덧셈정리)**

만일 A와 B가 임의의 두 사건이라면

$$P(A\cup B)=P(A)+P(B)-P(A\cap B)$$

이다.

증명 사건 $A \cup B$는 다음과 같이 두 개의 상호배반인 사건의 합집합으로 나타낼 수 있다. 즉

$$A \cup B = A \cup (A' \cap B)$$

성질 (c)로부터

$$P(A \cup B) = P(A) + P(A' \cap B) \tag{1.1-1}$$

이다. 그러나

$$B = (A \cap B) \cup (A' \cap B)$$

이고 이는 상호배반인 사건의 합집합이다. 따라서

$$P(B) = P(A \cap B) + P(A' \cap B)$$

이고 이로부터

$$P(A' \cap B) = P(B) - P(A \cap B)$$

이다. 이를 $1.1-1$식에 대입하면

$$P(A \cup B) = P(A) + P(B) - P(A \cap B)$$

를 얻는다.

예제 1.1-10 한 교수가 두 명의 학생을 Paris에서 만나기로 했다. 한 명은 Amsterdam에서 기차로 오고 다른 한 명은 Brussels에서 기차로 오는데 거의 같은 시간에 도착한다. A와 B가 각각 기차가 정시에 도착하는 사건이라 하자. 과거의 운행 자료로부터 $P(A) = 0.93$, $P(B) = 0.89$, $P(A \cap B) = 0.87$이다. 따라서 적어도 한 대의 기차가 정시에 도착할 확률은 다음과 같다.

$$\begin{aligned} P(A \cup B) &= P(A) + P(B) - P(A \cap B) \\ &= 0.93 + 0.89 - 0.87 = 0.95 \end{aligned}$$

정리 1.1-6 만일 A, B, C가 세 개의 사건이라면

$$\begin{aligned} P(A \cup B \cup C) = P(A) + P(B) + P(C) - P(A \cap B) \\ - P(A \cap C) - P(B \cap C) + P(A \cap B \cap C) \end{aligned}$$

이다.

증명 $A \cup B \cup C = A \cup (B \cup C)$라 하고 정리 1.1−5를 적용한다. 자세한 증명은 연습문제 1.1−12로 넘긴다.

예제 1.1-11 (예제 1.1 − 10 계속) 세 번째 학생이 Cologne으로부터 기차로 도착한다고 하자. C를 이 기차가 정시에 도착하는 사건이라 하고, $P(C)=0.91$, $P(B \cap C)=0.83$, $P(A \cap C)=0.86$, $P(A \cap B \cap C)=0.81$이라 하자. 그러면 적어도 한 대의 기차가 정시에 도착할 확률을 다음과 같다.

$$\begin{aligned} P(A \cup B \cup C) &= P(A)+P(B)+P(C)-P(A \cap B)-P(A \cap C) \\ &\quad -P(B \cap C)+P(A \cap B \cap C) \\ &= 0.93+0.89+0.91-0.87-0.83-0.86+0.81 \\ &= 0.98 \end{aligned}$$

확률집합함수가 결과집합 O에서 정의할 수 있다고 하자. $O=\{e_1, e_2, \ldots, e_m\}$일 때, e_i는 출현 가능한 실험결과라 하고 m은 확률실험을 종료했을 때 나타나는 총 결과의 횟수라 하자. 만일 이러한 결과들의 발생확률이 같은 확률을 갖는다면 m개의 결과들은 **등확률(equally likely)**을 갖는다고 한다. 즉

$$P(e_i)=\frac{1}{m}, \qquad i=1, 2, \ldots, m$$

만일 사건 A의 발생 횟수가 h라면, 정수 h는 사건 A를 **선호(favorable)**하는 수라고 한다. 이 경우 $P(A)$는 사건A의 선호 수를 종료하는 실험의 총 결과의 수로 나눈 것이다. 따라서 등확률의 가정 하에서

$$P(A)=\frac{h}{m}=\frac{N(A)}{N(O)}$$

이다. 여기서 $h=N(A)$는 A의 발생 횟수이고 $m=N(O)$는 O를 구성하는 결과의 수이다. 연습문제 1.1−11에서는 확률을 좀더 이론적인 방법으로 다룬다.

사건 A에 확률 h/m를 대응하기 위해서는 m개의 사건 $e_1, e_2, \ldots, e_m$에 대해 각각의 확률이 동일하다는 가정이 필요하다. 이러한 가정은 확률모형에서 중요하며 만일 확률을 응용하는 문제를 다룰 때 현실적이 아니면 사건 A의 확률을 계산할 수 없다. 예제 1.1−9에서와 같이 네 개의 가능한 결과 $\{HH,$

HT, TH, TT}에서 각각의 결과가 나타날 확률은 같다고 가정하는 것은 현실적이 될 수 있다.

예제 1.1-12 1벌이 52장인 카드에서 임의로 한 장의 카드를 추출한다고 하자. 결과공간 O는 $m=52$개의 서로 다른 카드이며 각각의 카드가 추출될 확률이 1/52로 같다고 가정할 수 있다. 만일 추출결과가 King인 집합을 사건 A라고 하면, 카드 한 벌에 4장의 King이 있으므로 $P(A)=4/52=1/13$이다. 즉 52매의 카드 각각이 추출될 확률이 같다고 한다면 추출된 카드가 King일 확률은 1/13이다.

예제 1.1-2에서는 h와 m의 값을 쉽게 결정할 수 있으므로 확률 계산이 어렵지 않다. 그러나, 한 장의 카드만을 추출하는 대신 13장의 카드를 비복원확률 추출한다면 결과공간은 추출된 13장 카드의 집합이 되는데, 이 경우에도 개별 결과의 발생 확률이 같다고 가정할 수 있다. Spade 7장 Heart가 6장인 카드의 확률을 구하기 위해 위의 방법을 사용하기 위해서는 가능한 13장의 카드의 경우의 수 m과 Spade 7장과 Heart 6장의 경우의 수 h를 계산하여야 한다. 이와 같이 복잡한 상황에서 h와 m을 결정할 수 있는 방법이 있으며 이를 1.2절에서 설명한다.

연습문제 1.1

1.1-1 다음 실험들에 대한 결과공간은 무엇인가?

(a) 통계학 수업에서 임의로 한 명의 학생을 추출한다고 할 때, 추출된 학생의 수학 ACT 점수.

Hint ACT 점수는 1점부터 36점 사이의 정수이다.

(b) 생산라인에서 규격이 20.4g인 사탕 한 봉지를 추출하여 무게를 측정한 결과.

(c) 세 번 연속해서 동전을 던질 때 관찰되는 앞면과 뒷면의 결과.

1.1-2 한 개의 동전을 네 번 던져 나타나는 결과를 관찰해 보자.

(a) 결과공간 O에 속하는 16가지 결과들을 나열하여라.

(b) $A=\{$적어도 앞면이 세 번$\}$, $B=\{$기껏해야 앞면이 두 번$\}$, $C=\{$세 번째 시행에서 앞면$\}$, $D=\{$앞면이 한 번, 뒷면이 세 번$\}$인 사건이라 하자. 결과공간의 각 결과가 발생될 확률이 1/16이라고 했을 때, 다음 확률을 구하여라.

(i) $P(A)$ (ii) $P(A\cap B)$ (iii) $P(B)$ (iv) $P(A\cap C)$

(v) $P(D)$ (vi) $P(A\cup C)$ (vii) $P(B\cap D)$

1.1-3 표준 카드 한 벌에서 한 장의 카드를 임의로 추출하였다. 결과공간 O는 52장의 카드이며, 각 카드가 추출될 확률은 1/52라고 가정하자. 사상 A, B, C 및 D가 각각

$A=\{x: x$는 Jack 또는 Queen 또는 King$\}$

$B=\{x: x$는 9, 10, Jack 이고 x는 빨간색$\}$

$C=\{x: x$는 Club$\}$

$D=\{x: x$는 Diamond 또는 Heart 또는 Spade$\}$

일 때, 다음 확률을 계산하여라.

(a) $P(A)$ **(b)** $P(A\cap B)$ **(c)** $P(A\cup B)$

(d) $P(C\cup D)$ **(e)** $P(C\cap D)$

1.1-4 $P(A)=0.4$, $P(B)=0.5$, $P(A\cap B)=0.3$이라 하자. 다음 확률을 구하여라.

(a) $P(A\cup B)$ **(b)** $P(A\cap B')$ **(c)** $P(A'\cup B')$

1.1-5 $O=A\cup B$, $P(A)=0.7$, $P(B)=0.9$라 하자. $P(A\cap B)$를 구하여라.

1.1-6 $P(A)=0.4$, $P(B)=0.5$, $P(A\cup B)=0.7$이라 할 때, 다음 확률을 계산하여라.

(a) $P(A\cap B)$

(b) $P(A'\cup B')$

1.1-17 카지노에서 사용하는 룰렛(roulette)은 $1, 2, 3, \dots, 36, 0, 00$의 번호가 적힌 38개 슬롯으로 구성되어 있다. 0과 00은 녹색이며 나머지 슬롯의 반은 적색이고 다른 나머지 반은 흑색이다. 또한 1부터 36까지 정수의 반은 짝수이고 나머지 반은 홀수이다. 0과 00은 홀수도 짝수도 아닌 것으로 정의한다. 구슬을 룰렛에 던지면 슬롯 중 한곳에서 멈춘다. 각각의 슬롯에서 정지할 확률을 1/38로 가정하자.

(a) 결과공간 O를 정의하여라.

(b) $A = \{0,00\}$라고 할 때, $P(A)$를 구하여라.

(c) $B = \{14,15,17,18\}$라고 할 때, $P(B)$를 구하여라.

(d) $D = \{x : x$는 홀수$\}$라고 할 때, $P(D)$를 구하여라.

1.1-8 모자 안에는 동일한 크기와 모양을 가진 구슬에 각각 1,2,3,4,5의 숫자 중 하나가 적혀 있는 5개의 구슬이 있다. 이 모자에서 두 개의 구슬을 비복원으로 추출하여 숫자를 관찰하는 실험을 실시하였다.

(a) 이 실험에서 10개의 가능한 결과를 기술하여라.

(b) 만일 10개 각각의 확률이 1/10이라고 가정하자. 추출된 두 개의 숫자들의 합이 (i) 3, (ii) 6과 7사이일 확률을 구하여라.

1.1-9 한 선분에서 임의의 점을 선택하여 두 부분으로 나누었을 때, 긴 부분의 길이가 짧은 부분의 2배 이상일 확률을 구하여라.

1.1-10 반원 밑변의 구간이 $[-r, r]$ 이라고 하자. 만일 한 점을 이 구간에서 선택할 때 이점에서 반원까지의 수직 거리가 $r/2$보다 작을 확률을 구하여라.

1.1-11 $O = A_1 \cup A_2 \cup \cdots \cup A_m$이다. 이 때, $A_1, A_2, \cdots, A_m$이 상호배반이고 배타적이라 하자.

(a) 만일 $P(A_1) = P(A_2) = \cdots = P(A_m)$ 이면 $P(A_i) = 1/m$, $i = 1, 2, \ldots, m$임을 보여라.

(b) 만일 $A = A_1 \cup A_2 \cup \ldots \cup A_h (h < m)$이고 (a)가 성립할 때 $P(A) = h/m$임을 보여라.

1.1-12 정리 1.1-6을 증명하여라.

1.2 계산방법

2.1절에서는 어떤 확률실험에서 사건과 관련된 결과에 대한 총 경우의 수를 결정하는 데 유용한 계산방법을 설명하고자 한다. 먼저 곱의 원리부터 살펴보자.

곱의 원리(Multiplication Principle) : 실험(또는 절차) E_1과 E_2는 각각 n_1과 n_2개의 가능한 결과를 갖는다고 가정하자. 처음에 E_1이 실행되고 다음에 E_2가 실행되는 복합실험 E_1E_2는 n_1n_2개의 결과를 갖는다.

예제 1.2-1 암컷(F) 쥐 한 마리와 수컷(M) 쥐 한 마리가 들어있는 우리에서 쥐 한 마리를 추출하는 실험을 E_1이라 하고, 선택된 쥐에게 약A, 약B 및 허위약(P) 중 하나를 투여하는 실험을 E_2라 하자. 이러한 복합실험의 결과는 수컷에게 허위약을 투여하는 경우를 (F,P)로 표시하는 등과 같은 형태의 순서쌍으로 나타낼 수 있다. 이 경우, 모든 가능한 결과는 $(2)(3)=6$개이며 다음과 같은 배열로 나타낼 수 있다.

$$\begin{matrix} (F,A) & (F,B) & (F,P) \\ (M,A) & (M,B) & (M,P) \end{matrix}$$

곱의 원리는 그림 1.2－1과 같이 **나무그림(tree diagram)**으로 나타낼 수도 있다. 나무그림은 쥐의 성별인 $n_1=2$개의 가능성(가지)이 있고 이 결과의 각각에 대해 투여하는 약의 종류인 $n_2=3$개의 가지로 뻗을 수 있다.

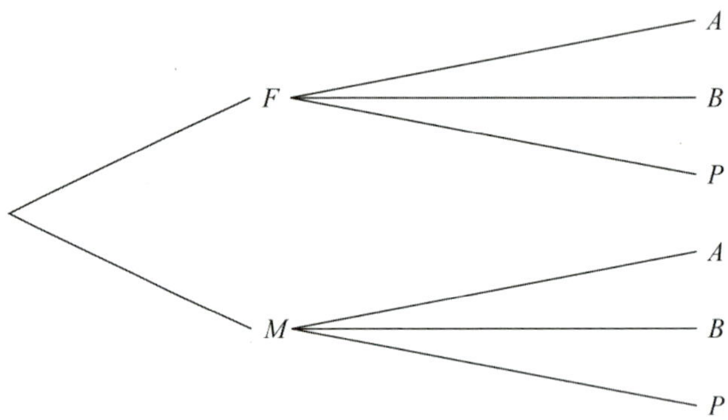

그림 1.2-1 나무그림

위의 곱의 원리는 두 개 이상의 실험으로 확장할 수 있는데, 실험 E_i가 $n_i(i=1,2,...,m)$개의 가능한 결과를 갖는다고 가정하자. 처음에 E_1이 실행하고 다음에 E_2, E_3, $\cdots, E_m$을 실행하는 복합실험 $E_1E_2\cdots E_m$은 모두 $n_1n_2\cdots n_m$개의 가능한 결과를 갖는다.

예제 1.2-2 식당에서 음식을 주문할 때 다음 중 하나를 선택할 수 있다고 하자. E_1={수프, 토마토 주스}, E_2={스테이크, 새우}, E_3={감자튀김, 삶은 감자, 구운 감자}, E_4={옥수수, 완두콩}, E_5={젤리, 버무린 샐러드, 치즈, 양배추 샐러드}, E_6=

{케이크, 쿠키, 푸딩, 초콜릿 케이크, 바닐라 아이스크림, 초콜릿 아이스크림, 오렌지 샤베트}, E_7={커피, 홍차, 우유, 펀치}. $E_1, E_2, \cdots, E_7$ 각각에서 한 가지씩만 선택한다면 가능한 저녁 식단은 몇 가지나 될까? 곱의 원리로부터

$$(2)(2)(3)(2)(4)(7)(4) = 2688$$

가지의 서로 다른 조합이 있음을 알 수 있다.

곱의 원리는 아주 간단하고 이해하기 쉽지만 다음에서 설명하는 여러 가지 계산방법의 개발에 아주 유용하다.

n개의 서로 다른 물건을 n개의 장소에 배치한다고 하자. 첫 번째 장소에는 n개의 가능한 선택이 있고, 다음 장소에는 $n-1$의 선택이 있으며 마지막 장소에는 1개의 선택이 가능하다. 따라서 곱의 원리로부터

$$n(n-1)\cdots(2)(1) = n!$$

개의 배열이 가능하다. 기호 $n!$은 "n계승"으로 읽는다.(단 $0! = 1$.)

정의 1.1-1 n개의 서로 다른 대상을 배열하는 $n!$ 배열 각각을 n대상의 **순열(permutation)**이라 한다.

예제 1.2-3 네 개 문자 a, b, c, d의 순열의 수는 $4! = 24$이다. 그러나 문자를 반복하여 사용한다면 a, b, c, d 네 개의 문자를 사용하여 만들 수 있는 모든 가능한 코드는 모두 $4^4 = 256$가지이다.

만일 n개의 서로 다른 대상을 r개의 $(r \le n)$ 장소에 배열한다면 순서를 고려한 모든 가능한 배열의 수는

$$_nP_r = n(n-1)(n-2)\cdots(n-r+1)$$

이다. 즉 첫 번째 장소에는 n개의 대상 중 한 개를 선택하는 n가지 방법이 있고 두 번째 장소에는 $(n-1)$개의 방법, 그리고 r번째 장소에는 $[n-(r-1)] = (n-r+1)$가지 방법이 있다. 계승을 이용하여 표현하면

$$ {}_nP_r = \frac{n(n-1)\cdots(n-r+1)(n-r)\cdots(3)(2)(1)}{(n-r)\cdots(3)(2)(1)} = \frac{n!}{(n-r)!} $$

이 된다.

정의 1.2-2 ${}_nP_r$은 배열 각각을 n**개의 대상을 한 번에** r**개를 추출하는 순열**(permutation of n objects taken r at a time)이라 한다.

예제 1.2-4 영어 알파벳 26개 문자 중에서 서로 다른 네 개의 문자를 뽑아 배열하는 방법의 수는

$$ {}_{26}P_4 = (26)(25)(24)(23) = \frac{26!}{22!} = 358,800 $$

이다.

예제 1.2-5 10명으로 구성된 모임에서 회장, 부회장, 총무, 감사 네 명을 뽑는 방법의 가짓수는

$$ {}_{10}P_4 = 10 \cdot 9 \cdot 8 \cdot 7 = \frac{10!}{6!} = 5,040 $$

이다.

n개의 대상에서 r개를 추출하는 문제를 고려하자. 대상이 추출되는 순서는 중요할 수도 있고 중요하지 않을 수도 있다. 또한 추출된 대상은 다음 대상이 추출되기 전에 되돌려 놓는다. 따라서 가능한 경우의 수를 계산하는 데 곱의 원리가 어떻게 사용되는지 보기 위하여 다음을 정의한다.

정의 1.2-3 만일 n개의 대상으로부터 r개를 추출하고 뽑는 순서를 고려한다면 **크기** r **인 순서표본**(ordered sample of size r)이라 한다.

정의 1.2-4 **복원추출**(sampling with replacement)은 한 대상이 추출된 후 다음 대상이 추출되기 전에 다시 돌려놓는 것을 말한다.

n개의 대상집합에서 크기 r인 순서표본을 복원으로 추출한다면 곱의 원리에 의해 가능한 방법은 n^r가지이다.

예제 1.2-6 주사위를 다섯 번 던질 때 가능한 순서표본의 수는 $6^5 = 7776$개이다. 주사위를 던지는 것은 복원 추출과 같다.

예제 1.2-7 항아리에 $0, 1, 2, \ldots, 9$의 번호를 갖는 10개의 공이 있다. 한 번에 4개의 공을 복원으로 추출한다면 가능한 순서표본의 수는 $10^4 = 10{,}000$가지이며, 이는 0000부터 9999에 해당하는 네 자리 정수이다.

정의 1.2-5 대상을 추출하여 관찰한 후 다시 원래대로 되돌려 놓는 것을 **비복원추출**(sampling without replacement)이라 한다.

n개의 대상 집합에서 비복원으로 크기 r인 순서표본을 추출할 때 가능한 표본의 수는

$$n(n-1)\cdots(n-r+1) = \frac{n!}{(n-r)!}$$

이며 이는 ${}_nP_r$와 같다.

예제 1.2-8 52장의 카드 한 벌에서 5장의 카드를 비복원으로 추출할 때 가능한 순서표본의 수는

$$(52)(51)(50)(49)(48) = \frac{52!}{47!} = 311{,}875{,}200$$

이다.

추출한 순서는 중요하지 않고 단지 r개의 추출된 표본에만 관심이 있는 경우가 있다. 즉 n개의 서로 다른 대상의 집합에서 크기 r인 부분집합의 수에 관심이 있다. 크기 r인 비순서(unordered) 부분집합의 수는 서로 다른 n개의 대상으로부터 크기 r인 순서표본의 수로부터 구할 수 있다.

C를 n개의 서로 다른 대상의 집합에서 크기 r인 비순서 부분집합의 수라고

하자. 먼저 ${}_nP_r$ 개의 순서 부분집합으로부터 한 개를 선택하고 다음에 r개의 대상에 순서를 부여한다. r개의 대상을 순서를 부여하여 배열하는 방법의 수는 $r!$이며 곱의 원리로부터 $(C)(r!)$는 ${}_nP_r$ 과 같다. 즉

$$(C)(r!) = \frac{n!}{(n-r)!}$$

또는

$$C = \frac{n!}{r!(n-r)!}$$

이 된다. 이를 ${}_nC_r$ 또는 $\binom{n}{r}$로 표시한다. 즉,

$${}_nC_r = \binom{n}{r} = \frac{n!}{r!(n-r)!}$$

이다. 따라서 n개의 서로 다른 대상의 집합에서 크기 r인 $(r \le n)$ 비순서 부분집합의 수는 다음과 같다.

$$\binom{n}{r} = \frac{n!}{r!(n-r)!}$$

정의 1.2-6

${}_nC_r$개의 순서부분집합 각각을 n개의 대상으로부터 **한 번에 r개를 추출하는 조합**(combination of n objects taken r at a time)이라 하며

$${}_nC_r = \binom{n}{r} = \frac{n!}{r!(n-r)!}$$

이다.

예제 1.2-9 52매의 카드 한 벌에서 5장의 카드를 한 번에 추출할 때 가능한 방법의 수는

$${}_{52}C_5 = \binom{52}{5} = \frac{52!}{5!\,47!} = 2{,}598{,}960$$

이다.

예제 1.2-10 52장의 카드 한 벌에서 13장의 카드를 한 번에 추출할 때 가능한 방법의 수는

$$_{52}C_{13} = \binom{52}{13} = \frac{52!}{13!\,39!} = 635{,}013{,}559{,}600$$

이다.

$\binom{n}{r}$을 **이항계수**(binomial coefficient)라고도 하며, 이항 전개식에서 정의할 수 있다.

$$(a+b)^n = \sum_{r=0}^{n} \binom{n}{r} b^r a^{n-r} \tag{1.2-1}$$

$(a+b)^n = (a+b)(a+b)\cdots(a+b)$를 전개할 때, n개의 인자 각각에서 a 또는 b를 선택할 수 있다. 예를 들어, $b^r a^{n-r}$는 b개가 r번 선택되고 a가 $n-r$번 선택되는 경우인데 선택하는 방법의 수는 $\binom{n}{r}$개이다. 이는 1.2−1식에서와 같이 $b^r a^{n-r}$의 계수가 된다.

부록의 〈표 1〉은 여러 가지 n과 r값에 대해 이항계수를 계산한 것이며

$$\binom{n}{r} = \frac{n!}{r!(n-r)!} = \frac{n!}{(n-r)!r!} = \binom{n}{n-r}$$

라는 사실을 이용하였다. 즉 n개의 대상으로부터 r개의 대상을 추출하는 방법의 수는 n개의 대상으로부터 $n-r$개를 추출하는 방법의 수와 같다.

예제 1.2-11 52장의 카드 한 벌에서 5장을 추출하는 방법의 수는 $\binom{52}{5} = 2{,}598{,}960$가지이며 각각 추출될 확률이 같다고 가정하자. 다섯 장 모두 spade일 경우의 수(사건 A)는

$$N(A) = \binom{13}{5}\binom{39}{0}$$

이다. 13장의 spade 중에서 5장의 spade를 추출할 경우의 수는 $\binom{13}{5}$이고 spade가 아닌 카드를 추출할 경우의 수는 $\binom{39}{0} = 1$이다. 부록의 〈표 1〉로부터

$$\binom{13}{5} = \frac{13!}{5!\,8!} = 1287$$

이다. 따라서 다섯 장 모두 spade일 확률은

$$P(A) = \frac{N(A)}{N(O)} = \frac{1,287}{2,598,960} = 0.000495$$

이다. 사건 B를 5장의 카드에서 정확하게 King이 3장이고 Queen이 2장인 사건이라 가정하자. 3장의 King 카드를 추출하는 경우의 수는 $\binom{4}{3} = 4$이고 2장의 queen을 추출하는 경우의 수는 $\binom{4}{2} = 6$가지이다. 곱의 원리에 의해 사건 b의 경우의 수는

$$N(B) = \binom{4}{3}\binom{4}{2}\binom{44}{0}$$

이다. 여기에서 $\binom{44}{0}$은 king과 queen이 아닌 나머지 카드에서 0개의 카드를 추출하는 경우의 수이다. 따라서

$$P(B) = \frac{N(B)}{N(O)} = \frac{\binom{4}{3}\binom{4}{2}\binom{44}{0}}{\binom{52}{5}} = \frac{24}{2,598,960} = 0.0000092$$

이다. 마지막으로 사건 C를 정확히 king이 2장, queen이 2장 jack이 1장일 사건이라면

$$P(C) = \frac{N(C)}{N(O)} = \frac{\binom{4}{2}\binom{4}{2}\binom{4}{1}\binom{40}{0}}{\binom{52}{5}} = \frac{144}{2,598,960} = 0.000055$$

이다.

n개의 대상이 r개의 대상과 $n-r$개의 대상과 같이 두 가지 종류로 구성되어 있는 집합이라 하자. n개의 서로 다른 대상을 배열하는 순열은 $n!$이다. 그러나 이 경우에서 대상들이 모두 분별이 가능한 것은 아니다. 분별이 가능한 배열의 수를 세기 위해서는 첫 번째 형태에서 n개 중 r개를 선택하는 것이며 $\binom{n}{r}$개의 방법이 있다. 그 다음에 나머지 장소에 두 번째 형태를 채워놓는 것이

다. 따라서 분별이 가능한 배열의 수는

$$_nC_r = \binom{n}{r} = \frac{n!}{r!(n-r)!}$$

이다.

정의 1.2-7 n개의 대상 중 r개는 한 형태이고 나머지 $n-r$개는 다른 형태일 때 n개 대상에 대한 $_nC_r$개 순열 **각각을 분별이 가능한 순열(distinguishable permutation)**이라 한다.

예제 1.2-12 동전을 10회 던져 앞면과 뒷면의 출현결과들을 관찰한다고 할 때, 10-쌍(tuple)의 가능한 결과 중 앞면이 4번, 뒷면이 6번인 경우의 수는

$$\binom{10}{4} = \frac{10!}{4!\,6!} = \frac{10!}{6!\,4!} = \binom{10}{6} = 210$$

이다.

예제 1.2-13 선박의 승무원은 수직 국기봉에 7개 깃발을 배열하는 방법을 사용하여 신호를 보낸다. 만일 오렌지색 깃발이 4개, 파란색 깃발이 3개 있다면

$$\binom{7}{4} = \frac{7!}{4!\,3!} = 35$$

개의 다른 신호를 보낼 수 있다. 만일 깃발 7개 모두가 다른 색이라면 $7! = 5{,}040$개의 신호를 보낼 수 있다.

연습문제 1.2

1.2-1 자전거에 비밀번호 자물쇠가 잠겨 있는데 이 자물쇠의 비밀번호를 모른다고 하자. 번호는 네 자리 숫자 $d_1d_2d_3d_4$이며 d_i, $i = 1,2,3,4$는 각 자리 수 마다 $1,2,3,4,5,6,7,8$ 중 하나의 수를 갖는다. 이러한 자물쇠를 열기 위해 서로 다른 몇 가지 조합의 숫자를 사용해야 하는가?

1.2-2 4개의 서로 다른 색깔의 깃발 중 세 개를 선택하여 신호를 만들 경우 가능한 신호의 종류는 몇 개인가?

1.2-3 다음의 경우에 가능한 번호판의 종류는 몇 개인가?

(a) 네 개의 숫자 다음에 두 개의 문자(처음에 0이 가능하며 숫자와 문자는 반복하여 사용이 가능한 경우).

(b) 세 개의 숫자 다음에 세 개의 문자.

1.2-4 연구자들은 실험설계에서 최적의 조합을 구하기 위하여 여러 가지 요인의 서로 다른 수준을 선택한다. 예를 들어 연구자가 어떤 화학반응을 연구한다고 할 때, 온도는 4가지 수준, 압력은 5가지 수준, 촉매는 2가지 수준 중 하나를 선택한다고 하자.

(a) 모든 가능한 조합을 고려한다면 얼마나 많은 가짓수의 실험을 수행할 수 있는가?

(b) 경우에 따라 사전 실험에서는 각 요인이 두 개의 수준을 갖는 것으로 제한된다. 두 개의 수준을 갖는 세 개의 요인에 대한 모든 가능한 실험 조합은 몇 개인가?(이를 2^3 요인 시험이라 한다.)

1.2-5 철새의 이동을 연구하기 위하여 철새의 다리에 플라스틱 밴드를 붙여 이동거리를 관찰한다. 빨간색, 노란색, 녹색, 흰색, 파란색 다섯 가지 색깔의 표식 중 세 개를 선택하여 붙이려고 한다. 다음 각각의 경우에 가능한 색상 코드의 가짓수는 얼마인가?

(a) 세 개의 밴드가 모두 다른 색인 경우.

(b) 같은 색의 밴드를 중복하여 사용하는 경우 .

1.2-6 두 명의 테니스 선수 A와 B가 시합을 하는데 다섯 번 시합에서 세 번을 먼저 이기면 우승을 한다. 우승을 하기 위해 필요한 시합 결과의 가짓수는 몇 개인가?

1.2-7 야구 월드시리즈에서는 American 리그 팀과 National 리그 팀 중 네 번 먼저 우승하는 팀이 나올 때까지 시합을 계속한다.(예 : ANNAAA는 American 리그 팀이 여섯 번째 시합에서 승리하였음을 의미한다) 다음 경우에 가능한 결과가 몇 가지인가?

(a) 네 게임 **(b)** 다섯 게임

(c) 여섯 게임 **(d)** 일곱 게임

1.2-8 **파스칼의 삼각형**(Pascal's triangle)은 이항계수를 계산하기 위한 방법이며 다음과 같다.

$$
\begin{array}{ccccccccccc}
 & & & & & 1 & & & & & \\
 & & & & 1 & & 1 & & & & \\
 & & & 1 & & 2 & & 1 & & & \\
 & & 1 & & 3 & & 3 & & 1 & & \\
 & 1 & & 4 & & 6 & & 4 & & 1 & \\
1 & & 5 & & 10 & & 10 & & 5 & & 1 \\
 & \vdots & & \vdots & & \vdots & & \vdots & & &
\end{array}
$$

이 삼각형의 n번째 행은 $(a+b)^{n-1}$의 계수를 나타낸다. 1 이외의 수는 바로 위의 행에서 가까운 두 개의 수를 더하여 구할 수 있다.

$$\binom{n}{r}=\binom{n-1}{r}+\binom{n-1}{r-1}$$

을 **파스칼의 방정식**(Pascal's equation)이라 한다. 이를 증명하여라.

1.2-9 9명의 회장후보 토론회에 세 명은 공화당원이고 6명은 민주당원이다.

(a) 9명의 후보자들을 일렬로 세우는 방법은 몇 가지인가?

(b) 각 후보를 공화당은 R, 민주당은 D로 표시하는 경우 정당별로 일렬로 정렬하는 경우 가능한 방법의 수는?

(c) 9명의 후보자 각각에 대하여 일을 잘하였으면 G(good)로, 일을 못하였으면 P(poor)로 점수를 부여한다고 하자. 몇 개의 다른 점수 카드가 가능한가?

1.2-10 다음을 증명하여라.

$$\sum_{r=0}^{n}(-1)^r\binom{n}{r}=0 \qquad \sum_{r=0}^{n}\binom{n}{r}=2^n$$

Hint $(1-1)^n$과 $(1+1)^n$을 고려하거나 파스칼의 방정식과 수학적 귀납법을 이용.

1.2-11 52매의 카드 한 벌에서 임의로 다섯 장의 카드를 비복원 추출하는 것을 Poker hand라 한다. 다음 각각의 Poker hand 확률을 구하여라.

(a) Four of a kind (네 장의 카드가 같은 숫자를 갖고 나머지 하나가 다른 숫자인 경우)

(b) Full house (One pair와 triple이 같이 나타나는 경우)

(c) Three of a kind (세 장의 카드가 같은 숫자이고 나머지 두 장은 다른 숫자를 갖는 경우)

(d) Two pairs (두 장씩 같은 숫자를 갖는 경우가 두 번 있고 나머지 한 장은 다른 숫자를 갖는 경우)

(e) One pair (두 장은 같은 숫자를 갖고 나머지 세 장은 서로 다른 숫자를 갖는 경우)

1.3 조건부 확률

다음 예제를 통해 조건부 확률을 소개하고자 한다.

예제 1.3-1 겉모양이 매우 비슷한 20송이의 튤립(tulip)이 있다. 표 1.3 – 1과 같이 8개는 일찍 개화하고 12개는 늦게 개화하며, 13개는 빨간색이고 7개는 노란색이다. 만일 이들 중 한 송이를 임의로 추출하면 각 튤립이 추출될 확률이 모두 같다는 가정 하에 빨간색(R) 튤립이 개화할 확률은 $P(R)=13/20$이다.

표 1.3–1 튤립 조합

	일찍 핌(E)	늦게 핌(L)	합계
빨간색(R)	5	8	13
노란색(Y)	3	4	7
합계	8	12	20

그러나, 튤립 송이를 자세히 관찰하면 조기에 개화(E)할지 늦게 개화(L)할지를 알 수 있다고 가정하자. 만일 조기 개화하는 튤립 송이에만 관심이 있다면 결과공간에는 8개의 튤립이 있다. 따라서 이러한 제약조건 하에서 일찍 개화한 튤립(E) 중 빨간색 튤립(R)의 확률은 5/8, 즉 $P(R\,|\,E)=5/8$이며, $P(R\,|\,E)$는 E가 발생되었다는 조건하에 R의 발생확률이라는 의미이다. 즉

$$P(R\,|\,E)=\frac{5}{8}=\frac{N(R\cap E)}{N(E)}=\frac{N(R\cap E)/20}{N(E)/20}=\frac{P(R\cap E)}{P(E)},$$

이며, 여기서 $N(R\cap E)$와 $N(E)$는 각각 사건 $R\cap E$와 E의 결과로 얻을 수 있는 수이다.

어떤 확률실험에서 결과공간 O의 부분집합 B의 원소들만이 관심의 대상이 되는 원소라 하면 부분집합 B가 새로운 결과공간이 된다. 따라서 B를 새로운 결과공간으로 하는 확률집합함수를 정의해야 한다. 즉 사건 B의 원소만을 확률실험의 결과로 고려하면서 사건 A가 발생할 확률로 $P(A|B)$를 정의할 수 있는데, 각 결과의 발생이 모두 같은 실험에 대해

$$P(A \mid B) = \frac{N(A \cap B)}{N(B)}$$

로 정의한다. 여기서 $N(A \cap B)$와 $N(B)$는 각각 $A \cap B$와 B에서 결과의 개수이다. 만일 분자와 분모를 결과공간에서 결과의 개수인 $N(O)$로 나누면

$$P(A \mid B) = \frac{N(A \cap B)/N(O)}{N(B)/N(O)} = \frac{P(A \cap B)}{P(B)}$$

가 된다.

정의 1.3-1 사건 B가 발생한다는 조건하에서 사건 A의 **조건부 확률**(conditional probability)은 다음과 같이 정의한다.

$$P(A \mid B) = \frac{P(A \cap B)}{P(B)}, \quad P(B) > 0$$

예제 1.3-2 만일 $P(A) = 0.4$, $P(B) = 0.5$, $P(A \cap B) = 0.3$이면 $P(A \mid B) = 0.3/0.5 = 0.6$이고 $P(B \mid A) = P(A \cap B)/P(A) = 0.3/0.4 = 0.75$이다.

$P(A|B)$는 주어진 사건 B를 새로운 결과공간으로 보고 B에 포함되어 있는 사건 A부분의 확률을 구하는 것으로 생각할 수 있다. 다음 두 예제를 고려해 보자.

예제 1.3-3 $P(A) = 0.7$, $P(B) = 0.3$, $P(A \cap B) = 0.2$라 하자. 이 확률은 그림 $1.3-1$의 벤다이어그램에 표시되어 있다. 사건 B에 속하는 실험결과가 주어졌을 때 사건 A의 확률은 무엇인가? B의 결과공간이 나타날 확률은 $P(B) = 0.30$이므로 $P(A \cap B)$의 0.2는 A에도 속한 부분이 된다. 즉 $0.2/0.3 = 2/3$는 B에 대한 A의 확률이다. 물론 앞의 정의로부터도 구할 수 있다.

$$P(A \mid B)=\frac{P(A \cap B)}{P(B)}=\frac{0.2}{0.3}=\frac{2}{3}$$

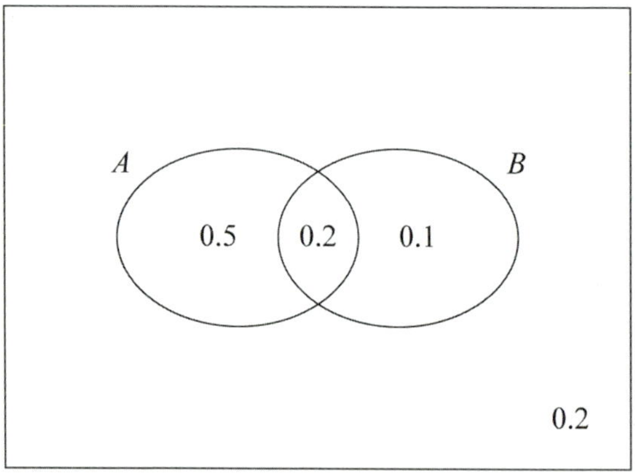

그림 1.3-1 조건부 확률 예시

예제 1.3-4 정사면체 주사위 두 개를 던져 두 눈금의 합을 결정하는 실험을 실시한다. 사건 A는 두 눈의 합이 3이고 사건 B는 합이 3 또는 5인 사건이라 하자. 이 경우 주사위를 던지는 시행에서 합이 5가 나오기 전에 합이 3이 나올 확률은 합이 3 또는 5가 발생하기 전에 3이 발생할 조건부 확률로 생각할 수 있다. 즉 B가 주어졌을 때 A의 조건부 확률은

$$P(A \mid B)=\frac{P(A \cap B)}{P(B)}=\frac{P(A)}{P(B)}=\frac{2/16}{6/16}=\frac{2}{6}$$

이다.

이 예제에서 관심 있는 결과는 단지 합이 3 또는 5이며 6개의 등확률을 갖는 결과에서 합이 3인 경우는 두 개이다. 〈그림 1.3-2〉 참고 (연습문제 1.3-13 참고).

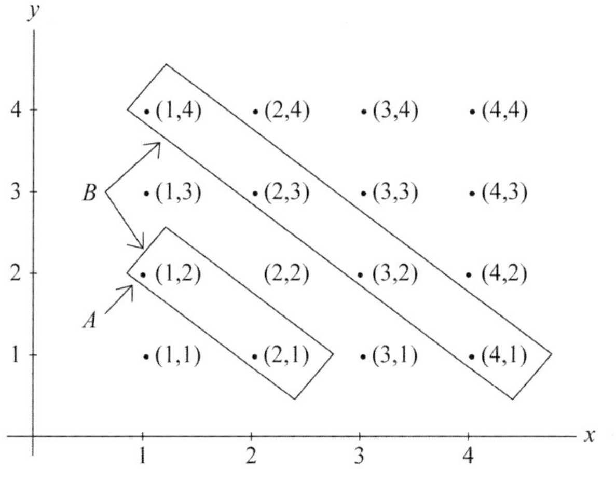

그림 1.3-2 주사위 예제

조건부 확률도 확률의 공리를 만족한다. 즉 $P(B)>0$에 대하여

(a) $P(A\,|\,B)\geq 0$

(b) $P(B\,|\,B)=1$

(c) 만일 $A_1, A_2, A_3, \ldots$이 상호 배반인 사건이면 양의 정수 k에 대해

$$P(A_1\cup A_2\cup\cdots\cup A_k\,|\,B)=P(A_1\,|\,B)+P(A_2\,|\,B)+\cdots+P(A_k\,|\,B)$$

이며 무한이며 셀 수 있는 사건에 대해

$$P(A_1\cup A_2\cup\cdots\,|\,B)=P(A_1\,|\,B)+P(A_2\,|\,B)+\cdots$$

이다.

(증명) (a)와 (b)는 명백하다. $P(A\cap B)\geq 0$이고 $P(B)>0$이므로

$$P(A\,|\,B)=\frac{P(A\cap B)}{P(B)}\geq 0$$

이고

$$P(B\,|\,B)=\frac{P(B\cap B)}{P(B)}=\frac{P(B)}{P(B)}=1$$

이다. 성질 (c)의 두 번째 내용을 먼저 증명해 보자.

$$P(A_1 \cup A_2 \cup \cdots \mid B) = \frac{P[(A_1 \cup A_2 \cup \cdots) \cap B]}{P(B)}$$
$$= \frac{P[(A_1 \cap B) \cup (A_2 \cap B) \cup \cdots]}{P(B)}$$

이다. 그러나 $(A_1 \cap B), (A_2 \cap B), \ldots$는 상호 배반인 사건이므로

$$P(A_1 \cup A_2 \cup \cdots \mid B) = \frac{P(A_1 \cap B) + P(A_2 \cap B) + \cdots}{P(B)}$$
$$= \frac{P(A_1 \cap B)}{P(B)} + \frac{P(A_2 \cap B)}{P(B)} + \cdots$$
$$= P(A_1|B) + P(A_2|B) + \cdots$$

이다. (c)의 첫 번째 성질도 비슷한 방법으로 증명할 수 있다.

많은 경우에 사건의 조건부 확률은 실험 상황으로부터 명백하게 알 수 있다. 다음 예제를 보자.

예제 1.3-5 어느 상인이 25개의 헬륨이 든 풍선을 팔고 있는데 노란색 풍선이 10개, 빨간색 풍선이 8개, 녹색 풍선이 7개 이다. 풍선은 상인이 임의로 뽑아 판매한다. 노란색 풍선을 한 개 팔았을 때, 다음에 팔려고 뽑은 풍선이 노란색일 확률은 얼마인가? 나머지 24개의 풍선 중 9개가 노란색이며 따라서 조건부 확률은 9/24이다.

예제 1.3−5에서 A를 첫 번째 뽑은 풍선이 노란색인 사선이라 하고 B를 두 번째 뽑은 풍선이 노란색인 사건이라 하자. 뽑은 두 개의 풍선 모두 노란색일 확률을 구한다고 하자. 즉 $P(A \cap B)$를 구해 보자. 예제 1.3−5에서

$$P(B \mid A) = \frac{P(A \cap B)}{P(A)} = \frac{9}{24}$$

이었다. 여기에 $P(A)$를 곱하면

$$P(A \cap B) = P(A)P(B \mid A) = P(A)\left(\frac{9}{24}\right) \tag{1.3-1}$$

이고

$$P(A \cap B) = \left(\frac{10}{24}\right)\left(\frac{9}{24}\right)$$

이다. 즉 1.3 − 1식으로부터 조건부 확률 $P(B|A)$를 아는 경우 두 개 사건의 교집합 확률을 구하기 위한 일반 법칙을 구할 수 있다.

정의 1.3-2 두 개의 사건 A, B 모두 발생할 확률은 **곱의 법칙**(multiplication rule)으로 구할 수 있다.

$$P(A \cap B) = P(A)P(B|A)$$

또는

$$P(A \cap B) = P(B)P(A|B)$$

확률실험에서 $P(A \cap B)$를 직접 계산하는 대신 $P(B)$와 $P(A|B)$를 계산하는 것이 쉬운 경우가 있다. 다음 예제 1.3−6과 예제 1.3−7이 이러한 예이다.

예제 1.3-6 항아리 안에 파란색 동전 7개와 빨간색 동전 3개가 있다. 비복원 임의추출방법으로 두 개의 동전을 연속해서 추출하였다. 첫 번째 추출된 결과가 빨간색 동전(A)이고 두 번째 추출된 결과가 파란색 동전(B)일 확률을 구해 보자.

$$P(A) = \frac{3}{10} \text{이고} \quad P(B|A) = \frac{7}{9}$$

이므로

$$P(A \cap B) = \frac{3}{10} \cdot \frac{7}{9} = \frac{7}{30}$$

이다.

예제 1.3-7 한 벌의 카드에서 몇 장의 카드를 연속해서 비복원 추출하는 실험을 한다고 하자. 여섯 번째 추출에서 세 번째 spade가 추출될 확률은 다음과 같이 계산된다. A를 처음 다섯 번의 추출에서 spade가 두 번 추출되는 사건이라 하고, B를 여섯 번째 추출에서 spade가 추출되는 사건이라 하자. 두 개의 사건 A와 B가 모두 발생할 확률 $P(A \cap B)$를 계산하여 보자.

$$P(A) = \frac{\binom{13}{2}\binom{39}{3}}{\binom{52}{5}} = 0.274$$

이고

$$P(B|A) = \frac{11}{47} = 0.234$$

이므로 구하고자 하는 확률 $P(A \cap B)$는 이들 두 확률의 곱으로 얻을 수 있다.

$$P(A \cap B) = (0.274)(0.234) = 0.064$$

예제 1.3-8 **(예제 1.3-4 계속)** 정사면체 주사위 두 개를 던지는 실험에서 첫 번째 시행에서 합이 3이고 두 번째 시행에서 합이 5가 나오기 전에 합이 3이 나올 확률은

$$\frac{2}{16} \cdot \frac{2}{6} = \frac{4}{96} = \frac{1}{24}$$

이다.

곱의 법칙은 세 개 또는 그 이상의 사건에 대해서도 확장할 수 있다. 세 개의 사건인 경우에는 두 사건의 곱의 법칙을 이용하면

$$\begin{aligned} P(A \cap B \cap C) &= P[(A \cap B) \cap C] \\ &= P(A \cap B)P(C|A \cap B) \end{aligned}$$

가 된다. 그러나

$$P(A \cap B) = P(A)P(B|A)$$

이므로

$$P(A \cap B \cap C) = P(A)P(B|A)P(C|A \cap B)$$

가 된다.

이와 같은 방법으로의 전개는 세 개 사건 이상의 일반적인 k개의 사건에 대한 곱의 법칙을 수학적 귀납법으로 확장할 수 있다.

예제 1.3-9 카드 한 벌에서 임의로 네 장의 카드를 비복원 연속해서 추출한다고 하자. spade, heart, diamond, club 순서대로 카드를 받을 확률은 곱의 법칙을 사용하여 다음과 같이 구할 수 있다.

$$\frac{13}{52} \cdot \frac{13}{51} \cdot \frac{13}{50} \cdot \frac{13}{49}$$

세 개의 다른 예제를 소개하며 본 절을 마무리 하고자 한다.

예제 1.3-10 한 학생이 왼쪽 주머니에 파란색 구슬 5개, 흰색 구슬 4개를 가지고 있고 오른쪽 주머니에는 파란색 구슬 4개, 흰색 구슬 5개를 가지고 있다. 만일 왼쪽 주머니에서 한 개의 구슬을 임의로 추출하여 오른쪽 주머니로 옮겨 놓는다면 오른쪽 주머니에서 파란색 구슬이 추출될 확률을 구하여라. 왼쪽 주머니에서 파란색 구슬이 추출되는 사건을 BL, 오른쪽 주머니에서 파란색 구슬이 추출되는 사건을 BR, 그리고 왼쪽 주머니에서 흰색 구슬이 추출되는 사건을 WL이라 하자. 그러면

$$\begin{aligned} P(BR) &= P(BL \cap BR) + P(WL \cap BR) \\ &= P(BL)P(BR \mid BL) + P(WL)P(BR \mid WL) \\ &= \frac{5}{9} \cdot \frac{5}{10} + \frac{4}{9} \cdot \frac{4}{10} = \frac{41}{90} \end{aligned}$$

이다.

예제 1.3-11 어느 보험회사가 다양한 보험 상품을 판매하고 있는데 그 중 60%는 자동차 보험, 40%는 주택보험이고, 20%는 주택 및 자동차 모두 보상하는 보험 상품이다. 자동차 보험에만 가입한 고객을 A_1, 주택보험에만 가입한 고객을 A_2, 두 개 보험 모두에 가입한 고객을 A_3, 다른 보험에 가입한 고객을 A_4라 하자. 만일 임의로 고객 한 명을 추출한다면 $P(A_1)=0.4$, $P(A_2)=0.2$, $P(A_3)=0.2$이고 $P(A_4)=0.2$가 되며 네 사건은 서로 상호 배반이며 포괄적이다. 또한 B를 자동차나 주택 보험 중 적어도 한 개의 보험을 재계약하는 사건이라 하자. 과거의 영업 자료로부터 조건부 확률 $P(B \mid A_1)=0.6$, $P(B \mid A_2)=0.7$, $P(B \mid A_3)=0.8$을 얻었다. 만일 임의로 추출된 고객이 자동차 보험 또는 주택 보험 가입자라면 그 고객이 적어도 한 개의 보험을 재계약할 확률은 다음과 같다.

$$P(B|A_1 \cup A_2 \cup A_3) = \frac{P(A_1 \cap B) + P(A_2 \cap B) + P(A_3 \cap B)}{P(A_1) + P(A_2) + P(A_3)}$$

$$= \frac{(0.4)(0.6) + (0.2)(0.7) + (0.2)(0.8)}{0.4 + 0.2 + 0.2}$$

$$= \frac{0.54}{0.80} = \frac{27}{40}$$

$$= 0.675$$

예제 1.13-12 어떤 기계는 두 개의 장치 C_1과 C_2로 구성되어 있으며 하나의 장치만 작동하더라도 기계를 계속 사용할 수 있다고 한다. 두 개의 장치 중 하나의 장치가 고장이 날 확률은 0.01이며 한 장치가 고장이 났을 때 다른 장치가 고장이 날 확률은 0.03이다. 따라서 기계가 고장이 날 확률은

$$P(C_1 \text{ 고장})P(C_2 \text{ 고장} | C_1 \text{ 고장}) + P(C_2 \text{ 고장})P(C_1 \text{ 고장} | C_2 \text{ 고장})$$

$$= (0.01)(0.03) + (0.01)(0.03)$$

$$= 0.0006$$

이다.

연습문제 1.3

1.3-1 AIDS 검사를 ELISA(Enzyme-Linked Immunosorbent Assay) 검사라고 한다. ELISA 검사를 받은 1,000,000명의 사람들에 대해 분석한 결과 다음 표와 같은 결과가 나왔다고 한다. 1,000,000명 중 한 명을 임의로 추출한다고 할 때 다음 확률을 구하여라.

	B_1 : AIDS 바이러스 있음	B_2 : AIDS 바이러스 없음	합계
A_1 : 양성	4,885	73,630	78,515
A_2 : 음성	115	921,370	921,485
합계	5,000	995,000	1,000,000

(a) $P(B_1)$, **(b)** $P(A_1)$, **(c)** $P(A_1|B_2)$, **(d)** $P(B_1|A_1)$, **(e)** (c)와 (d)의 결과를 해석하여라.

1.3-2 다음은 총기소지 법안에 대한 찬반 의견을 1456명의 남녀에게 물어본 결과를 정리한 것이다. 1456명 중 임의로 한 명을 추출하는 경우 다음 확률을 계산하여라.

	남성(B_1)	여성(B_2)	합계
찬성(A_1)	392	649	1041
반대(A_2)	241	174	415
합계	633	823	1456

(a) $P(A_1)$, **(b)** $P(A_1|B_1)$, **(c)** $P(A_1|B_2)$, **(d)** (b)와 (c)의 결과를 해석하여라.

1.3-3 시력검사에서 A_1은 오른쪽 시력이 좋은 사건이고 A_2는 왼쪽 시력이 좋은 사건이라고 하자. 또한 B_1은 오른쪽 엄지손가락을 내미는 사건이고 B_2는 왼쪽 엄지손가락을 내미는 경우이다. 어느 통계학 수업을 수강하는 학생들을 대상으로 조사한 결과가 다음과 같다. 임의로 한 학생을 추출한다고 할 때 다음 확률을 계산하여라.

	B_1	B_2	합계
A_1	5	7	12
A_2	14	9	23
합계	19	16	35

(a) $P(A_1 \cap B_1)$, **(b)** $P(A_1 \cup B_1)$, **(c)** $P(A_1|B_1)$, **(d)** $P(B_2|A_2)$

1.3-4 카드 한 벌에서 임의로 연속하여 두 장의 카드를 추출하였다. 다음 확률을 계산하여라.

(a) 2개의 heart가 추출됨.

(b) 처음 추출에서는 heart, 두 번째 추출에서는 club이 추출됨.

(c) 처음 추출에서는 heart, 두 번째 추출에서는 ace가 추출됨.

1.3-5 어떤 수컷 파리의 눈 색깔의 유전자가 (R, W)이고 암컷 파리의 눈 색깔의 유전자도 (R, W)라 하자. 여기서 R과 W는 각각 빨간색과 흰색을 나타낸다. 자손은 각 부모 파리로부터 눈 색깔 유전자 중 하나를 받는다.

(a) 자손의 눈의 색깔 유전자에 대한 결과공간을 정의하여라.

(b) 네 개의 가능한 결과 각각이 같은 확률을 갖는다고 가정하자. 만일 후손 파리가 두 개의 빨간색 유전자를 갖거나 흰색과 빨간색 유전자를 하나씩 갖는다면 눈이 빨간색으로 보인다. 만일 후손 파리의 눈이 빨간색으로 보인다면 두 개의 빨간색 유전자를 갖고 있을 조건부 확률을 구하여라.

1.3-6 음악 CD에 14개의 곡이 들어 있는데 그 중 8곡을 좋아한다. CD 플레이어의 임의 선택 버튼을 누르면 임의의 순서로 14곡을 재생한다. 처음 두 곡이 재생되었을 때 다음 확률을 구하여라.

(a) 두 개 모두 좋아하는 곡

(b) 두 개 모두 좋아하지 않는 곡

(c) 정확히 한 곡만 좋아하는 경우

1.3-7 항아리에 두 개의 오렌지색 공과 두 개의 파란색 공이 들어있다. 임의로 두 개의 공이 비복원으로 추출되었고 적어도 하나는 오렌지색이라 한다. 다른 공 역시 오렌지색 공일 확률을 구하여라.

1.3-8 작은 식료품 가게에 10개의 우유가 있는데 그 중 2개는 신맛이 나는 우유이다. 만일 임의로 여섯 번째 팔리는 우유를 구입한다면 그 우유가 신맛이 나는 우유일 확률을 구하여라.

1.3-9 학생 수가 r명인 학급에서 학생들의 생일을 고려해 보자. 일 년은 365일로 가정한다.

(a) r명 학생의 생일에 대한 가능한 순서결과의 수는 얼마인가?

(b) (a) 부분과 같이 비복원으로 추출하는 경우 모든 학생들이 서로 다른 생일을 가질 경우는?

(c) (a)에서의 순서결과가 같은 확률을 갖는다면 적어도 두 명의 학생이 같은 생일일 확률은?

(d) (c)에서의 확률이 1/2인 경우의 r값은? 이 수가 놀라울 정도도 작지 않은가?(Hint r값을 계산하기 위하여 계산기나 컴퓨터를 사용)

1.3-10 어떤 과목을 수강하는 18명의 학생이 있다. 항아리 안에 파란색 칩이 1개, 빨간색 칩이 17개 들어 있다. 각각의 학생이 항아리에서 비복원으로 칩을 하나씩 추출하고 파란색 칩을 추출한 학생은 A를 받는다고 하자.

(a) 만일 첫 번째, 다섯 번째 그리고 마지막 중 선택할 수 있다면 어느 순번을 선택하겠는가? 확률을 이용하여 선택의 정당성을 설명하여라.

(b) 만일 그릇에 파란색 칩이 2개, 빨간색 칩이 16개 들어있다면 이제 어떤 위치를 선택하겠는가?

1.3-11 검은색 4개, 파란색 6개, 오렌지색 8개의 양말이 들어있는 장롱에서 두 개의 양말을 임의로 선택한다.

(a) 두 개의 양말이 같은 색일 확률을 구하여라.

(b) 두 개의 양말이 같은 색이라는 것을 아는 경우 오렌지색일 확률을 계산하여라.

1.3-12 그릇 A에는 빨간색 칩이 3개, 흰색 칩이 2개 들어 있고 그릇 B에는 빨간색 칩이 4개, 흰색 칩이 3개 들어있다. 임의로 한 개의 칩을 A에서 꺼내 B로 옮겨 놓는다. 그릇 B에서 칩을 하나 꺼낼 때 빨간색 칩일 확률을 구하여라.

1.3-13 도박 게임 "craps"는 두 개의 정육면체 주사위를 던져 윗면에 나타나는 숫자의 합이 실험결과인 게임이다. 게임자는 두 숫자의 합이 7 또는 11이면 승리하고 합이 2,3 또는 12이면 패배한다. 만약 합이 4, 5, 6, 8, 9, 10이면 이 수를 게임자의 점수(better's point)라고 한다. 일단 점수가 설정되면 규칙은 게임자가 점수 전에 7이 나오면 지고, 7 전에 점수가 나오면 게임자가 이긴다. (예제 1.3-4, 예제 1.3-8, 연습문제 5.3-8 참고)

(a) 한 쌍의 정육면체 주사위를 던질 때 결과공간의 36개 결과를 적어라. 각각의 발생 확률은 1/36으로 가정한다.

(b) 첫 번째 시행에서 게임자가 이길 확률을 구하여라. 즉 확률 P(7 또는 11)을 구하여라.

(c) 첫 번째 시행에서 8이 나왔을 때 게임자가 7이 나오기 전에 점수 8이 나와 이길 확률을 구하여라. 즉 현 단계에서 관심 있는 결과는 7과 8이므로 $P(8 \mid 7$또는 $8)$을 구하다.

(d) 첫 번째 시행에서 8이 나왔을 때 게임자가 그 다음 게임에서 이길 확률이 $P(8)P(8\,|\,7$ 또는 $8)$ 즉 $(5/36)(5/11)$임을 보여라.

(e) craps 게임에서 게임자가 이길 총확률은 0.49293임을 보여라.

1.4 독립사건

어떤 사건의 쌍에서 한 사건의 발생이 다른 사건의 발생확률에 영향을 주지 않으면 **독립사건(independent events)**이라 한다. 독립성에 대한 정의를 내리기 전에 다음 예제를 보자.

예제 1.4-1 동전을 두 번 던지는 실험에서 앞면(H)과 뒷면(T)의 순서를 관찰해 보자. 결과공간은

$$O=\{HH, HT, TH, TT\}$$

이며 네 가지 결과의 발생확률은 각각 1/4이라고 하자. 사건 A, B 및 C를 각각

$$A=\{\text{처음 시행에서 앞면이 출현}\}=\{HH, HT\}$$
$$B=\{\text{두 번째 시행에서 뒷면이 출현}\}=\{HT, TT\}$$
$$C=\{\text{두 번 시행 모두 뒷면이 출현}\}=\{TT\}$$

라 하면 $P(B)=2/4=1/2$이다. 그러나 만일 B가 발생한다는 조건 하에서 C가 발생하였다고 하면 $C\subset B$이므로 $P(B|C)=1$이 된다. 즉 사건 C의 발생에 대한 정보는 B의 발생확률을 변화시킨다. 그러나 만일 A가 발생한다는 조건 하에서 B가 발생되었다고 하면

$$P(B|A)=\frac{P(A\cap B)}{P(A)}=\frac{1/4}{2/4}=\frac{1}{2}=P(B)$$

가 되며 사건 A의 발생은 사건 B의 확률을 변화시키지 않는다. 따라서 B의 확률은 사건 A의 발생에 의존하지 않으므로 두 사건 A와 B는 독립사건이라 한다. 즉 한 사건의 발생이 다른 사건의 발생 확률에 영향을 주지 않는다면 사건 A와 B는 독립사건이다. 수학적인 방법으로 나타내면

$$P(B|A)=P(B) \quad \text{또는} \quad P(A|B)=P(A)$$

이며 $P(A)>0$(또는 $P(B)>0$)이다. 첫 번째 등식과 곱의 법칙(정의 1.3-2)

로부터

$$P(A \cap B) = P(A)P(B|A) = P(A)P(B)$$

이며 두 번째 식 $P(A|B) = P(A)$로부터 다음 결과를 얻는다.

$$P(A \cap B) = P(B)P(A|B) = P(B)P(A)$$

정의 1.4-1 만일 $P(A \cap B) = P(A)P(B)$이면 사건 A와 B는 **독립**(independent)이다. 등식이 성립하지 않는 경우에는 A와 B는 서로 **종속사건**(dependent event)이라 한다.

경우에 따라서, 독립인 사건을 **통계적으로 독립**(statistically independent), **확률적으로 독립**(stochastically independent) 또는 **확률적 의미에서의 독립**(independent in a probabilistic sense)이라고도 한다. 그러나 대부분의 경우에서 오해의 소지가 없는 한 **독립**이라고 한다. 만일 $P(A) = 0$ 또는 $P(B) = 0$이면 $(A \cap B) \subset A$이고 $(A \cap B) \subset B$이므로 $P(A \cap B) = 0$이다. $P(A \cap B) =$ $= P(A)P(B)$에서 좌변과 우변이 0이 되므로 등호가 성립한다.

예제 1.4-2 빨간색 주사위와 흰색 주사위를 던지는 실험이 있다. 사건 A와 B를 각각 $A = \{$빨간색 주사위에서 4가 출현$\}$, $B = \{$주사위 눈금의 합이 홀수$\}$라 하자. 36개의 등확률을 갖는 결과 중 A에는 6개의 결과, B에는 18개의 결과가, $A \cap B$에는 3개의 결과가 포함된다. 그러므로

$$P(A)P(B) = \frac{6}{36} \cdot \frac{18}{36} = \frac{3}{36} = P(A \cap B)$$

이다. 따라서 정의 1.4-1에 의해 A와 B는 독립인 사건이다.

예제 1.4-3 빨간색 주사위와 흰색 주사위를 던지는 실험이 있다. 사건 C와 D를 각각 $C = \{$빨간색 주사위에서 5가 출현$\}$, $D = \{$주사위 눈금의 합이 11$\}$이라 하자. 36개의 등확률을 갖는 결과 중 C에는 6개의 결과, D에는 2개의 결과가, $C \cap D$에는 1개의 결과가 포함된다. 그러므로

$$P(C)P(D)=\frac{6}{36}\cdot\frac{2}{36}=\frac{1}{108}\neq\frac{1}{36}=P(C\cap D)$$

이며, 따라서 정의 1.4−1에 의해 C와 D는 종속인 사건이다.

정리 1.4-1 만일 A와 B가 독립사건이라면

(a) A와 B'는 독립사건이다.

(b) A'과 B는 독립사건이다.

(c) A'과 B'은 독립사건이다.

증명 조건부 확률도 확률함수의 공리들을 만족하므로, 만일 $P(A)>0$이면

$$P(B'|A)=1-P(B|A)$$

가 된다. 따라서

$$\begin{aligned}P(A\cap B')&=P(A)P(B'|A)\\&=P(A)[1-P(B|A)]\\&=P(A)[1-P(B)] \qquad (\because P(B|A)=P(B))\\&=P(A)P(B')\end{aligned}$$

따라서, A와 B'은 독립사건이다. (b)와 (c)의 증명은 연습문제에서 다루기로 하자.

예제 1.4-4 항아리에 각각 번호가 1, 2, 3, 4가 적힌 4개의 공이 들어있다. 항아리에서 한 개의 공을 임의로 추출하는 실험이 있다. 사건 A, B, C를 각각 $A=\{1, 2\}$, $B=\{1, 3\}$, $C=\{1, 4\}$라고 하면

$$P(A)=P(B)=P(C)=1/2$$

이고

$$P(A\cap B)=\frac{1}{4}=P(A)P(B)$$
$$P(A\cap C)=\frac{1}{4}=P(A)P(C)$$
$$P(B\cap C)=\frac{1}{4}=P(B)P(C)$$

이다. 따라서 사건 A, B, C는 **쌍의 독립**(pairwise independence)이 된다. 그러나 $A\cap B\cap C=\{1\}$이고

$$P(A\cap B\cap C)=\frac{1}{4}\neq\frac{1}{8}=P(A)P(B)P(C)$$

이므로 A, B, C는 **완전한 독립**(complete independence)은 아니다.

정의 1.4-2 사건 A, B, C가 **상호 독립**(mutually independent)이기 위한 필요충분조건은 다음 두 가지 조건이 모두 성립할 때이다.

(a) 쌍의 독립이다. 즉

$$P(A\cap B)=P(A)P(B),\ P(A\cap C)=P(A)P(C),$$
$$P(B\cap C)=P(B)P(C)$$

(b) $P(A\cap B\cap C)=P(A)P(B)P(C)$

정의 1.4－2는 네 개 이상의 사건으로도 확장할 수 있다는 의미인데, 이 경우 두 개의 쌍, 세 개의 쌍, 네 개의 쌍 등이 곱의 법칙을 만족해야 한다. 만일 오해의 여지가 없으면 여러 개의 사건일 경우 상호(mutually)라는 용어 없이 독립(independent)이라 한다.

예제 1.4-5 로켓은 여유분의 시스템을 가지고 있다. 만일 부품 K_1이 고장이 나면 보조 부품인 K_2를 사용하고, 보조부품인 K_2마저 고장이 나면 다른 보조부품인 K_3를 사용한다. 3 개의 부품들 중 어떤 부품이 고장 날 확률은 각각 0.15로 동일하고, 이러한 부품들이 고장이 나는 것은 상호 독립인 사건이라고 가정하자. A_i를 부품 K_i $(i=1, 2, 3)$가 고장이 나는 사건이라 하자. 부품 K_1, K_2, K_3 모두 고장이 나면 로켓이 작동하지 않으므로, 로켓이 제대로 작동할 확률은

$$\begin{aligned}P[(A_1\cap A_2\cap A_3)']&=1-P(A_1\cap A_2\cap A_3)\\&=1-P(A_1)P(A_2)P(A_3)\\&=1-(0.15)^3\\&=0.9966\end{aligned}$$

이다. 로켓의 신뢰도를 증가시키는 한 방법은 이러한 보조부품을 추가하는 것이지만 로켓의 무게가 증가하여 우주로 나가는데 문제가 될 수 있다. 만일 네

번째 부품 K_4를 장착하는 경우 로켓이 작동할 확률은 다음과 같다.

$$P[(A_1 \cap A_2 \cap A_3 \cap A_4)'] = 1 - (0.15)^4 = 0.9995$$

다음 결과의 증명은 연습문제로 넘긴다. 만일 A, B, C가 상호독립사건이라면 다음 사건들 역시 독립이다.

(a) A 와 $(B \cap C)$

(b) A 와 $(B \cup C)$

(c) A'과 $(B \cap C')$

또한 A', B', C'도 역시 상호독립이다.

하나의 실험은 상호 독립인 n개의 시행으로 구성되는 경우가 많이 있다. 만일 시행의 결과가 다른 시행의 결과에 영향을 미치지 않는다면 서로 다른 시행의 결과들은 확률적 의미에서 독립이어야 한다. 즉 만일 사건 A_i $(i=1,2,\ldots,n)$가 i번째 시행의 결과라면

$$P(A_1 \cap A_2 \cap \cdots \cap A_n) = P(A_1)P(A_2)\cdots P(A_n)$$

이다.

예제 1.4-6 정육면체 주사위를 6번 독립적으로 던졌다. 사건 A_i $(i=1,2,\cdots,6)$를 i번째 시행에서 눈금 i가 관찰되는 사건이라 하자. 이를 i번째 시행에서의 **일치**(match)라고 한다. 그러면 $P(A_i)=1/6$이고 $P(A_i')=1-P(A_i)=1-1/6=5/6$ 가 된다. 만일 적어도 한 번 일치하는 사건을 B라고 하면 B' 은 한 번도 일치되지 않는 사건이다. 따라서 B의 확률은 다음과 같다.

$$\begin{aligned} P(B) &= 1 - P(B') = 1 - P(A'_1 \cap A'_2 \cap \cdots \cap A'_6) \\ &= 1 - \frac{5}{6}\cdot\frac{5}{6}\cdot\frac{5}{6}\cdot\frac{5}{6}\cdot\frac{5}{6}\cdot\frac{5}{6} = 1 - \left(\frac{5}{6}\right)^6 \end{aligned}$$

n번 시행하는 실험에서 결과공간은 i번째 성분이 i번째 시행의 결과를 나타내는 **n−쌍(n−tuples)의 집합**이 된다. 예를 들면 정육면체 주사위를 다섯 번 던지면

$$O=\{(O_1,O_2,O_3,O_4,O_5):\ i=1,2,3,4,5\text{에 대해},\ \ O_i=1,2,3,4,5,6\}$$

이며, 따라서 결과공간 O는 다섯-쌍 집합이고 각각의 성분은 $1, 2, 3, 4, 5, 6$ 중 하나이다.

만일 동전을 두 번 던지면

$$O=\{(O_1,O_2):\ i=1,2\text{에 대해},\ O_i=H\text{ 또는 }T\}$$

이다. 경우에 따라서는 $(H,T)=HT$ 와 같이 괄호와 콤마 부분을 생략할 수도 있다.

예제 1.4-7 어떤 회사에서 한 달에 적어도 한 번 이상 사고가 발생할 확률은 $(0.01)k$인데, 여기서 k는 그 달의 날짜 수이다(2월은 28일). 매달 발생하는 사고의 발생 건수는 독립이다. 만일 회사의 업무가 1월에 시작한다면 4월에 사고가 처음 발생할 확률은 다음과 같다.

P(1월, 2월, 3월에 사고가 발생하지 않고 4월에 1건 이상의 사고가 발생)

$$=(1-0.31)(1-0.28)(1-0.31)(0.30)=(0.69)(0.72)(0.69)(0.30)=0.103$$

예제 1.4-8 세 명의 검사원이 생산된 제품의 중요 부품들을 검사한다. 부품의 불량상태를 찾아낼 확률은 검사원 별로 $0.99, 0.98, 0.96$과 같이 각각 다르다. 만일 세 명의 검사원들 사이의 검사 방법에 독립성을 가정하면 적어도 하나 이상의 불량품을 찾이낼 확률은 다음과 같다.

$$1-(0.01)(0.02)(0.04)=0.999992$$

단지 한 개의 불량품을 잦을 확률은

$$(0.99)(0.02)(0.04)+(0.01)(0.98)(0.04)+(0.01)(0.02)(0.96)=0.001576$$

이다.

예제 1.4-9 5일 연속 즉석복권을 구매한다고 하고 매일 복권에 당첨될 확률은 $1/5$이라 하자. 독립 시행을 가정하면

$$P(WWLLL)=\left(\frac{1}{5}\right)^2\left(\frac{4}{5}\right)^3$$

이고

$$P(LWLWL)=\frac{4}{5}\cdot\frac{1}{5}\cdot\frac{4}{5}\cdot\frac{1}{5}\cdot\frac{4}{5}=\left(\frac{1}{5}\right)^2\left(\frac{4}{5}\right)^3$$

이다. 일반적으로 두 장이 당첨되고 3장이 당첨되지 않을 확률은 당첨 티켓이 추출될 가짓수는 $\binom{5}{2}$이고 각각의 발생확률은 $(1/5)^2(4/5)^3$이므로

$$\binom{5}{2}\left(\frac{1}{5}\right)^2\left(\frac{4}{5}\right)^3=\frac{5!}{2!3!}\left(\frac{1}{5}\right)^2\left(\frac{4}{5}\right)^3=0.2048$$

이다.

연습문제 1.4

1.4-1 A와 B가 각각 $P(A)=0.7$이고 $P(B)=0.2$인 독립사건이라 하자. 다음을 계산하여라.

(a) $P(A\cap B)$, **(b)** $P(A\cup B)$, **(c)** $P(A'\cup B')$

1.4-2 $P(A)=0.3$ 이고 $P(B)=0.6$이라 하자.

(a) A와 B가 독립일 때 $P(A\cup B)$를 구하여라.

(b) A와 B가 상호 배반일 때 $P(A\mid B)$를 구하여라.

1.4-3 A와 B는 $P(A)=1/4$이고 $P(B)=2/3$인 독립사건이라 하자. 다음을 계산하여라.

(a) $P(A\cap B)$, **(b)** $P(A\cap B')$, (c) $P(A'\cap B')$,

(d) $P[(A\cup B)']$, **(e)** $P(A'\cap B)$

1.4-4 사건 A, B, C는 상호 독립이다.

(a) A와 $(B\cap C)$가 독립임을 보여라.

(b) A와 $(B\cup C)$가 독립임을 보여라.

(c) A'과 $(B\cap C')$가 독립임을 보여라.

(d) A', B', C'이 상호독립임을 보여라.

1.4-5 세 명의 축구 선수가 승부차기를 시도한다. A_i $(i=1,2,3)$를 i번째 선수가 골을 성공시키는 사건이라 한다. A_1, A_2, A_3는 상호 독립이고 $P(A_1)=0.5$, $P(A_2)=0.7$, $P(A_3)=0.6$이라 하자.

(a) 정확히 한 명의 선수가 성공할 확률을 계산하여라.

(b) 정확히 두 명의 선수가 성공할 확률을 계산하여라.

1.4-6 주사위 A의 한 면은 오렌지색이고 나머지 다섯 면은 파란색이다. 주사위 B는 두 면이 오렌지색이고 네 면은 파란색이다. 주사위 C는 세 면이 오렌지색이고 나머지 세 면이 파란색이다. 세 개의 주사위를 던질 때 정확히 오렌지색이 두 개 나타날 확률을 구하여라.

1.4-7 사건 A, B, C가 상호 독립이고 $P(A)=0.5$, $P(B)=0.8$, $P(C)=0.9$라고 하자. 다음 확률을 구하여라.

(a) 세 개의 사건 모두 발생

(b) 정확히 두 개의 사건이 발생

(c) 세 개의 사건 모두 발생이 안 됨

1.4-8 D_1, D_2, D_3가 정사면체 주사위이고 각 면은 다음과 같이 적혀있다.

$$D_1: 0\ 3\ 3\ 3 \qquad D_2: 2\ 2\ 5\ 5 \qquad D_3: 1\ 1\ 4\ 6$$

임의로 세 개의 주사위를 던진다. A는 주사위 D_1의 결과가 주사위 D_2의 결과보다 클 사건이고, B는 주사위 D_2의 결과가 주사위 D_3의 결과보다 클 사건이고, C는 주사위 D_3의 결과가 주사위 D_1의 결과보다 클 사건이라 하자. 다음을 보여라. (a) $P(A)=9/16$, (b) $P(B)=9/16$, (c) $P(C)=10/16$. D_1이 D_2를 이기고, D_2가 D_3를 이기고, D_3가 D_1을 이길 확률이 $1/2$보다 크다는 것은 흥미있는 사실이다. 따라서 최적(best)인 주사위를 결정하는 것은 어렵다.

1.4-9 항아리에 빨간색 공이 두 개, 흰색 공이 네 개 들어있다. 각 시행이 독립이 되기 위하여 임의로 연속해서 다섯 개의 공을 복원추출한다. 다음 사건 $WWRWR$과 $RWWWR$의 확률을 구하여라.

1.4-10 예제 1.4−5에서 장치가 고장이 날 확률이 $p=0.4$라 가정하자. 보조 장치의 수가 (a) 3개 (b) 8개 일 때 로켓이 작동할 확률을 구하여라.

1.4-11 항아리에 빨간색 공이 10개 흰색 공이 10개 들어있다. 임의로 항아리에서 한 개의 공을 추출한다. 여섯 번째 시행에서 네 번째 흰색 공이 추출될 확률을 구하여라.

(a) 복원추출

(b) 비복원추출

(c) 미국 월드 시리즈 경기에서는 American League(빨간색) 팀과 National League(흰색) 팀이 먼저 한 팀이 네 번 이길 때까지 시합을 한다. 이 항아리 모형이 4번 시합, 5번 시합, 6번 시합, 7번 시합의 확률을 구하는 데 사용될 수 있다고 생각하는가? 만일 "예"라고 응답했다면 모형에서 복원추출과 비복원추출 중 어느 것을 사용할 것인가? (참고로 2004년까지 4번 시합을 한 경우는 18회, 5번 시합한 경우는 21회, 6번 시합한 경우는 21회, 7번 시합한 경우는 36회이었다. 1994년에는 월드 시리즈 경기가 취소되었다. 1903년과 1919－1921년에서는 9경기 중 5번을 이겨야 승리할 수 있었으며 3번은 8번 시합을 하고 1번은 9번 시합을 하였다.)

1.4-12 8개 팀의 토너먼트 게임 대전표가 다음과 같다. 예를 들면, A−H 8명의 학생들 간에 토너먼트 시합을 한다고 하자. 각 조에서 가장 앞에 있는 학생은 상대방이 동전을 던졌을 때, 앞면 또는 뒷면이라고 말한다. 만일 동전의 면을 맞추면 승리한 것으로 하여 그 학생은 상위조로 진출한다.

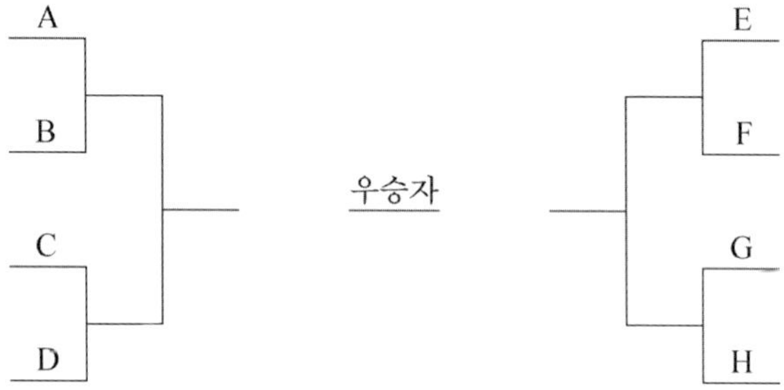

(a) 토너먼트의 우승자를 결정하기 위해서는 동전을 몇 번 던져야 하는가?

(b) 모든 승자를 예측할 확률을 구하여라.

(c) 미국 NCAA 농구경기에서는 64팀이 무승부가 없는 토너먼트에 참가한다. 국가 챔피언 팀을 가리기 위해서는 몇 번 게임을 하여야 하는가?

(d) 모든 게임에서 각 팀이 이길 확률이 같다고 가정하자. (이는 사실이 아닐 것이다.) 1999년 3월 2일 Time(p. 43) 잡지에 의하면 모든 63 NCAA을 정확히 예측하는 확률은 7천 5백만분의 1이라고 한다. 이 말에 동의하는가? 그렇지 않다면 이유는 무엇인가?

1.4-13 연습문제 1.4 − 6을 n면체 주사위로 확장해 보자. 즉 독립적으로 n면체 주사위를 n번 독립적 던진다고 하자. 만일 I번째 시행에서 i면이 나오면 일치(match)가 발생한다.

(a) 적어도 한 번 일치가 발생될 확률이 다음과 같음을 보여라.

$$1-\left(\frac{n-1}{n}\right)^n = 1-\left(1-\frac{1}{n}\right)^n$$

(b) n이 무한대로 커질 경우 이 확률의 극한을 구하여라.

1.5 베이즈 정리

다음 예제를 통해 베이즈 정리를 이해해 보자.

예제 1.5-1 그릇 B_1에 빨간색 칩이 2개, 흰색 칩이 4개 들어있고 그릇 B_2에는 빨간색 1개, 흰색 칩이 2개 그리고 그릇 B_3에는 빨간색 칩이 5개, 흰색 칩이 4개 들어있다. 그릇 B_1, B_2, B_3를 선택하는 사건을 B_1, B_2, B_3라 하고 $P(B_1)=1/3$, $P(B_2)=1/6$, $P(B_3)=1/2$라 하자. 실험에서 각 그릇이 선택될 확률이 위와 같고 그릇에서 임의로 한 개의 칩을 추출한다. 빨간색 칩이 추출되는 사건 R의 확률 $P(R)$을 계산하자. $P(R)$은 먼저 어느 그릇을 선택하는가와 선택된 그릇에서 빨간색 칩이 추출되는 확률에 의존한다. 즉 사건 R은 상호배반인 사건 $B_1\cap R$, $B_2\cap R$, $B_3\cap R$의 합집합이다. 즉

$$\begin{aligned}P(R) &= P(B_1\cap R)+P(B_2\cap R)+P(B_3\cap R)\\ &= P(B_1)P(R\mid B_1)+P(B_2)P(R\mid B_2)+P(B_3)P(R\mid B_3)\\ &= \frac{1}{3}\cdot\frac{2}{6}+\frac{1}{6}\cdot\frac{1}{3}+\frac{1}{2}\cdot\frac{5}{9}=\frac{4}{9}\end{aligned}$$

실험을 실시한 결과 빨간색 칩이 나왔으나, 그 칩이 어느 그릇에서 추출되었는지는 알지 못한다고 하자. 따라서 그 칩이 그릇 B_1에서 추출되었을 조건부 확률 $P(B_1\mid R)$는 위의 결과와 조건부 확률의 정의로부터 다음과 같이 구할 수 있다.

$$P(B_1\mid R)=\frac{P(B_1\cap R)}{P(R)}$$

$$= \frac{P(B_1)P(R|B_1)}{P(B_1)P(R|B_1)+P(B_2)P(R|B_2)+P(B_3)P(R|B_3)}$$

$$= \frac{(1/3)(2/6)}{(1/3)(2/6)+(1/6)(1/3)+(1/2)(5/9)} = \frac{2}{8}$$

같은 방법을 사용하면, 그 칩이 그릇 B_2에서 추출되었을 조건부 확률 $P(B_2|R)$는

$$P(B_2|R) = \frac{P(B_2 \cap R)}{P(R)} = \frac{(1/6)(1/3)}{(4/9)} = \frac{1}{8}$$

이고, 그릇 B_3에서 추출되었을 조건부 확률 $P(B_3|R)$는

$$P(B_3|R) = \frac{P(B_3 \cap R)}{P(R)} = \frac{(1/2)(5/9)}{4/9} = \frac{5}{8}$$

이다.

조건부 확률 $P(B_1|R)$, $P(B_2|R)$, $P(B_3|R)$은 원래의 확률 $P(B_1)$, $P(B_2)$, $P(B_3)$과 다르다. 즉 일단 빨간색 칩이 관찰되었다면 B_3가 B_1이나 B_2보다 빨간색 칩의 비율이 크기 때문에 B_3를 더 선호하는 것 같다. 빨간색 칩이 관찰된 다음에는 B_1과 B_2의 조건부 확률이 원래의 확률보다 작아진다. 원래의 확률을 **사전확률**(prior probabilities), 그리고 조건부 확률을 **사후확률**(posterior probabilities)이라 한다.

예제 1.5−1의 결과를 일반화시켜 보자. 부분집합 $B_1, B_2, \ldots, B_m$을 결과공간 O의 **분할**(partition)이라 하자. 즉

$$O = B_1 \cup B_2 \cup \cdots \cup B_m \text{ 이고 } B_i \cap B_j = \varnothing, i \neq j$$

물론 $B_1, B_2, \ldots, B_m$은 상호배반이고 이들의 합집합이 결과공간 O와 같으므로 포괄적이다. 사건 B_i의 확률은 양수, 즉 $P(B_i) > 0$, $i = 1, 2, \ldots, m$이다. 만일 A가 한 사건이면 A는 m개의 상호배반인 사건의 합집합이다. 즉

$$A = (B_1 \cap A) \cup (B_2 \cap A) \cup \cdots \cup (B_m \cap A)$$

따라서

$$P(A)=\sum_{i=1}^{m}P(B_i\cap A) \qquad (1.5\text{-}1)$$
$$=\sum_{i=1}^{m}P(B_i)P(A\mid B_i)$$

이다. 만일 $P(A)>0$이면

$$P(B_k\mid A)=\frac{P(B_k\cap A)}{P(A)}, \qquad k=1,2,\dots,m \qquad (1.5\text{-}2)$$

이다. 1.5-1 식과 1.5-2 식으로부터 다음과 같은 **베이즈 정리(Bayes's theorem)**를 얻는다.

$$P(B_k\mid A)=\frac{P(B_k)P(A\mid B_k)}{\sum_{i=1}^{m}P(B_i)P(A\mid B_i)}, \qquad k=1,2,\dots,m$$

조건부 확률 $P(B_k|A)$를 B_k의 **사후확률(posterior probability)**이라고 한다.

예제 1.5-2 어떤 공장에서 기계 I, Ⅱ, Ⅲ을 이용하여 동일한 길이의 스프링을 생산하고 있다. 전체 스프링 제품 중 기계 I이 35%, 기계 Ⅱ가 25% 그리고 기계 Ⅲ이 40%를 생산하는데, 생산품들 중 기계 I, Ⅱ, Ⅲ의 불량률은 각각 2%, 1%, 3%이다. 어느 하루 동안 생산된 스프링 중 하나를 임의로 추출하였을 때 그 스프링이 불량품일 확률은 다음과 같다.

$$P(D)=P(I)P(D\mid I)+P(II)P(D\mid II)+P(III)P(D\mid III)$$
$$=\left(\frac{35}{100}\right)\left(\frac{2}{100}\right)+\left(\frac{25}{100}\right)\left(\frac{1}{100}\right)+\left(\frac{40}{100}\right)\left(\frac{3}{100}\right)=\frac{215}{10,000}$$

만일 검수된 스프링이 불량품이라면 기계 Ⅲ에서 생산되었을 조건부 확률은 베이즈 정리에 의해

$$P(III\mid D)=\frac{P(III)P(D\mid III)}{P(D)}=\frac{(40/100)(3/100)}{215/10,000}=\frac{120}{215}$$

이다.

기계 Ⅲ이 기계 I이나 Ⅱ보다 불량률이 높기 때문에 불량품이 발견된 후에 Ⅲ의 사전확률보다 Ⅲ의 사후확률이 커진다.

예제 1.5-3 자궁암을 조기에 발견하는 검사방법(T)이 있다. 이 방법을 이용하여 검사했을 때, 어느 여성이 이 암에 걸렸음에도 검사가 잘못되어 음성으로 판단할 확률은 16%이다. 즉

$$P(T^- = \text{검사결과가 음성} \mid C = \text{암}) = 0.16$$

이고, 따라서

$$P(T^+ = \text{검사결과가 양성} \mid C = \text{암}) = 0.84$$

이다. 또한 암에 걸리지 않은 여성이 검사가 잘못되어 양성으로 판단할 확률은 19%이다. 즉

$$P(T^+ \mid C' = \text{암이 아님}) = 0.19$$

이고, 따라서

$$P(T^- \mid C' = \text{암이 아님}) = 0.81$$

이다. 자료에 의하면, 미국에서는 해마다 여성 100,000명 중 8명의 비율로 자궁암에 걸린다. 즉

$$P(C) = 0.00008$$

이고 따라서

$$P(C') = 0.99992$$

이다. 베이즈 정리로부터

$$\begin{aligned} P(C \mid T^+) &= \frac{P(C \cap T^+)}{P(T^+)} \\ &= \frac{(0.0008)(0.84)}{(0.00008)(0.84) + (0.99992)(0.19)} \\ &= \frac{672}{672 + 1899848} = 0.000354 \end{aligned}$$

이다. 이 확률은 100만 번의 양성 검사결과에서 단지 354건이 실제 자궁암인 경우를 의미하므로 검사 방법에 의문이 발생한다. 이와 같이 검사방법이 비효율적으로 나타나는 이유는 자궁암에 걸리는 여성의 비율이 너무 작은데 비해 검사의 오류율이 0.16과 0.19로 너무 크기 때문이다.(Yobs, A. R., Swanson, R. A., and Lamotte, L. C. "Laboratory Reliability of the Papanicolaou Smear." Obstetrics and Gynecology, Volume 65, February 1985, pp. 235–244.)

연습문제 1.5

1.5-1 그릇 B_1에는 흰색 칩이 2개, 그릇 B_2에는 빨간색 칩이 2개, 그릇 B_3에는 흰색 칩 2개와 빨간색 칩 2개가 들어있고 그릇 B_4에는 흰색 칩 3개와 빨간색 칩 1개가 들어있다. 그릇 B_1, B_2, B_3, B_4가 선택될 확률은 각각 1/2, 1/4, 1/8, 1/8이다. 임의로 한 개의 그릇을 선택하여 칩을 하나 추출할 때 다음 확률을 구하여라.

(a) 흰색 칩이 추출될 확률 $P(W)$

(b) 흰색 칩이 추출되었다면 그것이 그릇 B_1에서 추출되었을 조건부 확률 $P(B_1|W)$

1.5-2 공급자 A가 제공하는 씨앗은 발아율이 85%이고 공급자 B가 제공하는 씨앗은 발아율이 75%이다. 씨앗 포장 회사는 공급자 A로부터 60%를 그리고 공급자 B로부터는 40%를 구입하고 두 씨앗을 혼합하여 판매한다.

(a) 혼합 씨앗에서 임의로 한 개의 씨앗을 선택했을 때 발아할 확률 $P(G)$를 구하여라.

(b) 만일 씨앗이 발아하였다면 그 씨앗을 공급자 A로부터 구매하였을 확률을 구하여라.

1.5-3 벨기에의 20프랑 짜리 동전($B20$), 이탈리아의 500리라 동전($I500$) 그리고 홍콩의 5달러짜리 동전($HK5$)의 크기는 비슷하다. 동전지갑 1(C_1)에는 각국의 동전이 6개씩 들어있고, 동전지갑 2(C_2)에는 $B20$이 9개, $I500$ 이 6개, $HK5$ 가 3개 들어있다. 한 개의 공정한 정사면체 주사위를 던져 결과가 {1}이 나오면 C_1에서 동전 한 개를 임의로 추출하고, 결과가 {2,3,4}가 나오면 C_2에서 동전 한 개를 추출한다.

(a) 벨기에 동전을 추출할 확률 $P(B20)$을 구하여라.

(b) 벨기에 동전이 추출되었다면 그 동전이 주머니 C에서 추출되었

을 확률 $P(C_1 | B20)$를 구하여라.

1.5-4 보험회사가 다음과 같이 자동차 사고에 대한 확률 정보를 갖고 있다.

운전자 연령	사고확률	회사의 운전자 보험자 비율
16 − 25	0.05	0.10
26 − 50	0.02	0.55
51 − 65	0.03	0.20
66 − 90	0.04	0.15

회사 보험에 가입한 운전자 중 한 명을 선택하였는데 그 운전자가 사고를 냈다. 이 운전자의 나이가 16 − 25세일 조건부 확률을 구하여라.

1.5-5 어떤 병원의 응급실 환자는 20%가 치명상, 30%는 중상, 그리고 50%는 경상으로 분류된다. 치명상 환자 중 30%, 중상 환자 중 10%, 그리고 경상 환자 중 1%가 사망한다. 한 환자가 사망하였다면 그 환자가 치명상 환자로 분류되었을 조건부 확률을 구하여라.

1.5-6 생명보험 회사가 표준형, 고급형, 최고급형 보험을 판매한다. 어떤 연령의 보험 가입자 중 60%가 표준형 보험에 가입되어 있고 내년에 사망할 확률이 0.01이다. 30%가 고급형 보험에 가입되어 있고 내년에 사망할 확률이 0.008이며 10%의 최고급형 가입자가 내년에 사망할 확률은 0.007이다. 그 연령대의 보험 가입자가 다음 해에 사망하였다고 할 때 표준형, 고급형, 최고급형 보험에 가입하였을 조건부 확률을 구하여라.

1.5-7 60세 연령대의 대학교수들 가운데 10%는 흡연자이고 나머지 90%는 비흡연자이다. 비흡연자가 다음 해에 사망할 확률은 0.005이고 흡연자가 다음 해에 사망할 확률은 0.05이다. 이 연령대 그룹의 대학교수 한 명이 다음 해에 사망하였을 때 그 교수가 흡연자인 조건부 확률을 구하여라.

1.5-8 상점에서 네 종류의 VCR을 판매한다. 가장 값싼 제품 B_1은 전체 판매량의 40%를 차지하며 가격 순으로 다음 제품의 판매 비율은 B_2가 30%, B_3가 20%, B_4가 10%를 차지한다. 보증기간동안 수리가 필요한 제품의 확률은 B_1이 0.10, B_2가 0.05, B_3가 0.03이고 B_4는 0.02이다. 임의로 한 명의 구매자를 선택하였을 때 VCR의 수리가 필요하

였다면 제품 $B_i, i=1,2,3,4$의 조건부 확률을 구하여라.

1.5-9 인구 중 약 5%가 발생하는 어떤 질병에 대한 새로운 진단검사 방법이 있다. 검사는 완전하지 않아 질병이 있는 환자 중 99%만을 찾아낼 수 있다. 그러나 질병이 없는 환자에 대해서도 3% 정도 질병이 있는 것으로 판단한다. 임의로 한 명을 추출하여 검사를 한 결과 질병이 있는 것으로 나타났다. 다음 조건부 확률을 구하여라.

(a) 질병을 갖고 있을 확률

(b) 질병을 갖고 있지 않을 확률

1.5-10 어떤 모집단에 속한 버려진 아이들의 비율을 연구한다고 가정하자. 의사들이 모집단으로부터 임의로 아이들을 조사하였다. 그러나 의사들이 완전하지 못하기 때문에 때때로 버려진 아이(A)를 그렇지 않은 아이(ND)로 분류하거나 그렇지 않은 아이(N)을 버려진 아이 (AD)로 분류한다. 이와 같은 오분류 비율이 각각 $P(ND|A)=0.08$, $P(AD|N)=0.05$라고 하자. 따라서 $P(AD|A)=0.92$와 $P(ND|N)=0.95$는 옳은 의사결정을 할 확률이다. 모든 아이들 중 단지 2%가 버려진 아이들이라 하자. 즉 $P(A)=0.02$, $P(N)=0.98$.

(a) 임의로 한 아이를 선택했을 때 의사가 이 아이를 버려진 아이로 분류할 확률은 얼마인가? 즉 다음을 계산하여라.

$$P(AD)=P(A)P(AD|A)+P(N)P(AD|N)$$

(b) 아이가 버려진 아이로 분류되었다면 $P(N|AD)$와 $P(A|AD)$를 계산하여라.

(c) $P(N|ND)$와 $P(A|ND)$를 계산하여라.

(d) (b)와 (c)에서의 확률이 이상한가? 이는 오류율 0.08과 0.05가 모집단에서 버려진 아이들의 비율 0.02에 대하여 상대적으로 높기 때문이다.

제1장 맺음말

1장에서 소개한 확률에 대한 설명만으로 전문가가 될 수는 없지만 적어도 어떤 분야에 응용하여 문제를 풀 수 있는 확률의 이론적 기초로는 충분하다고 본다.

대부분의 학자들은 확률론이 1654년 도박을 즐기던 프랑스 귀족 Chevalier de Méré가 주사위 던지는 실험에서 제기된 문제를 Blaise Pascal에게 질문을 함으로써 시작되었다고 한다. 그러나 이보다 200년 전에 프랑코 왕국의 사제 Luca Paccioli가 다음과 같은 문제를 제시하였다.

A와 B가 게임을 하고 있는데 이길 확률은 서로 같다고 하자. 한 사람이 여섯 번 이길 때까지 게임을 계속한다고 하였으나 A가 다섯 번 이기고 B가 세 번 이겼을 때 게임을 멈추어야 했다. 돈을 어떻게 배분하여야 하는가?

De Méré보다 100여년 전인 16세기에 의사이고 도박사였던 Girolamo Cardano는 많은 주사위 문제를 생각해냈다. Chevalier de Méré는 이 문제들을 연구하였다. 만일 하나의 주사위를 네 번 던질 때 적어도 하나의 6이 관찰될 확률은 1/2보다 약간 크다. 그러나 주사위 한 쌍을 24번 던질 때 적어도 한 쌍의 (6,6)이 나타날 확률은 1/2보다 약간 작다. 따라서 이 게임에 돈을 걸면 잃게 된다. 이것이 바로 Pascal에게 도전하기 위하여 제시했던 문제이다. Pascal은 문제를 혼자 풀기를 원치 않아 Pierre de Fermat를 파트너로 하였고 이것은 Pascal의 탁월한 선택이었다. 이것이 Pascal과 Fermat이 확률이론을 시작한 1654년의 일이었다.

오늘날 확률론을 공부한 학생들은 위의 두 문제를 쉽게 풀 수 있다. B는 다음 세 게임을 더 이겨야만 6번 승리할 수 있으므로 이길 확률은 $(1/2)^3 = 1/8$이 된다. 따라서 A가 6번 이길 확률은 $1-1/8=7/8$이 되고, 따라서 돈은 7 : 1로 배분되어야 한다.

주사위 문제에서 주사위를 네 번 던져 적어도 6이 한 번 나올 확률은

$$1-(\frac{5}{6})^4 = 0.518$$

이고 쌍의 주사위를 24번 던져서 적어도 한 쌍의 (6,6)가 나올 확률은

$$1-(\frac{35}{36})^{24}=0.491$$

이다. De Méré가 이러한 확률의 근소한 차이를 발견하기 위해서 충분히 많은 시행을 하여 관찰했을 것이라는 사실은 흥미롭다. 그러나 그는 Pascal과의 첫 번째 도전에서는 이겼지만 두 번째에서는 졌다.

CHAPTER 2

이산형 분포

2.1 이산확률분포

항아리 안에 같은 크기의 칩이 10개 들어있다. 그 중 하나의 칩에는 번호 1이 적혀있고, 두 개의 칩에는 2, 세 개의 칩에는 3, 그리고 나머지 4개의 칩에는 4가 적혀있다고 하자. 한 개의 칩을 임의로 추출하여 번호를 관찰한다면 그 번호는 집합 $S=\{1,2,3,4\}$의 원소 중 하나가 된다. 만일 확률실험이 수행되기 전에 미래의 관측치를 X로 표시하면 X를 **공간**(spacc)이 S인 **확률변수**(random variable)라고 한다. 만일 $P(X=x)$가 $X=x$ $(x \in S)$인 확률을 나타낸다면 공간 S에서의 확률분포는 다음과 같다.

$$P(X=1)=\frac{1}{10},\ P(X=2)=\frac{2}{10},\ P(X=3)=\frac{3}{10},\ P(X=4)=\frac{4}{10}$$

이를 $P(X=x)=f(x)$로 표기하고, 좀더 간단히 나타내면 다음과 같다.

$$f(x)=\frac{x}{10},\quad x=1,2,3,4.$$

이러한 함수를 **확률질량함수**(probability mass function)라고 하며 간단히 p.m.f.로 표시한다. (나중에 연속형인 경우에 $f(x)$에 대응하는 함수를 **확률밀도함수**(probability density function)라고 하며 p.d.f.로 표시한다.) 이 확률을 **확률히스토그램(probability histogram)**이라는 막대그래프로 나타낼 수 있다. 확률히스토그램에서 막대의 높이는 $f(x)$, $x = 1,2,3,4$이며 각 계급의 중앙값이 x값이고 길이가 1인 막대가 된다. 그림 2.1 − 1에서 위에 점선으로 표시된 사각형이 확률히스토그램이다.

참고 확률변수를 정의할 때 보통 확률실험의 결과공간을 먼저 고려하는데, **확률변수(random variable)**는 이 결과공간에 정의된 실수치 함수이다. 이 함수의 범위를 공간(space)이라고 한다. 앞의 예에서 칩을 추출하는 확률실험의 결과로 10개의 칩 각각을 고려할 수 있다. 이러한 각각의 결과에 대한 확률은 1/10이 된다. 예에서 확률변수 X 는 추출된 칩에 적힌 번호이며 공간은 $S = \{1,2,3,4\}$가 된다. S상에서 유도된 확률은 다음과 같다.

$$P(X=1) = \frac{1}{10}, \qquad P(X=2) = \frac{1}{10} + \frac{1}{10} = \frac{2}{10}$$

$$P(X=3) = \frac{1}{10} + \frac{1}{10} + \frac{1}{10} = \frac{3}{10}, \quad P(X=4) = \frac{1}{10} + \frac{1}{10} + \frac{1}{10} + \frac{1}{10} = \frac{4}{10}$$

이들은 **확률질량함수(p.m.f.)** $f(x) = P(X = x), x \in S$를 정의하며 $f(x) = x/10,\ x = 1,2,3,4.$로 나타낼 수 있다.

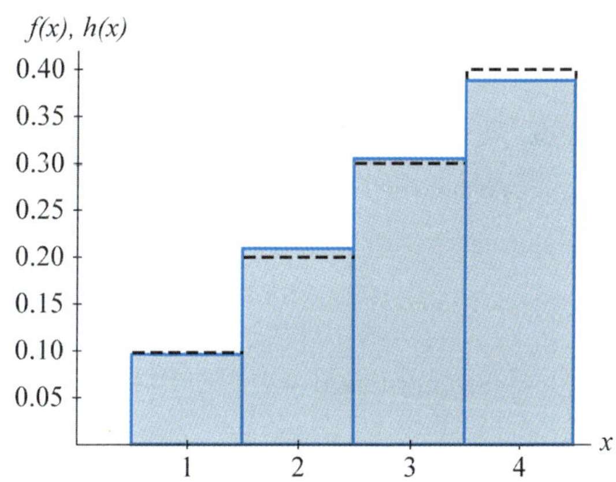

그림 2.1−1 상대도수히스토그램(음영표시) $h(x)$와 확률히스토그램(점선표시) $f(x)$

물론 이 p.m.f.를 사용하여 $\{X = 3$ 또는 $4\}$ 또는 $\{X \le 3\}$와 같은 확률을 상호배반인 근원사건의 확률을 더하여 계산할 수 있다. 각 사건에 대한 확률은 다음과 같다.

$$P(X=3,\ 4)=f(3)+f(4)=\frac{3}{10}+\frac{4}{10}=\frac{7}{10}$$

이고

$$P(X\le 3)=f(1)+f(2)+f(3)=\frac{1}{10}+\frac{2}{10}+\frac{3}{10}=\frac{6}{10}$$

이다. 일반적으로 만일, $A\subset S$이면

$$P(A)=\sum_{x\in A}f(x)$$

이다. 이 실험을 실제로 $n=1000$번 수행하는 데 관심이 있다고 하자. 이는 실제로 칩을 1000번 추출하여 실험할 수도 있지만 컴퓨터 모의실험을 통해 $x=1,2,3,4$에 대해 각각 98, 209, 305, 388번을 얻었다고 하면, 각각의 상대도수는 다음과 같다.

$$h(1)=\frac{98}{1000}=0.098\qquad h(2)=\frac{209}{1000}=0.209$$

$$h(3)=\frac{305}{1000}=0.305\qquad h(4)=\frac{388}{1000}=0.388$$

이들 값은 확률분포에서 대응하는 사건의 확률과 비슷하다. 이 대응되는 함수 $h(x)$를 **상대도수히스토그램(relative frequency histogram)**이라 하며 그림 2.1－1에 음영인 막대로 표시되었다. $n=1000$개의 관측치를 이 확률분포로부터의 **표본(sample)**이라고 한다.

위의 두 함수와 관련하여 몇 가지 흥미 있는 특징이 있다. 첫째, 두 함수 모두

$$\sum_{X=1}^{4}f(x)=1,\qquad \sum_{x=1}^{4}h(x)=1$$

인 **비음수(nonnegative) 함수**이다. 즉 모든 가능한 x값에 대응하는 확률과 상대도수의 합은 1이 된다.

둘째, 각각의 경우에서 1,2,3,4 숫자에 대한 가중평균을 구할 수 있다. 가중치는 각각 $f(x)$와 $h(x)$, $x=1,2,3,4$가 된다. $f(x)$와 관련된 가중평균은

$$(1)(0.1)+2(0.2)+3(0.3)+(4)(0.4)=\sum_{x=1}^{4}xf(x)$$

이며 3.0이 된다. 이를 확률분포의 **평균**(mean) 또는 X의 평균이라고 하며 그리스문자 μ (뮤, mu)로 나타낸다. 즉,

$$\mu = \sum_{x=1}^{4} xf(x) = 3.0$$

위의 경우 $\mu = 3.0$은 공간 $S = \{1,2,3,4\}$의 숫자 중 하나이지만 평균이 반드시 공간의 원소 중 하나와 같을 필요는 없다. 즉, 평균 μ는 2.6이나 3.15와 같이 S의 원소가 아닐 수 있다. $h(x)$와 관련된 가중평균은

$$(1)(0.098) + (2)(2.209) + (3)(0.305) + (4)(0.388) = \sum_{x=1}^{4} xh(x)$$

이며 2.983이 된다. 이를 크기 $n = 1000$인 표본의 평균이라고 하며 $\bar{x}$로 나타낸다. 즉 $\bar{x}$는 x의 1000개 관측치에 대한 평균이다. 만일 x의 각 관측치에 가중치 $1/n = 1/1000$을 부여하면 $x = 1$에 대한 가중치는 $n = 1000$개의 표본에서 98개가 있으므로 98/1000=0.098이 된다. $x = 2$, 3, 4에 대한 가중치도 비슷하게 구할 수 있으며, 이들 가중치의 합은 1이 된다. 만일 $n = 1000$개의 관측치가 x_1, x_2, ..., x_{1000}이면

$$\bar{x} = \frac{1}{n}\sum_{i=1}^{n} x_i = \sum_{x=1}^{4} xh(x) = \frac{1}{n}\sum_{j=1}^{4} f_j u_j$$

이며 여기서 f_j는 u_j ($u_j = 1,2,3,4$)의 도수이다. 각각의 관측치 x_i에 가중치 $1/n$을 부여한 것을 **경험적 분포**(empirical distribution)라 한다. $\bar{x}$를 **경험적 분포의 평균**(mean of the empirical distribution) 또는 **표본평균**(sample mean)이라 한다.

분포에 대한 중요한 특성으로 분산이 있다. $x = 1,2,3,4$이고 $\mu = 3$의 경우 $(x-\mu)^2$의 가중평균은

$$(1-3)^2(0.1) + (2-3)^2(0.2) + (3-3)^2(0.3) + (4-3)^2(0.4)$$
$$= \sum_{x=1}^{4} (x-\mu)^2 f(x),$$

이며 1.0이다. 이를 분포의 **분산**(variance) 또는 X의 **분산**이라 하고 σ^2 또는 $Var(X)$로 표시한다. σ(시그마, sigma)는 그리스 문자로 분산의 양의 제곱근

이다. $\sigma=\sqrt{\sigma^2}=1$를 분포 또는 X의 **표준편차**(standard deviation)라 한다.

통계학을 공부하는 이 시점에서 표준편차가 왜 분포의 중요한 특성인지 알기는 어려우나, 표준편차는 자료의 흩어짐을 살펴볼 수 있는 척도들 중 하나임을 알 수 있는 예를 보자. 만일 $x=1,3,5,7$에 같은 확률 $0.1, 0.2, 0.3, 0.4$를 갖는다면 새로운 평균은 $\mu=5$이고 새로운 표준편차는 $\sigma=2$가 된다. 물론 새로운 확률분포는 앞의 분포보다 2배 넓게 퍼져 있으며 표준편차가 2배이다.

일반적으로 분산 σ^2은 다음과 같이 정의되며 μ는 상수이므로 $\sum$ 밖으로 내보낼 수 있다.

$$\sigma^2=\sum_x(x-\mu)^2f(x)=\sum_x(x^2-2x\mu+\mu^2)f(x)$$
$$=\sum_x x^2f(x)-2\mu\sum_x xf(x)+\mu^2\sum_x f(x)$$

그러나

$$\mu=\sum_x xf(x) \quad \text{이고} \quad \sum_x f(x)=1$$

이므로

$$\sigma^2=\sum_x x^2f(x)-(2\mu)(\mu)+\mu^2=\sum_x x^2f(x)-\mu^2$$

가 된다.

앞의 예시 자료로부터

$$\sigma^2=\sum_{x=1}^{4}x^2f(x)-\mu^2=(1^2)(0.1)+(2^2)(0.2)+(3^2)(0.3)+(4^2)(0.4)-3^2$$
$$=10.0-9.0=1.0,$$

이며 이는 앞의 결과와 일치한다.

참고 물리학에서는 $\sum_x x^rf(x)$을 원점에 대한 **r차 적률**(rth moment about the origin)이라 한다. μ는 원점에 대한 1차 적률이며 $\sum_x x^2f(x)$는 원점에 대한 2차 적률이 된다.

다시 표본 크기가 $n=1000$인 예를 살펴보면 $(x-\bar{x})^2$의 가중평균은 다음과 같다.

$$\sum_{x=1}^{4}(x-2.983)^2h(x)=\sum_{x=1}^{4}x^2h(x)-2.983^2$$
$$=1^2(0.098)+2^2(0.209)+3^2(0.305)+4^2(0.388)-2.983^2$$
$$=9.887-8.898=0.989$$

경험적 분포의 분산을 나타내는 기호로 v를 사용한다. 그러나 표본자료에 대해서는 v로 나타내지 않고 표본분산 s^2으로 나타낸다.

$$s^2=\frac{n}{n-1}v=\left(\frac{1000}{999}\right)(0.989)=0.990$$

나중에 설명하겠지만 s^2이 v 보다는 σ^2에 더 가까운 추정치가 된다. 물론 여기서 $s=\sqrt{s^2}=0.995$이며 이는 $\sigma=1$의 우수한 추정치이고 $\bar{x}=2.983$ 도 $\mu=3$의 우수한 추정치이다. 위의 모의실험 결과는 운이 좋게도 $h(x)$가 $f(x)$에 아주 잘 근사해서 표본에서 계산된 값이 이론적 분포의 값에 가깝게 나타났을 뿐이다.

예제 2.1-1 정육면체 주사위를 임의로 던질 때 위에 나타나는 점의 수를 X라 하자. 모든 것이 공정한 가운데서 실험이 이루어졌다면 확률모형은

$$f(x)=P(X=x)=\frac{1}{6},\quad x=1,2,3,4,5,6$$

이다. X의 평균은

$$\mu=\sum_{x=1}^{6}x\left(\frac{1}{6}\right)=\frac{1+2+3+4+5+6}{6}=\frac{7}{2}$$

이고 원점에 대한 2차 적률은

$$\sum_{x=1}^{6}=x^2\left(\frac{1}{6}\right)=\frac{1^2+2^2+3^2+4^2+5^2+6^2}{6}=\frac{91}{6}$$

이다. 따라서 분산은

$$\sigma^2=\frac{91}{6}-\left(\frac{7}{2}\right)^2=\frac{182-147}{12}=\frac{35}{12}$$

이고 표준편차는 $\sigma=\sqrt{35/12}=1.708$이다.

예제 2.1-2 X의 p.m.f.는 $f(x)=x/6$, $x=1,2,3$으로 정의된다. X의 평균은 다음과 같다.

$$\mu=1\left(\frac{1}{6}\right)+2\left(\frac{2}{6}\right)+3\left(\frac{3}{6}\right)=\frac{7}{3}$$

X의 분산과 표준편차를 구하기 위해 먼저 원점에 대한 2차 적률을 구하면 다음과 같다.

$$1^2\left(\frac{1}{6}\right)+2^2\left(\frac{2}{6}\right)+3^2\left(\frac{3}{6}\right)=\frac{36}{6}=6$$

따라서 X의 분산은

$$\sigma^2=6-\left(\frac{7}{3}\right)^2=\frac{5}{9}$$

이며, X의 표준편차는

$$\sigma=\sqrt{5/9}=0.745$$

이다.

대부분의 학생들은 μ가 X 분포의 중심측도로서 이해하지만 분산과 표준편차에 대해서는 이해하기 어려운 것 같다. 다음은 표준편차가 산포의 측도 또는 공간 S에 속하는 점들의 산포를 나타내는 예제이다.

예제 2.1-3 X의 p.m.f.가 $f(x)=1/2$, $x=-1,0,1$이라 하자. 따라서 평균은

$$\mu=\sum_{x=-1}^{1}xf(x)=(-1)\left(\frac{1}{3}\right)+(0)\left(\frac{1}{3}\right)+(1)\left(\frac{1}{3}\right)=0$$

이고, 분산을 σ_X^2이라 하면

$$\begin{aligned}\sigma_X^2&=\sum_{x=-1}^{1}x^2f(x)-0^2\\&=(-1)^2\left(\frac{1}{3}\right)+(0)^2\left(\frac{1}{3}\right)+(1)^2\left(\frac{1}{3}\right)\\&=\frac{2}{3}\end{aligned}$$

이며, 표준편차는 $\sigma_X=\sqrt{2/3}$ 이다. 다음은 다른 확률변수 Y가 p.m.f. $g(y)=1/3$, $y=-2,0,2$ $g(y)=1/3, y=-2,0,2$ $g(y)=1/3, y=-2,0,2$를 갖는

다고 하자. 이 경우 Y의 평균은 0이며 $Var(Y)=8/3$이고 Y의 표준편차는 $\sigma_Y = 2\sqrt{2/3}$이다. 여기서 Y의 표준편차는 X의 표준편차의 2배이며 이는 Y의 확률분포가 X의 확률분포보다 두 배 넓게 흩어져 있음을 나타낸다.

예제 2.1-4 정육면체 주사위를 독립적으로 다섯 번 던지는 실험에서 $n=5$인 다음과 같은 표본 관측치를 얻었다.

$$x_1=3,\ \ x_2=1,\ \ x_3=2,\ \ x_4=6,\ \ x_5=3$$

이 경우 표본평균은

$$\bar{x}=\frac{3+1+2+6+3}{5}=3$$

이고 표본분산은

$$s^2=\frac{(3-3)^2+(1-3)^2+(2-3)^2+(6-3)^2+(3-3)^2}{4}=\frac{14}{4}=3.5$$

이다. 따라서 $s=\sqrt{14/4}=1.87$이다. s는 x값들이 표본평균 $\bar{x}$로부터 떨어져있는 평균 거리로 생각할 수 있다.

예제 2.1-5 정육면체 주사위를 '5' 또는 '6'의 눈금이 나타날 때까지 던진다고 하자. 확률변수 X를 처음으로 '5' 또는 '6'의 눈금이 나타날 때까지의 시행횟수라 하자. '5' 또는 '6'이 나타나면 성공(success)이라 한다. 물론 X의 공간은 $S=\{x : x=1,2,3,4,\dots\}$로 모든 양의 정수 집합이다. '5' 또는 '6'(성공)이 나타날 확률은 $2/6=1/3$이다. 따라서 X의 p.m.f.는

$$f(x)=P(X=x)=\left(\frac{2}{3}\right)^{x-1}\left(\frac{1}{3}\right), \qquad x=1,2,3,4,\dots$$

이다. $X=x$이기 위해서는 $x-1$번의 실패 후에 x번째 시행에서 성공을 얻으면 된다. X의 평균은

$$\mu=\sum_{x=1}^{\infty} xf(x)=1\left(\frac{1}{3}\right)+2\left(\frac{2}{3}\right)\left(\frac{1}{3}\right)+3\left(\frac{2}{3}\right)^2\left(\frac{1}{3}\right)+\cdots$$

이다. 이를 Taylor 전개식

$$(1-y)^{-2} = 1 + 2y + 3y^2 + \cdots, \qquad |y| < 1,$$

와 비교하면

$$\mu = \left(\frac{1}{3}\right)\left(1 - \frac{2}{3}\right)^{-2} = \left(\frac{1}{3}\right)\left(\frac{1}{3}\right)^{-2} = 3$$

을 얻는다. 또한 $\sigma^2 = 6$이고 따라서 표준편차는 $\sigma = \sqrt{6} = 2.449$임을 알 수 있다. 예제 5.2-1에 Maple을 사용한 계산 결과가 제시되어 있다.

이 실험을 컴퓨터를 이용하여 $n = 200$번 모의실험을 한 결과 $x = 1, 2, 3, \ldots$에 대한 도수분포표는 다음과 같다.

x	1	2	3	4	5	6	7	8	9	10	11	12
f	61	48	26	26	12	12	4	5	2	2	0	2

표본평균은

$$\bar{x} = \frac{1}{200}[(61)(1) + (48)(2) + (26)(3) + \cdots + (2)(12)] = \frac{601}{200} = 3.005$$

이고

$$v = \frac{1}{200}[(61)(1)^2 + (48)(2)^2 + (26)(3)^2 + \cdots + (2)(12)^2] - 3.005^2$$

$$= \frac{198{,}999}{40{,}000} = 4.974975$$

이므로 따라서 표본분산은

$$s^2 = \frac{200}{199} \cdot v = 4.999975$$

이고 표본표준편차는

$$s = 2.236$$

이다. 그림 2.1-2는 확률모형과 모의실험 결과를 같이 나타낸 것이다.

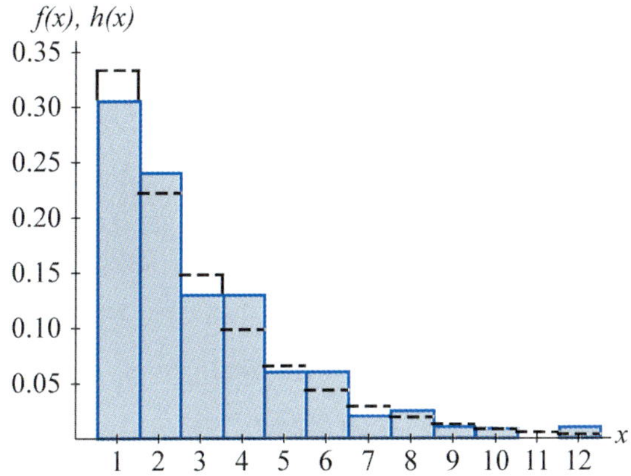

그림 2.1-2 상대도수히스토그램 $h(x)$(음영), 확률히스토그램 $f(x)$(점선)

연습문제 2.1

2.1-1 다음 이산형 분포의 평균과 분산을 구하여라.

(a) $f(x)=\dfrac{1}{5},\qquad x=5,10,15,20,25$

(b) $f(x)=1,\qquad x=5$

(c) $f(x)=\dfrac{4-x}{6},\qquad x=1,2,3$

2.1-2 카드 한 벌에서 카드 한 장을 임의로 추출한다. Ace가 추출되면 확률변수 $X=4$, King이 추출되면 $X=3$, Queen이 추출되면 $X=2$, Jack이 추출되면 $X=1$, 그 외의 카드가 추출되면 $X=0$의 값을 부여한다고 하자.

(a) X의 p.m.f. $f(x)$를 구하여라.

(b) $P(X\geq 1)$를 구하여라.

(c) X의 평균 μ와 분산 σ^2을 구하여라.

(d) p.m.f.의 확률히스토그램을 그려라.

2.1-3 다음 각각에 대해 $f(x)$가 p.m..f.의 조건을 만족하는 c를 구하고 확률 히스토그램을 그려라.

(a) $f(x)=cx,\quad x=1,2,3,4,5,6$

(b) $f(x)=c\left(\dfrac{2}{3}\right)^x,\quad x=1,2,3,4\cdots$

(c) $f(x) = c(x+1)^2, \quad x = 0, 1, 2$

(d) $f(x) = c(x^2+1), \quad x = -1, 0, 1$

2.1-4 연습문제 2.1－3의 (a), (c), (d) 분포에 대한 평균 μ와 분산 σ^2을 구하여라.

2.1-5 Arizona 주에서는 일일 복권의 당첨번호 숫자 3개를 일주일에 여섯 번 추첨한다. 각 숫자는 한 번에 하나씩 추출한다. 다음 자료는 2000년 5월 1일부터 2000년 7월 3일까지 추출된 50개의 세 숫자이다. 추첨된 한 개 숫자의 결과를 X라고 하자.

951	728	818	922	850	835	003	406	203	603
011	217	803	776	397	019	785	185	632	245
945	929	508	849	516	729	306	305	278	100
089	860	918	124	675	220	728	751	786	609
076	320	732	911	913	556	367	897	540	979

(a) 난수가 공정하게 발생되었다면 X의 p.m.f.는 무엇인가? 확률히스토그램을 그려라.

(b) 150개 관측치에 대한 상대도수를 구하여라.

(c) 그림 2.1－1과 2.1－2와 같이 확률히스토그램과 상대도수히스토그램을 작성하여라.

(d) 분포와 표본 각각에 대해 평균 μ, $\overline{x}$와 분산 σ^2, s^2을 구하여라.

(e) 다음은 1998년 5월 4일부터 6월 9일까지의 실제 자료이다. 이 자료를 사용하여 **(b)~(d)**에 답하여라.(이 자료에 대한 논의는 W.D. Kaigh의 "The Case of thc Missing Lottery Number," The College Mathematics Journal (2001) pp 15－19 참고)

287	215	846	873	485	812	432	415	348	383
334	075	655	871	824	704	533	014	822	477
880	316	012	010	557	881	222	256	282	704
111	124								

2.1-6 X의 p.m.f.는 $f(x) = (5-x)/10, \ x = 1,2,3,4$이다.

(a) 다음은 컴퓨터로 생성한 100개의 독립인 관측치이다. 1,2,3,4에 대한 상대도수를 구하여라.

3 1 2 2 3 2 2 2 1 3 3 2 3 2 4 4 2 1 1 3
3 1 2 2 1 1 4 2 3 1 1 1 2 1 3 1 1 3 3 1
1 1 1 1 1 4 1 3 1 2 4 1 1 2 3 4 3 1 4 2
2 1 3 2 1 4 1 1 1 2 1 3 4 3 2 1 4 4 1 3
2 2 2 1 2 3 1 1 4 2 1 4 2 1 2 3 1 4 2 3

(b) 그림 2.1－1과 2.1－2와같이 확률히스토그램과 상대도수히스토그램을 작성하여라.

(c) 분포와 표본 각각에 대해 평균 μ, $\overline{x}$와 분산 σ^2, s^2을 구하여라.

2.1-7 정육면체 주사위 두 개를 던지는 확률실험에서 X는 두 눈금의 합이라 하자.

(a) X의 p.m.f. $f(x)$를 구하여라.

Hint 먼저 결과공간은 36개의 점으로 구성되어 있으며 각각의 발생확률은 1/36이다. X의 가능한 값 $x=2,3,4,\ldots,12$에 대한 확률을 구한다.

(b) $f(x)$의 확률히스토그램을 그려라.

(c) 분포의 평균 μ와 분산 σ^2을 구하여라.

2.1-8 정육면체 주사위 두 개를 던지는 확률실험에서 X는 두 눈금이 차이가 있으면 작은 수이고 두 눈금이 같으면 공통인 수라 하자.

(a) X의 p.m.f. $f(x)$를 구하여라.

(b) 확률히스토그램을 그려라.

(c) Y는 두 결과의 범위(두 값의 차이의 절대값)라 하자. $y=0,1,2,3,4,5$에 대한 Y의 p.m.f.를 구하여라.

(d) $g(y)$의 확률히스토그램을 그려라.

2.1-9 100개의 전구 중 5개가 불량이다. 검수자는 비복원으로 10개의 표본을 추출하여 검사한다. 적어도 1개 이상의 불량인 전구가 나타날 확률을 구하여라.

Hint 먼저 표본에서 불량품이 하나도 없을 확률을 구하여라.

2.1-10 (생일문제) (연습문제 5.3－7 참고) 학생수가 r명인 학급에서 생일문제를 고려해보자. 1년은 365일이고 생일은 1부터 365까지 균일하게 분포되어 있다고 가정하자. 즉 각 날은 확률 1/365을 갖는다.

(a) 모든 학생들이 서로 다른 생일을 가질 확률이 $\dfrac{365!}{(365-r)!365^r}$이 됨을 보여라.

(b) 적어도 두 명의 학생이 생일이 같을 확률을 r의 확률인 $P(r)$로 정의하여라.

(c) 다음 집합 $\{[r, P(r)], r = 1,2,...,80\}$에 대한 그래프를 그려라.

(d) $P(r) > 1/2$을 만족하는 r의 최소값을 구하여라. (c)의 그래프를 사용하거나 컴퓨터대수시스템(Computer Algebra System)을 이용하여 구하여라. 예를 들면, Maple를 이용하는 경우 다음과 같이 할 수 있다

```
Maple:
> fsolve({1-365!/(365-r)!/365^r=1/2}, {r}, {r=1..60});
> assign(%);
> r:=r;
> r:=ceil(r);
```

(e) (i) $P(r) > 3/4$ (ii) $P(r) > 9/10$ 인 경우에서 r의 최소값을 구하여라.

(f) $p = 0.05, 0.10, ..., 0.95$인 경우에 $P(r) > p$인 r의 최소값을 구하여라. 19개 쌍 $\{[p,r]\}$을 그래프 상에 표시하여라.

2.1-11 (생일문제 계속) 대규모 학급에서 학생들이 차례로 각자의 생일을 말한다고 하자. 학생들은 1,2,...와 같이 번호가 부여되었다. 확률변수 Y는 첫번째 학생의 생일이 이전 학생의 생일과 일치하는 수라고 하자. 나머지 학생들에게 1번부터 번호를 재부여하고 실험을 반복한다.

(a) Y의 p.m.f.를 구하여라.

(b) $\mu = E(Y)$와 $\sigma^2 = Var(Y)$을 구하여라.

(c) 경험적으로 결과를 예시하여라. 이 실험은 365면체 주사위를 던질 때 Y는 처음 일치하는 것과 같다.

2.2 기대값

X가 p.m.f. $f(x)$와 공간 S를 갖는 확률변수라면 X의 평균은

$$\mu = \sum_{x \in S} x f(x)$$

로 정의 할 수 있다. 일부 다른 서적에서는 **확률변수의 기대값**

$$E(X) = \sum_{x \in S} x f(x)$$

이 존재하기 위해서는 **절대수렴**(absolute convergence)인

$$\sum_{x \in S} |x| f(x)$$

이 존재하여야 한다고 언급하는 곳도 있다. 그러나, 이 책에서는 위의 조건이 만족된다는 가정 하에서 절대수렴에 대해서는 별도로 언급하지 않겠다.

참고 $f(x) = \frac{c}{x^2}$, $x = \pm 1, \pm 2, \ldots$ 에서 p.m.f.의 조건을 만족하는 상수 c값을 구할 수 있다. X의 공간 S는 모든 양의 정수와 모든 음의 정수이다. 이 p.m.f.는 0에 대해 대칭이므로 양의 값을 갖는 $(x)\frac{c}{x^2}$와 음의 값을 갖는 $(-x)\frac{c}{x^2}$, $x = 1, 2, 3, \ldots$.가 상쇄되므로 평균은 0이라고 생각할 수 있다. 그러나

$$\sum_{x \in S} |x| \frac{c}{x^2} = \sum_{x \in S} \frac{c}{|x|}$$

는 명백히 존재하지 않는다. 왜냐하면 조화수열

$$1 + \frac{1}{2} + \frac{1}{3} + \cdots$$

의 합은 존재하지 않으며 따라서 평균 μ도 존재하지 않기 때문이다.
c의 값을 구하기 위해 다음의 결과를 이용할 수 있다.

$$\sum_{x=1}^{\infty} \frac{1}{x^2} = \frac{\pi^2}{6}$$

이며 이로부터

$$\sum_{x \in S} \frac{c}{x^2} = \frac{2c\pi^2}{6}$$

이고 따라서

$$c = \frac{3}{\pi^2}$$

이다.

Maple:

```
> solve ({sum(c/x^2 + c/(-x)^2, x=1 .. infinity ) = 1}, {c});
```

$$\left\{c = 3\frac{1}{\pi^2}\right\}$$

즉,

$$c = \frac{3}{\pi^2}$$

이다.

2.1절에서는 평균 μ를 계산하기 위해 몇 가지 계산 예를 살펴보았다. X가 다음과 같은 p.m.f.를 갖는다고 하자.

$$f(x) = \frac{1}{3},\ \ x = -1, 0, 1$$

이 경우 $\mu = E(X) = 0$임을 쉽게 보일 수 있다. $Y = X^2$이라 정의하자. Y는 확률변수 X의 함수이며 그 자체도 확률변수가 된다. Y의 공간은 $y = 0, 1$이 되며 Y에 대한 확률은 X로부터 유도할 수 있다. 즉

$$P(Y = 0) = P(X^2 = 0) = P(X = 0) = \frac{1}{3}$$

이고

$$P(Y = 1) = P(X^2 = 1) = P(X = -1) + P(X = 1) = \frac{1}{3} + \frac{1}{3} = \frac{2}{3}$$

이다. 즉 Y는 확률변수이며 p.m.f.는 다음과 같다.

$$g(y) = \begin{cases} \frac{1}{3}, & y = 0 \\ \frac{2}{3}, & y = 1 \end{cases}$$

또는 간단히 $g(y) = (y+1)/3,\ y = 0, 1$로 표현할 수 있다. 물론 평균 μ_Y는

$$E(Y) = \sum_{y=0}^{1} y g(y) = 0 \cdot \frac{1}{3} + 1 \cdot \frac{2}{3} = \frac{2}{3}$$

이다. 마지막의 합은 다음과 같이 다시 쓸 수 있다.

$$(-1)^2 \cdot \frac{1}{3} + 0^2 \cdot \frac{1}{3} + 1^2 \cdot \frac{1}{3} = \sum_{x=-1}^{1} x^2 f(x)$$

즉, 이 경우에서는

$$\sum_{y=0}^{1} y\,g(y) = \sum_{x=-1}^{1} x^2 f(x)$$

이다. $E(X^2)$은 X^2의 기대값으로서 $E(Y)=E(X^2)$이 된다.

X가 공간 S_X에서 p.m.f. $f(x)$를 갖는다고 하자. 그러면 $Y=u(X)$로 정의되는 확률변수는 공간 $S_Y=\{y : y=u(x), x\in S_X\}$에서 p.m.f. $g(y)$를 갖는다. 만일

$$\mu_Y = E(Y) = \sum_{y\in S_Y} yg(y)$$

가 존재하면 $u(X)$의 기대값은 다음과 같이 구할 수 있다.

$$E[u(X)] = \sum_{x\in S_X} u(x)f(x)$$

예제 2.2-1 X가 다음과 같은 p.m.f.를 갖는다.

$$f(x) = \frac{x}{6}, \quad x = 1,2,3$$

$Y=X^3$라 하자. $E(Y)$는 다음과 같이 계산할 수 있다.

$$E(X^3) = \sum_{x=1}^{3} (x^3)\frac{x}{6} = \frac{1^4}{6} + \frac{2^4}{6} + \frac{3^4}{6} = \frac{98}{6}$$

예제 2.2-2 X를 공정한 주사위를 던지는 독립시행에서 처음으로 '6'이 나타날 때까지의 시행 횟수라 하자. X의 공간은 $x=1,2,3,\ldots$이며 p.m.f.는 다음과 같다.

$$f(x) = \left(\frac{5}{6}\right)^{x-1}\left(\frac{1}{6}\right), \qquad x = 1,2,3,\ldots$$

$Y=X^2$라 하면 $E(Y)$는

$$E(X^2) = \sum_{x=1}^{\infty} x^2\left(\frac{5}{6}\right)^{x-1}\left(\frac{1}{6}\right) = 66$$

이 된다.

기대값이 존재한다면 다음 성질을 만족한다.

1. 만일 k가 상수이면, $E(k)=k$이다. 즉 상수의 기대값은 상수와 같다.

$$E(k)=\sum_{x\in S}kf(x)=k\sum_{x\in S}f(x)=k\cdot 1=k$$

2. k가 상수이고 $u(x)=kv(x)$인 함수 v에 대하여

$$E[kv(X)]=\sum_{x\in S}kv(x)f(x)=k\sum_{x\in S}v(x)f(x)=kE[v(X)]$$

3. k_1과 k_2가 상수이고 v_1과 v_2는 함수라 하자. $u=k_1v_1+k_2v_2$이라하면

$$\begin{aligned}E[k_1v_1(X)+k_2v_2(X)]&=\sum_{x\in S}[k_1v_1(x)+k_2v_2(x)]f(x)\\&=k_1\sum_{x\in S}v_1(x)f(x)+k_2\sum_{x\in S}v_2(x)f(x)\\&=k_1E[v_1(X)]+k_2E[v_2(X)]\end{aligned}$$

이 성질은 $k_1v_1+k_2v_2+\cdots+k_mv_m$으로 확장할 수 있으므로 E를 **선형**(linear) 또는 **배분연산자**(distributive operators)라 한다. 즉

$$E\left[\sum_{i=1}^{m}k_iv_i(X)\right]=\sum_{i=1}^{m}k_iE[v_i(X)]$$

이며, 분산은

$$\sigma^2=E[(X-\mu)^2]$$

이며 E가 배분연산자이므로

$$\begin{aligned}E(X^2-2\mu X+\mu^2)&=E(X^2)-2\mu E(X)+\mu^2\\&=E(X^2)-2\mu^2+\mu^2=E(X^2)-\mu^2\end{aligned}$$

이므로 $\sigma^2=E(X^2)-\mu^2$이 된다.

예제 2.2-3 확률변수 X의 p.m.f.가 다음과 같다.

$$f(x)=\left(\frac{1}{2}\right)^x,\quad x=1,2,3,\ldots$$

$(1-z)^{-2}=1+2z+3z^2+\cdots,\ |z|<1$이므로 평균은 다음과 같다.

$$\mu = E(X) = \sum_{x=1}^{\infty} x\left(\frac{1}{2}\right)^x = 1\cdot\left(\frac{1}{2}\right) + 2\cdot\left(\frac{1}{2}\right)^2 + 3\cdot\left(\frac{1}{2}\right)^3 + \cdots$$

$$= \frac{1}{2}\left[1 + 2\cdot\left(\frac{1}{2}\right) + 3\cdot\left(\frac{1}{2}\right)^2 + \cdots\right]$$

$$= \frac{1}{2}\left(1 - \frac{1}{2}\right)^{-2} = 2$$

또한

$$E[X(X+1)] = \sum_{x=1}^{\infty} x(x+1)\left(\frac{1}{2}\right)^x = 1\cdot2\left(\frac{1}{2}\right)^1 + 2\cdot3\left(\frac{1}{2}\right)^2 + 3\cdot4\left(\frac{1}{2}\right)^3 + \cdots$$

$$= 1\cdot2\cdot\frac{1}{2}\left[1 + \frac{3\cdot2}{2\cdot1}\left(\frac{1}{2}\right) + \frac{4\cdot3}{2\cdot1}\left(\frac{1}{2}\right)^2 + \cdots\right]$$

$$= \left(1 - \frac{1}{2}\right)^{-3} = 8$$

이다. $E[X(X+1)] = E(X^2) + E(X)$이므로

$$E(X^2) = E[X(X+1)] - E(X) = 8 - 2 = 6$$

이고 따라서

$$\sigma^2 = E(X^2) - \mu^2 = 6 - 4 = 2$$

가 된다. 예제 5.2－2는 본 예제의 Maple 해이다.

만일 X가 평균이 μ_X이고 분산이 σ_X^2인 확률변수일 때 확률변수 $Y = aX + b$ (a, b는 상수)평균과 분산은 다음과 같다.

$$\mu_Y = E(Y) = E(aX+b) = aE(X) + b = a\mu_X + b$$

$$\sigma_Y^2 = E[(Y - \mu_Y)^2] = E[(aX + b - a\mu_X - b)^2]$$

$$= E[a^2(X - \mu_X)^2] = a^2\sigma_X^2$$

특히 $a = 1$인 경우 $Y = X + b$ 이며 이 경우 Y의 분포는 X 분포의 이동이며 $\sigma_Y^2 = \sigma_X^2$이 된다.

다음은 중요한 이산형 분포의 하나인 이항분포를 유도해 보자. 성공(S)과 실

패(F) 두 가지 중 하나의 결과를 갖는 어떤 실험을 반복하여 관찰한다고 하자. 각 시행에서 성공의 확률은 상수 p이며 독립적으로 시행한 다른 결과와는 상호배반이라 가정한다. 이를 **베르누이 시행**(Bernoulli trials)이라 한다. n번의 베르누이 시행에서 성공인 사건이 발생한 횟수를 확률변수 X로 나타내자. X의 p.m.f.에서 가능한 X의 값은 $0,1,2,\ldots,n$이다. 만일 성공이 x번($x=0,1,2,\ldots,n$) 발생하면 실패는 $n-x$번 발생한다. n번의 시행에서 성공이 x번인 경우의 수는

$$\binom{n}{x}=\frac{n!}{x!(n-x)!}$$

이다. 각 시행은 독립이고 각 시행에서 성공과 실패의 확률은 각각 p와 $1-p$이므로 n번의 독립된 시행에서 x번 성공과 $n-x$번 성공이 발생할 확률은 $p^x(1-p)^{n-x}$이다. 따라서 X의 p.m.f. $f(x)$는 $\binom{n}{x}$번의 상호배반인 사건들의 합과 같다. 즉

$$f(x)=\binom{n}{x}p^x(1-p)^{n-x}=\frac{n!}{x!(n-x)!}p^x(1-p)^{n-x},\quad x=0,1,2,\ldots,n$$

여기서 $1-p$는 $q=1-p$로 나타내기도 한다. 이러한 확률을 이항확률이라 하고 확률변수 X는 **이항분포**(binomial distribution)를 갖는다고 하며 $X\sim b(n,p)$로 표시한다.

식 1.2－1의 이항정리

$$(a+b)^n=a^n+\binom{n}{1}a^{n-1}b+\binom{n}{2}a^{n-2}b^2+\cdots+\binom{n}{n-1}ab^{n-1}+b^n$$

에서 $a=1-p$, $b=p$로 놓으면

$$(1-p+p)^n=\sum_{x=0}^{n}\binom{n}{x}p^x(1-p)^{n-x}=\sum_{x=0}^{n}f(x)$$

이므로

$$\sum_{x=0}^{n}f(x)=1$$

이 된다.

$\mu = E(X)$를 구해 보자.

$$E(X) = \sum_{x=0}^{n} x \frac{n!}{x!(n-x)!} p^x (1-p)^{n-x} = \sum_{x=1}^{n} \frac{n!}{(x-1)!(n-x)!} p^x (1-p)^{n-x}$$

가 되는데, $k = x-1$ 또는 $x = k+1$로 놓으면

$$\begin{aligned} E(X) &= \sum_{k=0}^{n-1} \frac{n!}{k!(n-1-k)!} p^{k+1} (1-p)^{n-1-k} \\ &= np \sum_{k=0}^{n-1} \frac{(n-1)!}{k!(n-1-k)!} p^k (1-p)^{n-1-k} \\ &= np(1-p+p)^{n-1} \\ &= np \end{aligned}$$

이다. 즉 X의 분포가 $b(n,p)$이면 $\mu = E(X) = np$ 이다. 분산 $\sigma^2 = Var(X)$을 구하기 위해 먼저 $E[X(X-1)] = E(X^2) - E(X)$를 구하면 $Var(X) = E[X(X-1)] + E(X) - \mu^2$가 된다.

$$\begin{aligned} E[X(X-1)] &= \sum_{x=0}^{n} x(x-1) \frac{n!}{x!(n-x)!} p^x (1-p)^{n-x} \\ &= \sum_{x=2}^{n} \frac{n!}{(x-2)!(n-x)!} p^x (1-p)^{n-x} \end{aligned}$$

이고 $k = x-2$ 또는 $x = k+2$로 놓으면

$$\begin{aligned} E[X(X-1)] &= \sum_{k=0}^{n-2} \frac{n!}{k!(n-2-k)!} p^{k+2} (1-p)^{n-2-k} \\ &= n(n-1)p^2 \sum_{k=0}^{n-2} \frac{(n-2)!}{k!(n-2-k)!} p^k (1-p)^{n-2-k} \\ &= n(n-1)p^2 (1-p+p)^{n-2} \\ &= n(n-1)p^2 \end{aligned}$$

이다. 따라서 X의 분산은

$$\sigma^2 = n(n-1)p^2 + np - (np)^2 = np(1-p)$$

이다.

평균과 분산을 구하기 위해 Maple을 사용할 수 있다.(예제 5.2－2 참조).

예제 2.2-4 즉석복권의 당첨 확률은 20%이다. 만일 $n = 8$매의 구매복권 중 당첨 복권의 수를 X라고 하면 당첨복권이 2장일 확률은

$$f(2) = P(X = 2) = \binom{8}{2}(0.2)^2(0.8)^6 = 0.2936$$

이다.

예제 2.2-5 꽃씨가 발아할 확률은 0.8이고 발아되면 성공이라 하자. $n = 10$인 독립시행에서 발아한 씨앗의 수 X는 $b(10\,,\,0.8)$ 이다. 즉

$$f(x) = \binom{10}{x}(0.8)^x(0.2)^{10-x}, \quad x = 0, 1, 2, \ldots, 10$$

발아한 씨앗의 수가 8개 이하일 확률은

$$\begin{aligned} P(X \le 8) &= 1 - P(X = 9) - P(X = 10) \\ &= 1 - 10(0.8)^9(0.2) - (0.8)^{10} = 0.6242 \end{aligned}$$

이고, 발아한 씨앗의 수가 6개 이하일 확률은

$$P(X \le 6) = \sum_{x=0}^{6}\binom{10}{x}(0.8)^x(0.2)^{10-x}$$

이다.

예제 2.2-6 X가 $b(n\,,\,p)$라 하자. 그러면 $Y = X/n$의 평균과 분산은

$$\mu_Y = \frac{np}{n} = p \text{ 이고} \quad \sigma_Y^2 = \frac{np(1-p)}{n^2} = \frac{p(1-p)}{n}$$

이다. 이는 $aX + b$에서 $a = 1/n$이고 $b = 0$인 경우이다. $E(Y) = p$이므로 $Y = X/n$를 p의 **불편추정량**(unbiased estimator)이라 한다. 이 경우 분산은 $p(1-p)/n$이다.

예제 2.2-7 $u(x) = (x-b)^2$이고 b는 X의 함수가 아니며 $E[(X-b)^2]$가 존재한다고 한다. $E[(x-b)^2]$의 값이 최소가 되는 b의 값을 구해 보자.

$$g(b) = E[(X-b)^2] = E[X^2 - 2bX + b^2]$$
$$= E(X^2) - 2bE(X) + b^2$$

최소값을 구하기 위해 $g(b)$를 b에 대해 미분하고 b값을 구하기 위해 $g'(b) = 0$로 놓고 풀면

$$g'(b) = -2E(X) + 2b = 0$$
$$b = E(X)$$

가 된다. $g''(b) = 2 > 0$이므로 $E[(X-b)^2]$를 최소화 하는 b의 값은 $E(X)$이다.

표준편차의 의미를 살펴볼 수 있는 의미있는 부등식을 소개하고자 한다. 양의 상수 k에 대해 $A = \{x : |x-\mu| \geq k\sigma\}$ 라 하면

$$\sigma^2 = E[(X-\mu)^2] = \sum_{x \varepsilon S}(x-\mu)^2 f(x) \geq \sum_{x \varepsilon A}(x-\mu)^2 f(x)$$

이 성립한다. A에서 $|x-\mu| \geq k\sigma$이므로 마지막 식에서 $(x-\mu)^2$을 $k^2\sigma^2$으로 대체하면

$$\sigma^2 \geq \sum_{x \in A} k^2\sigma^2 f(x) = k^2\sigma^2 \sum_{x \in A} f(x) = k^2\sigma^2 P(X \in A)$$

를 얻는다. 즉

$$\frac{1}{k^2} \geq P(|X-\mu| \geq k\sigma)$$

이 성립하고 이를 **체비셰프 부등식**(Chebychev's Inequality)이라 한다. 예를 들면 $k=2$인 경우

$$\frac{1}{4} \geq P(|X-\mu| \geq 2\sigma)$$

이고 이는 다음 식과 같다.

$$\frac{3}{4} \leq 1 - P(|X-\mu| \geq 2\sigma) = P(|X-\mu| < 2\sigma)$$

즉 평균 μ로부터 2σ 거리 안에 X가 존재할 확률은 3/4보다 크거나 같다. 이는 평균과 분산을 갖는 모든 확률변수에 적용된다. 만일 2σ를 3σ로 바꾸면 확률은 8/9보다 크거나 같다.

만일 예제 2.2-6에서 사용했던 $Y=X/n$을 다시 고려한다면, 모든 $\epsilon > 0$에 대해

$$P\left(\left|\frac{X}{n}-p\right| \geq \epsilon\right) = P\left[\left|\frac{X}{n}-p\right| \geq \left(\frac{\epsilon\sqrt{n}}{\sqrt{p(1-p)}}\right)\sqrt{\frac{p(1-p)}{n}}\right]$$

$$\leq \frac{1}{\left(\dfrac{\epsilon\sqrt{n}}{\sqrt{p(1-p)}}\right)^2} = \frac{p(1-p)}{\epsilon^2 n}$$

이 성립한다. 여기서 $Y=X/n$의 표준편차는 $\sqrt{p(1-p)/n}$이며 따라서 $k=\epsilon\sqrt{n}/\sqrt{p(1-p)}$이다. ϵ이 아주 작은 값이라도

$$\lim_{n\to\infty} P\left(\left|\frac{X}{n}-p\right| \geq \epsilon\right) \leq \lim_{n\to\infty} \frac{p(1-p)}{n\epsilon^2} = 0$$

이 성립한다. 즉 n이 증가하면 추정량 $Y=X/n$이 p로부터 ϵ 이상 떨어질 확률은 0에 수렴한다. 이는 **약대수의 법칙**(weak law of large numbers)의 한 형태이며 $Y=X/n$이 p에 **확률수렴**(converges in probability)한다고 한다. 직관적으로 보면 n이 증가하면 상대도수 $Y=X/n$는 p에 근접함을 알 수 있다.

연습문제 2.2

2.2-1 X의 p.m.f.가 $f(x)=1/5$, $x=1,2,3,4,5$이다. $E(X)$와 $E(X^2)$를 계산하고 이들 결과를 이용하여 $E[(X+2)^2]$를 구하여라.

Hint $(X+2)^2 = X^2+4X+4$

2.2-2 X를 처음 10개의 양의 정수로부터 추출된 수라 하자. 10개의 숫자가 추출될 확률이 등확률일 때 $E[X(11-X)]$를 구하여라.

2.2-3 확률변수 X가 다음 p.m.f.를 갖는다고 하자.

$$f(x) = \frac{(|x|+1)^2}{9}, \quad x=-1,0,1$$

$E(X)$, $E(X^2)$, $E(3X^2-2X+4)$를 계산하여라.

2.2-4 어느 자동차 보험회사에서는 기본공제가 있는 보험을 판매하고 있다. 다음은 손실액 X에 대한 p.m.f.이다.

$$f(x)=\begin{cases} 0.9, & x=0 \\ \dfrac{c}{x} & x=1,2,3,4,5,6 \end{cases}$$

여기서 c는 상수이다. c의 값을 결정하고 보험회사가 보상해야하는 금액의 기대값을 구하여라.

2.2-5 주 복권은 세 자리(000 포함) 숫자를 임의로 추출하는 방식이다. 만일 어떤 특정한 세 자리 숫자의 복권을 \$1에 구매하여 당첨된 경우 배당금액(payoff)은 \$500−\$1(복권구입비용)=\$499이다. X를 복권에서 내기하는 사람이 갖는 배당금(−\$1 혹은 \$499)이라 할 때 $E(X)$를 구하여라.

2.2-6 X를 처음 n개의 양의 정수에서 임의로 추출된 수라 할 때, X의 p.m.f.를 구하여라.

(a) $n=5$일 때 $E(1/X)$를 구하여라.

(b) $n=100$일 때 $E(1/X)$를 구하여라.

Hint 두 개의 적분구간을 이용하여 $E(1/X)$의 상한과 하한을 구한다.

2.2-7 어떤 학교에 20개의 학급이 있는데 16개 학급은 학생이 25명이고, 3개 학급은 학생이 100명, 1개 학급은 300명으로 총 1000명의 학생이 있다.

(a) 학급의 평균 학생 수는?

(b) 1000명 중에서 학생 한 명을 임의로 추출한다. X는 학생이 추출된 학급의 학생 수라 할 때 X의 p.m.f.를 구하여라.

(c) X의 평균을 구하여라. 결과가 놀라운가?

(d) (c)의 답을 이해하기 위하여 X의 관측치 15개를 생성하여 $\bar{x}$ 값을 구하여라.

2.2-8 X의 평균이 μ이고 분산이 σ^2이라 하자. $Y=(X-\mu)/\sigma$의 평균과 분산을 구하여라.

2.2-9 **비대칭도(skewness, 왜도)**는 다음과 같이 정의한다.

$$\frac{E[(X-\mu)^3]}{\{E[(X-\mu)^2]\}^{3/2}}=\frac{E[(X-\mu)^3]}{(\sigma^2)^{3/2}}=\frac{E[(X-\mu)^3]}{\sigma^3}$$

분포가 평균에 대해 대칭일 때 비대칭도는 0이다. 만일 확률히스토그램이 왼쪽보다는 오른쪽으로 긴 꼬리를 갖는 경우에 비대칭도는 양수 값을 갖는다. 만일 확률히스토그램이 오른쪽보다는 왼쪽으로 긴 꼬리를 갖는 경우에 비대칭도는 음수 값을 갖는다. X의 p.m.f. $f(x)$라 하자. 다음 p.m.f에 대해 (i) 확률히스토그램 (ii) 평균 (iii) 표준편차 (iv) 비대칭도를 구하여라.

(a) $f(x)=\begin{cases} \dfrac{2^{6-x}}{64}, & x=1,2,3,4,5,6 \\ \dfrac{1}{64}, & x=7 \end{cases}$

(b) $f(x)=\begin{cases} \dfrac{1}{64} & x=1 \\ \dfrac{2^{x-2}}{64} & x=2,3,4,5,6,7 \end{cases}$

2.2-10 **첨도(kurtosis)**는 다음과 같이 정의한다.

$$E\left[\left(\frac{X-\mu}{\sigma}\right)^4\right]=\frac{E[(X-\mu)^4]}{\sigma^4}$$

X가 $0<p<1/2$에서 p.m.f.

$$f(x)=\begin{cases} p, & x=-1,1 \\ 1-2p, & x=0 \end{cases}$$

를 갖는다고 하자.

(a) p의 함수로서 첨도를 계산하여라.

(b) $p=1/3$, $p=1/5$, $p=1/10$, $p=1/100$일 때 첨도를 구하여라. p가 감소하면 첨도는 증가한다.

(c) p의 함수로서 첨도의 그래프를 작성하여라.

2.2-11 X가 공간 $\{1, 2, 3, 5, 15, 25, 50\}$을 갖고 각점에서 동일한 확률 1/7을 갖는 확률변수라 하자. $c=5$가 $h(c)=E(|X-c|)$를 최소화하는 값임을 보여라. 이 값과 $g(b)=E[(X-b)^2]$를 최소화하는 b를 비교하여라.(예제 2.2-7 참고.)

2.2-12 X가 $b(2,p)$이고 Y가 $b(4,p)$라고 하자. 만일 $P(Y\geq 1)=5/9$일 때 $P(X\geq 1)$을 구하여라.

2.2-13 5지선다형 문제가 6개 있다. 각 문항에서 5개의 가능한 답 중 1개는 정답(C)이고 나머지 4개는 오답(I)이다. 만일 학생이 임의로 답을 고른다고 할 때 다음 확률을 구하여라.

(a) 1번과 4번 문제에서 정답일 경우(즉 C, I, I, C, I, I)

(b) 정확히 두 문제가 정답일 경우

(c) X가 6개 문제에서 정답의 수라 할 때 p.m.f.를 구하여라. X의 평균과 분산은?

2.3 특별한 이산형 분포

이 절에서는 이항분포에 대해 좀더 알아보고 세 개의 다른 중요한 분포(Poisson, 음이항, 초기하)가 유도되는 과정을 설명하고자 한다.

이항분포(Binomial Distribution) : 경우에 따라서는 예제 2.2-5에서 언급한 바와 같은 누적확률이 의미 있을 때도 있다.

$$F(x) = P(X \le x)$$

를 **누적분포함수(cumulative distribution function)** 또는 확률변수 X의 **분포함수(distribution function)**라 한다. 부록 표 II에 여러 가지 n과 p값에 대한 $b(n,p)$인 확률변수 X의 분포함수값이 제시되어 있다. 예제 2.2-5의 이항분포 $b(10,0.8)$에 대한 분포함수는

$$F(x) = P(X \le x) = \sum_{y=0}^{\lfloor x \rfloor} \binom{10}{y} (0.8)^y (0.2)^{10-y}$$

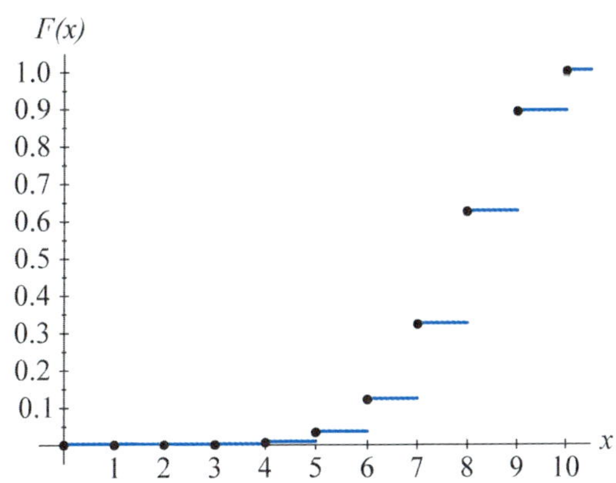

그림 2.3-1 $b(10, 0.8)$분포에 대한 분포함수

로 정의되며 $\lfloor x \rfloor$는 **마루함수**(floor function) 또는 x의 **최대정수함수**이다. 그림 2.3－1은 이 분포함수의 그래프이다. 이 계단함수의 점프(jump)는 각 x에 대응하는 확률과 같다.

예제 2.3-1 닭의 한 종류인 레그혼(Leghorn) 종은 주로 계란을 부화하기 위한 용도로 사육된다. 암컷이 부화할 확률을 $p=0.5$라 하자. 임의로 선택한 10개의 새로 부화된 독립된 계란 중 암컷의 수를 X라 하자. 이 경우 X의 분포는 $b(10,0.5)$이다. 부록의 표 Ⅱ 로부터 부화된 암컷의 수가 5마리 이하일 확률은

$$P(X \le 5) = 0.6230$$

이다. 정확히 6마리의 암탉이 부화할 확률은

$$\begin{aligned} P(X=6) &= \binom{10}{6}\left(\frac{1}{2}\right)^6\left(\frac{1}{2}\right)^4 \\ &= P(X \le 6) - P(X \le 5) \\ &= 0.8281 - 0.6230 = 0.2051 \end{aligned}$$

이다. 적어도 6마리의 암탉이 부화할 확률은

$$P(X \ge 6) = 1 - P(X \le 5) = 1 - 0.6230 = 0.3770$$

이다.

비록 부록의 표 Ⅱ는 $b(n,p)$에서 p가 0.5 이하인 경우에 대한 누적확률을 제공하지만 다음 예제는 p가 0.5보다 큰 경우에도 사용할 수 있음을 보여준다. (나중에 이항분포 확률을 다른 분포로 근사하는 방법을 소개하겠다.)

예제 2.3-2 미국인의 65%는 미국대통령의 일하는 방식에 찬성한다고 하자. 임의로 8명 $(n=8)$의 미국인을 추출했을 때 찬성하는 사람의 수를 Y라 하면, Y의 분포는 $b(8,0.65)$이다. $P(Y \ge 6)$을 구하면

$$P(Y \ge 6) = P(8 - Y \le 8 - 6) = P(X \le 2)$$

이며, 여기서 $X = 8 - Y$는 반대하는 수를 나타낸다. $q = 1 - p = 0.35$는 반대할 확률인데, 이 때 X의 분포는 $b(8,0.35)$이다. (그림 2.3－2 참고.) 부록의

표 II로부터 $P(X \leq 2) = 0.4278$이므로 따라서 $P(Y \geq 6) = 0.4278$이 된다.

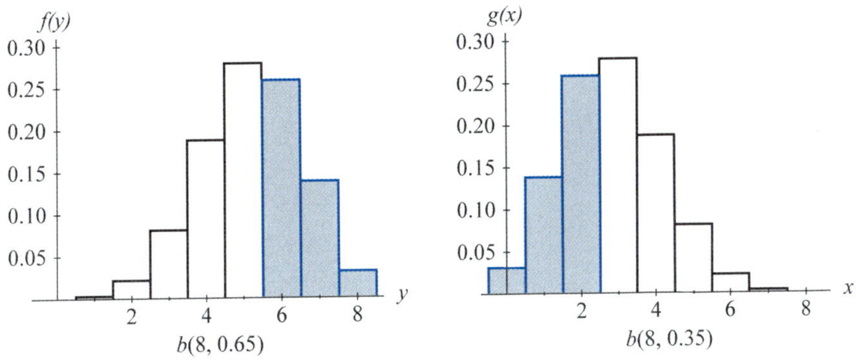

그림 2.3-2 대통령의 일하는 방식의 찬성에 대한 히스토그램

비슷하게

$$
\begin{aligned}
P(Y \leq 5) &= P(8 - Y \geq 8 - 5) \\
&= P(X \geq 3) \\
&= 1 - P(X \leq 2) \\
&= 1 - 0.4278 = 0.5722
\end{aligned}
$$

이고

$$
\begin{aligned}
P(Y = 5) &= P(8 - Y = 8 - 5) \\
&= P(X = 3) \\
&= P(X \leq 3) - P(X \leq 2) \\
&= 0.7064 - 0.4278 = 0.2786
\end{aligned}
$$

이다.

예제 2.3-3 제품이 $N = 10{,}000$개 이상 쌓여있다고 하자. 크기 $n = 100$의 제품을 표본추출하여 불량품의 수가 0이거나 1개이면 제품 전체를 합격(accept)시킨다고 하자. 전체 제품의 수가 아주 크기 때문에 임의로 제품을 추출할 때 불량률은 거의 변하지 않으므로 각 시행은 독립으로 볼 수 있다. 따라서 표본에서의 불량품의 수 X의 p.m.f.는 근사적으로 이항분포

$$f(x)=\binom{100}{x}p^x(1-p)^{100-x} \qquad x=0,1,2,\ldots,100$$

를 따른다. 다양한 p값에 대해 제품 전체가 합격될 확률을 **검사특성곡선**(operating characteristic curve)이라 하며, 검정 절차는

$$OC(p)=f(0)+f(1)=(1-p)^{100}+100p(1-p)^{99}$$

이다. 물론 $p=0.01$이면

$$OC(0.01)=0.366+0.370=0.736$$

이고 $p=0.05$이면

$$OC(0.05)=0.006+0.031=0.037$$

이다. 만일 전체 제품의 불량률이 작으면 OC 곡선의 값이 상대적으로 커진다. 만일 전체 제품의 불량률이 0.05와 같이 높으면 제품 전체가 합격할 확률이 작아 지는데, 이 때의 OC 값은 0.037 정도의 확률값을 갖는다.

Poisson **분포**(Poisson Distribution) : n이 크고 p가 작은 이항분포를 가정하자. $p=\lambda/n$이고 λ가 어떤 상수 값인 모형을 고려한다. 그러면

$$P(X=x)=\frac{x!}{x!(n-x)!}\left(\frac{\lambda}{n}\right)^x\left(1-\frac{\lambda}{n}\right)^{n-x}$$

가 된다. 만일 n이 무한대로 증가하면

$$\lim_{n\to\infty}\frac{n!}{x!(n-x)!}\left(\frac{\lambda}{n}\right)^x\left(1-\frac{\lambda}{n}\right)^{n-x}$$

$$=\lim_{n\to\infty}\frac{n(n-1)\cdots(n-x+1)}{n^x}\frac{\lambda^x}{x!}\left(1-\frac{\lambda}{n}\right)^n\left(1-\frac{\lambda}{n}\right)^{-x}$$

이며, 고정된 x값에 대해

$$\lim_{n\to\infty}\frac{n(n-1)\cdots(n-x+1)}{n^x}=\lim_{n\to\infty}\left[(1)\left(1-\frac{1}{n}\right)\cdots\left(1-\frac{x-1}{n}\right)\right]=1$$

$$\lim_{n\to\infty}\left(1-\frac{\lambda}{n}\right)^n=e^{-\lambda}$$

$$\lim_{n\to\infty}\left(1-\frac{\lambda}{n}\right)^{-x}=1$$

이 된다. 따라서

$$\lim_{n\to\infty}\frac{n!}{x!(n-x)!}\left(\frac{\lambda}{n}\right)^x\left(1-\frac{\lambda}{n}\right)^{n-x}=\frac{\lambda^x e^{-\lambda}}{x!}$$

이 모형의 확률분포는 특별한 이름이 있는데, 만일 X가

$$f(x)=\frac{\lambda^x e^{-\lambda}}{x!}\qquad x=1,2,\ldots,\qquad \lambda>0$$

인 p.m.f.를 갖는다면 확률변수 X는 Poisson **분포(Poisson distribution)**를 갖는다고 한다.

X의 평균을 구하기 위하여 맥클라우린 전개식(Maclaurin expansion)

$$e^x=\sum_{x=0}^{\infty}\frac{x^k}{k!}$$

을 사용할 수 있다. X의 평균은

$$\mu=\sum_{x=0}^{\infty}x\frac{\lambda^x e^{-\lambda}}{x!}=\sum_{x=1}^{\infty}\frac{\lambda^x e^{-\lambda}}{(x-1)!}$$

이다. $k=x-1$ 또는 $x=k+1$로 놓으면

$$\mu=\sum_{k=0}^{\infty}\frac{\lambda^{k+1}e^{-\lambda}}{k!}=\lambda\sum_{k=0}^{\infty}\frac{\lambda^k e^{-\lambda}}{k!}$$

$$=\lambda e^{-\lambda}e^{\lambda}=\lambda$$

이다. 또한 $\sigma^2=Var(X)=\lambda$임을 쉽게 증명할 수 있다. (Maple 해는 예제 5.2−3 참고.) 즉 Poisson 분포에서는 $\mu=\sigma^2=\lambda$ 이다.

부록의 표 Ⅲ은 여러 가지 λ값에 대한 Poisson 확률변수의 분포함수 값을 나타낸다. 다음 예제에서 이 표를 사용해 보자.

예제 2.3-4 X가 평균 $\lambda=5$인 Poisson 분포를 따른다고 하자 부록의 표 Ⅲ으로부터 (Minitab 해는 예제 5.1−2 참고) 다음 확률을 구할 수 있다.

$$P(X\le 6)=\sum_{x=0}^{6}\frac{5^x e^{-5}}{x!}=0.762$$

$$P(X>5)=1-P(X\le 5)=1-0.616=0.384$$

$$P(X=6)=P(X\le 6)-P(X\le 5)=0.762-0.616=0.146$$

예제 2.3-5 예제 2.3 − 3에서 $p=0.05$이고 $n=100$인 경우를 고려하자. n이 크고 p가 작으므로 $np=\lambda=5$라고 하면

$$OC(0.05)=f(0)+f(1)\approx e^{-5}+\frac{5e^{-5}}{1!}=0.0067+0.0337=0.0404$$

이며 이는 부록의 표 Ⅲ에서 구한 0.037에 근사한다. $p=0.01$이면 $\lambda=100(0.01)=1$이며 이 경우 더 좋은 근사치를 갖는다.

$$OC(0.01)\approx e^{-1}+\frac{e^{-1}}{1!}=0.368+0.368=0.736$$

이 경우 예제 2.3 − 3에서의 확률과 비교하면 소수점 아래 세 자리까지 같다.

n이 크고 p가 작은 경우 Poisson 분포를 이용하면 이항분포와 유사한 근사 확률을 구할 수 있을 뿐만 아니라, 주어진 시간이나 물체에서 특정한 사건의 발생 횟수와 관련한 문제를 해결하는 좋은 방법이 된다.

예를 들면 아침 9시부터 10시 사이에 교환대에 걸려오는 전화 콜 수, 100 feet 전선에서 흠집의 수, 정오부터 오후 2시 사이에 매표소에 도착하는 고객의 수, 폭 2 feet인 알루미늄 스크린 100 feet 길이에서 불량 수 등을 들 수 있다. 이와 같은 개수(counts)는 근사적으로 Poisson 분포를 갖는 확률변수로 생각할 수 있다.

예제 2.3-6 컴퓨터에 사용하는 테이프는 1200 feet 당 1개의 불량 레코드가 발생한다고 하자. X는 1200 feet 길이에서의 불량 레코드 수라고 하고 평균이 $\mu=1$인 Poisson 분포를 따른다고 하면, $\mu=1$인 Poisson 분포에서 불량 레코드가 2개 이하일 확률은

$$P(X\le 2)=\sum_{x=0}^{2}\frac{\mu^x e^{-\mu}}{x!}=\frac{e^{-1}}{0!}+\frac{e^{-1}}{1!}+\frac{e^{-1}}{2!}=(2.5)e^{-1}=0.920$$

이다.

만일 4800 feet 길이의 테이프를 검사하고 Y를 불량 레코드의 수라고 하자.

4800 feet는 1200 feet의 4 배이므로 Y는 $\mu = 4$인 Poisson 분포를 갖는다. 따라서

$$P(Y=0) = \frac{4^0 e^{-4}}{0!} = 0.018$$

이다. 부록의 표 Ⅲ이나 컴퓨터 프로그램으로 다른 확률도 계산할 수 있다.

음이항분포(Negative Binomial Distribution) : 정확히 r번 (r은 고정된 양의 정수) 성공인 사건이 발생할 때까지 이항 실험을 실시한다고 하자. 확률변수 X를 r번째 성공이 발생할 때까지 필요한 시행 횟수라고 하자. 즉 X는 r번째 성공이 관찰되는 시행 횟수 이다. 확률의 곱셈법칙에 따라 X의 p.m.f. g (x)는 처음 $x-1$번 시행에서 정확히 $r-1$번 성공이 관찰되는 확률

$$\binom{x-1}{r-1} p^{r-1} (1-p)^{x-r}$$

과 r번째 시행에서 성공인 사건이 관찰될 확률 p의 곱이 된다. 따라서 X의 p.m.f.는

$$\text{g}\,(x) = \binom{x-1}{r-1} p^r (1-p)^{x-r} = \binom{x-1}{r-1} p^r q^{x-r}, \qquad x = r, r+1, \ldots$$

이며 여기서 $q = 1-p$이다. 이 경우 X는 **음이항분포**를 갖는다고 한다. 만일 $r=1$이면 X의 p.m.f.는

$$\text{g}\,(x) = p(1-p)^{x-1}, \qquad x = 1, 2, 3, \ldots$$

이며 기하급수(geometric serics)의 항으로 표현되므로 **기하분포(geometric distribution)**를 갖는다고 한다.

*Maple*을 사용하면 음이항분포 p.m.f.의 항의 합이 1임을 쉽게 보일 수 있다. (평균과 분산은 예제 5.2－4 참고.)

음이항분포의 평균과 분산은 각각

$$\mu = \frac{r}{p} \text{이고} \qquad \sigma^2 = \frac{r(1-p)}{p^2}$$

이며 $r=1$인 특별한 경우(기하분포)에서의 평균과 분산은

$$\mu = \frac{1}{p} \text{이고} \quad \sigma^2 = \frac{1-p}{p^2}$$

이다.

예제 2.3-7 어떤 농구선수의 자유투 성공률은 $p = 0.90 = 90\%$ 이다. 자유투를 이항실험으로 볼 수 있으며 X를 $r = 10$인 자유투가 성공할 때까지의 시행횟수라 하자. 그러면

$$g(x) = \binom{x-1}{9}(0.9)^{10}(0.1)^{x-10}, \quad x = 10, 11, 12, \ldots,$$

이며

$$g(10) = P(X = 10) = (0.9)^{10} = 0.349$$

이고

$$g(11) = 10(0.9)^{10}(0.1) = 0.349$$

따라서 11번째 자유투 전에 시행이 끝날 확률은 0.698이다. 평균과 분산은

$$\mu = \frac{10}{0.9} = 11.11, \quad \sigma^2 = \frac{10(0.1)}{0.9^2} = 1.235$$

이다.

초기하분포(Hypergeometric Distribution) : $N = N_1 + N_2$개의 유사한 물체가 있다고 하자. 이 중 N_1개는 두 가지 중 한 계급(불량품)에 속하고 N_2개는 나머지 계급(합격품)에 속한다고 하자. 임의로 N개의 물체로부터 n개의 물체를 비복원으로 추출한다고 하자. 이 n개의 물체 중 정확히 x개의 물체가 불량품일 확률을 구해보자. 즉, x개는 첫 번째 계급에 속하고 $n-x$개는 두 번째 계급에 속하며 비음의 정수 x는 $x \le n$, $x \le N_1$, $n - x \le N_2$ 을 만족한다. 물론 x개의 불량품을 $\binom{N_1}{x}$가지 방법으로 추출할 수 있고 $n-x$개의 칩을 추출할 수 있는 방법의 수는 $\binom{N_2}{n-x}$이다. 곱의 원리에 의해 $\binom{N_1}{x}\binom{N_2}{n-x}$는 두 개의 추출을 결합했을 때의 방법의 수와 같다. 만일 $N = N_1 + N_2$개의 물체로부

터 n개의 물체를 추출하는 방법의 수 $\binom{N}{n}$ 각각이 등확률을 갖는다면 정확히 x 개의 불량품이 추출될 확률은

$$f(x) = P(X = x) = \frac{\binom{N_1}{x}\binom{N_2}{n-x}}{\binom{N}{n}}$$

이며 공간 S는 부등식 $x \le n$, $x \le N_1$, $n - x \le N_2$을 만족하는 비음의 정수 x의 집합이 된다. 확률변수 X는 **초기하분포**를 갖는다고 한다.

이 분포의 평균과 분산을 구하기는 쉽지 않다. 그러나 Maple이나 Mathematica를 사용하면 구할 수 있다. (Maple 사용 예는 예제 5.2-5 참고)

초기하분포의 평균과 분산은

$$\mu = n\left(\frac{N_1}{N}\right) = np$$

$$\sigma^2 = n\left(\frac{N_1}{N}\right)\left(\frac{N_2}{N}\right)\left(\frac{N-n}{N-1}\right) = np(1-p)\left(\frac{N-n}{N-1}\right)$$

이며, 여기서 $p = N_1/N$은 불량품의 비율이고 $1 - p = N_2/N$은 합격품의 비율이다.

예제 2.3-8 로트(lot)는 50개의 퓨즈로 구성되어 있으며 다음과 같은 절차로 검사한다. $N = 50$에서 임의로 4개의 퓨즈를 비복원 추출하여 검사한다. 만일 $n = 4$개 모두 규격 암페어 이하이면 로트를 합격시킨다. 로트에 $N_1 = 5$개의 불량품 퓨즈가 있다고 가정하자. 확률변수 X는 $n = 4$인 표본에서 불량품의 수라 하자. 그러면 X의 p.m.f.는

$$f(x) = \frac{\binom{5}{x}\binom{45}{4-x}}{\binom{50}{4}}, \quad x = 0, 1, 2, 3, 4$$

이다. 평균은 $(4)(5/50) = 0.4$이며 분산은 $(4)(0.1)(0.9)(46)/49 = 0.338$이다. 따라서 표준편차는 0.581이다. 특히 $P(X = 0)$은

$$f(0)=\frac{\binom{5}{0}\binom{45}{4}}{\binom{50}{4}}=\frac{4257}{6580}=0.647$$

이다. 즉 5개의 불량품이 있는 $N=50$인 퓨즈 로트에서 로트가 합격 판정을 받을 확률은 약 0.65이다. (Minitab 해는 예제 5.1−3 참고) 이 확률은 높은 편인데 이는 로트의 크기가 작은 경우에서의 표본추출 절차가 제한적이고 따라서 이와 같은 **파괴검사(destructive testing)**에서 표본크기는 작아야만 한다.

참고 독자들의 편의를 위해 이산형 분포의 모든 특성들을 본서의 앞 페이지 뒷면에 정리하였다. 또한 3장에서 설명되는 중요한 연속형 분포와 적률모함수(moment generating function)도 마지막 페이지에 요약되어 있다. 적률모함수는 6장에서 학습하지만 이런 특성들 모두 한 곳에 요약하는 것이 편리하다.

연습문제 2.3

2.3-1 어떤 특정 지역에서 오리의 15%가 주혈흡충(schistosome)에 감염되어 있다고 한다. 7마리의 오리가 임의로 추출되었을 때 감염된 오리의 수를 X라 하자.

(a) 오리의 추출이 독립적으로 이루어졌다는 가정 하에 X의 분포를 정의하여라.

(b) (i) $P(X \geq 2)$ (ii) $P(X=1)$ (iii) $P(X \leq 3)$를 구하여라.

2.3-2 CNN/USA Today 조사에 의하면 미국인중 70%는 미국국세청(Internal Revenue Service ; IRS)이 권력을 남용한다고 믿고 있다. $n=25$명의 미국인 표본에서 IRS가 권력을 남용한다고 믿는 사람의 수를 X라 하자. 조사 결과가 사실이라고 할 때 다음 확률을 구하여라.

(a) X가 적어도 13명 이상

(b) X가 기껏해야 11명

(c) X가 정확히 12명

(d) X의 평균, 분산, 표준편차를 구하여라.

2.3-3 한 연구에 의하면 대학생의 약 45%가 음주를 한다고 한다. $n=12$인 확률표본에서 음주를 하는 학생의 수를 X라고 하자. 다음 확률을 구하여라.

(a) X가 기껏해야 5명

(b) X가 적어도 6명

(c) X가 7명

(d) X의 평균, 분산, 표준편차를 구하여라.

2.3-4 미국인 중 20%는 어떤 건강보험도 갖고 있지 않다는 보고서가 발표되었다. $n=15$명을 표본으로 추출하였을 때, X는 건강보험을 가지고 있지 않은 사람의 수라고 하자.

(a) X의 분포는?

(b) X의 평균, 분산, 표준편차를 구하여라.

(c) $P(X \geq 5)$을 구하여라.

2.3-5 독립인 확률실험을 n번 실시한다고 했을 때, 성공의 횟수를 X라고 하자. 이 실험에서 성공의 확률을 $p=1/4$이라 했을 때, $P(1 \leq X) \geq 0.70$를 만족하는 n의 최소값을 구하여라.

2.3-6 정육면체 주사위를 두 번 던졌을 때 1이 나오는 횟수를 X라 하자. 만일 $X=x$이면 $(10-3x)$개의 빨강색 칩과 $3x$개의 흰색 칩이 들어 있는 항아리에서 임의로 한 개의 칩을 추출하는 실험을 실시한다고 하자. 칩이 빨강색인 조건 하에서 $X=0$일 조건부 확률을 구하여라. 이 결과와 사전확률 $P(X=0)$와 비교하여라.

2.3-7 동전을 독립적으로 5번 던질 때 적어도 앞면이 4번 나타났다는 조건 하에 앞면이 5번 나타날 조건부 확률을 구하여라.

2.3-8 5지선다형 문제는 5가지 가능한 답 중에서 1개가 정답이다. 시험지에 표시된 번호 순서대로 문제를 푼다고 하자.

(a) 만일 학생이 임의로 답을 선택한다면 문항4에서 처음으로 정답을 선택할 확률을 구하여라.

(b) 만일 X가 처음으로 정답을 선택할 때까지의 시행횟수라 할 때 평균과 분산을 구하여라. 시험지에 아주 많은 문항이 있다면 근사적인 분포로 기하분포를 사용할 수 있다.

2.3-9 어떤 연령대 그룹의 남성이 4년 안에 사망할 확률은 $p = 0.05$라 하자. 독립적인 방법으로 60명의 서로 다른 남성들을 관찰한다고 하자.

(a) 그들 중 4년 안에 사망하는 사람이 5명 미만일 확률을 구하여라.

(b) Poisson 분포를 이용하여 (a)의 근사확률을 구하여라.

2.3-10 어떤 감기 예방주사의 부작용으로 고통 받는 확률이 0.005라고 하자. 1000명이 예방주사를 맞을 때 다음의 근사확률을 구하여라.

(a) 기껏해야 1명이 부작용을 일으킴

(b) 4, 5, 6명이 부작용을 일으킴

2.3-11 어떤 여객 터미널에 시간당 평균 11명의 비율로 고객이 도착한다고 하자. 시간당 도착하는 고객의 수가 Poisson 분포를 갖는다고 할 때 주어진 한 시간 동안 10명 이상의 고객이 도착할 확률을 구하여라.

2.3-12 어떤 옷감 150 제곱미터에서 평균 1개의 결점이 나타난다. Poisson 분포를 가정하고 225제곱미터에서 결점이 기껏해야 1개 나타날 확률을 구하여라.

2.3-13 X가 평균이 $\mu = 4$인 Poisson 분포를 갖는다고 하자. 다음 식이 성립함을 보여라.

$$P(\mu - 2\sigma < X < \mu + 2\sigma) = 0.931$$

2.3-14 식료품 상점에서 주당 평균 수요가 3개인 물품의 재고량을 결정하려고 한다. 만일 일주일 안에 물품의 재고가 바닥날 확률이 0.01보다 작게 하려면 재고가 몇 개 있어야 하는가?

2.3-15 10,000개의 로트(lot)에서 추출한 $n = 400$개의 표본 중에서 불량품의 개수가 $Ac = 3$ 보다 적을 때 합격판정을 받는다. Ac는 합격판정수라 한다. $OC(0.002)$, $OC(0.004)$, $OC(0.006)$, $OC(0.01)$ $OC(0.02)$의 근사값을 구하고 특성곡선을 작성하여라.

2.3-16 X가 기하분포를 따른다. 다음을 증명하여라.

$$P(X > k + j \mid X > k) = P(X > j)$$

여기서 k와 j는 비음수인 정수이다. 위의 식이 성립하면 X는 무기억성(memoryless)을 갖는다고 한다.

2.3-17 어떤 농구선수가 자유투를 성공할 확률이 60%라 하자. 이 선수가 자유투를 10번 성공할 때까지의 시행횟수를 X라 하자.

(a) X의 평균, 분산, 표준편차를 구하여라.

(b) $P(X=16)$을 구하여라.

2.3-18 시리얼 상자 안에 4가지 경품 중 1개의 경품이 들어있다. 4가지 서로 다른 경품 중 적어도 하나 이상 얻을 때까지 구매한다면 평균 몇 상자의 시리얼을 구매하여야 하는가?

2.3-19 200개의 퓨즈가 들어있는 로트에서 임의로 비복원 표본 10개를 추출하여 검사한다. 만일 10개 모두 적정 암페어(amperage)에서 끊어지면 로트 전체에 합격판정을 내린다. 만일 로트에 20개의 불량 퓨즈가 들어있고 X가 10개의 표본 중 불량품의 개수라 하자. X의 p.m.f., 평균, 분산을 구하여라. 로트가 합격판정을 받을 확률을 초기하분포, 근사이항분포, 근사Poisson분포를 이용하여 구하여라.

2.3-20 항아리에 동일한 크기의 칩이 5개 들어있는데 세 개는 \$1라고 적혀있고 나머지 두 개는 \$4라고 적혀있다. 비복원 임의추출방식으로 두 개의 표본을 추출하였을 때, \$1라고 적혀있는 칩의 개수를 X라고 하면 X의 p.m.f., 평균, 분산을 구하여라. 만일 게임을 하는데 \$4.75를 내고 두개 칩의 합계금액을 받는다면 얼마나 오랜 시간동안 게임을 하겠는가?

Hint 매 게임마다 $X+4(2-X)$를 받는다. X의 평균을 이용하여 구한다.

2.3-21 미시간주의 로또게임인 *LOTTO*49는 처음 49개의 양의 정수에서 6개의 숫자를 선택한다. 그 다음 당첨번호를 결정하기 위해 처음 49개의 양의 정수에서 6개의 숫자를 임의로 추출한다. 당첨금은 4개, 5개, 6개의 숫자가 일치하는 게임자에게 주어진다. X가 미시간주에서 추출한 당첨번호와 일치하는 숫자의 개수라 하자.

(a) X의 p.m.f.를 구하여라.

(b) X의 평균, 분산, 표준편차를 구하여라.

(c) 가장 많이 발생하는 X값은?

(d) 1995년 2월 25일의 잭팟(jackpot) 금액 (당첨자가 없어 많이 쌓여 있는 돈)은 \$45,000,000이었다. 이와 같이 당첨금 액수가 크면 많은 사람들이 게임에 참여한다. 25,000,000번의 베팅에서 3명이 모든 6개 숫자가 일치하여 각각 \$15,000,000을 받았으며,

390명이 5개 숫자가 일치하여 $2,500, 그리고 22,187명이 4개의 숫자가 일치하여 $100의 당첨금을 받았다. 이러한 당첨자의 숫자는 확률모형과 일치하는가?

2.4 추정

앞 절에서 표본을 이용하여 분포를 추정하는 문제에 대해 언급하였다. 예를 들면 표본평균 $\bar{x}$는 모평균 μ의 추정치로 생각할 수 있고 표본분산 s^2은 모분산 σ^2의 추정치로 사용할 수 있다. 비록 표본과 관련한 상대도수 히스토그램이 분포의 p.m.f.와 관련된 확률히스토그램의 추정치로 사용할 수 있다고 하더라도 이러한 추정치가 얼마나 좋은지 또는 좋은 추정치를 어떻게 만드는지 그리고 미지의 **모수**(parameter)에 추정치가 얼마나 가까운지 알아야 한다.

본 절에서는 분포가 **모수공간**(parameter space) Ω 집합의 한 값인 미지의 모수 θ에 의존하는 경우에 p.m.f.의 함수형태인 확률변수를 이용하고자 한다. 예를 들면 확률변수 X가

$$f(x;\theta) = \theta^x e^{-\theta}/x!, \quad x = 0,1,2,\ldots$$

이며 $\theta \in \Omega = \{\theta : 0 < \theta < \infty\}$임을 알 수 있다. 어떤 경우에는 실험자가 $\{f(x,\theta),\ \theta \in \Omega\}$인 분포족(family)으로부터 확률변수에 가장 적절한 p.m.f.를 선택할 필요가 있다. 즉 실험자는 선택된 p.m.f.를 이용하여 모수 θ에 대한 점추정을 할 필요가 있다.

추정에서 미지의 모수 θ에 대한 정보를 알아내기 위해서는 분포로부터 우선 **확률표본**(random sample)을 추출해야 하는데, 확률표본은 같은 실험을 n번 독립적으로 반복하여 얻을 수 있다. $X_1, X_2, \ldots, X_n$에서 각각의 X_i는 동일한 분포를 갖으며 관측치 $x_1, x_2, \ldots, x_n$을 사용하여 θ의 값을 추정한다. θ를 추정하기 위해 사용되는 $X_1, X_2, \ldots, X_n$의 함수를 **통계량**(statistic)이라 하는데, 함수 $u(X_1, X_2, \cdots, X_n)$를 θ의 **추정량**(estimator)이라 한다. $x_1, x_2, \ldots, x_n$를 $X_1, X_2, \ldots, X_n$의 관측값이라 하면, 계산된 추정치 $u(x_1, x_2, \ldots, x_n)$가 θ에 가까운 값일 때 좋은 추정량이라 할 수 있다. 추정치는 한 개의 수 또는 한 개의 점($\theta \in \Omega$의)이므로 추정치를 **점추정값**(point estimate)라고 하며 대응하는 추정량을 **점추정량**(point estimator)이라 한다.

p.m.f.가 $f(x:\theta)$인 분포로부터의 확률표본과 관련된 확률변수 $X_1, X_2, \ldots, X_n$을 **독립이고 동일한 분포를 갖는다**(independent and identically distributed)고 한다. 이것은 사건 $\{X_1 = x_1\}, \{X_2 = x_2\}, \ldots, \{X_n = x_n\}$이 상호독립임을 의미한다. $x_1, x_2, \cdots, x_n$은 각각의 확률변수의 가능한 값을 나타낸다. 또한 독립성으로부터 결합사건 $\{X_1 = x_1, X_2 = x_2, \ldots, X_n = x_n\}$의 확률은

$$P(X_1 = x_{1,} X_2 = x_2, \ldots, X_n) = f(x_1;\theta)f(x_2;\theta)\cdots f(x_n;\theta)$$

이다. 우변의 $f(x_1;\theta)f(x_2;\theta)\cdots f(x_n;\theta)$를 확률변수 $X_1, X_2, \ldots, X_n$의 결합 p.m.f.(joint p.m.f.)라고 한다.

다음 예는 점추정치를 찾기 위해 자주 사용되는 원리를 이해하는 데 도움이 된다. X가 $b(1,p)$를 갖는다고 가정하자. 즉 X의 p.m.f.는

$$f(x;p) = p^x(1-p)^{1-x}, \quad x = 0,1 \quad 0 < p < 1$$

이며 $p \in \Omega = \{p : 0 < p < 1\}$이고 Ω는 모수 p의 모든 가능한 값들을 모아놓은 공간인 모수공간을 나타낸다. 문제는 주어진 확률표본 $X_1, X_2, \ldots, X_n$에서 $u(x_1, x_2, \ldots, x_n)$가 p의 좋은 점추정치가 되는 추정량 $u(X_1, X_2, \ldots, X_n)$를 구하는 것이다. 여기서 $x_1, x_2, \ldots, x_n$은 확률표본에서 관측된 값이다. $X_1, X_2, \ldots, X_n$이 독립이고 동일한 p.m.f. $f(x)$를 가지므로 $X_1, X_2, \ldots, X_n$이 특정한 값($\Sigma_{i=1}^n x_i$를 Σx_i로 표시)을 가질 확률은

$$P(X_1 = x_1, \ldots, X_n = x_n) = \prod_{i=1}^{n} p^{x_i}(1-p)^{1-x_i} = p^{\Sigma x_i}(1-p)^{n-\Sigma x_i}$$

이며 이것은 $X_1, X_2, \ldots, X_n$의 결합 p.m.f.를 관측치에 대해 계산한 것이다. p에 대한 좋은 추정값을 구하는 방법 가운데 하나는 결합 p.m.f.를 p의 함수로 보고 그 함수를 최대로 하는 p의 값을 구하는 것이다. 즉 가장 좋은 표본 관측치 $x_1, x_2, \ldots, x_n$이 나올 가능성이 큰 p의 값을 구하는 것이다. p의 함수로 나타내는 결합 p.m.f.를 **우도함수**(likelihood function)라 한다. 여기서 우도함수는

$$\begin{aligned} L(p) &= L(p; x_1, x_2, \ldots, x_n) \\ &= f(x_1;p)f(x_2;p)\cdots f(x_n;p) \\ &= p^{\Sigma x_i}(1-p)^{n-\Sigma x_i}, \qquad 0 < p < 1 \end{aligned}$$

이다. $L(p)$를 최대화하는 p의 값을 구하기 위해 먼저 p에 대해 1차 미분을 하면

$$\frac{dL(p)}{dp} = (\Sigma x_i)p^{\Sigma x_i - 1}(1-p)^{n-\Sigma x_i} - (n - \Sigma x_i)p^{\Sigma x_i}(1-p)^{n-\Sigma x_1 - 1}$$

이다. 1차 미분한 결과를 0으로 놓으면

$$p^{\Sigma x_i}(1-p)^{n-\Sigma x_i}\left[\frac{\Sigma x_i}{p} - \frac{n-\Sigma x_i}{1-p}\right] = 0$$

이고 $0 < p < 1$이므로

$$\frac{\Sigma x_i}{p} - \frac{n-\Sigma x_i}{1-p} = 0 \qquad (2.4-1)$$

이다. (2.4－1)식을 양변에 $p(1-p)$를 곱하면

$$\sum_{i=1}^{n} x_i - np = 0$$

또는

$$p = \frac{\Sigma_{i=1}^{n} x_i}{n} = \overline{x}$$

이 된다. 이 통계량 $(\Sigma_{i=1}^{n} X_i)/n = \overline{X}$을 **최우추정량(maximum likelihood estimator)**이라 하며 $\hat{p}$으로 나타낸다. 즉,

$$\hat{p} = \frac{1}{n}\sum_{i=1}^{n} X_i = \overline{X} \qquad (2.4-2)$$

이다.

최우추정량을 구하는 경우에 우도함수 그 자체를 최대화하는 모수의 값을 구하는 것보다 우도함수의 자연대수를 최대화하는 모수 값을 찾는 것이 쉬울 때가 있다. 왜냐하면 자연대수함수는 증가함수이고 따라서 해가 같기 때문이다. 위의 예제에서 우도함수에 대수를 취하면

$$\ln L(p) = \left(\sum_{i=1}^{n} x_i\right)\ln p + \left(n - \sum_{i=1}^{n} x_i\right)\ln(1-p)$$

이고 최대값을 구하기 위해 1차 미분 후에 0으로 놓으면

$$\frac{d[\ln L(p)]}{dp} = \left(\sum_{i=1}^{n} x_i\right)\left(\frac{1}{p}\right) + \left(n - \sum_{i=1}^{n} x_i\right)\left(\frac{-1}{1-p}\right) = 0$$

이며 이것은 (2.4−1)식과 같다. 따라서 해는 $p = \overline{x}$ 이고 p의 최우추정량은 $\hat{p} = \overline{X}$이다.

참고 만일 모든 x값이 0이거나 1이면 $\hat{p}$이 0 또는 1일 수 있다. 지금까지 우리는 $0 < p < 1$인 조건을 사용하여 왔기 때문에 수식 전개에서 p 또는 $1-p$로 나누는 것에 대해 걱정할 필요가 없다. $p=0$ 또는 $p=1$인 경우에도 $\hat{p} = \overline{X}$는 최우추정량이 된다.

앞의 예제를 이용하여 최우추정량에 대한 공식적인 정의를 하여 보자. 이 정의는 이산형 및 연속형 모두에서 사용되며 연속형인 경우는 3장에서 다루기로 한다.

$X_1, X_2, \ldots, X_n$를 미지의 모수 θ에 의존하는 p.m.f. $f(x;\theta)$ 분포로부터의 확률표본이라 하자. θ는 주어진 모수공간 Ω에 제한된다. 그러면 $X_1, X_2, \ldots, X_n$의 결합 p.m.f.는

$$L(\theta) = \prod_{i=1}^{n} f(x_i;\theta), \qquad \theta \in \Omega$$

이며 이를 θ의 함수인 우도함수로 생각한다. 모수공간 Ω 안에서 $L(\theta)$를 최대로 하는 표본 관측치의 함수는 $u(x_1, x_2, \ldots, x_n)$이며, $\hat{\theta} = u(X_1, X_2, \ldots, X_n)$는 θ의 **최우추정량**(maximum likelihood estimator)이다. 이 통계량에 대응하는 표본 관측치 $u(x_1, x_2, \ldots, x_n)$를 **최우추정값**(maximum likelihood estimate)이라고 한다. 많은 실제 문제에서 추정량(그리고 추정값)은 유일하다.

다음 몇 가지 예제들을 통해 앞에서 언급했던 정의를 쉽게 이해할 수 있다.

예제 2.4-1 X가 모수 θ인 Poisson 분포를 갖는다고 하자. 이 분포로부터 확률표본 $X_1, X_2, \ldots, X_n$을 추출한다는 것은 각각의 X_i가 동일한 Poisson 분포를 가지며 확률변수에 관련된 사건들은 상호 독립임을 의미한다. 따라서 우도함수는

$$L(\theta) = \left(\frac{\theta^{x_1} e^{-\theta}}{x_1!}\right)\left(\frac{\theta^{x_2} e^{-\theta}}{x_2!}\right)\cdots\left(\frac{\theta^{x_n} e^{-\theta}}{x_n!}\right) = \frac{\theta^{\Sigma x_i} e^{-n\theta}}{x_1! x_2! \cdots x_n!}, \quad \theta > 0$$

가 된다. $L(\theta)$를 최대화하는 θ값을 구하기 위하여 $L(\theta)$의 대수인 $\ln L(\theta)$를 고려하자. $\ln L(\theta)$와 $L(\theta)$는 같은 θ 값에서 최대값을 갖는다. 그리고 대부분의 경우 $\ln L(\theta)$를 최대화 시키는 값을 구하는 것이 쉽다. 여기서

$$\ln L(\theta) = \left(\sum_{i=1}^{n} x_i\right)\ln\theta - n\theta - \ln(x_1!x_2!\cdots x_n!)$$

이며 θ에 대하여 미분을 취하면

$$\frac{d[\ln L(\theta)]}{d\theta} = \frac{\Sigma_{i=1}^{n} x_i}{\theta} - n$$

이 된다. 이를 0으로 놓고 θ에 대해 풀면

$$\theta = \frac{\Sigma_{i=1}^{n} x_i}{n} = \overline{x}$$

가 된다. $\ln L(\theta)$의 2차 미분한 값은

$$-\frac{\Sigma_{i=1}^{n} x_i}{\theta^2} = -\frac{n\overline{x}}{\overline{x}^2} = \frac{-n}{\overline{x}} < 0$$

이므로 $\theta = \overline{x}$에서 $\ln L(\theta)$와 $L(\theta)$는 최대값을 갖는다. 최대값을 갖는 θ값을 $\hat{\theta} = \overline{X}$로 나타내고 모수 θ의 최우추정량이라 한다.

예제 2.4.2 $X_1, X_2, \ldots, X_n$이 p.m.f. $f(x;p) = (1-p)^{x-1}p,\ x = 1,2,3,\ldots$인 기하분포로부터의 확률표본이라 하자. 우도함수는

$$\begin{aligned} L(p) &= (1-p)^{x_1-1}p(1-p)^{x_2-1}p\cdots(1-p)^{x_n-1}p \\ &= p^n(1-p)^{\Sigma x_i - n}, \qquad 0 < p < 1 \end{aligned}$$

이며 $L(p)$의 자연대수는

$$\ln L(p) = n\ln p + \left(\sum_{i=1}^{n} x_i - n\right)\ln(1-p), \qquad 0 < p < 1$$

이 된다. 따라서 1차 미분을 하고 0으로 놓으면

$$\frac{d\ln L(p)}{dp}=\frac{n}{p}-\frac{\sum_{i=1}^{n}x_i-n}{1-p}=0$$

이 된다. p에 대해 해를 구하면

$$p=\frac{n}{\sum_{i=1}^{n}x_i}=\frac{1}{\bar{x}}$$

이고 이 값에서 최대값을 갖는다. 그러므로 p의 최우 추정량은

$$\hat{p}=\frac{n}{\sum_{i=1}^{n}X_i}=\frac{1}{\bar{X}}$$

이다.

이 추정량은 n개의 기하확률변수에서 $\Sigma_{i=1}^{n}x_i$번의 시행에서 n번의 성공이 관찰되므로 우리의 직관과 일치한다. 즉 p의 추정치는 성공의 횟수를 총 시행횟수로 나눈 값이다.

예제 2.43 X가 **균등분포**(uniform distribution) (공간 S에서 상수 p.m.f.)

$$f(x)=1/\theta,\ \ x=1,2,\ldots,\theta\ (\theta\text{는 양의 정수})$$

를 갖는다고 하자. $X_1, X_2, \ldots, X_n$이 이 분포로부터의 확률표본이라면, 우도함수는

$$L(\theta)=\left(\frac{1}{\theta}\right)^n,\qquad x_i=1,2,\ldots,\theta\,;\ i=1,2,\ldots,n$$

이고

$$\ln L(\theta)=-n\ln\theta$$

이다. 1차 미분을 하면

$$\frac{d[\ln L(\theta)]}{d\theta}=-\frac{n}{\theta}$$

이다. 여기서 θ는 정수가 아닌 어떤 양수로 취급하고, 모든 양수 θ에 대해

$-n/\theta < 0$이며 $L(\theta)$를 최대화하기 위하여 가능한 θ를 작게 만들려고 한다. 그러나 $\theta \geq x_i$ $i = 1, 2, \ldots, n$이므로 θ의 가장 작은 가능한 값은

$$\hat{\theta} = \max(X_1, X_2, \ldots, X_n)$$

이며 이것이 θ의 최대우도추정량이다. (연습문제 5.3−9 참조.)

예제 2.4-4 호수에서 살고 있는 물고기 수를 추정하는 문제를 생각해 보자. 이 예제는 어떤 지역에서 사슴의 개체 수, 어떤 지역에서 새의 마리 수, 바다에서 고래의 수 등과 같은 다른 상황에도 적용할 수 있다.

호수에서 N_1마리의 물고기를 잡은 후 표식을 한 다음 호수에 다시 풀어 놓았다. 표식이 붙은 물고기들은 호수에 고르게 분포되게 한다. 그런 다음 호수의 여러 지역에서 n마리의 물고기를 잡은 후 표식이 있는 물고기의 수(x)를 센 다음 다시 호수에 풀어 준다. 호수에 있는 물고기의 총수 N은 근사적으로 다음과 같다고 할 수 있다.

$$\frac{x}{n} = \frac{N_1}{N}$$

따라서 N의 추정치는

$$N = \frac{nN_1}{x}$$

이다. 이것은 N의 최우추정치인가?

이 문제를 풀기 전에 사슴, 새, 고래에 표식을 하는 실제적인 문제를 생각해 보자. 새의 다리에 밴드를 붙이거나 사슴에 표식을 하는 것은 어려운 문제인 것 같지는 않다. 그러나 고래에는 표식을 어떻게 할 것인가? 약 30cm 정도의 금속 실린더를 N_1마리 고래 각각의 피하지방에 삽입한다. 실린더는 고래를 다치지 않게 하고 정상적인 활동을 수행할 수 있도록 한다. 나중에 고래잡이 회사가 n마리의 고래를 포획하였는데 그 중 x마리가 실린더를 갖고 있었다. 이와 같은 방법을 사용하여 고래를 포획하기 전에 바다에 고래가 몇 마리 있는가를 추정할 수 있으며, 또한 고래를 포획한 후 바다에 몇 마리가 남아있는가도 추정할 수 있다.

N의 최우추정치를 구하는 수학문제를 풀어 보자. N_1 마리가 표식되어 있는 곳에서 포획된 n마리 중 표식이 되어있는 물고기의 마리 수 X는 초기하분포를 따른다고 할 수 있다. 초기하분포의 p.m.f.는

$$f(x) = \frac{\binom{N_1}{x}\binom{N-N_1}{n-x}}{\binom{N}{n}}, \quad x \le n,\ x \le N_1,\ n-x \le N-N_1$$

이다. 이 식은 N의 함수이며 최대값을 갖는 N을 구하려고 한다. 여기서, N_1과 x값은 알고 있으므로, $\binom{N_1}{x}$도 알 수 있는 값이다. 따라서 이 항은 고려할 필요가 없다. 남아 있는 것은

$$\frac{\binom{N-N_1}{n-x}}{\binom{N}{n}} = \frac{(N-N_1)!/(n-x)!(N-N_1-n+x)!}{N!/n!(N-n)!}$$

인데, 또한 $(n-x)!$와 $n!$도 알고 있으므로 고려할 필요가 없다. 그러므로

$$h(N) = \frac{(N-N_1)!(N-n)!}{N!(N-N_1-n+x)!.}$$

를 최대화하는 N을 구하여야 한다. 그러나 계승과 N이 정수이어야 하므로 $h(N)$을 미분할 수 없다. 따라서 다음과 같은 관계를 고려할 수 있다.

$$\frac{h(N+1)}{h(N)} = \frac{(N+1-N_1)!(N+1-n)!N!(N-N_1-n+x)!}{(N+1)!(N+1-N_1-n+x)!(N-N_1)!(N-n)!}$$

$$= \frac{(N+1-N_1)(N+1-n)}{(N+1)(N+1-N_1-n+x)} > 1$$

이 비율이 1보다 큰 모든 N에 대하여, 우리는 N을 증가시키면 $h(N)$도 증가가 됨을 알 수 있다. 위의 부등식은

$$[(N+1)-N_1][(N+1)-n] > (N+1)[(N+1)-n-N_1+x]$$

로 다시 쓸 수 있으며 이를 정리하면

$$-N_1[(N+1)-n] > (N+1)(-N_1+x)$$

또는 같은 의미로

$$N_1 n > (N+1)x$$

이며, 따라서

$$\frac{N_1 n}{x} - 1 > N$$

이 된다. 그러므로 만일 $N_1 n/x$이 정수이면 $h(N)$(또는 $f(x)$)를 최대화 하는 정수 N을 구할 수 있다. 만일 $N_1 n/x$이 정수가 아니라면 $N_1 n/x$에서 $[N_1 n/x] = \hat{N}$인 최대정수를 N을 구할 수 있다. 그러면

$$\frac{h(\hat{N})}{h(\hat{N}-1)} > 1 \text{ 이고 } \frac{h(\hat{N}+1)}{h(\hat{N})} < 1$$

이 된다. 따라서 앞에서 설명한 직관에 의한 추정치는 최우추정치

$$\hat{N} = \left[\frac{N_1 n}{x}\right] \tag{2.4-3}$$

와 같다.

만일 바다에 있는 $N_1 = 1000$ 마리의 고래에 표식을 하고 나중에 $n = 500$ 마리의 고래를 포획했을 때 $x = 50$ 마리의 고래에 표식이 있다면 500마리 포획하기 이전의 바다에는

$$\hat{N} = \left[\frac{(1000)(500)}{50}\right] = 10,000$$

마리의 고래가 있다고 추정한다. 물론 $10,000 - 500 = 9,500$마리가 남아있다고 추정할 수 있다. (본 예의 응용 시뮬레이션은 연습문제 5.3-10 참조.)

연습문제 2.4

2.4-1 자정부터 정오 사이에 119 에 매 시간 걸려오는 전화 콜 수를 X로 나타낸다. 다음 수는 10월 29일과 10월 30일 걸려온 전화 수를 기록한 것이다.

0	1	1	1	0	1	2	1	4	1	2	3
0	3	0	1	0	1	1	2	3	0	2	2

(a) 이 자료에 대한 표본평균과 표본분산을 구하여라.

(b) λ의 최우추정치를 사용하여 Poisson 분포에 적합시켜 보아라. 적합이 잘되는가?

2.4-2 $X_1, X_2, \ldots, X_n$이 모수가 r(알고 있음)과 $0 < p < 1$인 음이항분포로부터의 확률표본이라 하자. p에 대한 최우추정량을 구하여라. 결과가 직관과 일치하는가?

2.4-3 물리실험실에 0.5초동안 $carbon-14$의 방출입자수를 기록하기 위해 Geiger 계수기가 설치되어 있다. 다음은 50개의 측정치이다.

4	6	6	12	11	11	10	5	10	7
9	6	9	11	9	6	4	9	11	8
10	11	7	4	5	8	6	5	8	7
6	3	4	6	4	12	7	14	5	9
7	10	9	6	6	12	10	7	12	13

(a) 이 자료의 표본평균과 표본분산을 구하여라.

(b) 이 절의 응용에서 세 개의 모형이 고려되었는데 계산된 $\overline{x}$와 s^2로 볼 때 어떤 모형이 가장 적합한가?

2.4-4 방사능 동위원소의 반감기(half−lives)를 결정하는 데 주어진 기간에서 감지기의 방사 배경을 아는 것이 중요하다. 다음은 300초 동안 $\gamma-$선 감지실험에서 얻은 자료이다.

0	2	4	6	6	1	7	4	6	1	1	2	3	6	4	2	7	4	4	2
2	5	4	4	4	1	2	4	3	2	2	5	0	3	1	1	0	0	5	2
7	1	3	3	3	2	3	1	4	1	3	5	3	5	1	3	3	0	3	2
6	1	1	4	6	3	6	4	4	2	2	4	3	3	6	1	6	2	5	0
6	3	4	3	1	1	4	6	1	5	1	1	4	1	4	1	1	1	3	3
4	3	3	2	5	2	1	3	5	3	2	7	0	4	2	3	3	5	6	1
4	2	6	4	2	0	4	4	7	3	5	2	2	3	1	3	1	3	6	5
4	8	2	2	4	2	2	1	4	7	5	2	1	1	4	1	4	3	6	2
1	1	2	2	2	2	3	5	4	3	2	2	3	3	2	4	4	3	2	2

3 6 1 1 3 3 2 1 4 5 5 1 2 3 3 1 3 7 2 5
4 2 0 6 2 3 2 3 0 4 4 5 2 5 3 0 4 6 2 2
2 2 2 5 2 2 3 4 2 3 7 1 1 7 1 3 6 0 5 3
0 0 3 3 0 2 4 3 1 2 3 3 3 4 3 2 2 7 5 3
5 1 1 2 2 6 1 3 1 4 4 2 3 4 5 1 3 4 3 1
0 3 7 4 0 5 2 5 4 4 2 2 3 2 4 6 5 5 3 4

이 자료는 $\lambda = 3$인 Poisson 확률변수의 관측치라고 볼 수 있는가? 이 질문에 답하기 위해 다음을 구하여라.

(a) $0, 1, 2, \ldots, 8$의 도수를 구하여라.

(b) 표본평균과 표본분산을 구하여라.

(c) 이 절의 응용에서 세 개의 모형이 고려되었는데 어떤 모형이 가장 적합한가?

2.4-5 22개씩 들어있는 m&m 초코렛에서 초록색 땅콩의 개수를 X라 하자. 다음 도수분포표는 45개의 X 관측치 자료이다.

결과(x):	0	1	2	3	4	5	6	7	8	9
도수:	0	2	4	5	7	9	8	5	3	2

(a) 이 자료의 표본평균과 표본분산을 구하여라.

(b) 이 절의 응용에서 세 개의 모형이 고려되었는데 어떤 모형이 가장 적합한가?

2.4-6 초코렛 칩 과자봉지에 들어있는 초코렛 칩의 개수를 X라 하자. 다음 도수분포표는 62개의 X 관측치에 대한 자료이다.

결과(x):	0	1	2	3	4	5	6	7	8	9	10
도수:	0	0	2	8	7	13	13	10	4	4	1

(a) 이 자료의 표본평균과 표본분산을 구하여라.

(b) 이 절의 응용에서 세 개의 모형이 고려되었는데 어떤 모형이 가장 적합한가?

2.4-7 X는 이항 p.m.f.를 따른다. $f(x)$가 최대값을 갖는 x값을 구하여라.

$$f(x) = \binom{n}{x} p^x (1-p)^{n-x}, \qquad x = 0, 1, 2, \ldots, n$$

Hint 이 문제는 최우추정량을 찾는 문제가 아니고 분포의 최빈수(mode)를 찾는 문제이다. 그러나 예제 2.4−4에서 $f(x+1)/f(x) > 1$를 이용하여 풀 수 있다.

2.5 독립인 확률변수들의 선형함수

이 절에서는 확률변수가 두 개 이상인 경우를 설명하고자 한다. 2.4절에서 $X_1, X_2, \ldots, X_n$이 독립이고 동일한 p.m.f. $f(x)$로부터의 추출되었다면 확률표본이라 하였다. 즉

$$P(X_1 = x_1, X_2 = x_2, \ldots, X_n = x_n) = f(x_1)f(x_2)\cdots f(x_n).$$

위의 내용을 일반화할 수 있다. $X_1, X_2, \ldots, X_n$가 독립이지만 각각 서로 다른 p.m.f. $f_1(x_1), f_2(x_2), \ldots, f_n(x_n)$를 갖는다고 가정하자. 만일 $X_1, X_2, \ldots, X_n$의 실현값이 $x_1, x_2, \ldots, x_n$이라 하면, 독립의 성질로부터

$$\begin{aligned} P(X_1 = x_1, X_2 = x_2, \ldots, X_n = x_n) &= P(X_1 = x_1)P(X_2 = x_2)\cdots P(X_n = x_n) \\ &= f_1(x_1)f_2(x_2)\cdots f_n(x_n) \end{aligned}$$

이 된다. 이와 같이 p.m.f.를 곱한 $f_1(x_1)f_2(x_2)\cdots f_n(x_n)$을 독립인 확률변수 $X_1, X_2, \ldots, X_n$.의 **결합확률질량함수(joint p.m.f.)**라 한다

예제 2.5-1 독립인 확률변수 X_1과 X_2가 각각 평균이 $\mu_1 = 2$, $\mu_2 = 3$인 Poisson 분포를 따른다고 하자. 그러면

$$P(X_1 = 3, X_2 = 4) = \left(\frac{2^3 e^{-2}}{3!}\right)\left(\frac{3^4 e^{-3}}{4!}\right) = \frac{9}{2}e^{-5}$$

이며, 또한

$$\begin{aligned} P(X_1 + X_2 = 2) &= P(X_1 = 0, X_2 = 2) + P(X_1 - 1, X_2 - 1) + P(X_1 = 2, X_2 = 0) \\ &= \left(\frac{2^0 e^{-2}}{0!}\right)\left(\frac{3^2 e^{-3}}{2!}\right) + \left(\frac{2^1 e^{-2}}{1!}\right)\left(\frac{3^1 e^{-3}}{1!}\right) + \left(\frac{2^2 e^{-2}}{2!}\right)\left(\frac{3^0 e^{-3}}{0!}\right) \\ &= \frac{(2+3)^2 e^{-5}}{2!} = \frac{5^2 e^{-5}}{2!} \end{aligned}$$

이다. 결과를 보면 $Y = X_1 + X_2$가 마치 $\mu_Y = 5$인 Poisson 분포를 따르는 것 같은데 이는 사실이며, 6.2절에서 증명할 예정이다.

다음 논의를 좀더 쉽게 하기 위하여 $n = 2$인 두 개의 독립변수 X_1과 X_2를 생각해 보자. X_1과 X_2의 p.m.f.는 각각 $f_1(x_1)$, $x_1 \in S_1$; $f_2(x_2)$, $x_2 \in S_2$이

다. X_1과 X_2의 선형함수가 $Y=a_1X_1+a_2X_2$라면 Y는 확률변수이며, p.m.f. $g(y)$를 구할 수 있고 μ_Y와 σ_Y^2을 계산할 수 있다. 그러나 Y의 평균은

$$\mu_Y = E(a_1X_1+a_2X_2)$$

로 계산할 수 있으며 $u(X_1,X_2)$의 평균은

$$E[u(X_1,X_2)] = \sum_{x_1 \varepsilon S_1, x_2 \varepsilon S_2}\sum u(x_1,x_2)f_1(x_1)f_2(x_2)$$

로 구할 수 있다. 따라서 E 또한 선형연산자이므로

$$\mu_Y = a_1E(X_1)+a_2E(X_2) = a_1\mu_1+a_2\mu_2$$

이며 μ_1과 μ_2는 X_1과 X_2의 평균이다. Y의 분산은

$$\begin{aligned}
\sigma_Y^2 &= E[(a_1X_1+a_2X_2-a_1\mu_1-a_2\mu_2)^2] \\
&= E[a_1(X_1-\mu_1)+a_2(X_2-\mu_2)]^2 \\
&= E[a_1^2(X_1-\mu_1)^2+a_2^2(X_2-\mu_2)^2+2a_1a_2(X_1-\mu_1)(X_2-\mu_2)] \\
&= a_1^2E[(X_1-\mu_1)^2]+a_2^2E[(X_2-\mu_2)^2]+2a_1a_2E[(X_1-\mu_1)(X_2-\mu_2)] \\
&= a_1^2\sigma_1^2+a_2^2\sigma_2^2+2a_1a_2E[(X_1-\mu_1)(X_2-\mu_2)]
\end{aligned}$$

이다. 그러나

$$\begin{aligned}
E[(X_1-\mu_1)(X_2-\mu_2)] &= \sum_{x_1 \varepsilon S_1, x_2 \varepsilon S_2}\sum (x_1-\mu_1)(x_2-\mu_2)f_1(x_1)f_2(x_2) \\
&= \sum_{x_1 \varepsilon S_1}(x_1-\mu_1)f_1(x_1)\sum_{x_2 \varepsilon S_2}(x_2-\mu_2)f_2(x_2) \\
&= E(X_1-\mu_1)E(X_2-\mu_2)
\end{aligned}$$

이고 $E(X_i-\mu_i)=E(X_i)-\mu_i=\mu_i-\mu_i$, $i=1,2$ 이므로 $E[(X_1-\mu_1)(X_2-\mu_2)]=0$이 된다. 따라서

$$\sigma_Y^2 = a_1^2\sigma_1^2+a_2^2\sigma_2^2$$

이 된다.

참고 위의 전개식에서 X_1과 X_2가 독립이므로

$$E[(X_1-\mu_1)(X_2-\mu_2)]=E(X_1-\mu_1)E(X_2-\mu_2)$$

가 성립함을 보여야 한다. 그러나 같은 논의로 좀더 일반적인 결과가 있다. 만일 $u(X_1,X_2)=u_1(X_1)u_2(X_2)$라면

$$E[u_1(X_1)u_2(X_2)]=E[u_1(X_1)]E[u_2(X_2)]$$

이다. 즉 X_1과 X_2가 독립이면 $u_1(X_1)u_2(X_2)$의 기대값은 $u_1(X_1)$의 기대값과 $u_2(X_2)$의 기대값의 곱과 같다.

예제 2.5-2 X_1과 X_2가 독립이고 각각 $n_1=100$, $p_1=1/2$이고 $n_2=48$, $p_2=1/4$인 이항확률변수라 하자. $Y=X_1-X_2$라 하면

$$\mu_Y=100\left(\frac{1}{2}\right)-48\left(\frac{1}{4}\right)=38$$

이고

$$\sigma_Y^2=(1)^2(100)\left(\frac{1}{2}\right)\left(\frac{1}{2}\right)+(-1)^2(48)\left(\frac{1}{4}\right)\left(\frac{3}{4}\right)$$
$$=25+9=34$$

같은 방법으로 위의 결과들을 n개의 독립인 확률변수 $X_1,X_2,\ldots,X_n$들의 경우로 확장할 수 있다. $X_1,X_2,\ldots,X_n$의 평균과 분산이 각각 $\mu_1,\mu_2,\ldots,\mu_n$과 $\sigma_1^2,\sigma_2^2,\ldots,\sigma_n^2$라고 하자. 선형함수인

$$Y=a_1X_1+a_2X_2+\cdots+a_nX_n$$

의 평균은

$$\mu_Y=a_1\mu_1+a_2\mu_2+\cdots+a_n\mu_n=\sum_{i=1}^{n}a_i\mu_i$$

이고 분산은

$$\sigma_Y^2=a_1^2\sigma_1^2+a_2^2\sigma_2^2+\cdots+a_n^2\sigma_n^2=\sum_{i=1}^{n}a_i^2\sigma_i^2$$

이 된다.

예제 2.5-3 독립인 확률변수 X_1, X_2, X_3 각각은 어떤 프로젝트에서 각 단계별 소요시간(시)이라 하자. 즉 각각의 확률변수는 평균이 $\mu_1 = 2.5$, $\mu_2 = 4.1$, $\mu_3 = 3.8$이고 분산이 $\sigma_1^2 = 4.16$, $\sigma_2^2 = 7.18$, $\sigma_3^2 = 5.81$이라 하자. 프로젝트의 세 단계를 완성하는 데 필요한 시간은 $Y = X_1 + X_2 + X_3$이며 Y의 평균과 분산은 각각 다음과 같다.

$$\mu_Y = 2.5 + 4.1 + 3.8 = 10.4 \text{ 시간}$$

$$\sigma_Y^2 = 4.16 + 7.18 + 5.81 = 17.15 \text{ 시간}^2$$

물론 표준편차는 $\sigma_Y = \sqrt{17.15} = 4.14$ 시간이다.

다시 $X_1, X_2, \ldots, X_n$이 평균이 μ이고 분산이 σ^2인 어떤 분포의 p.m.f. $f(x)$로부터 추출된 확률표본이라 하자. 표본평균

$$\overline{X} = \frac{X_1 + X_2 + \cdots + X_n}{n}$$

는 $a_i = 1/n$인 선형함수이다. 그러면

$$\mu_{\overline{X}} = \sum_{i=1}^{n} \left(\frac{1}{n}\right) \mu = \mu$$

이고

$$\sigma_{\overline{X}}^2 = \sum_{i=1}^{n} \left(\frac{1}{n}\right)^2 \sigma^2 = \frac{\sigma^2}{n}$$

이다. $E(\overline{X}) = \mu$이므로 $\overline{X}$는 μ의 불편 추정량이다. 임의의 $\epsilon > 0$에 대해 체비셰프 부등식(Chebyshev's Inequality)에서 $\sigma_{\overline{X}} = \sigma/\sqrt{n}$, $k = \epsilon\sqrt{n}/\sigma$라 놓으면

$$P(|\overline{X} - \mu| \geq \epsilon) = P\left[|\overline{X} - \mu| \geq \left(\frac{\epsilon\sqrt{n}}{\sigma}\right)\left(\frac{\sigma}{\sqrt{n}}\right)\right] \leq \frac{\sigma^2}{n\epsilon^2}$$

이 된다. 따라서 모든 $\epsilon > 0$에 대하여

$$\lim_{n \to \infty} P(|\overline{X} - \mu| \geq \epsilon) \leq \lim_{n \to \infty} \frac{\sigma^2}{n\epsilon^2} = 0$$

이다. 따라서 $\overline{X}$는 μ에 확률수렴하며 이를 **약대수의 법칙**(the weak law of large numbers)이라 한다.

이 장에서 X가 $b(n,p)$일 때 X/n나 평균이 μ이고 분산이 σ^2인 분포에서의 $\overline{X}$는 p나 μ의 좋은 추정량임을 지적하였다. 만일 불편 추정량이 대응하는 모수에 확률수렴하면 좋은 추정량이 된다. 그러나 현실적인 문제에서 모수 p,μ, σ^2의 값을 모르므로 X/n과 $\overline{X}$의 표준편차의 추정치는 각각

$$\sqrt{\frac{(X/n)(1-X/n)}{n}} \text{ 이고 } \sqrt{\frac{S^2}{n}}=\frac{S}{\sqrt{n}}$$

이며, 여기서 S^2은 표본분산이다. 표준편차의 추정치를 흔히 **표준오차**(standard error)라고 한다. 또한 나중에 설명하겠지만 미지의 참값인 p가 구간

$$\left[\frac{X}{n}-2\sqrt{\frac{(X/n)(1-X/n)}{n}},\ \frac{X}{n}+2\sqrt{\frac{(X/n)(1-X/n)}{n}}\right]$$

안에 있을 확률은 약 0.95가 된다. 비슷하게 미지의 참값인 μ가

$$\left[\overline{X}-2\frac{S}{\sqrt{n}},\ \overline{X}+2\frac{S}{\sqrt{n}}\right]$$

구간 안에 있을 확률도 약 0.95이다.

위의 구간을 각각 모수 p와 μ에 대한 근사 95% **신뢰구간**(confidence interval)이라 한다. 그러므로 모수의 참값이 각각의 구간 안에 들어 있다고 확실히 느낄 수 있다.

참고 3장에서 학습하겠지만 X/n와 $\overline{X}$는 근사적으로 정규분포를 따른다. 계산된 구간

$$\frac{x}{n}\pm 2\sqrt{\frac{(x/n)(1-x/n)}{n}}$$

와

$$\overline{x}\pm 2\frac{s}{\sqrt{n}}$$

를 각각 p와 μ에 대한 근사 95% 신뢰구간이라 한다.

예제 2.5-4 X가 $b(n=72, p)$인 확률변수라 하자. 만일 X의 값으로 $x=28$이 관찰되었다면 $\hat{p}=28/72=0.389$이며 이는 미지의 p에 대한 추정치이다. 그리고 p가 구간

$$0.389 \pm 2\sqrt{\frac{(0.389)(1-0.389)}{72}}$$

안에 있을 것으로 약 95% 신뢰한다. 즉 구간 $[0.274,\ 0.504]$는 p에 대한 근사 95% 신뢰구간이다.

예제 2.5-5 $\overline{X}$가 미지의 평균 μ와 미지의 분산 σ^2인 분포로부터 추출된 크기 $n=47$인 확률표본으로부터 계산된 평균이라 하자. 계산된 표본 특성치는 $\overline{x}=70.4$이고 $s=9.4$이다. 구간

$$70.4 \pm (2)\frac{9.4}{\sqrt{47}}$$

또는 $[67.66, 73.14]$는 모평균 μ의 95% 신뢰구간이 된다.

연습문제 2.5

2.5-1 독립인 확률변수 X_1과 X_2가 각각 모수 $\mu_1=1$, $\mu_2=2$, $\sigma_1^2=4$, $\sigma_2^2=9$를 갖는다고 하자. $Y=3X_1-2X_2$의 평균과 분산을 구하여라.

2.5-2 X_1과 X_2가 독립인 확률변수이고 각각의 분산이 $\sigma_1^2=k$, $\sigma_2^2=2$라고 하자. $Y=3X_2-X_1$의 분산이 25일 때 k를 구하여라.

2.5-3 $\overline{X}$가 p.m.f. $f(x)=x/6$, $x=1,2,3$인 분포로부터 크기 9인 확률표본의 평균이라 하자. $\overline{X}$의 평균과 분산을 구하여라.

2.5-4 독립인 확률변수 X_1과 X_2의 평균이 각각 μ_1, μ_2이고 분산이 σ_1^2, σ_2^2일 때 $Y=X_1X_2$의 평균이 $\mu_1\mu_2$이고 분산이 $\sigma_1^2\sigma_2^2+\mu_1^2\sigma_2^2+\mu_2^2\sigma_1^2$임을 보여라.

2.5-5 X_1, X_2, X_3가 각각 이항분포 $b(4, 1/2)$, $b(6, 1/3)$, $b(12, 1/6)$를 갖는 독립확률변수라고 하자. 다음을 구하여라.

(a) $P(X_1 = 2, X_2 = 2, X_3 = 5)$

(b) $E(X_1 X_2 X_3)$

(c) $Y = X_1 + X_2 + X_3$의 평균과 분산

2.5-6 $n = 8$개의 동전을 던지고 앞면이 나오는 동전을 제거한다. 나머지 뒷면이 나온 동전들을 다시 던지고 앞면이 나온 동전을 제거한다. 시행을 계속하여 앞면이 나오는 동전을 제거해 나간다. 필요한 시행횟수 Y의 p.m.f.를 구한다. 동전 i에서 앞면이 관찰될 때까지의 시행횟수를 X_i, $(i = 1, 2, \ldots, 8)$라 하면, $Y = \max(X_1, X_2, \ldots, X_8)$의 공간은 $y = 1, 2, 3, \ldots$이다.

(a) $P(Y \le y) = [1 - (1/2)^y]^8$임을 보여라.

(b) $P(Y = y) = [1 - (1/2)^y]^8 - [1 - (1/2)^{y-1}]^8, \quad y = 1, 2, \ldots$ 임을 보여라.

(c) Maple이나 Mathematica와 같은 소프트웨어를 사용하여 다음을 구하여라.

$$E(Y) = \frac{13,315,424}{3,011,805} = 4.421$$

(d) 만일 동전의 수를 두 배로 하면 Y의 기대값은 얼마가 되겠는가?

(e) 위 실험을 실제로 해보거나 컴퓨터를 이용하여 모의실험을 실시하여라.

2.5-7 Macatawa 호수 서쪽 지역에 살고 있는 박테리아의 수를 알아 보기 위하여 그 지역에서 100㎖ 단위로 물 표본 $n = 37$개를 추출하여 박테리아 군체의 수를 세었다. 표본자료로부터 $\bar{x} = 11.80$(백개)이고 $s = 11.80$(백개)이다. 서쪽 지역의 물 100㎖ 당 평균 박테리아 수의 근사 95% 신뢰구간을 구하여라.

2.5-8 가루비누 제조업자가 6-파운드 비누제품을 생산한다. 포장기계를 점검하기 위하여 $n = 1219$개의 표본을 추출하여 무게를 달아보니 $\bar{x} = 6.05$파운드, $s = 0.02$파운드였다. μ에 대한 95% 신뢰구간의 끝점을 구하여라.

2.5-9 네덜란드에서 다음날 배달되는 우편물의 비율을 p라 하자. 확률표본 $n = 200$의 우편물 중 $y = 142$개가 다음날 배달되었다. p에 대한 95%

신뢰구간을 구하여라.

2.5-10 미국에서 사형제도를 찬성하는 사람들의 비율을 p라 하자. 확률표본 $n=1234$명 중 $y=864$명이 사형제도에 찬성하였다. p에 대한 95% 신뢰구간을 구하여라.

2.5-11 확률변수 X가 이항모형을 따른다고 하자. 95% 신뢰구간이 $(X/n)\pm 0.02$가 되기 위한 n의 값을 구하여라.

Hint $\sqrt{\left(\frac{x}{n}\right)\left(1-\frac{x}{n}\right)} \le \sqrt{\left(\frac{1}{2}\right)\left(\frac{1}{2}\right)}$

2.6 다변량 이산분포

우리는 이미 앞에서 독립인 확률변수 $X_1, X_2, \ldots, X_n$에 대해 설명하였다. 만일 각각의 p.m.f.가 $f_1(x_1), f_2(x_2), \cdots, f_n(x_n)$이면 결합 p.m.f.는 $f_1(x_1)f_2(x_2)\cdots f_n(x_n)$이 된다. 그러나 $X_1, X_2, \ldots, X_n$이 다음 두 확률변수의 예제에서와 같이 독립일 필요는 없다.

예제 2.6-1 X_1과 X_2가 그림 2.6－1과 같이 결합 p.m.f.를 갖는다고 하자. 즉

$$f(1,1)=P(X_1=1, X_2=1)=4/10$$
$$f(1,2)=P(X_1=1, X_2=2)=3/10$$
$$f(2,1)=P(X_1=2, X_2=1)=2/10$$
$$f(2,2)=P(X_1=2, X_2=2)=1/10$$

이다. $f_1(x_1)$을 X_1의 **주변** p.m.f.(marginal p.m.f.), $f_2(x_2)$를 X_2의 주변 p.m.f.를 라고 하면

$$f_1(1)=P(X_1=1)=7/10$$
$$f_1(2)=P(X_1=2)=3/10$$
$$f_2(1)=P(X_2=1)=6/10$$
$$f_2(2)=P(X_2=2)=4/10$$

이다. 여기서 X_1과 X_2는

$$f(1,2)=P(X_1=1, X_2=2)=\frac{3}{10}\ne P(X_1=1)P(X_2=2)$$

$$= f_1(1)f_2(2) = \frac{7}{10} \cdot \frac{4}{10}$$

이므로 독립이 아니다. 일반적으로

$$f(x_1, x_2) \neq f_1(x_1)f_2(x_2), \quad x_1 = 1, 2; \quad x_2 = 1, 2$$

이면 X_1과 X_2는 **종속**(dependent)이라 한다.

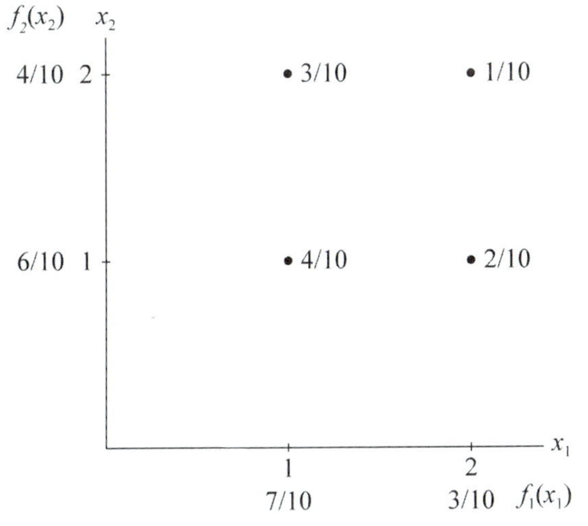

그림 2.6-1 이산형 결합 p.m.f.

만일 $Y = u(X_1, X_2)$이면 Y는 확률변수이다. 즉 기대값 $E(Y)$가 존재하며 다음과 같이 계산한다.

$$E[u(X_1, X_2)] = \sum_{x_1}\sum_{x_2} u(x_1, x_2)f(x_1, x_2)$$

위의 식을 증명하지는 않지만 예제 2.6−1의 결합 p.m.f.를 사용하여 설명한다. $Y = X_1 + X_2$라 하자. Y의 p.m.f. $g(y)$는

$$g(2) = P(Y=2) = P(X_1 = 1, X_2 = 1) = f(1,1) = \frac{4}{10}$$

$$g(3) = P(Y=3) = P(X_1 = 1, X_2 = 2) + P(X_1 = 2, X_2 = 1)$$

$$= \frac{3}{10} + \frac{2}{10} = \frac{5}{10}$$

$$g(4) = P(Y=4) = P(X_1 = 2, X_2 = 2) = f(2,2) = \frac{1}{10}$$

이며, 따라서

$$E(Y) = 2 \cdot \frac{4}{10} + 3 \cdot \frac{5}{10} + 4 \cdot \frac{1}{10} = \frac{27}{10} = 2.7$$

이다. 또한

$$\begin{aligned} E(X_1 + X_2) &= \sum_{x_2=1}^{2} \sum_{x_1=1}^{2} (x_1 + x_2) f(x_1, x_2) \\ &= (1+1)\left(\frac{4}{10}\right) + (2+1)\left(\frac{2}{10}\right) + (1+2)\left(\frac{3}{10}\right) + (2+2)\left(\frac{1}{10}\right) \\ &= \frac{27}{10} = 2.7 \end{aligned}$$

이며 이 값은 $E(Y) = 2.7$과 같다.

만일 u가 X_1 만의 함수 즉 $u(X_1)$이라면 먼저 x_2에 대한 합을 먼저 계산하여 X_1의 주변 p.m.f.

$$f_1(x_1) = \sum_{x_2} f(x_1, x_2)$$

를 구하고 나서

$$E[u(X_1)] = \sum_{x_1} \sum_{x_2} u(x_1) f(x_1, x_2) = \sum_{x_1} u(x_1) f_1(x_1)$$

를 구한다. 즉 결합 p.m.f.로부터 X_1의 주변 m.g.f.를 구한 다음 X_1의 평균 $\mu_1 = E(X_1)$과 분산 $\sigma_1^2 = E[(X_1 - \mu_1)^2]$을 구한다.

예제 2.6-2 (예제 2.6−1 계속)

$$\mu_1 = E(X_1) = \sum_{x_1=1}^{2} x_1 f_1(x_1) = (1)\left(\frac{7}{10}\right) + (2)\left(\frac{3}{10}\right) = \frac{13}{10}$$

이고

$$\sigma_1^2 = E(X_1^2) - \left(\frac{13}{10}\right)^2$$

$$= \sum_{x_1=1}^{2} x_1^2 f_1(x_1) - \left(\frac{13}{10}\right)^2$$

$$= (1)^2\left(\frac{7}{10}\right) + (2)^2\left(\frac{3}{10}\right) - \frac{169}{100}$$

$$= \frac{21}{100} = 0.21$$

이다. X_2에 대해서도 비슷하게 구할 수 있다.

공간 $(x_1, x_2) \in S$에 정의된 결합 p.m.f. $f(x_1, x_2)$는 다음 성질을 만족한다.

(a) $0 \le f(x_1, x_2) \le 1$

(b) $\sum\sum_{(x_1, x_2) \varepsilon S} f(x_1, x_2) = 1$

(c) $P[(X_1, X_2) \varepsilon A] = \sum\sum_{(x_1, x_2) \varepsilon S} f(x_1, x_2)$ (여기서 A는 S의 부분집합)

또한 $Y = u(x_1, x_2)$의 기대값은

$$E[u(X_1, X_2)] = \sum\sum_{(x_1, x_2) \varepsilon S} u(x_1, x_2) f(x_1, x_2)$$

이다.

주변분포로부터 계산할 수 없는 중요한 기대값은 $E[(X_1 - \mu_1)(X_2 - \mu_2)]$이며 이를 X_1과 X_2의 **공분산(covariance)**이라 하고 $Cov(X_1, X_2) = \sigma_{12}$로 나타낸다. 표준편차 σ_1과 σ_2가 양수이므로

$$\rho = \frac{Cov(X_1, X_2)}{\sigma_1 \sigma_2} = \frac{\sigma_{12}}{\sigma_1 \sigma_2}$$

를 X_1과 X_2의 **상관계수(correlation coefficient)**라고 한다.(연습문제 2.6-4에서 $-1 \le \rho \le 1$임을 증명.) 또한 공분산은 다음 간편식을 이용하여 계산할 수 있다.(연습문제 2.6 - 2 참고.)

$$Cov(X_1, X_2) = E(X_1 X_2) - \mu_1 \mu_2$$

예제 2.6-3 X_1과 X_2의 결합 p.m.f.가 다음과 같다.

$$f(x_1, x_2) = \frac{x_1 + 2x_2}{18}, \qquad x_1 = 1,2, \quad x_2 = 1,2$$

이로부터 다음을 구할 수 있다.

$$\mu_1 = \frac{14}{9}, \quad \sigma_1^2 = \frac{20}{81}, \quad \mu_2 = \frac{29}{18}, \quad \sigma_2^2 = \frac{77}{324}$$

X_1과 X_2의 공분산을 구하기 위해 먼저

$$\begin{aligned} E(X_1 X_2) &= \sum_{x_2=1}^{2} \sum_{x_1=1}^{2} x_1 x_2 \frac{x_1 + 2x_2}{18} \\ &= (1)(1)\left(\frac{3}{18}\right) + (2)(1)\left(\frac{4}{18}\right) + (1)(2)\left(\frac{5}{18}\right) + (2)(2)\left(\frac{6}{18}\right) = \frac{45}{18} \end{aligned}$$

구하면 공분산은

$$Cov(X_1, X_2) = \frac{45}{18} - \left(\frac{14}{9}\right)\left(\frac{29}{18}\right) = -\frac{1}{162}$$

이고 따라서 상관계수는

$$\rho = \frac{-1/162}{\sqrt{(20/81)(77/324)}} = -0.025$$

이다.

참고 만일 n개의 이변량 관측치 $(x_1, y_1), (x_2, y_2), \ldots, (x_n, y_n)$ 각각에 대해 가중치(확률)로 $1/n$을 부여한다면 경험적 분포를 만들 수 있다. 경험적 분포로부터 평균 $\bar{x}$, $\bar{y}$와 분산 v_x, v_y를 계산할 수 있으며 또한 **표본상관계수**(sample correlation coefficient)를 계산할 수 있다. 즉

$$\begin{aligned} r &= \frac{\sum_{i=1}^{n} (x_i - \bar{x})(y_i - \bar{y})\left(\frac{1}{n}\right)}{\sqrt{\sum_{i=1}^{n} (x_i - \bar{x})^2 \left(\frac{1}{n}\right)} \sqrt{\sum_{i=1}^{n} (y_i - \bar{y})^2 \left(\frac{1}{n}\right)}} \\ &= \frac{\sum_{i=1}^{n} (x_i - \bar{x})(y_i - \bar{y})}{\sqrt{\sum_{i=1}^{n} (x_i - \bar{x})^2} \sqrt{\sum_{i=1}^{n} (y_i - \bar{y})^2}} \end{aligned}$$

$$= \frac{\sum_{i=1}^{n} x_i y_i - n\bar{x}\bar{y}}{\sqrt{\sum_{i=1}^{n} x_i^2 - n\bar{x}^2}\sqrt{\sum_{i=1}^{n} y_i^2 - n\bar{y}^2}}$$

상관계수 r은 점 $(x_1, y_1), (x_2, y_2), \ldots, (x_n, y_n)$의 선형성을 측정한다. 즉 만일 모든 점이 양(음)의 기울기를 갖는 직선상에 있으면 $r = 1 (r = -1)$이며 r의 가장 큰(작은) 값이다.

위에서 두 개의 확률변수에 대해 고려하였지만 이러한 개념은 n개의 확률변수 $X_1, X_2, \ldots, X_n$로 확장될 수 있다. 예를 들면, 만일 $X_1, X_2, \ldots, X_n$이 독립이고 $f_i(x_i)$가 X_i $(i = 1, 2, \ldots, n)$의 주변 p.m.f.이면 결합 p.m.f.는

$$f(x_1, x_2, \ldots, x_n) \equiv f_1(x_1) f_2(x_2) \cdots f_n(x_n)$$

이다. 이와 같이 독립인 경우에 $Y = \Sigma_{i=1}^{n} a_i X_i$의 평균과 분산은

$$\mu_Y = \sum_{i=1}^{n} a_i \mu_i \text{이고} \qquad \sigma_Y^2 = \sum_{i=1}^{n} a_i^2 \sigma_i^2$$

이며, 여기서 $\mu_1, \mu_2, \ldots, \mu_n$과 $\sigma_1^2, \sigma_2^2, \ldots, \sigma_n^2$은 $X_1, X_2, \ldots, X_n$ 각각의 평균과 분산이다. 만일 확률변수들 사이에 상관이 있으면 μ_Y는 같은 식을 갖지만 분산은

$$\sigma_Y^2 = \sum_{i=1}^{n} a_i^2 \sigma_i^2 + 2 \sum_{i<j} \sum a_i a_j \sigma_{ij}$$

인데, 여기서 $\sigma_{ij} = Cov(X_i, X_j)$는 X_i와 X_j, $(i \neq j)$의 공분산이다. 물론 σ_{ij}는 $\rho_{ij} = \sigma_{ij} / (\sigma_i \sigma_j)$, $i \neq j$이므로 $\rho_{ij} \sigma_i \sigma_j$로 대체할 수 있다.

예제 2.6-4 만일 X_1, X_2, X_3가 각각 모수 $\mu_1 = 7$, $\mu_2 = 3$, $\mu_3 = -2$, $\sigma_1^2 = 4$, $\sigma_2^2 = 9$, $\sigma_3^2 = 25$, $\rho_{12} = 0.2$, $\rho_{13} = 0.3$, $\rho_{23} = 0.1$을 갖는다고 하자. 만일 $Y = 4X_1 - 2X_2 + 3X_3$이면

$$\mu_Y = (4)(7) + (-2)(3) + (3)(-2) = 16$$

이고

$$\sigma_Y^2 = (4)^2(4) + (-2)^2(9) + (3)^2(25) + 2[(4)(-2)(0.2)(2)(3) + (4)(3)(0.3)(2)(5) + (-2)(3)(0.1)(3)(5)] = 359.8$$

이다.

X_1과 X_2가 공간 S에서 결합이산분포 $f(x_1, x_2)$를 갖는다고 하고, 주변확률질량함수를 $f_1(x_1)$, $x_1 \in S_1$과 $f_2(x_2)$, $x_2 \in S_2$라 하자. 사건 $A = \{X_1 = x_1\}$이고 사건 $B = \{X_2 = x_2\}$이며, $(x_1, x_2) \in S$라 하면 $A \cap B = \{X_1 = x_1, X_2 = x_2\}$이다.

$$P(A \cap B) = P(X_1 = x_1, X_2 = x_2) = f(x_1, x_2)$$

이고

$$P(B) = P(X_2 = x_2) = f_2(x_2) > 0 \quad (\text{단, } x_2 \in S_2)$$

이므로 사건 B가 주어졌을 때 사건 A의 조건부 확률은 다음과 같다.

$$P(A|B) = \frac{P(A \cap B)}{P(B)} = \frac{f(x_1, x_2)}{f_2(x_2)}$$

정의 2.6-1

$X_2 = x_2$가 주어졌을 때 X_1의 **조건부 확률질량함수**(conditional probability mass function of X_1)는 다음과 같이 정의된다.

$$g(x_1|x_2) = \frac{f(x_1, x_2)}{f_2(x_2)}, \quad f_2(x_2) > 0$$

비슷하게 $X_1 = x_1$이 주어졌을 때 X_2의 **조건부 확률질량함수**(conditional probability mass function of X_2)는 다음과 같이 정의된다.

$$h(x_2|x_1) = \frac{f(x_1, x_2)}{f_1(x_1)}, \quad f_1(x_1) > 0$$

예제 2.6-5 X_1과 X_2가 다음 결합 p.m.f.를 갖는다고 하자.

$$f(x_1, x_2) = \frac{x_1 + x_2}{21}, \quad x_1 = 1, 2, 3, \quad x_2 = 1, 2$$

X_1의 주변 p.m.f.는

$$f_1(x_1)=\sum_{x_2} f(x_1,x_2)=\sum_{x_2=1}^{2}\frac{x_1+x_2}{21}$$
$$=\frac{x_1+1}{21}+\frac{x_1+2}{21}=\frac{2x_1+3}{21},\qquad x_1=1,2,3$$

이고 X_2의 주변 p.m.f.는

$$f_2(x_2)=\sum_{x_1} f(x_1,x_2)=\sum_{x_1=1}^{3}\frac{x_1+x_2}{21}$$
$$=\frac{3x_2+6}{21},\qquad x_2=1,2$$

이다. 따라서 $X_2=x_2$가 주어졌을 때 X_1의 조건부 p.m.f.는

$$g(x_1|x_2)=\frac{(x_1+x_2)/21}{(3x_2+6)/21}=\frac{x_1+x_2}{3x_2+6},\ x_2=1 \text{ 또는 } 2\text{일 때},\ x_1=1,2,3$$

이다. 예를 들면

$$P(X_1=2|X_2=2)=g(2|2)=\frac{4}{12}=\frac{1}{3}$$

이다. 비슷하게 $X_1=x_1$이 주어졌을 때 X_2의 조건부 p.m.f.는

$$h(x_2|x_1)=\frac{x_1+x_2}{2x_1+3},\ x_1=1,2 \text{ 또는 } 3\text{일 때},\ x_2=1,2$$

이다. 그림 2.6−2(a)는 $f(x_1,x_2)$의 결합 p.m.f.와 주변 p.m.f.를 나타낸다. 만일 $x_2=2$이면

$$g(1|2)=\frac{1+2}{12},\quad g(2|2)=\frac{2+2}{12},\quad g(3|2)=\frac{3+2}{12}$$

이다. 그림 2.6−2(b)는 $g(x_1|1)$과 $g(x_1|2)$를 나타내고 그림 2.6−2(c)는 $h(x_2|1)$, $h(x_2|2)$, $h(x_2|3)$을 나타낸다.

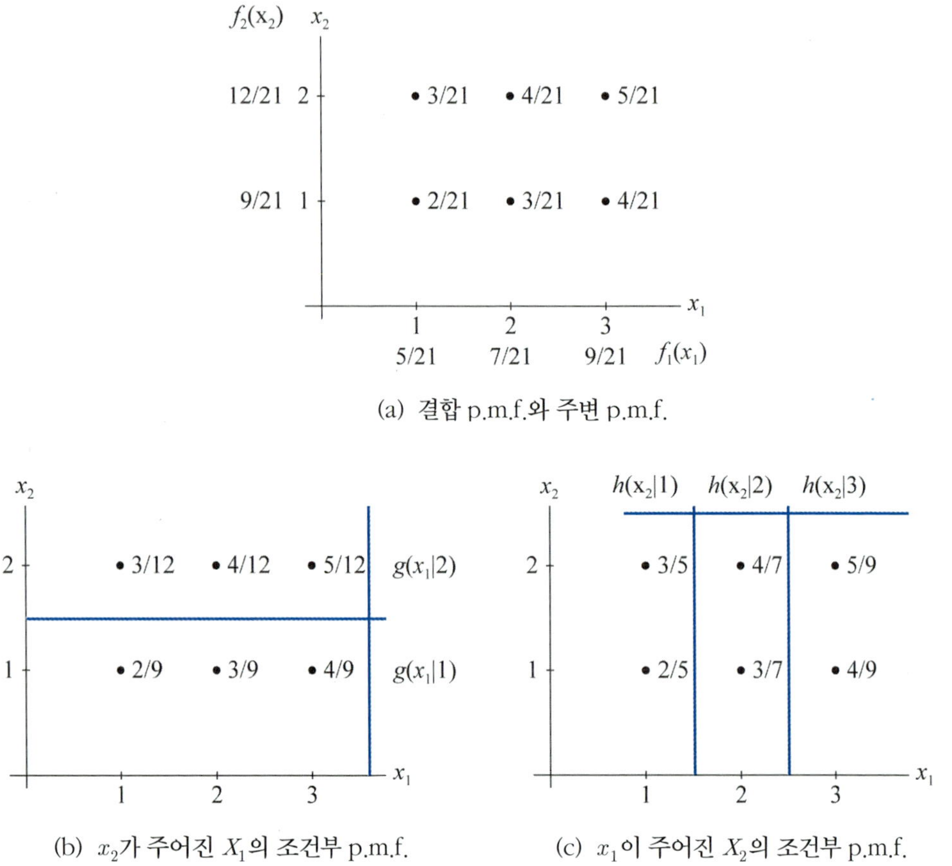

그림 2.6-2 결합, 주변, 조건부 p.m.f.

$0 \leq h(x_2|x_1)$이다. 만일 고정값 x_1에 대한 $h(x_2|x_1)$의 합은

$$\sum_{x_2} h(x_2|x_1) = \sum_{x_2} \frac{f(x_1, x_2)}{f_1(x_1)} = \frac{f_1(x_1)}{f_1(x_1)} = 1$$

이 된다. 따라서 $h(x_2|x_1)$는 확률질량함수의 조건을 만족하며 따라서 다음과 같이 조건부 확률을 계산할 수 있다.

$$P(a < X_2 < b \,|\, X_1 = x_1) = \sum_{\{x_2 : a < x_2 < b\}} h(x_2|x_1)$$

또한 조건부 기대값은

$$E[u(X_2)|X_1 = x_1] = \sum_{x_2} u(x_2) h(x_2|x_1)$$

이다.

$X_1 = x_1$일 때 X_2의 **조건부 평균**(conditional mean)은 다음과 같이 정의된다.

$$\mu_{X_2|x_1} = E(X_2|x_1) = \sum_{x_2} x_2 h(x_2|x_1)$$

$X_1 = x_1$이 주어졌을 때 X_2의 **조건부 분산**(conditional variance)은

$$\sigma^2_{x_2|x_1} = E\{[X_2 - E(X_2|x_1)]^2|x_1\} = \sum_{x_2}[x_2 - E(X_2|x_1)]^2 h(x_2|x_1)$$

으로 정의되며 다음 식

$$\sigma^2_{X_2|x_1} = E(X_2^2|x_1) - [E(X_2|x_1)]^2$$

을 사용하여 계산한다.

조건부 평균 $\mu_{X_1|x_2}$와 조건부 분산 $\sigma^2_{X_1|x_2}$도 비슷한 방법으로 구할 수 있다.

예제 2.6-6 예제 2.6−5의 결과를 이용하여 $x_1 = 3$일 때 $\mu_{X_2|x_1}$과 $\sigma^2_{X_2|x_1}$를 계산한다.

$$\mu_{X_2|3} = E(X_2|X_1 = 3) = \sum_{x_2=1}^{2} x_2 h(x_2|3)$$
$$= \sum_{x_2=1}^{2} x_2\left(\frac{3+x_2}{9}\right) = 1\left(\frac{4}{9}\right) + 2\left(\frac{5}{9}\right) = \frac{14}{9}$$

이고

$$\sigma^2_{X_2|3} = E\left[\left(X_2 - \frac{14}{9}\right)^2 \middle| X_1 = 3\right] = \sum_{x_2=1}^{2}\left(x_2 - \frac{14}{9}\right)^2\left(\frac{3+y}{9}\right)$$
$$= \frac{25}{81}\left(\frac{4}{9}\right) + \frac{16}{81}\left(\frac{5}{9}\right) = \frac{20}{81}$$

이다.

$X_2 = x_2$가 주어졌을 때 X_1의 조건부 평균은 x_2의 함수이고, $X_1 = x_1$이 주어졌을 때 X_2의 조건부 평균은 x_1의 함수이다. 두 번째의 조건부 평균이 x_1의 선형함수, 즉 $E(X_2|x_1) = a + bx_1$이라고 가정하자. 특성값 μ_{X_1}, μ_{X_2}, $\sigma^2_{X_1}$, $\sigma^2_{X_2}$, ρ의 항으로 상수 a, b를 구해 보자. 이 결과를 살펴보면 상관계수 ρ의 의

미를 좀더 알 수 있다. 각각의 표준편차 σ_{X_1}과 σ_{X_2}는 상수이며 따라서 상관계수가 존재한다고 가정하자.

$$\sum_{x_2} x_2 h(x_2|x_1) = \sum_{x2} x_2 \frac{f(x_1, x_2)}{f_1(x_1)} = a + bx_1, \quad x_1 \in S_1$$

이며, 여기서 S_1은 X_1의 공간이고 S_2는 X_2의 공간이다. 그러면

$$\sum_{x_2} x_2 f(x_1, x_2) = (a + bx_1) f_1(x_1), \qquad x_1 \in S_1 \tag{2.6-1}$$

이고

$$\sum_{x_1 \varepsilon S_1} \sum_{x_2} x_2 f(x_1, x_2) = \sum_{x_1 \varepsilon S_1} (a + bx_1) f_1(x_1)$$

이다. 즉 μ_{X_1}과 μ_{X_2}를 각각의 평균이라 하면

$$\mu_{X_2} = a + b\mu_{X_1} \tag{2.6-2}$$

이 된다. 또한 식 $2.6-1$에 x_1을 곱한 후 더하면

$$\sum_{x_1 \varepsilon S_1} \sum_{x_2} x_1 x_2 f(x_1, x_2) = \sum_{x_1 \varepsilon S_1} (ax_1 + bx_1^2) f_1(x_1)$$

이다. 즉

$$E(X_1 X_2) = aE(X_1) + bE(X_1^2)$$

이거나 또는 동등하게

$$\mu_{X_1}\mu_{X_2} + \rho\sigma_{X_1}\sigma_{X_2} = a\mu_{X_1} + b(\mu_{X_1}^2 + \sigma_{X_1}^2) \tag{2.6-3}$$

이다.

식 $2.6-2$와 $2.6-3$의 해는

$$a = \mu_{X_2} - \rho\frac{\sigma_{X_2}}{\sigma_{X_1}}\mu_{X_1} \text{이고} \qquad b = \rho\frac{\sigma_{X_2}}{\sigma_{X_1}}$$

이며, 이는 $E(X_2|x_1)$이 선형임을 의미한다. 즉

$$E(X_2|x_1) = \mu_{X_2} + \rho\frac{\sigma_{X_2}}{\sigma_{X_1}}(x_1 - \mu_{X_1})$$

이다. 만일 $X_1 = x_1$이 주어졌을 때 X_2의 조건부 평균이 선형이면 4.6절에서 설명하는 최소제곱회귀선과 같다.

대칭성에 의해 만일 $X_2 = x_2$가 주어졌을 때 X_1의 조건부 평균은

$$E(X_1|x_2) = \mu_{X_1} + \rho\frac{\sigma_{X_1}}{\sigma_{X_2}}(x_2 - \mu_{X_2})$$

이다.

점 $\left[x_1 = \mu_{x_1},\ E(X_2|x_1) = \mu_{X_2}\right]$는 $E(X_2|x_1)$에 대한 표현이고 $\left[E(X_1|x_2) = \mu_{X_1},\ x_2 = \mu_{X_2}\right]$는 $E(X_1|x_2)$에 대한 표현이다. 즉 점 (μ_{X_1}, μ_{X_2})는 두 선분 각각에 있다. 또한 $E(X_2|x_1)$에서 x_1의 계수와 $E(X_1|x_2)$에서 x_2의 계수의 곱은 ρ^2와 같으며 두 계수의 비율은 $\sigma_{X_2}^2/\sigma_{X_1}^2$이다. 이러한 사실은 때때로 어떤 특정한 문제에서 유용하게 사용된다.

참고 2.6절은 다변량 이산확률변수의 경우이지만 다변량 연속확률변수의 경우에는 합($\sum$)기호를 적분기호($\int$)로 바꾸면 같은 결과를 얻을 수 있다.

연습문제 2.6

2.6-1 X_1과 X_2가 다음과 같은 결합 p.m.f.를 갖는다고 하자.

(x_1, x_2)	$f(x_1, x_2)$
(1, 1)	3/8
(2, 1)	1/8
(1, 2)	1/8
(2, 2)	3/8

(a) 주변 p.m.f. $f_1(x_1)$과 $f_2(x_2)$를 구하여라.

(b) 평균 μ_1과 μ_2를 구하여라.

(c) 분산 σ_1^2과 σ_2^2를 구하여라.

(d) 공분산 σ_{12}를 구하여라.

(e) 상관계수 ρ를 구하여라.

(f) X_1과 X_2는 독립인가?

2.6-2 E가 선형연산자(linear operator)라는 사실을 이용하여 다음을 증명하여라.

$$\sigma_{12} = E[(X_1 - \mu_1)(X_2 - \mu_2)] = E(X_1 X_2) - \mu_1 \mu_2$$

2.6-3 X_1과 X_2가 다음 결합 p.m.f.를 갖는 독립인 확률변수라 하자.

$$f(x_1, x_2) = \frac{x_1 x_2}{18}, \quad x_1 = 1,2,3 \text{이고} \quad x_2 = 1,2$$

(a) X_1과 X_2의 평균과 분산을 구하여라.

(b) $P(X_1 = 3, X_2 = 2)$를 구하여라.

(c) $P(X_1 + X_2 = 3)$을 구하여라.

(d) $Y = X_1 + X_2$, $y = 2,3,4,5$의 p.m.f.를 구하여라.

(e) Y의 평균과 분산을 구하여라.

(f) (e)의 결과를 이용하여 $\mu_1 + \mu_2$와 $\sigma_1^2 + \sigma_2^2$과 비교하여라.

2.6-4 X_1과 X_2의 상관계수 ρ가 $-1 \le \rho \le 1$임을 증명하여라.

Hint 2차 함수 판별식 $h(v) = E\{[(X_1 - \mu_1) + v(X_2 - \mu_2)]^2\} \ge 0$를 이용하여라.

2.6-5 X_1과 X_2의 평균은 $\mu_1 = 6$, $\mu_2 = 4$이고 분산은 $\sigma_1^2 = \sigma_2^2 = 9$이며 상관계수는 ρ이다.

(a) $Y = X_1 - X_2$의 평균과 분산을 구하여라.

(b) Y의 분산을 최소화하는 ρ를 구하여라. 결과가 상식과 일치하는가?

Hint 연습문제 2.6－4의 결과를 이용하여라.

2.6-6 네 개의 확률변수 X_1, X_2, X_3, X_4가 동일한 평균 $\mu_1 = \mu_2 = \mu_3 = \mu_4 = 5$와 동일한 분산 $\sigma_1^2 = \sigma_2^2 = \sigma_3^2 = \sigma_4^2 = 6$을 갖는다. 또한 $\rho_{ij} = 0.1$, $i \ne j$이다. $Y = X_1 + X_2 + X_3 + X_4$의 평균과 분산을 구하여라.

2.6-7 X_1과 X_2가 다음 결합 p.m.f.를 갖는다고 하자.

$$f(x_1, x_2) = \frac{x_1 + x_2}{32}, \quad x_1 = 1,2, \ x_2 = 1,2,3,4$$

(a) 그림 2.6－2(a)와 같이 결합 p.m.f.와 주변 p.m.f.를 그려라.

(b) $g(x_1 \mid x_2)$를 구하고 그림 2.6－2(b)와 같이 그림을 그려라.

$x_2 = 1, 2, 3, 4$에 대해 조건부 p.m.f.를 구하여라.

(c) $h(x_2 \mid x_1)$를 구하고 그림 2.6－2(c)와 같이 그림을 그려라.

$x_2 = 1, 2$에 대해 조건부 p.m.f.를 구하여라.

(d) 다음 확률을 구하여라.

(i) $P(1 \le X_2 \le 3 \mid X_1 = 1)$

(ii) $P(X_2 \le 2 \mid X_1 = 2)$

(iii) $P(X_1 = 2 \mid X_2 = 3)$

(e) $E(X_2 \mid X_1 = 1)$과 $Var(X_2 \mid X_1 = 1)$를 구하여라.

2.6-8 X_1과 X_2의 결합 p.m.f. $f(x_1, x_2)$가 다음과 같다.

(x_1, x_2)	$f(x_1, x_2)$
(1,1)	3/8
(2,1)	1/8
(1,2)	1/8
(2,2)	3/8

두 개의 조건부 확률질량함수를 구하고 각각의 평균과 분산을 구하여라.

2.6-9 다음 자료는 18명 학생의 ACT의 작문점수와 대학 1학년 평균점수(GPA)이다. 상관계수를 구하여라.

ACT	GPA	ACT	GPA
23	2.40	25	3.67
29	3.10	23	3.03
15	2.51	30	3.07
23	2.98	16	2.28
28	3.93	24	2.45
27	1.91	26	3.83
23	1.69	27	3.78
26	2.88	21	2.57
20	2.60	19	3.42

2.6-10 어느 대학의 건강 프로그램에서 X는 여학생 신입생의 프로그램 시작 당시의 몸무게(Kg)이고 Y는 한 학기 후 몸무게의 변화(Kg)를 나타낸다. $n=16$의 관측치 (x, y)의 상관계수를 계산하여라.

(61.4, −3.2)	(62.9, 1.4)	(58.7, 1.3)	(49.3, 0.6)
(71.3, 0.2)	(81.5, −2.2)	(60.8, 0.9)	(50.2, 0.2)
(60.3, 2.0)	(54.6, 0.3)	(51.1, 3.7)	(53.3, 0.2)
(81.0, −0.5)	(67.6, −0.8)	(71.4, −0.1)	(72.1, −0.1)

제2장 맺음말

이항분포, 음이항분포, 초기하분포와 같은 기초 확률모형 이론을 설명하는 것은 그리 어렵지 않다. 2장에서 어떤 제약 조건 하에서 이항분포의 극한으로 Poisson 분포를 구하였다. Poisson 모형은 어떤 상황에서 아주 좋은 모형이라 하였는데 이를 좀더 자세히 살펴보자.

어떤 연속 구간에서 변화(change)가 일어나는 횟수가 다음 조건을 만족한다고 하자.

(a) 중복되지 않는 구간에서 발생하는 변화의 수는 독립이다.

(b) 아주 짧은 구간의 길이 h에서 정확히 한 번 변화가 발생할 확률은 λh이다. 여기서 상수 $\lambda > 0$이다.

(c) 아주 짧은 구간에서 두 번 이상의 변화가 발생할 확률은 0이다.

위의 세 조건은 **Poisson 과정**의 기본공리라고 한다. 만일 X가 길이 t에서 변화의 수라고 하면 X는 평균 λt인 Poisson 분포를 따른다. 예를 들면 교환대에 걸려오는 전화 콜 수가 평균 분당 $\lambda = 3$인 Poisson 분포를 따른다면 $t = 5$분 동안에 걸려오는 기대 콜 수는 $(3)(5) = 15$이다. 즉 5분 동안 걸려오는 전화 콜 수는 평균이 15인 Poisson 분포를 따른다.

또 다른 내용으로는 최우추정에 대한 것으로 이는 위대한 통계학자 중의 한 명인 Sir Ronald A. Fisher에 의해 처음으로 제안되었다. 영국인이었던 Fisher는 통계학과 관련분야의 업적으로 작위를 받았다. Fisher는 오래전에 사망하였지만 Sir David Cox 같은 학자는 뛰어난 통계학자이면서도 아직 생존해 있다. 이 두 통계학자는 비틀즈와 같은 작위를 갖고 있다. (비틀즈의 McCartney는 1997년 영국 여왕으로부터 Sir Paul 작위를 받았다) 영국의 군주는 통계학자들이 가치 있는 일들을 하고 있다고 믿는 것 같다.

CHAPTER

3

연속형 분포

3.1 기술통계와 EDA

지금까지는 결과공간의 원소를 셀 수 있는 이산형 확률분포에 대해 학습하였다. 셀 수 있는 원소에 대응하는 확률변수는 이산형 확률변수이며, 이산형 확률변수에 대응하는 이산형 확률분포로부터 표본을 추출하여 자료를 얻었다. 그러나 확률실험이나 관측값은 결과가 정수가 아닌 수의 구간 사이의 값을 갖는 경우가 많이 있다. 예를 들면, 어떤 가게에서 물건을 살 때 계산대의 줄에 서서 대기하는 시간의 길이, 1파운드의 핫도그 봉지를 구매할 때 무게는 0.94에서 1.25파운드 사이의 어떤 값일 수 있다. 막대사탕의 무게는 20g과 27g 사이의 어떤 숫자일 수 있다. 시간이나 무게는 구간에서의 값으로 측정되지만 일반적으로 값을 반올림하므로 이산자료처럼 보일 수도 있다. 만일 개념적으로 측정치가 가능한 결과의 구간에서 나온 것이면 연속형 분포로부터의 자료 또는 **연속형 자료**(continuous data)라고 한다.

표본크기 n인 연속형 자료에 대해 자료를 계급으로 분류하고 히스토그램을 작성할 수 있으며 자료를 시각적으로 나타낼 수 있다. 연속형 자료는 다음 절차에 따라 동일한 길이의 계급구간을 갖게 분류할 수 있다.

1. 자료값 중 제일 큰 값(maximum)과 제일 작은 값(minimum)을 찾는다. **범위**(range)는 최대값과 최소값의 차이이다. 즉 $R = \max - \min$.
2. 전체 자료 구간을 같은 길이로 중복되지 않게 계급의 개수를 일반적으로 $k=5$에서 $k=20$개 정도 선택한다. 자료의 수 n이 작으면 구간의 수 k도 작고 n이 커지면 k도 커진다. 만일 $n \le 400$이면 $k \approx \sqrt{n}$으로 간편하게 정할 수도 있다.
3. 각 구간은 반올림을 사용하여 앞뒤 구간의 중앙값으로 시작하고 끝난다.
4. 처음 구간의 하한은 최소값보다 작은 값이어야 하고 마지막 구간의 상한은 최대값보다 커야한다.
5. 이러한 구간을 **계급구간**(class interval)이라 하고 경계를 **계급경계**(class boundaries) 또는 **절단점**(cut point)이라 한다. k개의 계급구간을 (c_0, c_1), $(c_1, c_2), \ldots, (c_{k-1}, c_k)$라 하자.
6. **계급한계**(class limit)는 계급에서 계급구간의 최소값과 최대값이다.
7. **계급값**(class mark)은 계급구간의 **중앙값**(midpoint)이라 한다.

도수분포표는 계급구간, 계급한계, 여러 계급에서의 관측값의 도수, 각 계급에서의 도수 f_i, 계급값, 그리고 상대도수(밀도) 히스토그램을 작성하는 데 사용되는 열로 구성된다. 계급구간의 길이는 동일한데, 각 계급에서 계급구간을 밑변으로 하고 계급의 도수를 높이로 하는 사각형을 그려 도수 히스토그램을 작성할 수 있다. 상대도수 히스토그램은 각 사각형의 면적이 계급 관측값의 상대도수 f_i/n와 같다. 즉

$$h(x) = \frac{f_i}{(n)(c_i - c_{i-1})}, \quad c_{i-1} < x \le c_i \quad i = 1, 2, \ldots, k$$

를 **상대도수 히스토그램**(relative frequency histogram) 또는 **밀도 히스토그램**(density histogram)이라한다. 여기서 f_i는 i번째 계급의 도수이고 n은 전체 관측값의 개수이다. 계급 구간의 폭이 동일하므로 상대도수 히스토그램 $h(x)$는 도수 히스토그램 f_i, $(c_{i-1} < x \le c_i,\ i = 1, 2, \ldots, k)$에 비례한다. 도수 히스토그램은 계급구간의 폭이 같은 경우에만 사용하여야 한다.

예제 3.1-1 막대사탕 40개의 무게가 표 3.1-1에 있다.

표 3.1-1 막대 사탕의 무게

20.5	20.7	20.8	21.0	21.0	21.4	21.5	22.0	22.1	22.5
22.6	22.6	22.7	22.7	22.9	22.9	23.1	23.3	23.4	23.5
23.6	23.6	23.6	23.9	24.1	24.3	24.5	24.5	24.8	24.8
24.9	24.9	25.1	25.1	25.2	25.6	25.8	25.9	26.1	26.7

자료의 범위는 $R = 26.7 - 20.5 = 6.2$이다.

이 자료를 그룹화하여 무게의 분포를 시각화한 히스토그램을 작성해 보자. 자료의 구간 $[20.5\ ,\ 26.7]$은 계급의 수가 $k=8$이면 폭은 0.8이 되고 계급의 수가 $k=9$이면 폭은 0.7이 되며, 계급의 수를 달리 하면 폭도 달라진다. 구간의 폭이 0.9인 $k=7$인 경우의 예를 사용하면, 첫 번째 계급은 $(20.45, 21.35)$이고 마지막 계급 구간은 $(25.85, 26.75)$이다. 표 3.1-2는 이와 같이 그룹화한 자료를 나타낸다.

표 3.1-2 막대 사탕 무게의 도수분포표

계급구간	계급한계	묶음	도수(f_i)	$h(x)$	계급값
(20.45, 21.35)	20.5-21.3	卌	5	5/36	20.9
(21.35, 22.25)	21.4-22.2	||||	4	4/36	21.8
(22.25, 23.15)	22.3-23.1	卌 |||	8	8/36	22.7
(23.15, 24.05)	23.2-24.0	卌 ||	7	7/36	23.6
(24.05, 24.95)	24.1-24.9	卌 |||	8	8/36	24.5
(24.95, 25.85)	25.0-25.8	卌	5	5/36	25.4
(25.85, 26.75)	25.9-26.7	|||	3	3/36	26.3

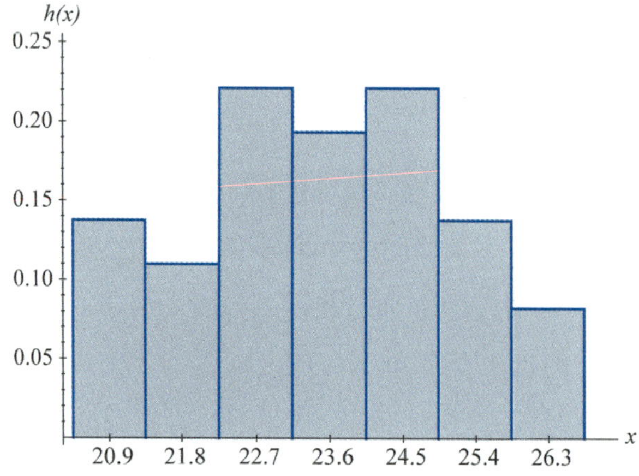

그림 3.1-1 막대사탕 무게의 상대도수 히스토그램

그림 3.1−1 은 이 자료의 상대도수 히스토그램을 나타내며 전체 면적의 합은 1임을 알 수 있다. 계급의 도수로 사각형의 높이를 사용하면 도수히스토그램을 작성할 수 있는데 이 경우 두 히스토그램의 모양은 같은 형태이다. 그러나, 자료의 정리를 좀더 효과적으로 사용하기 위해서는 상대도수히스토그램이 더 유용하다.

연속형 실험 자료가 도수분포표에 k개의 계급으로 그룹화 되어 있다고 가정하자. 이 경우에 가능한 결과값은 근사적으로 계급의 중앙값 $u_1, u_2, \ldots, u_k$와 같다고 가정할 수 있다. 이와 같은 중앙값을 **계급값**(class marks)이라 한다. 각 계급의 도수를 $f_1, f_2, \ldots, f_k$라 하면 이 경우 $n = \Sigma_{i=1}^{k} f_i$이다. 이 경우 각 계급에 대응하는 k개의 점 $u_1, u_2, \ldots, u_k$가 있고 각각 도수 $f_1, f_2, \ldots, f_k$를 갖는다. 이와 같이 그룹화된 u값에 대한 표본평균과 표본분산은 다음과 같다.

$$\bar{u} = \frac{1}{n}\sum_{i=1}^{k} f_i u_i,$$

$$s_u^2 = \frac{1}{n-1}\sum_{i=1}^{k} f_i (u_i - \bar{u})^2 = \frac{\sum_{i=1}^{k} f_i u_i^2 - \frac{1}{n}\left(\sum_{i=1}^{k} f_i u_i\right)^2}{n-1}$$

$$= \frac{\sum_{i=1}^{k} f_i u_i^2 - n\bar{u}^2}{n-1}.$$

그룹화된 연속형 자료에서 위의 값은 그룹화 이전 자료의 평균 x와 표본분산 s_x^2의 근사값으로 사용할 수 있다. 이산형의 경우에는 $\bar{x} = \bar{u}$이고 $s_x^2 = s_u^2$가 된다.

예제 3.1-2 예제 3.1−1 에서 그룹화한 자료의 표본평균과 표본분산을 구하여 보면 $\bar{u} = 23.51$이고 $s_u^2 = 2.5671$이다. 따라서 그룹화 한 자료의 표준편차는 $s_u = \sqrt{2.5671} = 1.60$이다. 보통 $\bar{u}$와 s_u는 그룹화 이전의 표본평균과 표본표준편차인 $\bar{x}$와 s_x에 좋은 근사치를 제공한다. 예제의 자료에서 $\bar{x} = 23.505$이고 $s_x = 1.64$이며 따라서 근사가 아주 좋다.

예제 3.1-3 다음 40개의 자료는 강풍과 관련된 피해액으로 백만($) 단위로 기록되었다.

2	2	2	2	2	2	2	2	2	2
2	2	3	3	3	3	4	4	4	5
5	5	5	6	6	6	6	8	8	9
15	17	22	23	24	24	25	27	32	43

자료를 크기 순서로 정렬하였으며, 2백만 달러($)와 그 이상의 값으로 구성하였다. 이 경우 계급 경계는 주관적으로 선택할 수 있다. 관측값은 2이상인데 2가 12개이므로 하측계급을 $c_0 = 1.5$와 $c_1 = 2.5$로 하고 $c_2 = 6.5$, $c_3 = 29.5$, $c_4 = 49.5$로 한다. 이 경우 상대도수 히스토그램을 다음과 같이 정의할 수 있는데, 그림 3.1-2는 이 히스토그램의 그래프이다.

$$h(x) = \begin{cases} \dfrac{12}{40}, & 1.5 < x \le 2.5, \\ \dfrac{15}{(40)(4)}, & 2.5 < x \le 6.5, \\ \dfrac{11}{(40)(23)}, & 6.5 < x \le 29.5, \\ \dfrac{2}{(40)(20)}, & 29.5 < x \le 49.5, \end{cases}$$

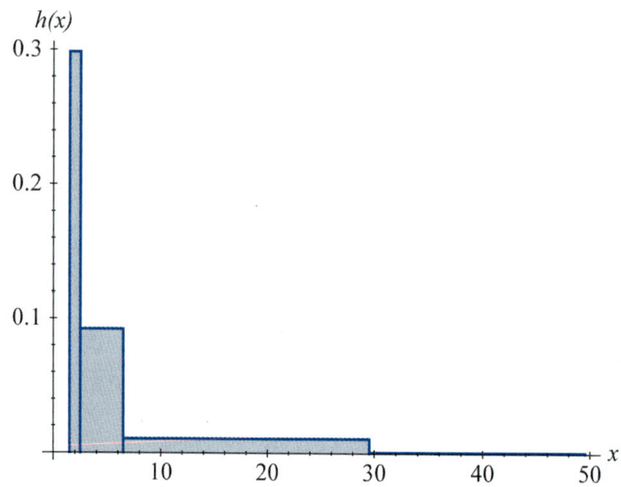

그림 3.1-2 피해액의 상대도수 히스토그램

네 개 사각형의 면적은 0.300, 0.375, 0.275, 0.050이며 각각의 상대도수와 같다. 계급 구간의 길이가 같지 않은 경우에 사각형의 면적은 도수에 비례한다. 특히 처음과 두 번째 계급은 $f_1 = 12$와 $f_2 = 15$로 $f_1 < f_2$ 이지만 첫 번째

계급의 높이는 두 번째 계급의 높이보다 높다. 만일 계급 구간의 길이가 같으면 높이는 도수에 비례한다.

미지 분포의 특성을 탐색하기 위해서는 모집단으로부터 n개의 표본 관측값 $x_1, x_2, \ldots, x_n$을 얻어 이 자료를 최소값에서 최대값 순서로 자료를 정렬할 수 있다. Tukey가 고안한 줄기-잎 그림은 자료의 분포적 특성을 이해하는 데 편리하다. Tukey의 **탐색적 자료분석(EDA : Exploratory Data Analysis)**에 대한 상세한 내용은 Tukey(1977)와 Velleman and Hoaglin(1981)를 참조하기 바란다.

이러한 방법론을 쉽게 이해하기 위해 주변의 자료를 이용할 수 있다. 다음은 50명 학생의 통계학 시험 성적 자료이다.

93	77	67	72	52	83	66	84	59	63
75	97	84	73	81	42	61	51	91	87
34	54	71	47	79	70	65	57	90	83
58	69	82	76	71	60	38	81	74	69
68	76	85	58	45	73	75	42	93	65

줄기-잎 그림(stem-and-leaf display)은 도수분포표와 히스토그램과 비슷한 기능을 하지만 원래의 자료값을 알 수 있는 장점이 있다. 다음과 같은 절차를 사용하여 줄기-잎 그림을 그려 보자. 자료에서 첫 번째 수 93은 10자리 수인 9를 줄기로 하고 3은 줄기인 9에 대응하는 잎으로 한다. 잎 3은 표 3.1-3에서 줄기 9에 처음 나타나는 수이다. 두 번째 수 77은 7을 줄기로 7을 잎으로 하고 세 번째 67은 6을 줄기로 7을 잎으로 한다. 네 번째 수 72는 7을 줄기로 2를 잎으로 한다. (이 경우는 줄기 7에서 두 번째 잎이 된다.) 표 3.1-3은 이 자료에 대한 줄기-잎 그림이다. 만일 잎인 숫자들이 같은 간격을 갖도록 주의 깊게 나열한다면 히스토그램과 동일한 효과를 갖고, 원래 수치는 그대로 남아 있다.

표 3.1-3 50명 학생의 통계학 시험점수에 대한 줄기-잎 그림

줄기	잎	도수	깊이
3	48	2	2
4	2752	4	6
5	2914788	7	13
6	7631590985	10	23
7	7253190614635	13	(13)
8	344173215	9	14
9	37103	5	5

줄기-잎 그림에 **깊이**(depths)라는 용어가 있다. 깊이는 가장 작은 줄기와 가장 큰 줄기로부터 중앙값까지의 누적도수를 나타낸다. 중앙값을 표본의 **중위수**(median)라 하며 중위수가 있는 행은 간단히 괄호 ( )로 표시한다. 즉 중위수가 있는 행의 도수는 상하로부터의 누적합이 아닌 그 줄기의 도수를 나타낸다.

표 3.1-4 50명 학생의 통계학 시험점수에 대한 순서화 줄기-잎 그림

줄기	잎	도수	깊이
3	48	2	2
4	2257	4	6
5	1247889	7	13
6	0135567899	10	23
7	0112334556679	13	(13)
8	112334457	9	14
9	01337	5	5

줄기-잎 그림에서 각 행의 잎들을 크기 순서로 수정하여 정리하는 것이 효과적이다. 정렬한 줄기-잎 그림을 **순서화 줄기-잎 그림**(ordered stem-and-leaf display)라고 한다. 표 3.1-4는 표 3.1-3의 자료를 정렬한 순서화 줄기-잎 그림이다. 대부분의 컴퓨터 프로그램에서는 순서화 줄기-잎 그림을 작성할 수 있다.

수정한 줄기-잎 그림을 다른 형태로 나타낼 수도 있다. 원래의 줄기 행에서 잎의 행이 두 개인 경우를 작성한다고 하자. 줄기에서 잎 0, 1, 2, 3, 4에는 별표(*)로 나타내고 잎 5, 6, 7, 8, 9에는 점(•)으로 나타낸다. 물론 예제에서 원래의 7개 줄기를 14개의 계급으로 하면 표 3.1-5에서와 같이 이 자료에 대해 어느 정도 완만한 곡선형태가 나타난다.

Tukey는 다음 예제와 같이 다른 수정된 형태를 제안하였다.

예제 3.1-4 다음 자료는 어떤 대학 신입생 60명의 ACT 작문 점수이다.

표 3.1-5 통계학 시험점수에 대한 순서화 줄기-잎 그림

줄기	잎	도수	깊이
3*	4	1	1
3•	8	1	2
4*	2 2	2	4
4•	5 7	2	6
5*	1 2 4	3	9
5•	7 8 8 9	4	13
6*	0 1 3	3	16
6•	5 5 6 7 8 9 9	7	23
7*	0 1 1 2 3 3 4	7	(7)
7•	5 5 6 6 7 9	6	20
8*	1 1 2 3 3 4 4	7	14
8•	5 7	2	7
9*	0 1 3 3	4	5
9•	7	1	1

26	19	22	28	31	29	25	23	20	33	23	26
30	27	26	29	20	23	18	24	29	27	32	24
25	26	22	29	21	24	20	28	23	26	30	19
27	21	32	28	29	23	25	21	28	22	25	24
19	24	35	26	25	20	31	27	23	26	30	29

표 3.1−6은 점수 자료의 순서화 줄기−잎 그림이다. 각 줄기에서 잎 0, 1은 (*)로 나타내고 2, 3은 t로, 4, 5는 f로, 6, 7은 s로, 8, 9는 점 (•)으로 표시하였다. (예제 5.1 −5 참조)

표 3.1−6 60개 ACT 점수의 순서화 줄기-잎 그림

줄기	잎	도수	깊이
1•	8 9 9 9	4	4
2*	0 0 0 0 1 1 1	7	11
2t	2 2 2 3 3 3 3 3 3	9	20
2f	4 4 4 4 4 5 5 5 5 5	10	30
2s	6 6 6 6 6 6 6 7 7 7 7	11	30
2*	8 8 8 8 9 9 9 9 9 9	10	19
3*	0 0 0 1 1	5	9
3t	2 2 3	3	4
3f	5	1	1

n개의 관측값 $x_1, x_2, \ldots, x_n$에 대해 관측값이 크기 순서로 정렬한 자료를 표본의 **순서통계량**(order statistic)이라 한다. 통계학자들은 순서통계량과 순서통계량의 함수가 아주 의미가 있다는 것을 발견하였다. 표 3.1-7과 같이 크기 순으로 나열한 자료로부터는 순서통계량의 값을 쉽게 얻을 수 있다. 이 경우 순서통계량에 순위(rank)를 부여할 수 있으며 이를 y로 나타내자. 첫 번째 순서통계량 $y_1 = 34$는 순위가 1이고, 두 번째 순서통계량 $y_2 = 38$은 순위가 2, 세 번째 순서통계량 $y_3 = 42$는 순위가 3, 네 번째 순서통계량 $y_4 = 42$는 순위가 4 그리고 마지막 순서통계량 $y_{50} = 97$은 순위가 50이 된다. 이러한 값들은 순서화 줄기-잎 그림에서 쉽게 구할 수 있다. 순서통계량은 $y_1 \le y_2 \le \cdots \le y_{50}$이다.

표 3.1-7 50명 시험점수의 순서통계량

34	38	42	42	45	47	51	52	54	57
58	58	59	60	61	63	65	65	66	67
68	69	69	70	71	71	72	73	73	74
75	75	76	76	77	79	81	81	82	83
83	84	84	85	87	90	91	93	93	97

표 3.1-7의 순서통계량이나 순서화 줄기-잎 그림으로부터 **표본백분위수**(sample percentiles)를 구할 수 있다. 만일 $0 < p < 1$이면 $(100p)$번째 표본백분위수는 근사적으로 np개의 표본관측값이 그 값보다 작고 $n(1-p)$개의 관측값이 그 값보다 크다. 만일 $(n+1)p$이 정수라면 $(n+1)p$번째 순서통계량이$(100p)$번째 표본백분위수가 된다. $(n+1)p$가 정수가 아닌 경우에는 정수 r과 나머지 부분의 비율 a/b를 사용하여 r번째와 $(r+1)$번째 순서통계량의 가중평균으로 백분위수를 구할 수 있다. 즉 $(100p)$번째 백분위수는 다음과 같이 정의된다.

$$\widetilde{\pi}_p = y_r + (a/b)(y_{r+1} - y_r) = (1 - a/b)\, y_r + (a/b) y_{r+1}$$

이 식은 y_r과 y_{r+1} 사이에 존재하는 값을 구하기 위한 **선형 내삽법**(linear interpolation) 공식이다. (만일 $p < 1/(n+1)$ 또는 $p > n/(n+1)$이면 표본백분위수는 정의되지 않는다.)

예를 들어 50개의 크기순으로 정렬된 시험점수를 고려하자. $p=1/2$ 이면

$$(n+1)p=(51)(1/2)=25.5$$

이므로 제50백분위수는 25번째와 26번째 순서통계량의 평균이다. 따라서 제50백분위수는

$$\tilde{\pi}_{0.50}=(1/2)y_{25}+(1/2)y_{26}=(71+71)/2=71$$

이 된다. $p=1/4$이면 $(n+1)p=(51)(1/4)=12.75$이므로 제25 표본백분위수는

$$\tilde{\pi}_{0.25}=(1-0.75)y_{12}+(0.75)y_{13}=(0.25)(58)+(0.75)(59)=58.75$$

이고 $p=3/4$이면 $(n+1)p=(51)(3/4)=38.25$이므로 제75표본백분위수는

$$\tilde{\pi}_{0.75}=(1-0.25)y_{38}+(0.25)y_{39}=(0.75)(81)+(0.25)(82)=81.25$$

가 된다. 따라서 근사적으로 표본관측값의 50%, 25%, 75%는 $71, 58.75, 81.25$보다 작다.

여기서, 제50백분위수를 표본의 **중위수**(median)라 하고, 제25백분위수, 제50백분위수, 제75백분위수를 각각 **제1 사분위수**(first quartiles), **제2사분위수**(second quartiles), **제3사분위수**(third quartiles)라고 한다. 즉

$$\tilde{q}_1=\tilde{\pi}_{0.25},\ \tilde{q}_2=\tilde{m}=\tilde{\pi}_{0.50},\ \ \tilde{q}_3=\tilde{\pi}_{0.75}$$

제10백분위수, 제20백분위수, ..., 제90백분위수는 각각 표본의 **십분위수**(deciles)가 된다. 따라서 제50백분위수는 중위수, 제2사분위수 그리고 제5십분위수가 된다. 50명의 점수자료에 대해 제2십분위수와 제9십분위수는 $(51)(2/10)=10.2$이고 $(51)(9/10)=45.9$이므로 각각 다음과 같다.

$$\tilde{\pi}_{0.20}=(0.8)y_{10}+(0.2)y_{11}=(0.8)(57)+(0.2)(58)=57.2$$
$$\tilde{\pi}_{0.90}=(0.1)y_{45}+(0.9)y_{46}=(0.1)(87)+(0.9)(90)=89.7$$

보통은 이를 제20백분위수, 제90백분위수라고 한다.

자료에서 세 개의 사분위수와 첫 번째와 n번째 순서통계량인 최소값과 최대값에 의미를 부여해 보자. 자료에서 **최소값, 제1사분위수, 중위수, 제3사분위수, 최대값**을 **다섯숫자요약**(five-number summary)이라 한다. 또한 제3사분위수와

제1사분위수와의 차이를 **사분위수범위**(interquartile range : IQR)라 한다. 즉 $IQR = \tilde{q}_3 - \tilde{q}_1$이다. 시험점수 자료에 대한 IQR은 $81.25 - 58.75 = 22.50$이 된다.

자료에 대한 다섯숫자요약을 그래프로 나열한 것을 **상자-수염그림**(box-and-whisker diagram)이라 한다. 수평 상자-수염 그림 또는 간단히 **상자그림**(box plot)을 작성하기 위해서는 자료의 척도에 맞는 수평축을 그린다. 축 위에 사각형 상자를 그리는데 $\tilde{q}_1$에 왼쪽 면을 $\tilde{q}_3$에 오른쪽 면을 그려 사각형을 완성하고 그리고 중위수 $\tilde{q}_2 = \tilde{m}$에 수직선을 그린다. 왼쪽수염은 최소값으로부터 상자의 왼쪽 면 중앙까지 수평선을 그린다. 또한 오른쪽 수염은 상자 오른쪽 면의 중앙에서 최대값까지 수평선을 그린다. 상자의 길이는 IQR과 같다. 왼쪽 수염은 자료를 4등분한 첫 번째 자료를 나타내고 오른쪽 수염은 네 번째 4등분한 자료를 나타낸다. 상자는 중앙의 50% 자료를 나타내고 상자의 2개 부분은 각각 25%의 자료를 나타낸다.

예제 3.1-5 시험점수 자료에 대한 다섯숫자요약은 다음과 같다.

$$y_1 = 34, \quad \tilde{q}_1 = 58.75, \quad \tilde{q}_2 = \tilde{m} = 71, \quad \tilde{q}_3 = 81.25, \quad y_{50} = 97.$$

그림 3.1 − 3은 이 자료에 대한 상자-수염 그림을 나타낸다. 왼쪽의 긴 수염과 58.75부터 71까지의 왼쪽 상자는 71부터 81.25까지의 오른쪽 상자보다 길다. 이는 자료가 약간 왼쪽으로 기울어져 있음(skewed to the left)을 나타낸다.

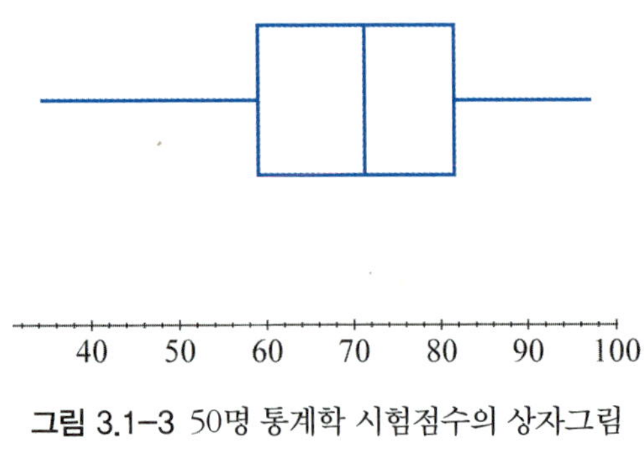

그림 3.1-3 50명 통계학 시험점수의 상자그림

응용

다음 자료는 Ronald L. Iman의 책 "A data-Based Approach to Statistics(1994)"에서 인용한 것으로서, 줄기-잎 그림과 상자그림에 관한 예이다.

1. 1992년 2월 조지부시 대통령의 요구로 클로로플루오르카본(chlorofluorocarbon : CFCs)의 사용을 억제하기 위한 중요한 전자장치가 개발되었다. 이 장치의 성능을 검사하기 위하여 98개의 물리적인 장치의 납땜 이음 부분의 강도에 대한 자료를 사용하였으며, 취득한 98개의 관측값(단위 : 파운드)은 표 3.1-8에 순서화 줄기-잎 그림으로 나타내었다.

표 3.1-8 98개 장치의 납땜 부분 강도 자료에 대한 순서화 줄기-잎 그림

줄기	잎	도수	깊이
57	2	1	1
58		0	1
59	249	3	4
60	01279	5	9
61	0057	4	13
62	12455666	8	21
63	012245558899	12	33
64	122223333333344444556678889	27	(27)
65	011111123333555667889	21	38
66	1233445566788	13	17
67	147	3	4
68	9	1	1

표 3.1-8의 순서화 줄기-잎 그림으로부터 중위수는 $(98+1)/2=49.5$번째 순서통계량이며 따라서 중위수는 49번째와 50번째 순서통계량의 평균이다.

$$\tilde{m}=\frac{64.4+64.4}{2}=64.4$$

제1사분위수는 $(98+1)/4=24.75$번째 순서통계량이고 $y_{24}=63.2$, $y_{25}=63.2$이므로

$$\widetilde{q_1} = \left(\frac{1}{4}\right)(63.2) + \left(\frac{3}{4}\right)(63.2) = 63.2$$

가 된다. 제3사분위수는 $(98+1)(3/4) = 74.25$번째 순서통계량이고 $y_{74} = 65.5$, $y_{75} = 65.5$이므로

$$\widetilde{q_3} = \left(\frac{3}{4}\right)(65.5) + \left(\frac{1}{4}\right)(65.5) = 65.5$$

이다. 따라서 다섯숫자요약은 다음과 같다.

$$y_1 = 57.2, \quad \widetilde{q_1} = 63.2, \quad \widetilde{m} = 64.4, \quad \widetilde{q_3} = 65.5, \quad y_{98} = 68.9$$

그림 3.1－4는 상자그림을 그린 것이다. 이상점 $y_1 = 57.2$는 왼쪽 긴 수염의 원인이 되는데, 그 이유에 대한 조사검토가 필요한 것 같다.

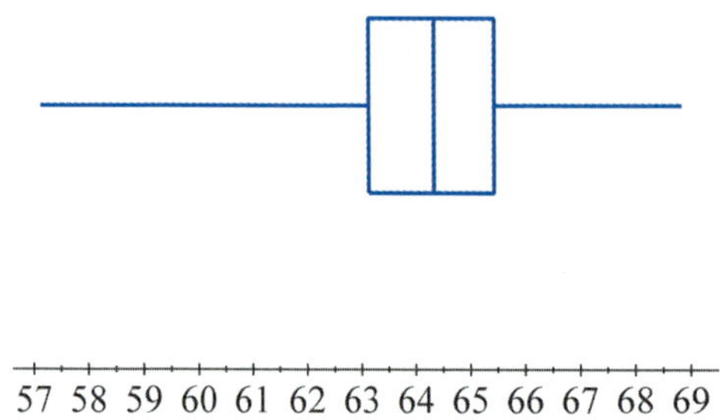

그림 3.1–4 98개 인장강도 자료에 대한 상자그림

2. Edwin Moses는 1977년 9월 2일부터 1987년 5월 29일까지 9년 반이 조금 넘는 기간 동안 400미터 허들경기에서 122번 연속해서 승리를 하였다. 이런 기록은 스포츠에서 놀라운 것이다. 표 3.1－9는 이러한 112번의 기록을 줄기 $47*, 47t, 47f, 47s$, $47\cdot, \ldots, 49\cdot, 50*$를 사용하여 작성한 순서화 줄기－잎 그림이다.

표 3.1–9 Edwin Moses의 시간기록

줄기	잎	도수	깊이
47*	0 1 1 1	4	4
47t	2 3 3 3 3	5	9
47f	4 5 5 5 5 5 5 5	8	17
47s	6 6 6 6 7 7	6	23

줄기	잎	도수	깊이
47•	8889999999	10	33
48*	011	3	36
48t	22222222333	11	47
48f	44444555555555555	17	(17)
48s	66666666677777777	17	58
48•	8888888999	10	41
49*	000001111	9	31
49t	22233	5	22
49f	4455555	7	17
49s	67777	5	10
49•	89	2	5
50*	111	3	3

제50백분위수, 제25백분위수, 제75백분위수는 $(122+1)/2=61.5$, $123/2=30.75$, $123(3/4)=92.25$ 이므로 각각

$$\widetilde{\pi}_{0.50}=\left(\frac{1}{2}\right)(48.5)+\left(\frac{1}{2}\right)(48.5)=48.5$$

$$\widetilde{\pi}_{0.25}=\left(\frac{1}{4}\right)(47.9)+\left(\frac{3}{4}\right)(47.9)=47.9$$

$$\widetilde{\pi}_{0.75}=\left(\frac{3}{4}\right)(49.0)+\left(\frac{1}{4}\right)(49.0)=49.0$$

이다. 이 세 개의 사분위수와 최소값 $y_1=47.0$, 최대값 $y_{122}=50.1$로부터 다섯 숫자 요약

$$y_1=47.0,\quad \widetilde{q_1}=47.9,\quad \widetilde{m}=48.5,\quad \widetilde{q_3}=49.0,\quad y_{98}=50.1$$

을 얻을 수 있으며 그림 3.1-5는 상자그림이다.

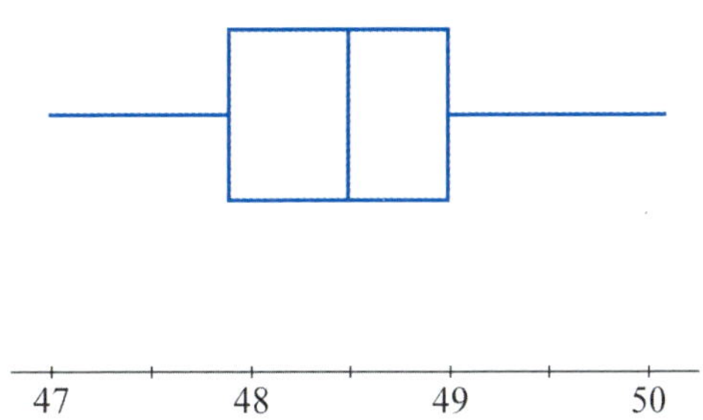

그림 3.1-5 Edwin Moses의 기록시간에 대한 상자그림

상자그림을 보면 시간의 분포가 대칭적이다. 또한 시간 기록의 $33/122 \approx 0.27 = 27\%$가 48.0초보다 작고 $31/122 \approx 0.254 = 25.4\%$가 49.0초보다 크다.

3. 상자그림은 두 개 이상의 과정을 비교하는 데 자주 이용된다. 다음은 각각 저온과 고온에서의 인장강도자료를 나타낸다. 각 온도에서 10개의 실험 관측값을 얻었으며 순서통계량으로 정리되었다.

저온:	63.4	64.3	64.3	64.8	64.8	65.3	65.6	66.1	66.7	67.1
고온:	61.2	62.0	63.5	64.5	64.6	65.1	66.4	67.3	67.5	69.7

$(10+1)(0.5) = 5.5$로 두 개의 중위수는 각각

$$\left(\frac{1}{2}\right)(64.8) + \left(\frac{1}{2}\right)(65.3) = 65.05 \quad \left(\frac{1}{2}\right)(64.6) + \left(\frac{1}{2}\right)(65.1) = 64.85$$

이다. 또한 $(11)(0.25) = 2.75$이고 $(11)(0.75) = 8.25$이므로 제1사분위수와 제3사분위수는 각각

$$\left(\frac{1}{4}\right)(64.3) + \left(\frac{3}{4}\right)(64.3) = 64.3 \quad \left(\frac{1}{4}\right)(62.0) + \left(\frac{3}{4}\right)(63.5) = 63.125$$

이고

$$\left(\frac{3}{4}\right)(66.1) + \left(\frac{1}{4}\right)(66.7) = 66.25 \quad \left(\frac{3}{4}\right)(67.3) + \left(\frac{1}{4}\right)(67.5) = 67.35$$

이다. 각각의 자료에 대한 다섯숫자요약은

저온:	36.4,	63.4,	65.05,	66.25,	67.1
고온:	61.2,	63.125,	64.85,	67.85,	69.7

이며 그림 3.1-6은 이 자료에 대한 상자그림이다.

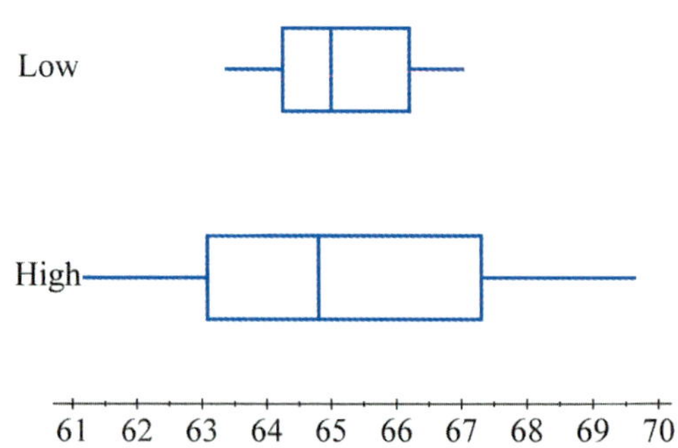

그림 3.1-6 고온과 저온에서의 인장강도 비교 상자그림

4. 공해문제는 대도시의 중요 관심사이며 따라서 공기오염지수(Air Pollution Index)가 환경보호기관의 기준을 만족하는지 관찰한다. 다음은 5개 도시로부터 각각 $n = 10$의 표본을 추출하여 자료를 순서적으로 정렬한 것이다.

도시	공기오염지수									
L.A.	55.9	56.3	56.8	57.2	61.2	61.9	62.5	63.8	64.4	68.2
N.Y.	55.7	55.8	57.0	57.4	59.0	59.5	59.9	60.4	64.2	67.7
K.C.	53.0	54.6	54.7	54.8	57.6	58.6	62.4	63.5	65.5	66.6
D.C.	57.3	58.1	58.6	58.7	59.0	61.9	62.6	64.4	64.9	66.7
S.F.	50.5	54.4	54.8	56.3	58.3	59.0	61.2	61.6	62.2	63.1

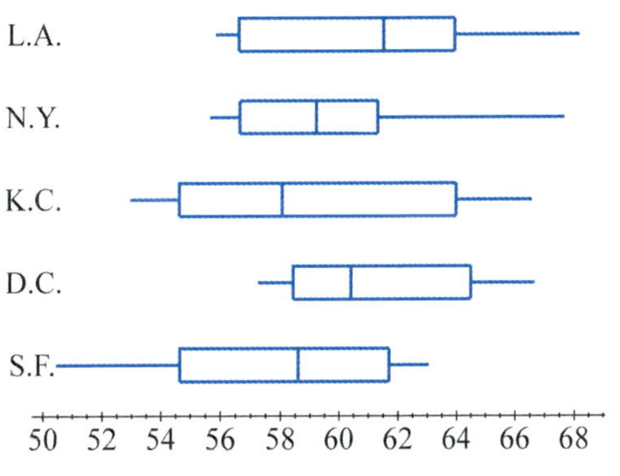

그림 3.1-7 5개 도시의 공기오염지수를 비교하기 위한 상자그림

그림 3.1-7은 다섯 도시에 대한 상자그림이다. 이 자료를 살펴보면 L.A.의 자료는 D.C.의 자료와 비슷하게 공기오염이 높고 N.Y.이 세 번째이고 K.C.는 N.Y. 보다는 조금 양호하지만 S.F. 보다는 조금 나쁘다. 공기오염지수가 낮을수록 오염이 적게 되었음을 의미한다. 이러한 도시에 대한 공기오염성도를 주의 깊게 비교하려면 더 많은 자료가 필요하다.

연습문제 3.1

3.1-1 집을 수리하거나 짓는 데 동일한 형태의 못을 사용한다고 하자. 어느 날 집을 수리하는 데 800개의 못이 필요하다면 몇 그램의 못을 구매하여야 하는가? 다음 50개 못의 무게(g)를 이용하여라.

9.42	8.69	8.93	8.27	8.82	8.66	8.90	8.31	9.15	9.63
9.41	8.56	8.82	8.58	8.43	8.05	8.56	8.55	8.88	8.73
8.29	8.79	8.51	8.85	9.34	9.21	8.38	8.51	8.41	8.98
8.58	9.21	8.27	8.76	9.26	8.59	8.36	8.71	8.51	8.88
9.20	8.24	8.57	8.85	8.69	8.85	9.08	9.40	9.25	8.79

(a) 이 자료를 계급구간이 $(7.995, 8.245)$, $(8.245, 8.495)$ 등의 7개 구간으로 그룹화하여라.

(b) 히스토그램을 작성하여라.

(c) 그룹화 자료와 비그룹화 자료에 대한 표본평균과 표본표준편차를 계산하여라.

(d) 몇 그램의 못을 구매하여야 하는가?

3.1-2 해마다 열리는 25Km 벚꽃 마라톤 경주의 성별과 연령그룹에 대한 기록이 있다. 53세 남성이 50 − 54세 사이 남성들의 기록에 관심이 있다. 다음은 이 나이 범주에 속하는 125명의 분:초 기록이다.

96:21	98:24	100:26	101:23	101:29	101:38	103:11	103:58	104:28
105:02	105:14	106:00	106:14	108:49	109:28	109:32	109:42	110:49
110:54	111:48	111:54	112:17	112:33	112:48	112:54	112:55	113:09
113:10	113:15	113:43	114:30	114:36	115:28	115:39	115:44	116:11
116:34	116:56	117:45	118:10	118:11	118:12	118:28	118:30	118:44
119:10	119:27	119:53	120:17	120:19	121:12	122:15	122:17	122:46
122:57	122:59	123:46	124:04	124:06	124:49	124:55	125:14	125:15
125:16	126:09	126:12	126:29	126:43	127:21	127:25	127:57	128:02
128:23	129:13	129:21	129:39	130:01	130:07	130:29	130:34	131:07
131:22	131:58	132:27	132:51	132:58	133:51	134:04	134:40	134:53
135:05	135:41	136:27	136:51	136:52	136:53	137:09	137:13	137:31
137:48	138:01	138:13	138:44	139:34	139:51	140:03	140:05	141:20
142:28	143:08	143:46	144:10	144:35	145:40	147:05	148:12	151:18
151:39	152:00	156:13	160:43	161:12	162:29	166:42	169:54	

(a) 위의 자료를 계급의 폭이 8분인 10개의 계급으로 그룹화하여라.

(b) 그룹화 자료에 대해 히스토그램을 작성하여라.

(c) 히스토그램의 모양을 기술하여라. 분포의 모양이 기대했던 곳과 같은가?

3.1-3 2005년에 Andrew Jones는 51개의 홈런을 기록하였는데, 그가 친 홈런의 거리(feet)는 다음과 같다.

382	383	395	380	416	390	420	400	360
340	360	370	374	408	359	419	411	423
418	415	432	420	375	432	373	350	410
390	340	380	370	390	434	395	379	407
393	385	379	416	420	440	354	405	452
380	380	390	390	425	427			

최소값은 340이고 최대값은 452이므로 범위는 $452-340=112$이다. 계급의 수 k를 다양하게 고려할 수 있는데, $k=12$로하고 각 계급구간을 길이 10으로 하는 것도 하나의 방법이다. 즉 $(12)(10)=120>112$이 되고, 계급은 첫 계급이 339.5에서 시작하여 마지막 계급이 459.5에서 끝난다.

(a) $34, 35, \ldots, 45$를 줄기로 갖는 줄기-잎 그림을 작성하여라.

(b) 도수분포표를 작성하여라.

(c) 상대도수히스토그램을 그려라.

(d) 상자-수염 도표를 그려라.

(e) $\bar{x}$와 s_x^2을 계산하여라.

(f) 그룹화 자료에 대한 $\bar{u}$와 s_u^2을 계산하여라.

3.1-4 어떤 지역에서 지하수를 연구할 때 토양의 특성을 아는 것은 중요하다. 이러한 많은 특성들 가운데 공극률은 적어도 모래알의 크기에 의존한다. 다음은 각 토양의 직경(mm)을 측정한 30개의 자료이다.

1.24	1.36	1.28	1.31	1.35	1.20	1.39	1.35	1.41	1.31
1.28	1.26	1.37	1.49	1.32	1.40	1.33	1.28	1.25	1.39
1.38	1.34	1.40	1.27	1.33	1.36	1.43	1.33	1.29	1.34

(a) 이 자료의 표본평균과 표본분산을 구하여라.

(b) 이 자료의 히스토그램을 작성하여라.

3.1-5 X는 리터당 $CaCO_3(mg)$의 농축량을 나타낸다. X의 20개 관측값은 다음과 같다.

130.8	129.9	131.5	131.2	129.5
132.7	131.5	127.8	133.7	132.2
134.8	131.7	133.9	129.8	131.4
128.8	132.7	132.8	131.4	131.3

(a) 줄기로 $127, 128, \ldots, 134$을 사용하여 줄기-잎 그림을 작성하여라.

(b) 범위, 사분위수 범위, 중위수, 표본평균, 표본분산을 구하여라.

(c) 상자-수염 도표를 그려라.

3.1-6 어느 공장에서 생산되는 박하사탕 제품의 무게 규격은 20.4g이다. 정기적으로 사탕 생산라인에서 박하사탕 표본을 추출하여 무게를 측정한다. 2일 동안 아침에 생산된 81개의 표본 박하사탕의 무게가 다음과 같다.

21.8	21.7	21.7	21.6	21.3	21.6	21.5	21.3	21.2
21.0	21.6	21.6	21.6	21.5	21.4	21.8	21.7	21.6
21.6	21.3	21.9	21.9	21.6	21.0	20.7	21.8	21.7
21.7	21.4	20.9	22.0	21.3	21.2	21.0	21.0	21.9
21.7	21.5	21.5	21.1	21.3	21.3	21.2	21.0	20.8
21.6	21.6	21.5	21.5	21.2	21.5	21.4	21.4	21.3
21.2	21.8	21.7	21.7	21.6	20.5	21.8	21.7	21.5
21.4	21.4	21.9	21.8	21.7	21.4	21.3	20.9	21.9
20.7	21.1	20.8	20.6	20.6	22.0	22.0	21.7	21.6

(a) 줄기로 $20f,\ 20s, 20\bullet,\ 21*,\ldots,\ 22*$를 사용하여 순서화 줄기-잎 그림을 작성하여라.

(b) (i) 세 개의 사분위수 (ii) 제 60백분위수 (iii) 제15백분위수를 구하여라.

(c) 상자-수염 그림을 그려라.

3.1-7 1994년 *PC Magazine*에 26개 CD-ROM의 성능검사 보고서가 실렸다. 성능검사는 4K(4,000 byte)의 자료를 읽는 방법으로 실시하였는데, 초당 읽을 수 있는 자료의 양은 다음과 같다.

29.21	14.50	25.10	22.90	30.80	30.62	27.88	20.65	30.90
30.60	6.12 1	9.94	19.61	21.51	28.80	21.72	21.95	18.89
15.60	29.38	25.45	30.41	30.11	30.51	28.17	21.42	

(a) 세 자리 숫자의 잎을 갖는 순서화 줄기-잎 그림을 작성하여라. 즉 29.21은 2가 줄기가 되고 921은 잎이 된다. 만일 줄기-잎 그림을 작성하기 전에 원래 수치를 정수값으로 반올림 한다면 도표가 많이 변하는가?

(b) 자료의 다섯숫자요약을 구하여라.

(c) 상자-수염 그림을 작성하여라.

(d) 도표로부터 자료의 비대칭성에 대해 설명하여라.

3.1-8 카지노의 룰렛 게임에서 빨강(또는 검정 또는 홀수번호 또는 짝수 번호)에 \$1를 걸었을 때 \$1를 얻을 확률은 18/38이고 \$1를 잃을 확률

은 20/38이다. 게임자가 \$5 갖고 시작하여 계속해서 \$1씩 건다고 하자. Y는 \$5를 다 잃기 전에 게임자의 최대 금액이라 하자. 컴퓨터 시뮬레이션으로 100개의 Y 관측값을 생성하였다.

25	9	5	5	5	9	6	5	15	45
55	6	5	6	24	21	16	5	8	7
7	5	5	35	13	9	5	18	6	10
19	16	21	8	13	5	9	10	10	6
23	8	5	10	15	7	5	5	24	9
11	34	12	11	17	11	16	5	15	5
12	6	5	5	7	6	17	20	7	8
8	6	10	11	6	7	5	12	11	18
6	21	6	5	24	7	16	21	23	15
11	8	6	8	14	11	6	9	6	10

(a) 순서화 줄기-잎 그림을 작성하여라.

(b) 자료의 다섯숫자요약을 구하고 상자-수염 그림을 그려라.

(c) 제90 백분위수를 구하여라.

3.1-9 계량기에 사용되는 25개 계기의 무게(g)는 다음과 같다.

102.0	106.3	106.6	108.8	107.7
106.1	105.9	106.7	106.8	110.2
101.7	106.6	106.3	110.2	109.9
102.0	105.8	109.1	106.7	107.3
102.0	106.8	110.0	107.9	109.3

(a) 순서화 줄기-잎 그림을 작성하여라.

(b) 다섯숫자요약을 구하고 상자-수염 그림을 그려라.

3.2 연속형 확률분포

연속형 확률변수의 n개 관측값에 대한 상대도수(밀도) 히스토그램 $h(x)$는 비음수 함수(non-negative function)이며 x-축과 그래프 사이의 총면적은 1이 된다. 또한

$$\int_a^b h(x)dx$$

는 근사적으로 구간 $\{x : a < x < b\}$의 상대도수와 같으며 확률변수 X가 구간 (a,b) 사이에 있을 확률의 추정값으로 생각할 수 있다. 이 확률을 $P(a < X < b)$로 쓴다.

n이 무한대로 증가하고 계급구간의 길이가 0에 수렴한다면 $h(x)$는 어떻게 될까? $h(x)$는 점차적으로 어떤 함수 $f(x)$에 가까워지고 $P(a<X<b)$의 확률은

$$P(a<X<b)=\int_a^b f(x)dx$$

로 구할 수 있다. 즉 $f(x)$는 $x-$축과 그래프 사이의 총면적은 1이 되는 비음수 함수이어야 한다. 또한 $P(a<X<b)$는 $f(x)$와 $x-$축에서 $x=a$와 $x=b$ 사이의 면적이 된다. 연속형 확률변수 X의 **확률밀도함수**(probability density function(p.d.f.)) $f(x)$는 다음 조건을 만족한다.

(a) $f(x)>0, \quad x \in S$
$f(x)=0, \quad x \notin S$

(b) $\int_S f(x)dx=1$

(c) 만일 $(a,b) \subset S$ 이면 사건 $a<X<b$의 확률은

$$P(a<X<b)=\int_a^b f(x)dx$$

이다. 또는 일반적으로 $A \subset S$에 대하여

$$P(A)=\int_A f(x)dx$$

이다.

예제 3.2-1 공정하게 만들어진 회전판을 돌렸을 때 확률변수 X는 $S=\{x:0 \le x<1\}$ 사이의 값을 갖는다. 따라서 X는 p.d.f.는

$$f(x)=1, \qquad 0 \le x \le 1$$

이다. 공간 S 범위 외에서는 p.d.f.가 항상 0이 된다. 공간 S에서 상수인 p.d.f.를 **균일**(uniform)분포라고 한다. 이로부터

$$P(0.25<X<0.75)=\int_{0.25}^{0.75} 1dx=[x]_{0.25}^{0.75}=0.5$$
$$P(0.5<X<0.6)=\int_{0.5}^{0.6} 1dx=[x]_{0.5}^{0.6}=0.1$$

$$P(0.1 < X < 0.4) = \int_{0.1}^{0.4} 1dx = [x]_{0.1}^{0.4} = 0.3$$

을 구할 수 있으며 이 확률은 우리가 알고 있는 사실과 일치한다. 만일 $X=0.5$와 같이 한 점에서의 확률 $P(X=0.5)$를 구하면

$$P(X=0.5) = \int_{0.5}^{0.5} 1dx = [x]_{0.5}^{0.5} = 0$$

이 되므로, X가 주어진 하나의 값일 경우의 확률은 0이 된다. 이는 X의 가능한 결과는 무한하고 셀 수 없는데, 그 중 한 사건의 확률은 0이 되기 때문이다.

예제 3.2-2 확률변수 X는 어느 작은 도시에서 119에 전화가 걸려오는 시간 간격(분)을 나타낸다. X에 적절한 확률모형의 p.d.f.는

$$f(x) = \frac{1}{20}e^{-x/20}, \qquad 0 \le x \le \infty$$

이다. 이 경우 $S=\{x : 0 \le x < \infty\}$ 이며 $f(x) > 0$, $x \in S$ 이다. 또한

$$\begin{aligned}\int_s f(x)dx &= \int_0^{\infty} \frac{1}{20}e^{-x/20}dx \\ &= \lim_{b\to\infty}[-e^{-x/20}]_0^b \\ &= 1-\lim_{b\to\infty} e^{-b/20} = 1\end{aligned}$$

전화가 걸려오는 시간 간격이 20분 이상일 확률은

$$P(X > 20) = \int_{20}^{\infty} \frac{1}{20}e^{-x/20}dx = e^{-1} = 0.368$$

이다. 그림 3.2-1은 p.d.f.와 확률을 나타낸다.

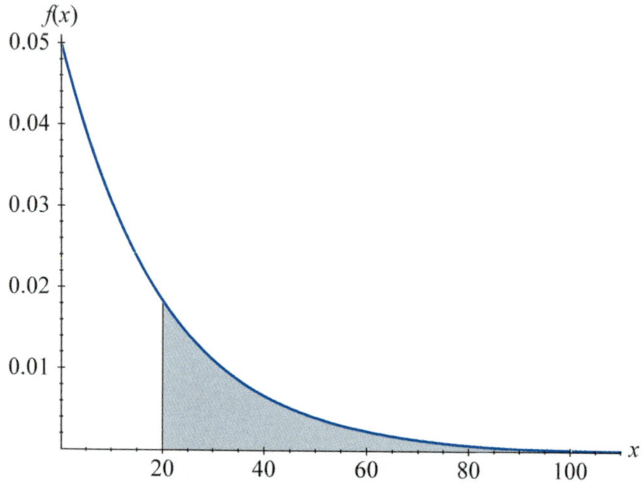

그림 3.2-1 119 에 걸려오는 전화시간간격

이산형 경우에서와 같이 연속형 확률밀도함수를 설명할 때도 같은 방법을 사용한다. p.d.f. $f(x)$의 정의는 $x \notin S$ 일때 0으로 놓고 실수 전체로 확장한다. 예를 들면

$$f(x) = \begin{cases} \frac{1}{20} e^{-x/20}, & 0 \le x < \infty \\ 0, & \text{그밖에서} \end{cases}$$

는 연속형 확률변수 X의 p.d.f. 성질을 가지며 공간은 $\{x : 0 \le x < \infty\}$이다. $x \notin S$ 인 경우는 항상 $f(x) = 0$이다.

연속형 확률변수 X의 **분포함수**(distribution function)는

$$F(x) = P(X \le x) = \int_{-\infty}^{x} f(t)dt$$

로 정의된다. $F(x)$는 x보다 작거나 같은 확률을 모두 누적한 것이며, **누적분포함수**(cumulative distribution function) 또는 c.d.f.라고도 한다. 만일 x에서 미분 $F'(x)$가 존재하면 $F'(x) = f(x)$이 된다.

예제 3.2-3 (예제 3.2−2 계속) 만일 X의 p.d.f.가

$$f(x) = \begin{cases} 0, & -\infty \le x < 0 \\ \frac{1}{20} e^{-x/20}, & 0 \le x < \infty \end{cases}$$

라 하자. X의 분포함수는 $F(x)=0$, $x<0$ 이고 $x \geq 0$에 대하여

$$F(x)=\int_{-\infty}^{x} f(t)dt=\int_{0}^{x} \frac{1}{20}e^{-t/20}dt$$

$$=\left[-e^{-t/20}\right]_0^x = 1-e^{-x/20}.$$

이다.

$$F'(x)=\begin{cases} 0, & -\infty < x < 0 \\ \frac{1}{20}e^{-x/20}, & 0 < x < \infty \end{cases}$$

이며 $F'(0)$은 존재하지 않는다.

연속형 확률변수에서 수학적 기대값의 정의는 이산형 경우에서 $\sum$를 $\int$로 대신하는 것을 제외하고는 같다. X가 p.d.f. $f(x)$를 갖는 연속형 확률변수라 하자. X의 **기대값**(expected value of X) 또는 X의 **평균**(mean of X)은

$$\mu = E(X) = \int_{-\infty}^{\infty} xf(x)dx.$$

이고 X의 **분산**(variance of X)은

$$\sigma^2 = Var(X) = E[(X-\mu)^2] = \int_{-\infty}^{\infty} (x-\mu)^2 f(x)dx.$$

이다. 또한

$$\sigma^2 = Var(X) = E(X^2) - \mu^2$$

이다. X의 **표준편차**(standard deviation of X)는 다음과 같다.

$$\sigma = \sqrt{Var(X)}$$

예제 3.2-4 확률변수 Y의 p.d.f.는 $g(y)=2y$, $0<y<1$이라 하자. Y의 평균과 분산은 각각 다음과 같다.

$$\mu = E(Y) = \int_0^1 y(2y)dy = \left[\left(\frac{2}{3}\right)y^3\right]_0^1 = \frac{2}{3}$$

$$\sigma^2 = Var(Y) = E(Y^2) - \mu^2$$

$$= \int_0^1 y^2(2y)dy - \left(\frac{2}{3}\right)^2 = \left[\left(\frac{1}{2}\right)y^4\right]_0^1 - \frac{4}{9} = \frac{1}{18}$$

p.d.f.가 $f(x)$인 연속형 분포의 $(100p)$번째 **백분위수** π_p는 $f(x)$에서 π_p 왼쪽에 있는 $f(x)$ 아래의 면적이 p인 점이다. 즉

$$p = \int_{-\infty}^{\pi_p} f(x)dx = F(\pi_p)$$

이다. 50번째 백분위수를 **중위수**라 하며 $m = \pi_{0.50}$.이다. 25번째 백분위수와 75번째 백분위수를 각각 **제1사분위수**, **제3사분위수**라고 하며 $q_1 = \pi_{0.25}$, $q_3 = \pi_{0.75}$로 표시한다. 물론 중위수는 $m = \pi_{0.50} = q_2$이며 제2사분위수라 한다.

예제 3.2-5 어떤 제품이 고장날 때까지의 시간 X(월)는 Weibull 분포를 따르는데 p.d.f.는

$$f(x) = \frac{3x^2}{4^3}e^{-(x/4)^3}, \qquad 0 < x < \infty$$

이며, 분포함수는

$$F(x) = 1 - e^{-(x/4)^3}, \qquad 0 \le x < \infty$$

이다. 제30백분위수 $\pi_{0.3}$은

$$F(\pi_{0.3}) = 0.3$$

또는

$$1 - e^{-(\pi_{0.3}/4)^3} = 0.3$$

$$\ln(0.7) = -(\pi_{0.3}/4)^3$$

$$\pi_{0.3} = -4\sqrt[3]{\ln(0.7)} = 2.84$$

이다. 같은 방법으로, 제90백분위수 $\pi_{0.9}$를 구하면

$$F(\pi_{0.9}) = 0.9$$

이고

$$\pi_{0.9} = -4\sqrt[3]{\ln(0.1)} = 5.28$$

이다. 따라서

$$P(2.84 < X < 5.28) = 0.6$$

이다.

그림 3.2–2 에서 제30백분위수와 제90백분위수를 볼 수 있다.(*Maple* 해는 예제 5.2–6, Minitab 해는 예제 5.1–6 참조)

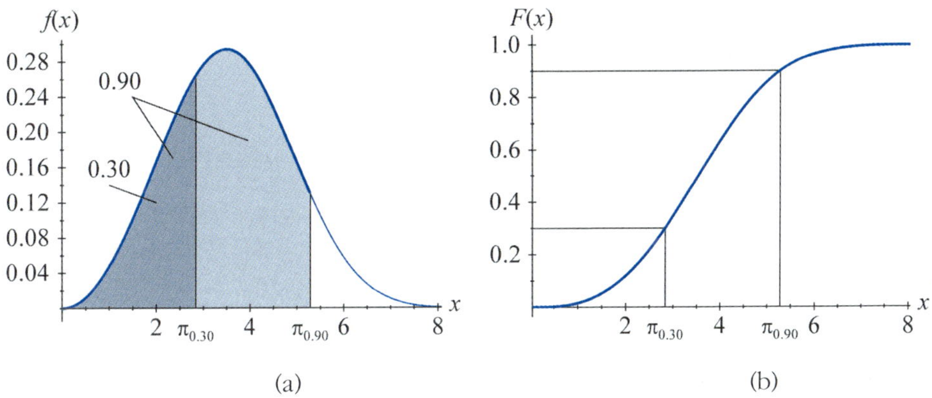

그림 3.2–2 $\pi_{0.30}$와 $\pi_{0.90}$ 백분위수 예

연습문제 3.2

3.2-1 X의 p.d.f.가 $f(x) = x^3/4,\ 0 < x < 2$이다. $A_1 = \{x : 0 < x < 1\}$이고 $A_2 = \{x : 1/2 < x < 3/2\}$일 때 다음 확률을 계산하여라.

(a) $P(A_1)$

(b) $P(A_2)$

(c) $P(A_1 \cup A_2)$

3.2-2 X는 연속형 확률변수로 공간은 $S = \{x : 0 < x < 10\}$이다. 사건 $A_1 = \{x : 1 < x < 5\}$의 확률이 $P(A_1) = 1/4$일 때 $A_2 = \{x : 5 < x < 10\}$에 대해 $P(A_2) \le 3/4$가 됨을 보여라.

3.2-3 다음 각각의 p.d.f.에 대해 $P(|X|<1)$와 $P(X^2<9/4)$를 구하여라.

(a) $f(x)=(x^3+8)/32, \quad -2<x<2$

(b) $f(x)=(x+2)/18, \quad -2<x<4$

3.2-4 확률변수 X 분포의 최빈수(mode)는 $f(x)$를 최대화하는 x 값이다. 만일 그러한 x가 오직 한 개인 경우 분포의 최빈수라고 한다. 다음 분포의 그래프를 그리고 분포의 최빈수를 구하여라

(a) $f(x)=20x^3(1-x), \qquad 0<x<1$

(b) $f(x)=(x^3e^{-x})/6, \qquad 0<x<\infty$

3.2-5 다음과 같은 p.d.f. $f(x)$를 갖는 분포에서 세 개의 사분위수를 구하여라.

(a) $f(x)=4x^3, \qquad 0<x<1$

(b) $f(x)=\dfrac{1}{\pi(1+x^2)}, \qquad -\infty<x<\infty$

3.2-6 연습문제 3.2－3의 p.d.f. 각각에 대해 평균과 분산을 계산하고 분포함수를 구하여라.

3.2-7 다음과 같은 p.d.f. $f(x)$에 대해 평균과 분산을 계산하여라.

(a) $f(x)=6x(1-x), \qquad 0<x<1$

(b) $f(x)=2/x^3, \qquad 1<x<\infty$

(c) $f(x)=1/x^2, \qquad 1<x<\infty$

3.2-8 다음과 같은 p.d.f. $f(x)$에 대해 그래프를 그리고 비대칭도와 첨도를 계산하여라.

(a) $f(x)=1, \qquad 0<x<1$

(b) $f(x)=2x, \qquad 0<x<1$

(c) $f(x)=2(1-x), \qquad 0<x<1$

3.2-9 다음 각 함수에 대하여 (i) $f(x)$가 p.d.f.가 되기 위한 c값을 구하여라 (ii) 분포함수 $F(x)$를 구하여라. (iii) $f(x)$와 $F(x)$의 그래프를 그려보아라.

(a) $f(x)=\dfrac{x^3}{4}, \qquad 0<x<c$

(b) $f(x)=c\sqrt{x}, \qquad 0<x<4$

(c) $f(x) = \dfrac{c}{\sqrt{x}}, \qquad 0 < x < 1$

(d) $f(x) = \dfrac{c}{x^2}, \qquad 1 < x < \infty$

3.2-10 X가 p.d.f. $f(x) = (x+1)/2, \quad -1 < x < 1$를 갖는다. 다음을 계산하여라.

(a) $\pi_{0.64}$

(b) $q_1 = \pi_{0.25}$

(c) $\pi_{0.81}$

3.2-11 **로지스틱분포(logistic distribution)**의 분포함수는

$$F(x) = (1 + e^{-x})^{-1}, \; -\infty < x < \infty$$

이다. 로지스틱분포의 p.d.f.를 구하고 그래프가 $x = 0$에 대해 대칭임을 보여라.

3.2-12 어떤 X의 분포로부터 100개의 관측값을 추출하여 크기 순서로 정렬하였다.

0.19	0.25	0.26	0.26	0.28	0.31	0.39	0.42	0.44	0.45
0.48	0.53	0.54	0.57	0.66	0.69	0.70	0.72	0.73	0.79
0.83	0.85	0.87	0.90	0.91	0.94	0.96	0.99	1.01	1.02
1.02	1.03	1.05	1.07	1.13	1.13	1.14	1.20	1.22	1.27
1.28	1.30	1.34	1.34	1.37	1.39	1.40	1.43	1.43	1.46
1.49	1.50	1.51	1.53	1.54	1.56	1.56	1.57	1.60	1.60
1.61	1.62	1.62	1.62	1.63	1.64	1.66	1.67	1.70	1.71
1.71	1.71	1.72	1.73	1.73	1.74	1.75	1.76	1.77	1.80
1.81	1.84	1.85	1.85	1.86	1.87	1.87	1.88	1.90	1.91
1.91	1.92	1.92	1.93	1.93	1.93	1.94	1.95	1.98	1.99

(a) 표본평균 $\overline{x}$를 계산하여라.

(b) 표본표준편차 s를 계산하여라.

(c) 자료를 계급 경계 0.005, 0.205, 0.405, ... , 2.005를 사용하여 10개의 계급으로 그룹화 하여라.

(d) 상대도수히스토그램을 작성하고 p.d.f. $f(x) = x/2, \quad 0 < x < 2$와 겹쳐 보아라. 잘 적합되는가?

(e) X의 p.d.f.가 $f(x) = x/2, \; 0 < x \le 2$일 때 μ와 σ를 구하여라. $\overline{x}$가 μ에 가까운가? s가 σ에 가까운가?

3.3 특별한 연속형 분포

확률변수 X가 구간 $[a, b]$, $-\infty < a < b < \infty$에서 임의로 선택된 점이라 하자. 만일 실험이 공정하게 수행된다면 구간 $[a, x]$, $a \le x < b$에서 점이 추출될 확률은 $(x-a)/(b-a)$이다. 즉 확률은 구간의 길이에 비례하며 X의 분포함수는

$$F(x) = \begin{cases} 0, & x < a \\ \dfrac{x-a}{b-a}, & a \le x < b \\ 1, & b \le x \end{cases}$$

이다. X가 연속형 확률변수이므로 $F'(x)$가 존재한다면 $F'(x)$ 는 X의 p.d.f.가 된다. 따라서 $a < x < b$일 때 $f(x) = F'(x) = 1/(b-a)$이다.

만일 확률변수 X의 p.d.f.가 공간에서 상수이면 **균일분포(uniform distribution, 또는 균등분포)**라고 한다. 특히 공간이 구간 $[a, b]$ 이면 p.d.f.는

$$f(x) = \frac{1}{b-a}, \qquad a \le x \le b$$

이다. 이 경우 $X \sim U(a, b)$로 표시한다. 이 분포는 $f(x)$의 그래프가 사각형이므로 **사각형분포(rectangular distribution)**라고도 한다. 그림 3.3-1은 $a = 0.30$이고 $b = 1.55$인 경우의 $f(x)$와 분포함수 $F(x)$의 그래프이다. X가 연속형 분포이므로 확률의 변화 없이 $f(a) = 0$ 또는 $f(b) = 0$로 할 수 있다.

X의 평균과 분산은 다음 식을 이용하여 쉽게 계산할 수 있다(연습문제 3.3-1).

$$\mu = \frac{a+b}{2}, \qquad \sigma^2 = \frac{(b-a)^2}{12}$$

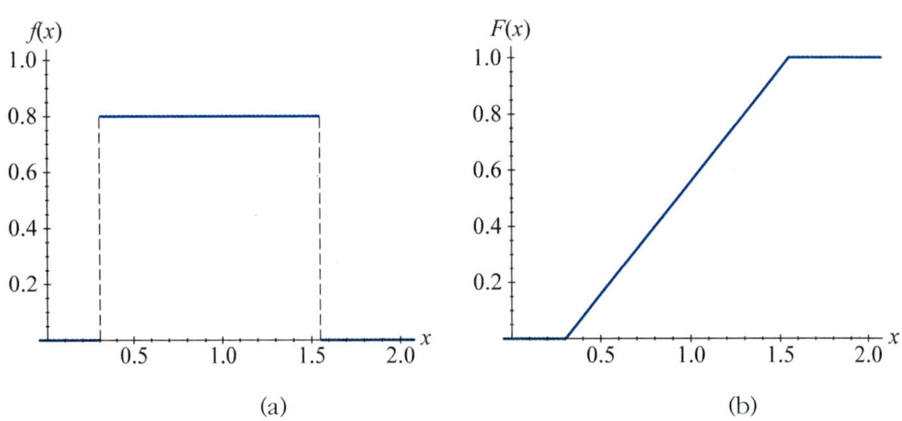

그림 3.3-1 균일 p.d.f.와 분포함수

균일분포에서 $a=0$, $b=1$인 경우 즉 $U(0,1)$는 중요한데, 만일 X가 $U(0,1)$이면 X의 근사값은 대부분의 컴퓨터에서 **난수발생기**(random number generator)로 생성할 수 있다. 사실 이 난수 발생기를 **의사난수발생기**(pseudo-random number generator)라고 하는데, 그 이유는 난수를 생성하는 프로그램에서 초기값(seed number)을 알고 있다면 생성되는 수열은 간단한 계산에 의해 결정되기 때문이다. 이렇게 초기값이 결정적인 역할을 하는데도 불구하고 컴퓨터가 생성하는 수열은 마치 진짜 임의로 생성되는 것처럼 보이므로 보통은 의사(pseudo)라는 단어를 생략한다. 부록의 표 Ⅷ는 컴퓨터로 생성된 난수이다. 이 수들 각각은 10^4으로 나누어 소수점을 가진 값으로 취급한다.

예제 3.3-1 X가 $U(0,100)$를 갖는다고 하자. 즉

$$f(x)=\frac{1}{100},\qquad 0<x<100$$

이 분포의 평균과 분산은

$$\mu=\frac{0+100}{2}=50\qquad \sigma^2=\frac{(100-0)^2}{12}=\frac{10{,}000}{12}$$

이고 표준편차는 $\sigma=100/\sqrt{12}$이다. 이는 $U(0,1)$ 분포의 표준편차의 100배인데, $U(0,100)$가 $U(0,1)$보다 100배 더 넓게 퍼져있는 것이 명백하므로 우리가 생각하는 바와 같다.

만일 확률변수 X의 p.d.f.가

$$f(x)=\frac{1}{\theta}e^{-x/\theta},\qquad 0\le x<\infty$$

이면 **지수분포(exponential distribution)**를 갖는다고 한다. 여기서 $\theta>0$이다. X의 평균은

$$\mu=E(X)=\int_0^\infty x\left(\frac{1}{\theta}\right)e^{-x/\theta}dx=\left[-xe^{-x/\theta}-\theta e^{-x/\theta}\right]_0^\infty=\theta$$

이다.

$$\begin{aligned}E(X^2)&=\int_0^\infty x^2\left(\frac{1}{\theta}\right)e^{-x/\theta}dx\\&=\left[-x^2e^{-x/\theta}-(2x)\theta e^{-x/\theta}-2\theta^2e^{-x/\theta}\right]_0^\infty=2\theta^2\end{aligned}$$

이므로 X의 분산은

$$\sigma^2 = E(X^2) - \mu^2 = 2\theta^2 - \theta^2 = \theta^2$$

이다. X의 분포함수는

$$F(x) = P(X \le x) = \int_{-\infty}^{x} f(w)dw = \begin{cases} 0, & -\infty < x < 0, \\ 1 - e^{-x/\theta}, & 0 \le x < \infty. \end{cases}$$

Maple을 사용한 결과는 예제 5.2-7을 참조할 수 있다.

그림 3.3-2는 지수분포에서 $\theta = 5$인 경우의 p.d.f.와 분포함수 그래프이다. 중위수 m은 $F(m) = 0.5$를 풀어서 구할 수 있다. 즉

$$1 - e^{-m/\theta} = 0.5$$

이고 따라서

$$m = -\theta \ln(0.5) = \theta \ln(2)$$

이다.

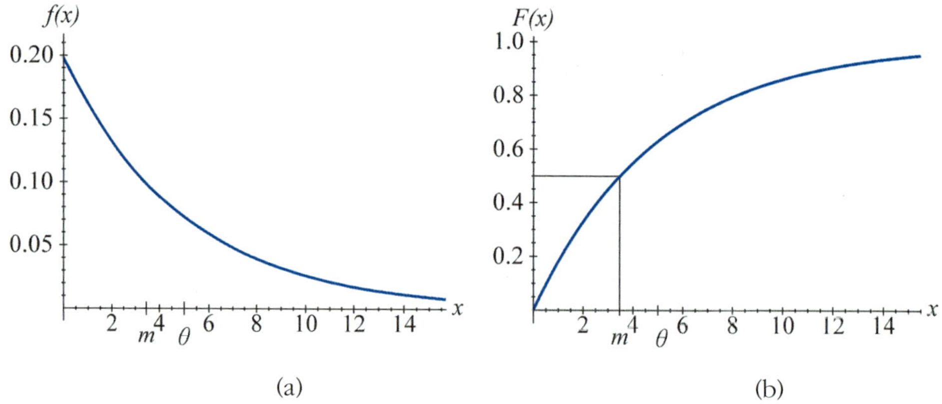

그림 3.3-2 지수 p.d.f.와 분포함수

따라서, $\theta = 5$인 경우 중위수는 $m = -5\ln(0.5) = 5\ln(2) = 3.466$이다. 중위수와 평균 $\theta = 5$가 그래프에 표시되어 있다.

지수확률변수 X에 대해

$$\begin{aligned} P(X > x) &= 1 - F(x) = 1 - (1 - e^{-x/\theta}) \qquad (x > 0) \\ &= e^{-x/\theta} \end{aligned}$$

이다.

예제 3.3-2 어떤 상점에 손님이 시간당 평균 20명이 도착한다. 상점 종업원이 처음 손님이 도착할 때까지 5분 이상 기다릴 확률을 구하여라. 확률변수 X를 처음 손님이 도착할 때까지 기다리는 시간이라 하고, 평균 $\theta = 60/20 = 3$인 지수분포를 따른다고 가정하자. 즉

$$f(x) = \frac{1}{3}e^{-(1/3)x}, \quad 0 \le x < \infty$$

이다. 그러므로

$$P(X > 5) = \int_5^\infty \frac{1}{3}e^{-(1/3)x}dx = e^{-5/3} = 0.1889$$

이다. 첫 손님이 도착할 때까지 기다리는 시간의 중위수는

$$m = -3\ln(0.5) = 3\ln(2) = 2.0794$$

이다.

예제 3.3-3 어떤 전자부품의 수명은 평균 500시간의 지수분포를 따른다고 하자. 확률변수 X를 이 부품의 수명(부품이 고장날 때까지의 시간)이라면, 이 부품이 x 시간 이상 작동할 확률은 다음과 같다.

$$P(X > x) = \int_x^\infty \frac{1}{500}e^{-t/500}dt = e^{-x/500}$$

이 부품이 300시간동안 작동했다고 가정하자. 이 부품이 600시간 이상 작동할 조건부 확률은

$$\begin{aligned} P(X > 900 \mid X > 300) &= \frac{P(\{X > 900\} \cap \{X > 300\})}{P(X > 300)} \\ &= \frac{P(X > 900)}{P(X > 300)} \\ &= \frac{e^{-900/500}}{e^{-300/500}} = e^{-6/5} \end{aligned}$$

이다.

이 조건부 확률은 $(X > 600) = e^{-6/5}$와 같다. 즉 이미 300시간 작동하였다는

조건 하에서 추가적으로 600시간 이상 작동할 확률은 처음 새로운 부품을 장착하여 600시간 이상 사용할 확률과 같다. 따라서 중고 부품의 수명은 새 부품의 수명분포와 같으며 실패율(failure rate)이 상수가 된다. 실패율이 상수일 때(변화가 없을 때) 만족스럽게 작동하는 장치를 교체하면 이득은 없다. 그러나 실제에서는 대부분 실패율이 시간에 따라 증가하므로 사실이 아니다. 그러므로 지수분포는 생명에 관계된 자료를 다루는 확률분포모형으로 가장 좋은 모형은 아니다.

Gamma 분포의 특성을 살펴보기 전에 **감마함수(gamma function)**에 대해 알아보자. 감마함수(gamma function)는

$$\Gamma(t) = \int_0^\infty y^{t-1} e^{-y} dy, \qquad 0 < t$$

로 정의한다. 이 적분은 $0 < t$에 대해 양수이다. 만일 $t > 1$이면 t의 감마함수에서의 적분은 부분적분에 의해 다음과 같이 정의할 수 있다.

$$\begin{aligned}\Gamma(t) &= \left[-y^{t-1}e^{-y}\right]_0^\infty + \int_0^\infty (t-1) y^{t-2} e^{-y} dy \\ &= (t-1)\int_0^\infty y^{t-2}e^{-y}dy = (t-1)\Gamma(t-1)\end{aligned}$$

예를 들면, $\Gamma(6) = 5\Gamma(5)$이고 $\Gamma(3) = 2\Gamma(2) = (2)(1)\Gamma(1)$이다. 만일 t가 양의 정수 n일 때 $\Gamma(t) = (t-1)\Gamma(t-1)$의 반복계산에 의해

$$\Gamma(n) = (n-1)\Gamma(n-1) = (n-1)(n-2)\cdots(2)(1)\Gamma(1)$$

이다. 그러나

$$\Gamma(1) = \int_0^\infty e^{-y} dy = 1$$

이다. 따라서 n이 양의 정수일 때

$$\Gamma(n) = (n-1)!$$

이다. 이런 이유로 감마함수를 **일반화 계승(generalized factorial)**이라고도 한다. $\Gamma(1) = 0!$ 이므로 $\Gamma(1) = 1$이다.

만일 확률변수 X의 p.d.f.가

$$f(x) = \frac{1}{\Gamma(\alpha)\theta^{\alpha}} x^{\alpha-1} e^{-x/\theta}, \qquad 0 \le x < \infty$$

이면 **Gamma 분포**를 갖는다고 한다. 여기서 모수 α와 β는 양수이다. (연습문제 3.3−12). 지수분포는 Gamma 분포에서 $\alpha = 1$인 특별한 경우이다.

Gamma 분포의 평균과 분산을 계산하여 보자.

$$\mu = E(X) = \int_0^{\infty} x \frac{1}{\Gamma(\alpha)\theta^{\alpha}} x^{\alpha-1} e^{-x/\theta} dx$$

이고 $y = x/\theta$로 변수변환을 하면 $x = \theta y$로부터 $dy/dx = \theta$이므로

$$\begin{aligned} \mu &= \int_0^{\infty} (\theta y) \frac{1}{\Gamma(\alpha)\theta^{\alpha}} (\theta y)^{\alpha-1} e^{-y} \theta\, dy \\ &= \frac{\theta}{\Gamma(\alpha)} \int_0^{\infty} y^{(\alpha+1)-1} e^{-y} dy \\ &= \frac{\theta \Gamma(\alpha+1)}{\Gamma(\alpha)} = \frac{\theta \alpha \Gamma(\alpha)}{\Gamma(\alpha)} = \alpha\theta \end{aligned}$$

이다. 비슷하게

$$E(X^2) = \theta^2 \frac{\Gamma(\alpha+2)}{\Gamma(\alpha)} = \theta^2 \frac{(\alpha+1)(\alpha)\Gamma(\alpha)}{\Gamma(\alpha)} = \alpha(\alpha+1)\theta^2$$

이므로 X의 분산은

$$\sigma^2 = \alpha(\alpha+1)^2 - (\alpha\theta)^2 = \alpha\theta^2$$

이다. Gamma 분포 값은 Maple로도 계산할 수 있다.(예제 5.2−8 참조.)

그림 3.3−3 은 Gamma 분포의 p.d.f. 모양에서 모수들의 효과를 보기 위하여 α와 θ의 몇 가지 조합을 사용하여 그린 그래프이다.

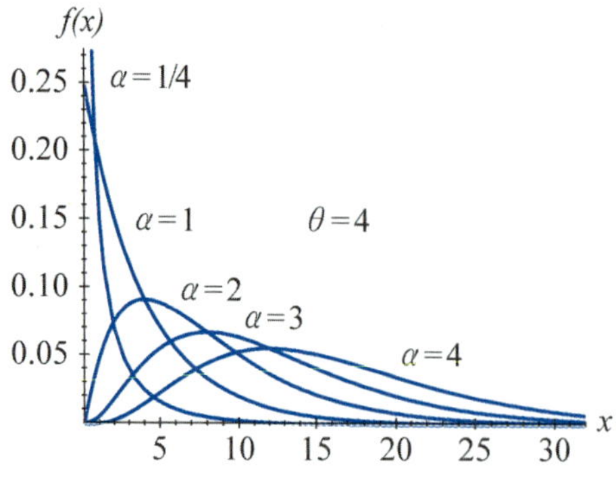

(a)

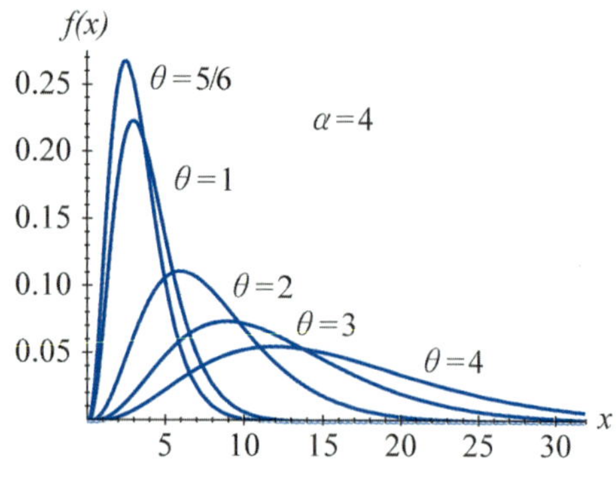

(a)

그림 3.3–3 Gamma p.d.f.들 : $\theta = 4, \alpha = 1/4, 1, 2, 3, 4; \alpha = 4, \theta = 5/6, 1, 2, 3, 4$

다음은 통계학에서 중요한 역할을 하는 Gamma 분포의 특별한 경우를 생각해 보자. 확률분포 X가 $\theta = 2$이고 $\alpha = r/2$ ($r > 0$인 정수)인 Gamma 분포를 갖는다고 하자. 이 때, X의 p.d.f.는

$$f(x) = \frac{1}{\Gamma(r/2)2^{r/2}} x^{r/2-1} e^{-x/2}, \quad 0 \le x < \infty$$

이다. 이를 자유도 r인 **카이제곱분포(chi-square distribution with r degrees of freedom)**를 갖는다고 하고 $X \sim \chi^2(r)$로 표시한다. 이 카이제곱 분포의 평균과 분산은 각각

$$\mu = \alpha\theta = (\frac{r}{2})2 = r \qquad \sigma^2 = \alpha\theta^2 = (\frac{r}{2})2^2 = 2r$$

이다. 즉 평균은 **자유도(degree of freedom)**와 같고 분산은 자유도의 2배이다. '자유도'에 대한 설명은 나중에 하기로 하자.

그림 3.3 − 4는 자유도가 $r = 2, 3, 5, 8, 14$인 카이제곱 p.d.f.의 그래프이다. 이 그래프는 평균 $\mu = r$에서 p.d.f.의 최대값을 갖는다.

카이제곱 분포는 응용에서 아주 중요하므로 선택된 r과 x값에 대한 분포함수

$$F(x) = \int_0^x \frac{1}{\Gamma(r/2)2^{r/2}} w^{r/2-1} e^{-w/2} dw$$

의 값이 표가 부록의 표 IV에 제시되어 있다.

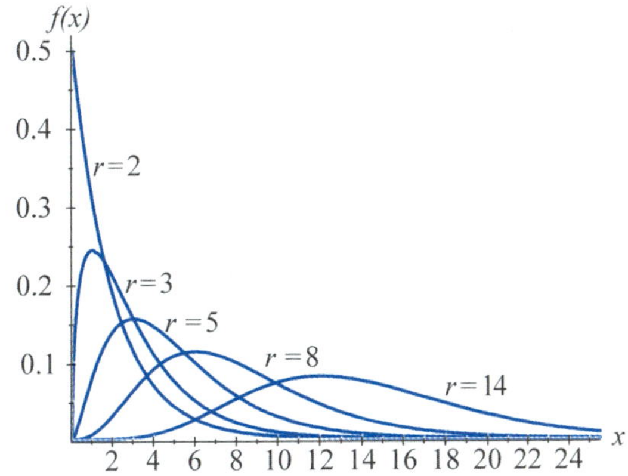

그림 3.3-4 카이제곱 p.d.f.들 ($r = 2,3,5,8,14$)

예제 3.3-4 X가 자유도 $r=5$인 카이제곱분포를 갖는다. 부록의 표 Ⅳ로부터

$$P(1.145 \le X \le 12.83) = F(12.83) - F(1.145) = 0.975 - 0.050 = 0.925$$

이고

$$P(X > 15.09) = 1 - F(15.09) = 1 - 0.99 = 0.01$$

이다.

예제 3.3-5 X가 $\chi^2(7)$를 따른다.

$$P(a < X < b) = 0.95$$

를 만족하는 두 개의 상수 a와 b는 $a = \chi^2_{0.975}(7) = 1.690$이고 $b = \chi^2_{0.025}(7) = 16.01$이다. 여기서 일반적으로 $\chi^2_\alpha(r)$은 $\chi^2(r)$의 분포에서 오른쪽의 면적이 α인 점을 나타낸다. 다른 a와 b값을 얻을 수도 있으나 표에서는 그 선택이 제한되어 있다. Minitab 이나 Maple 또는 다른 통계 패키지를 이용하면 다른 상수값을 쉽게 구할 수 있다.

연습문제 3.3

3.3-1 균등분포 $U(a,b)$의 평균과 분산이 각각 $\mu = \dfrac{a+b}{2}$이고 $\sigma^2 = \dfrac{(b-a)^2}{12}$임을 보여라.

3.3-2 X의 p.d.f.가 $f(x) = 1/2,\quad -1 \le x \le 1$라고 하자. p.d.f.의 그래프를 그리고 X의 분포함수, 평균, 분산을 구하여라.

3.3-3 Y가 균등분포 $U(0,1)$을 갖는다고 하자.

$$W = a + (b-a)Y, \qquad a < b$$

라고 할 때

(a) W의 분포함수를 구하여라.

Hint $P[a+(b-a)Y \le w]$

(b) W의 분포는 무엇인가?

3.3-4 다음 자료는 Holland Sentinel에 실린 2월 26일 정오부터 2월 27일 자정까지 119 에 **시간 당** 걸려오는 전화 수이다.

3	0	3	4	9	1	6	2	2	5	7	6	4	2	2	4	1	0
3	1	3	3	4	2	1	3	3	2	3	2	5	2	1	0	2	4

다음은 전화가 오고 나서 다음 전화가 올 때까지 **분 당** 시간의 길이에 대한 자료이다.

30	17	65	8	38	35	4	19	7	14	12	4	5	4	2
7	5	12	50	33	10	15	2	10	1	5	30	41	21	31
1	18	12	5	24	7	6	31	1	3	2	22	1	30	2
1	3	12	12	9	28	6	50	63	5	17	11	23	2	46
90	13	21	55	43	5	19	47	24	4	6	27	4	6	37
16	41	68	9	5	28	42	3	42	8	52	2	11	41	4
35	21	3	17	10	16	1	68	105	45	23	5	10	12	17

(a) 시간당 걸려오는 전화의 수가 평균 $\lambda = 3$인 근사 Poisson 분포를 갖는다는 것을 그래프로 보여라.

(b) 전화가 걸려오는 시간간격의 표본평균과 표본표준편차가 모두 근사적으로 20이 됨을 보여라.

(c) 만일 X가 평균 $\theta = 20$인 지수확률변수를 갖는다면 $P(X > 15)$와 자료에서 15보다 큰 자료의 비율을 비교하여라.

(d) $P(X > 45.5 \mid X > 30.5)$와 이 조건을 만족하는 자료의 비율을 비교하여라.

3.3-5 확률변수 X는 공공안전방송에 걸려오는 전화들 사이의 시간 간격(분)이라 하자. 서로 다른 4일간, 각 날에 1시간 동안 걸려오는 자료는 다음과 같다.

5	7	8	20	17	2	24	8	8	6	4
3	42	10	18	5	7	8	4	5	10	

(a) 표본평균과 표본표준편차를 계산하여라. 두 값은 비슷한가?

(b) 상자-수염을 그려라. 지수분포를 따르는 자료처럼 비대칭인가?

3.3-6 X가 평균이 θ인 지수분포를 따른다고 하자.

(a) 제1사분위수 q_1을 구하여라.

(b) 제1사분위수는 평균으로부터 얼마나 떨어져 있는가?

(c) 제3사분위수 q_3을 구하여라.

(d) 제3사분위수는 평균으로부터 얼마나 떨어져 있는가?

3.3-7 다음은 119 에 두 통의 전화가 걸려올 때까지 기다리는 시간이다.

20	28	81	4	9	41	9	11	10	24	20
44	18	30	16	53	15	38	50	84	44	69

이 시간 자료가 $\alpha = 2$이고 $\theta = 120/7$인 Gamma 분포의 확률표본을 나타낸다고 할 수 있는가?

(a) 분포와 표본평균을 비교하여라.

(b) 분포와 표본분산과 비교하여라.

(c) Gamma 분포에서 $P(X < 35)$와 자료에서 35 이하인 비율을 비교하여라.

(d) 가능하다면 그래프를 이용하여 비교하여라.

(e) 결과에서 얻을 수 있는 것은 무엇인가?

3.3-8 만일 X가 $\chi^2(5)$일 때 $P(c < X < d) = 0.95$이고 $P(X < c) = 0.025$인 c와 d를 구하여라. 즉, $c = \chi^2_{0.975}(5)$와 $d = \chi^2_{0.025}(5)$를 구하여라.

3.3-9 X가 모수가 $\alpha = 2$이고 θ인 Gamma 분포를 갖는다고 하자. 분포의 최빈수가 $x = 2$일 때 θ와 $P(X < 9.488)$을 구하여라.

3.3-10 X가 균등분포 $U(0,1)$을 갖는다고 하자. 분포함수를 구하고 그 다음으로 $Y = -2\ln X$의 p.d.f.를 구하여라.

Hint $P(Y \le y) = P(X \ge e^{-y/2}),\ 0 < y < \infty$

3.3-11 $\chi^2(8)$ 분포의 평균과 분산 값과 같은 균등분포 $U(a,b)$를 구하여라.

3.3-12 $f(x)$가 Gamma 분포의 p.d.f.라 하자. $y = x/\theta$로 변수변환을 하여 $\int_0^\infty f(x)dx = 1$임을 보여라.

3.4 정규분포

정규분포는 통계를 응용할 때 가장 많이 쓰이는 중요한 분포이다. 모비율 p를 추정하기 위해 Y/n을 사용할 때나 모평균 μ를 추정하기 위해 $\overline{X}$를 사용할 때, 추정량의 근사적인 분포는 정규분포에 따른다. 이런 사실을 뒷받침하는 이론 가운데 하나가 **중심극한정리**(Central Limit Theorem)이다.

확률변수 X가 p.d.f.

$$f(x) = \frac{1}{b\sqrt{2\pi}} exp\left[-\frac{(x-a)^2}{2b^2}\right], \qquad -\infty < x < \infty$$

로 정의될 때, X는 **정규분포**(normal distribution)를 따른다고 한다. 여기서 a와 b는 $-\infty < a < \infty$, $0 < b < \infty$를 만족하며 exp$[v]$는 지수 e^v를 나타낸다. 정규 p.d.f. $f(x)$에서 a와 b는 각각 X의 평균과 표준편차를 나타낸다.

일반적으로 정규 p.d.f.는

$$f(x) = \frac{1}{\sigma\sqrt{2\pi}} exp\left[-\frac{(x-\mu)^2}{2\sigma^2}\right], \qquad -\infty < x < \infty$$

로 쓰며, 이와 같은 p.d.f.를 갖는 확률변수 X는 평균이 μ 이고 분산이 σ^2 을 따른다고 하고, $N(\mu, \sigma^2)$로 표시한다. 만일 확률변수 Z가 $N(0,1)$을 따른다면 Z는 **표준정규분포**(standard normal distribution)를 따른다고 한다. 이때, Z의 분포함수는

$$\Phi(z) = P(Z \le z) = \int_{-\infty}^{z} \frac{1}{\sqrt{2\pi}} e^{-w^2/2} dw$$

이다. 이 적분을 직접 계산하는 것은 어려운 일이지만 이 형태의 적분을 수치적으로 구한 근사값이 부록의 표 Ⅴa와 Ⅴb에 제시되어 있다. 그림 3.4-1에서 종 모양의 곡선은 Z p.d.f.의 그래프이고 진하게 표시한 부분의 면적은 $\Phi(z_0)$를 나타낸다.

부록의 표 Ⅴa는 $\Phi(z)$ $(z \geq 0)$를 나타낸다. 표준정규분포의 p.d.f.가 대칭이므로 모든 실수 z에 대해 $\Phi(-z) = 1 - \Phi(z)$이다. 부록의 표 Ⅴa로도 충분하지만 표로부터 $z > 0$에 대해 직접 $\Phi(-z)$를 구할 수 있으면 편리하다. 이는 부록의 표 Ⅴb를 사용하여 계산할 수 있으며 이는 오른쪽 꼬리부분의 확률을 나타낸다. 또한 표준정규분포의 대칭성으로부터 $z > 0$에 대해 $\Phi(-z) = P(Z \leq -z) = P(Z > z)$는 부록의 표 Ⅴb를 이용하여 직접 구할 수 있다.

예제 3.4-1 만일 Z가 $N(0,1)$이면 부록의 표 Ⅴa를 사용하여 다음 확률을 구할 수 있다.

$$P(Z \leq 1.24) = \Phi(1.24) = 0.8925$$

$$P(1.24 \leq Z < 2.37) = \Phi(2.37) - \Phi(1.24) = 0.9911 - 0.8925 = 0.0986$$

$$P(-2.37 \leq Z \leq -1.24) = P(1.24 \leq Z \leq 2.37) = 0.0986$$

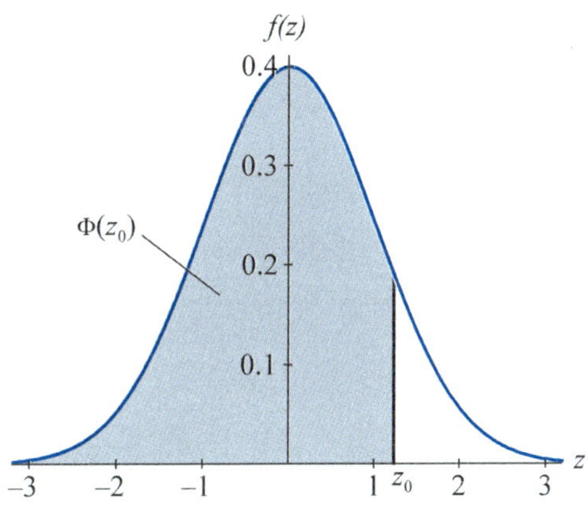

그림 3.4-1 표준정규분포의 p.d.f.

또한 부록의 표 Ⅴb로부디

$$P(Z > 1.24) = 0.1075$$

$$P(Z \leq -2.14) = P(Z \geq 2.14) = 0.0162$$

임을 알 수 있으며,

$$P(-2.14 \leq Z \leq 0.77) = P(Z \leq 0.77) - P(Z \leq -2.14)$$

$$= 0.7794 - 0.0162 = 0.7632$$

을 얻을 수 있다.

표준정규확률분포표를 이용하여 표준정규분포의 역(inverse)을 찾아야 하는 경우도 있다. 즉 확률 p가 주어졌을 때 $P(Z \le a) = p$를 만족하는 상수 a를 구하는 경우이다. 다음 예제를 풀어 보자. 여기서, $1-p$는 z_{1-p}의 오른쪽 확률이다. 일반적으로 $N(0,1)$을 사용하는 경우에 z_α는 오른쪽 면적이 α인 점을 나타낸다.

예제 3.4-2 만일 Z의 분포가 $N(0,1)$일 때

$$P(Z \le a) = 0.9147 \quad \text{and} \quad P(Z \ge b) = 0.0526$$

을 만족하는 a와 b를 구하기 위해서는 부록의 표 Ⅴa와 Ⅴb에서 각각 해당하는 확률을 찾은 다음 대응하는 z값을 구하면 된다. 부록의 표 Ⅴa로부터 $a = z_{0.0853} = 1.37$이고 부록의 표 Ⅴb로부터 $b = z_{0.0526} = 1.62$이다.

만일 X가 $N(\mu, \sigma^2)$일 때 다음의 절차를 통해 확률변수 $(X-\mu)/\sigma$가 $N(0,1)$임을 알 수 있다. 부록의 표 Ⅴa와 Ⅴb로부터 X에 관련된 확률을 구할 수 있다.

정리 3.4-1 만일 X가 $N(\mu, \sigma^2)$이면, $Z = (X-\mu)/\sigma$는 $N(0,1)$이다.

증명 Z의 분포함수는

$$P(Z \le z) = P\left(\frac{X-\mu}{\sigma} \le z\right) = P(X \le z\sigma + \mu)$$

$$= \int_{-\infty}^{z\sigma+\mu} \frac{1}{\sigma\sqrt{2\pi}} \exp\left[\frac{(x-\mu)^2}{2\sigma^2}\right] dx$$

이다. $P(Z \le z)$에 해당하는 적분에서 $w = (x-\mu)/\sigma$ (즉, $x = w\sigma + \mu$)로 변수변환을 실시하면

$$P(Z \le z) = \int_{-\infty}^{z} \frac{1}{\sqrt{2\pi}} e^{-w^2/2} dw$$

가 된다. 이 식은 표준정규확률변수의 분포함수 $\Phi(z)$이며 따라서 Z는 $N(0,1)$이다.

이 정리는 X가 $N(\mu,\sigma^2)$를 따른다면 $(X-\mu)/\sigma$가 $N(0,1)$이기 때문에 다음과 같이 X의 확률을 구할 수 있다.

$$P(a \le X \le b) = P\left(\frac{a-\mu}{\sigma} \le \frac{X-\mu}{\sigma} \le \frac{b-\mu}{\sigma}\right) = \Phi\left(\frac{b-\mu}{\sigma}\right) - \Phi\left(\frac{a-\mu}{\sigma}\right)$$

예제 3.4-3 만일 X가 $N(3,16)$이면, 다음과 같이 문제에 대응하는 확률을 계산할 수 있다.

$$\begin{aligned} P(4 \le X \le 8) &= P\left(\frac{4-3}{4} \le \frac{X-3}{4} \le \frac{8-3}{4}\right) \\ &= \Phi(1.25) - \Phi(0.25) = 0.8944 - 0.5987 = 0.2957 \end{aligned}$$

$$\begin{aligned} P(0 \le X \le 5) &= P\left(\frac{0-3}{4} \le Z \le \frac{5-3}{4}\right) \\ &= \Phi(0.5) - \Phi(-0.75) = 0.6915 - 0.2266 = 0.4649 \end{aligned}$$

$$P(-2 \le X \le 1) = \Phi(-0.5) - \Phi(-1.25) = 0.3085 - 0.1056 = 0.2029$$

예제 3.4-4 만일 X가 $N(25,36)$이면

$$P(|X-25| \le c) = 0.9544$$

를 만족하는 상수 c값을 구할 수 있다. 이것은

$$P\left(\frac{-c}{6} \le \frac{X-25}{6} \le \frac{c}{6}\right) = 0.9544$$

이며 따라서

$$\Phi\left(\frac{c}{6}\right) - \left[1 - \Phi\left(\frac{c}{6}\right)\right] = 0.9544$$

이고

$$\Phi\left(\frac{c}{6}\right) = 0.9772$$

이다. 위와 같은 관계로부터 $c/6 = 2$이고 따라서 $c = 12$이다. 즉 X가 평균으로부터 2배의 표준편차 안에 존재할 확률은 표준정규변수 Z가 제2표준편차 안에 존재할 확률과 같다.

다음 정리는 카이제곱 분포와 정규분포와의 관계를 나타낸다.

정리 3.4-2 만일 확률변수 X가 $N(\mu,\sigma^2)$, $\sigma^2 > 0$일 때, 확률변수 $V=(X-\mu)^2/\sigma^2 = Z^2$는 $\chi^2(1)$인 분포를 따른다.

증명 $V=Z^2$이므로 V의 분포함수 $G(v)$는 $v \geq 0$에 대하여

$$G(v) = P(Z^2 \leq v) = P(-\sqrt{v} \leq Z \leq \sqrt{v})$$

이다. 즉 $v \geq 0$에 대하여 $Z=(X-\mu)/\sigma$는 $N(0,1)$,이므로

$$G(v) = \int_{-\sqrt{v}}^{\sqrt{v}} \frac{1}{\sqrt{2\pi}} e^{-z^2/2} dz = 2\int_0^{\sqrt{v}} \frac{1}{\sqrt{2\pi}} e^{-z^2/2} dz$$

이다. 만일 $z=\sqrt{y}$로 변수변환을 한 후 적분을 실시하면 $dz/dy = 1/(2\sqrt{y})$이므로

$$G(v) = \int_0^v \frac{1}{\sqrt{2\pi y}} e^{-y/2} dy, \quad 0 \leq v$$

이다. 물론 $v<0$일 때 $G(v)=0$이다. 이로부터 연속형 확률변수인 V의 p.d.f.는 $g(v) = G'(v)$이다. 따라서

$$g(v) = \frac{1}{\sqrt{\pi}\sqrt{2}} v^{1/2-1} e^{-v/2}, \quad 0 < v < \infty.$$

이고 $\sqrt{\pi} = \Gamma(1/2)$과 같다.

예제 3.4-5 만일 Z가 $N(0,1)$이면 자유도가 $r=1$인 카이제곱 분포로부터

$$P(|Z| < 1.96 = \sqrt{3.842}) = P(Z^2 < 3.842) = 0.95$$

를 구할 수 있다.

확률변수 X의 관측값들이 주어졌을 때 X의 분포를 결정하는 문제를 생각해 보자. 특히 X가 근사적으로 정규분포를 따르는지 아닌지를 어떻게 알 수 있을까? 만일 X의 관측값이 많다면 관측값의 히스토그램이나 줄기-잎 그림을 사용할 있다.(연습문제 3.4-7, 3.6-9 참조). 소표본일 경우에는 표본이 정규분포로부터 추출되었는지 검사하는 데 **분위수-분위수 도표**(quantile-quantile (q−q) plot)를 이용할 수 있다.

분포의 $100p$번째 백분위수를 순서 p인 분위수라고 하며 q_p로 표시하기로 한다. 또한 만일 $y_1 \le y_2 \le \cdots \le y_n$이 표본크기 n인 관측값의 순서통계량(order statistic)이면 y_r은 제$100r/(n+1)$번째 표본백분위수 또는 순서 $r/(n+1)$인 표본분위수라 한다.

어떤 정규분포의 분위수와 대응하는 표본의 분위수의 쌍을 도표에 표시한 결과 절편이 0이고 기울기가 1인 직선과 같이 나타났다면, 어떤 평균과 표준편차를 갖는 정규분포로부터의 이상적인 표본으로 믿을 수 있다. 그러나 이 도표를 작성하기 위해서는 사용하려는 정규분포의 평균과 표준편차을 알아야하기 때문에 널리 사용하지 않는다. 그러나 $N(\mu, \sigma^2)$의 분위수 q_p는 대응하는 $N(0,1)$의 분위수 z_{1-p}와는 $q_p = \mu + \sigma z_{1-p}$인 관계가 있으므로, 항상 $N(0,1)$의 분위수를 표본분위수로 대응하여 도표를 작성할 수 있으며 필요한 정보를 얻을 수 있다. 즉 만일 표본분위수를 x−축에, $N(0,1)$의 분위수를 y−축에 나타내었을 때 그래프가 거의 직선이면 표본이 정규분포로부터 추출되었다고 가정할 수 있다. 또한 직선 기울기의 역수는 $z_{1-p} = (q_p - \mu)/\sigma$이므로 표준편차 σ의 좋은 추정값이 된다.

예제 3.4-6 임의의 지역에서 지하수를 탐색할 때 토양의 특성에 대한 정보가 중요하다. 공극률(porosity)은 적어도 부분적으로는 토양을 이루는 알갱이의 크기와 관계가 있다. 알갱이의 직경은 측정할 수 있는데, 다음은 임의로 선택한 30개 알갱이의 직경(mm)에 관한 자료이다.(연습문제 3.1 − 4 참조).

1.24	1.36	1.28	1.31	1.35	1.20	1.39	1.35	1.41	1.31
1.28	1.26	1.37	1.49	1.32	1.40	1.33	1.28	1.25	1.39
1.38	1.34	1.40	1.27	1.33	1.36	1.43	1.33	1.29	1.34

자료로부터 표본평균은 $\overline{x} = 1.33$이고 표본분산은 $s^2 = 0.0040$이다. 확률변수 X의 관측값들이 $\mu = 1.33$이고 $\sigma^2 = 0.0040$인 정규분포에 근사하는가? 이 질문에 대한 답을 얻기 위하여 $p = 1/31, 2/31, \ldots, 30/31$에 대응하는 표준정규분포 분위수와 순서 관측값에 대한 q−q 도표를 작성할 수 있다. q−q 도표는 여러 가지 소프트웨어를 이용하여 그릴 수 있는데, 여기서는 Maple을 사용하여 보자.

k	직경(mm)	$p=k/31$	z_{1-p}	k	직경(mm)	$p=k/31$	z_{1-p}
1	1.20	0.0323	−1.85	16	1.34	0.5161	0.04
2	1.24	0.0645	−1.52	17	1.34	0.5484	0.12
3	1.25	0.0968	−1.30	18	1.35	0.5806	0.20
4	1.26	0.1290	−1.13	19	1.35	0.6129	0.29
5	1.27	0.1613	−0.99	20	1.36	0.6452	0.37
6	1.28	0.1935	−0.86	21	1.36	0.6774	0.46
7	1.28	0.2258	−0.75	22	1.37	0.7097	0.55
8	1.28	0.2581	−0.65	23	1.38	0.7419	0.65
9	1.29	0.2903	−0.55	24	1.39	0.7742	0.75
10	1.31	0.3226	−0.46	25	1.39	0.8065	0.86
11	1.31	0.3548	−0.37	26	1.40	0.8387	0.99
12	1.32	0.3871	−0.29	27	1.40	0.8710	1.13
13	1.33	0.4194	−0.20	28	1.41	0.9032	1.30
14	1.33	0.4516	−0.12	29	1.43	0.9355	1.52
15	1.33	0.4839	−0.04	30	1.49	0.9677	1.85

그림 3.4−2는 위의 자료에 대한 q−q 도표이다. 점들이 직선 가까이 있으므로 이 자료로부터 정규확률모형이 적절한 것으로 보인다.

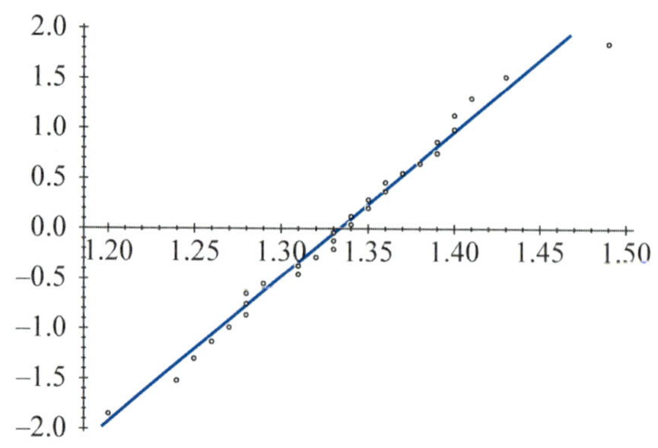

그림 3.4−2 q-q 도표, $N(0,1)$ 분위수 대 알갱이 직경

예제 3.4-7 다음은 표본들이 추출된 분포에 대해 q−q 도표를 어떻게 유용하게 사용할 수 있는지 살펴보자. 서로 다른 모양을 갖는 6개의 분포로부터 각각 $n=500$개의 표본을 추출한다. 그림 3.4−3은 y−축에 $N(0,1)$의 분위수와 x−축에 순서 관측값(표본의 분위수)를 나타낸 6개의 q−q 도표이다. 표본들이 추출된 분포는 다음과 같다.

(a) $N(2,1)$ $\mu=2,\ \sigma^2=1$

(b) $U(0,4)$ $\mu=2,\ \sigma^2=16/12$

(c) $f(x)=e^{-x},\ 0<x<\infty$ $\mu=1,\ \sigma^2=1$

(d) $f(x)=(3/64)x^2,\ 0<x<4$ $\mu=3,\ \sigma^2=3/5$

(e) $f(x)=(3/2)x^2,\ -1<x<1$ $\mu=0,\ \sigma^2=3/5$

(f) $f(x)=\dfrac{15}{16\sqrt{6}}\dfrac{1}{(1+x^2/6)^{7/2}},\ -\infty<x<\infty$ $\mu=6,\ \sigma^2=6/4$

(자유도가 6인 t-분포는 4.1절에서 설명하겠다.)

이 경우, 먼저 각 p.d.f.의 그래프를 그리고 이들을 q-q 도표와 비교해 보는 것이 좋다. 특히 (a)의 정규분포로부터 추출된 표본자료의 q-q 도표는 선형이다. (b)의 균등분포 $U(0,4)$의 꼬리는 정규분포의 꼬리보다 얇으며(lighter) q-q 도표에서 왼쪽은 아래로 향하고 오른쪽은 위로 향한다. (e)의 U-형 분포도 비슷한 모양을 나타난다. (c)와 (d)는 비대칭분포이며 (c)는 오른쪽으로 치우치고 (d)는 왼쪽으로 치우친 비대칭분포이다. 대응하는 q-q 도표의 꼬리 부분이 어떻게 나타나는지 관찰해 보아라. 마지막으로 4.1절에서 설명하는 t-분포는 정규분포보다 두터운(heavier) 꼬리를 갖고 있으며 좌우 양쪽에서 극단값을 갖는 경향이 있다.

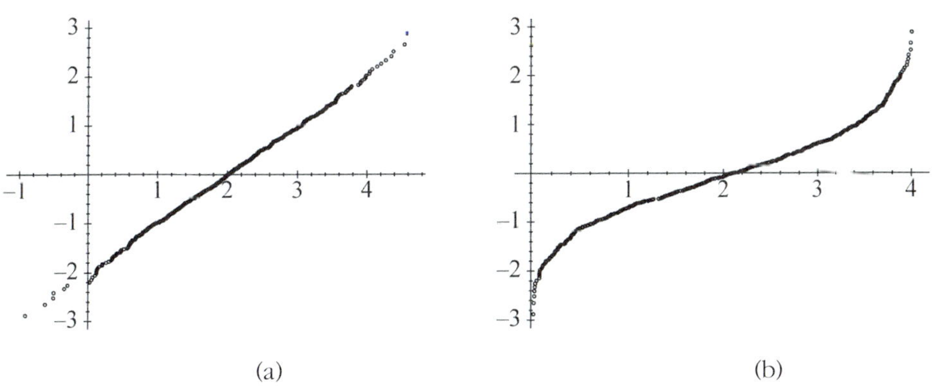

그림 3.4-3 $q-q$ 도표의 예

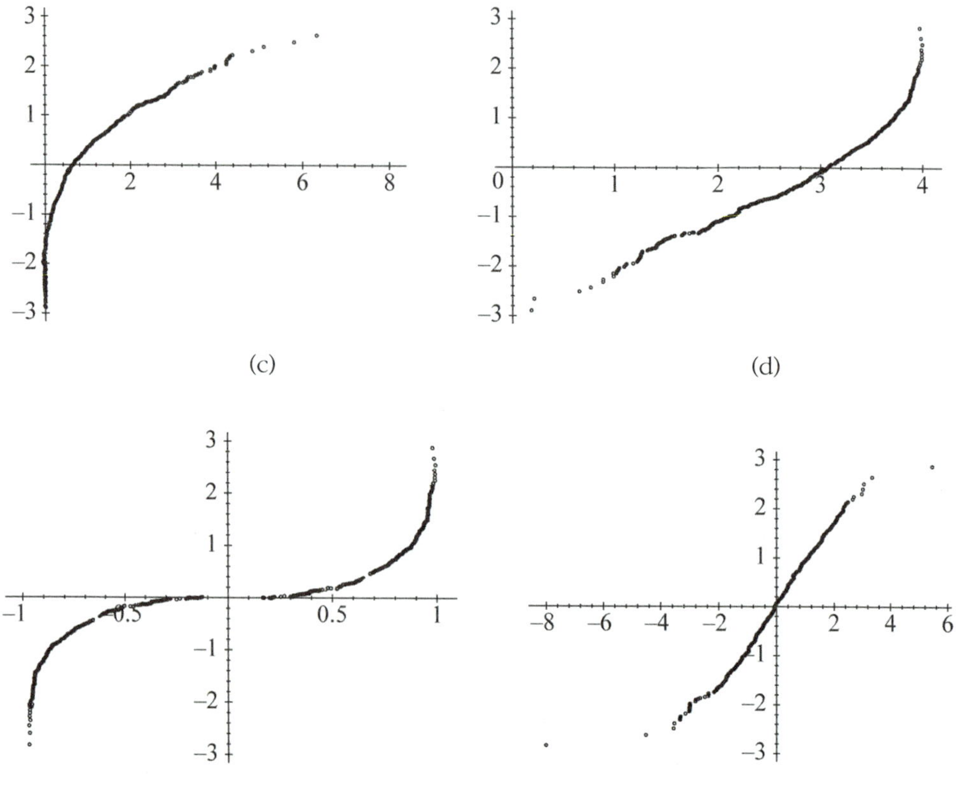

(c) (d) (e) (f)

그림 3.4–3 계속

연습문제 3.4

3.4-1 확률변수 Z가 $N(0,1)$일 때 다음 확률을 구하여라.

(a) $P(0 \le Z \le 0.87)$ **(b)** $P(-2.64 \le Z \le 0)$

(c) $P(-2.13 \le Z \le -0.56)$ **(d)** $P(|Z| > 1.39)$

(e) $P(Z < -1.62)$ **(f)** $P(|Z| > 1)$

(g) $P(|Z| > 2)$ **(h)** $P(|Z| > 3)$

3.4-2 다음 값들을 구하여라.

(a) $z_{0.10}$ **(b)** $-z_{0.05}$

(c) $-z_{0.0485}$ **(d)** $-z_{0.9656}$

3.4-3 확률변수 X가 평균이 6이고 분산이 25인 정규분포를 따를 때 다음 확률을 구하여라.

(a) $P(6 \le X \le 12)$ **(b)** $P(0 \le X \le 8)$

(c) $P(-2 < X \le 0)$ **(d)** $P(X \ge 21)$

(e) $P(|X-6| < 5)$ **(f)** $P(|X-6| < 10)$

(g) $P(|X-6| < 15)$ **(h)** $P(|X-6| < 12.41)$

3.4-4 X가 $N(650, 625)$일 때 다음을 구하여라.

(a) $P(600 \le X \le 660)$

(b) $P(|X-650| \le c) = 0.9544$를 만족하는 $c > 0$를 구하여라.

3.4-5 만일 X가 $N(\mu, \sigma^2)$이면 $Y = aX + b$는 $N(a\mu + b, a^2\sigma^2)$ $(a \ne 0)$임을 보여라.

Hint Y의 분포함수 $P(Y \le y)$를 구할 때 적분에서 $w = ax + b$ 또는 $x = (w-b)/a$로 변환)

3.4-6 "1-파운드" 용 가방에 담긴 당근의 무게를 X라고 하자. 다음은 X의 $n = 12$개 무게 관측값이다. X가 정규분포를 따른다고 할 수 있는가? $N(0,1)$과 당근 무게의 순서자료에 대한 q-q 도표를 작성하여 질문에 답하여라.

1.12	1.13	1.19	1.25	1.06	1.31
1.12	1.23	1.29	1.17	1.20	1.11

3.4-7 자동차용 유리창은 5개의 지지대에 의해 안정화되어 있다. 창문을 열기 위해서는 이 지지대에 힘을 적절하게 가해야 한다. 다음은 자동차용 유리창을 생산하는 회사에서 유리창을 열고 닫는 데 필요한 힘을 측정한 60개의 관측값 X의 자료이다.

159	150	147	160	155	142	143	151	154	133
151	146	140	146	137	148	154	157	142	153
135	144	135	165	118	158	126	147	123	140
125	151	153	158	144	163	150	150	137	164
137	156	139	134	171	144	160	147	155	175
162	160	149	149	158	152	165	131	150	120

(a) 줄기를 11•, 12*, 12• 등으로 표시하여 줄기-잎 그림을 작성하여라.

(b) 자료를 순서대로 정렬하고, 매 5번째 관측값과 $N(0,1)$의 분위수를 사용하여 q−q 도표를 작성하여라.

(c) X의 분포는 정규분포를 따르는가?

3.4-8 화학을 전공하는 학생이 19개의 m&m 초코렛의 무게(g)를 ± 0.0001 척도로 측정하였다. 크기 순서로 정렬된 자료는 다음과 같다.

0.7938	0.8032	0.8089	0.8222	0.8268	0.8383	0.8442
0.8490	0.8528	0.8572	0.8674	0.8734	0.8786	
0.8850	0.8873	0.8920	0.9069	0.9150	0.9243	

(a) 줄기를 0.7•, 0.8*, 0.8t 등으로 하여 줄기−잎 그림을 작성하여라.

(b) 이 자료와 표준정규분포 $N(0,1)$에 대응하는 분위수를 사용하여 q−q 도표를 작성하여라.

(c) 이 자료는 정규분포로부터의 관측값처럼 보이는가? 이유는 무엇인가?

3.4-9 X가 $N(7,4)$일 때 $P[15.364 \le (X-7)^2 \le 20.096]$을 구하여라.

3.4-10 X의 분포가 $N(\mu,\sigma^2)$이라 하자. X의 p.d.f. 그래프에서 $x=\mu\pm\sigma$가 변곡점(inflection point)임을 보여라.

3.4-11 X가 $N(75,100)$일 때 조건부 확률 $P(X>85|X>80)$을 구하여라.

3.4-12 X가 $N(\mu,\sigma^2)$일 때 $E(|X-\mu|)=\sigma\sqrt{2/\pi}$ 임을 보여라.

Hint $E(|X-\mu|)=2\int_{\mu}^{\infty}(x-\mu)f(x)dx$, 여기서 $f(x)$는 $N(\mu,\sigma^2)$이다.

3.4-13 $f(x)=c3^{-x^2},\quad -\infty<x<\infty$가 정규 p.d.f.의 조건을 만족하는 상수 c를 구하여라.

3.4-14 X의 p.d.f.가 다음과 같을 때 X의 평균과 분산을 구하여라.

$$f(x)=\frac{2}{\sqrt{2\pi}}e^{-x^2/2},\qquad 0<x<\infty$$

3.5 연속형 분포에서의 추정

2.4절에서 최우추정법을 소개한 바 있다. 이 방법을 연속형 분포에 적용해 보자. 연속형 분포 중 하나인 지수분포의 p.d.f.는

$$f(x;\theta) = \frac{1}{\theta}e^{-x/\theta}, \qquad 0 < x < \infty$$

이며 모수 공간은 $\Omega = \{\theta : 0 < \theta < \infty\}$이다. 지수확률변수 X의 평균은 $\mu = \theta$이다. 따라서 만일 이 분포로부터 확률표본 $X_1, X_2, \ldots, X_n$을 추출하였을 때, 모수 θ의 추정량으로 표본평균 $\overline{X}$를 **적률법**(method of moments)을 이용하여 구할 수 있다. 즉 경험적 분포의 1차 적률을 이론적 분포의 1차 적률과 같게 놓는다. 일단 표본 관측값 $x_1, x_2, \ldots, x_n$이 얻어지면 표본평균 $\overline{x}$를 이용하여 모수 θ를 추정할 수 있는데, 이를 모수의 **추정치**(estimate)라 하며 θ값에 가까운 값이기를 기대한다.

연속형 분포에서의 **우도함수**도 이산형 분포의 경우와 비슷하게 정의할 수 있다. 즉

$$L(\theta) = f(x_1;\theta)f(x_2;\theta)\cdots f(x_n;\theta), \qquad \theta \in \Omega$$

이다. 지수분포의 경우에 우도함수는 다음과 같다.

$$\begin{aligned} L(\theta) &= \left(\frac{1}{\theta}e^{-x_1/\theta}\right)\left(\frac{1}{\theta}e^{-x_2/\theta}\right)\cdots\left(\frac{1}{\theta}e^{-x_n/\theta}\right) \\ &= \left(\frac{1}{\theta}\right)^n e^{-\Sigma x_i/\theta}, \qquad \text{여기서} \quad 0 < \theta < \infty \end{aligned}$$

양변에 대수를 취하면

$$\ln L(\theta) = -n\ln\theta - \sum_{i=1}^{n}\frac{x_i}{\theta}$$

이고, 양변을 θ에 대해 미분을 실시하여 0으로 놓으면

$$\frac{d[\ln L(\theta)]}{d\theta} = -\frac{n}{\theta} + \frac{\Sigma_{i=1}^{n} x_i}{\theta^2} = 0$$

이다. 이로부터 해를 구하면

$$\theta = \frac{1}{n}\sum_{i=1}^{n} x_i = \bar{x}$$

가 된다. $\bar{x}$에서 $\ln[L(\theta)]$에 대해 2차 미분을 실시하면

$$\left[\frac{n}{\theta^2} - \frac{2\Sigma_{i=1}^{n} x_i}{\theta^3}\right]_{\theta=\bar{x}} = \frac{n}{\bar{x}^2} - \frac{2n\bar{x}}{\bar{x}^3} = \frac{-n}{\bar{x}^2} < 0$$

이다. 2차 미분값이 음수이므로 θ의 **최우추정량**은 $\hat{\theta} = \overline{X}$이다. 이 결과는 적률법으로 구한 추정량과 같다.

예제 3.5-1 $X_1, X_2, \ldots, X_n$이 $N(\mu = \theta, \sigma^2)$로부터 추출된 확률표본이라 하자. 여기서 모수공간은 $\Omega = \{\theta : -\infty < \theta < \infty\}$이며 σ^2은 알고 있는 값이다. 이 경우 우도함수는

$$L(\theta) = \prod_{i=1}^{n} \frac{1}{\sqrt{2\pi}\,\sigma} e^{-(x_i-\theta)^2/2\sigma^2}$$

$$= \left(\frac{1}{\sqrt{2\pi}\,\sigma}\right)^n e^{-\Sigma(x_i-\theta)^2/2\sigma^2}, \qquad -\infty < \theta < \infty$$

이다. 따라서

$$\ln L(\theta) = -n\ln(\sqrt{2\pi}\,\sigma) - \sum_{i=1}^{n} \frac{(x_i-\theta)^2}{2\sigma^2}$$

이고, θ에 대해 미분을 실시하여 0으로 놓으면

$$\frac{d[\ln L(\theta)]}{d\theta} = +\sum_{i=1}^{n} \frac{2(x_i-\theta)}{2\sigma^2} = 0$$

이 된다. 이 방정식은

$$\sum_{i=1}^{n} x_i - n\theta = 0$$

과 같으며 이 방정식의 해는 $\theta = \bar{x}$이다. $\ln[L(\theta)]$의 2차 미분도 $-n/\sigma^2 < 0$이므로 $\hat{\theta} = \overline{X}$는 θ의 최우추정량이다.

예제 3.5-2 모수 α는 알고 있는 값이고 θ는 미지이나 양수값인 Gamma 분포로부터의 추출한 확률표본을 $X_1, X_2, \ldots, X_n$이라 하자. 우도함수는

$$L(\theta) = \prod_{i=1}^{n} \frac{1}{\Gamma(\alpha)\theta^{\alpha}} x_i^{\alpha-1} e^{-x_i/\theta}$$

$$= \left[\frac{1}{\Gamma(\alpha)}\right]^n \frac{1}{\theta^{n\alpha}} (x_1 x_2 \cdots x_n)^{\alpha-1} e^{-\Sigma x_i/\theta}, \qquad 0 < \theta < \infty$$

이다. 따라서

$$\ln L(\theta) = -n \ln\Gamma(\alpha) - n\alpha \ln(\theta) + (\alpha-1)\ln(x_1 x_2 \cdots x_n) - \frac{\Sigma_{i=1}^{n} x_i}{\theta}$$

이고 1차 미분을 실시하여 그 결과를 0으로 놓으면

$$\frac{d[\ln L(\theta)]}{d\theta} = \frac{-n\alpha}{\theta} + \frac{\Sigma_{i=1}^{n} x_i}{\theta^2} = 0$$

이 된다. 이 방정식을 θ에 대해 풀면 $\theta = \Sigma_{i=1}^{n} x_i / n\alpha = \overline{x}/\alpha$가 되고 2차 미분값이 음수이므로 $\hat{\theta} = \overline{X}/\alpha$는 θ의 최우추정량이 된다. $\alpha = 1$인 경우는 지수분포가 되므로 지수분포에서 최우추정량은 $\hat{\theta} = \overline{X}$가 된다.

예제 3.5−1과 3.5−2에서

$$E(\overline{X}) = \theta \text{이고} \quad E\left(\frac{\overline{X}}{\alpha}\right) = \frac{\alpha\theta}{\alpha} = \theta$$

이므로 최우추정량은 **불편추정량**(unbiased estimator)이 된다.

앞에서의 논의는 두 개 이상의 미지인 모수를 갖는 경우로 확장될 수 있다. 두 개의 모수 θ_1과 θ_2를 갖는 X의 p.d.f. $f(x;\theta_1,\theta_2)$로부터 추출된 확률표본의 우도함수는

$$L(\theta_1,\theta_2) = f(x_1;\theta_1,\theta_2) f(x_2;\theta_1,\theta_2) \cdots f(x_n;\theta_1,\theta_2)$$

이며 $(\theta_1,\theta_2) \in \Omega$ 이다. $L(\theta_1,\theta_2)$를 최대화하는 값을 각각

$$\theta_1 = u_1(x_1,x_2,\ldots,x_n), \qquad \theta_2 = u_2(x_1,x_2,\ldots,x_n)$$

이라 하면

$$\widehat{\theta_1} = u_1(X_1, X_2, \ldots, X_n) \qquad \widehat{\theta_2} = u_2(X_1, X_2, \ldots, X_n)$$

는 각각 θ_1과 θ_2의 최우추정량이다. 적률법에서는 경험적 분포에서의 처음 두 개 적률을 이론적 분포의 처음 두 개 적률과 같다고 놓고 적률법에 의한 추정량은 얻기 위해 θ_1과 θ_2에 대해 푼다.

예제 3.5-3 $X_1, X_2, \ldots, X_n$이 $N(\theta_1, \theta_2)$로부터의 확률표본이고

$$\Omega = \left\{(\theta_1, \theta_2): -\infty < \theta_1 = \mu < \infty, 0 < \theta_2 = \sigma^2 < \infty\right\}$$

라 하자. 그러면

$$\begin{aligned} L(\theta_1, \theta_2) &= \prod_{i=1}^{n} \frac{1}{\sqrt{2\pi\theta_2}} e^{-(x_i - \theta_1)^2/2\theta_2} \\ &= \left(\frac{1}{\sqrt{2\pi\theta_2}}\right)^n e^{-\Sigma(x_i - \theta_1)^2/2\theta_2} \end{aligned}$$

이고

$$\ln\left[L(\theta_1, \theta_2)\right] = -\frac{n}{2}\ln(2\pi\theta_2) - \frac{\Sigma_{i=1}^{n}(x_i - \theta_1)^2}{2\theta_2}$$

이다. $\ln\left[L(\theta_1, \theta_2)\right]$에서 θ_1과 θ_2에 대한 1차 편미분은

$$\frac{\partial \ln\left[L(\theta_1, \theta_2)\right]}{\partial \theta_1} = \frac{1}{\theta_2}\sum_{i=1}^{n}(x_i - \theta_1) = 0$$

$$\frac{\partial \ln\left[L(\theta_1, \theta_2)\right]}{\partial \theta_2} = -\frac{n}{2\theta_2} + \frac{1}{2\theta_2^2}\sum_{i=1}^{n}(x_i - \theta_1)^2 = 0$$

이다. 이 방정식을 풀면 θ_1과 θ_2에 대한 최우추정량을 얻을 수 있는데 각각

$$\widehat{\theta_1} = \overline{X}, \qquad \widehat{\theta_2} = \frac{1}{n}\sum_{i=1}^{n}(X_i - \overline{X})^2 = V$$

가 된다.

여기서 $E(\widehat{\theta_1}) = \theta_1$이지만 $E(\widehat{\theta_2}) \neq \theta_2$이다. 따라서 $\widehat{\theta_2}$은 θ_2의 **편의추정량** (biased estimator)이다. 이것을 좀더 자세히 설명해 보자.

$$\sum_{i=1}^{n}(X_i-\theta_1)^2=\sum_{i=1}^{n}(X_i-\overline{X})^2+n(\overline{X}-\theta_1)^2$$

이므로

$$E\left[\sum_{i=1}^{n}(X_i-\theta_1)^2\right]=E\left[\sum_{i=1}^{n}(X_i-\overline{X})^2\right]+E\left[n(\overline{X}-\theta_1)^2\right]$$

이다. $\sigma^2=\theta_2$이고 $E\left[(\overline{X}-\theta_1)^2/(\theta_2/n)\right]=1$이므로

$$n\theta_2=E\left[\sum_{i=1}^{n}(X_i-\overline{X})^2\right]+\theta_2$$

이다. 이로부터

$$E\left[\sum_{i=1}^{n}(X_i-\overline{X})^2\right]=(n-1)\theta_2$$

이 되어

$$E\left[\frac{\Sigma_{i=1}^{n}(X_i-\overline{X})^2}{n-1}\right]=\theta_2$$

이다.

$\widehat{\theta_2}$의 기대값은

$$E(\widehat{\theta_2})=E\left[\frac{\Sigma_{i=1}^{n}(X_i-\overline{X})^2}{n}\right]$$

$$=\left(\frac{n-1}{n}\right)E\left[\frac{\Sigma_{i=1}^{n}(X_i-\overline{X})^2}{n-1}\right]=\left(\frac{n-1}{n}\right)\theta_2$$

임에 유의하자. 즉 $S^2=\Sigma_{i=1}^{n}(X_i-\overline{X})^2/(n-1)$은 $\sigma^2=\theta_2$에 대한 최우추정량은 아니지만 불편추정량이다.

예제 3.5-4 $X_1,X_2,\ldots,X_n$이 $\alpha=\theta_1$, $\theta=\theta_2$ $(\theta_1>0,\ \theta_2>0)$인 Gamma 분포로부터의 확률표본이라 하자. 우도함수는

$$L(\theta_1,\theta_2)=\frac{1}{[\Gamma(\theta_1)]^n\theta_2^{n\theta_1}}(x_1x_2\cdots x_n)^{\theta_1-1}e^{-\Sigma x_i/\theta_2}$$

이나 Gamma 함수 $\Gamma(\theta_1)$이 포함되어 있어 최대값을 갖는 θ_1과 θ_2를 구하는 것이 쉽지 않지만, 적률법을 사용하여 구할 수 있다. 이론적 분포의 처음 두 개의 적률 $\mu = \theta_1\theta_2$과 $\sigma^2 = \theta_1\theta_2^2$을 경험적 분포의 처음 두 개의 적률과 방정식을 만들면

$$\theta_1\theta_2 = \overline{X} \qquad \theta_1\theta_2^2 = V$$

가 되고 이들 방정식으로부터 해를 구하면

$$\widetilde{\theta}_1 = \frac{\overline{X}^2}{V} \text{와 } \widetilde{\theta}_2 = \frac{V}{\overline{X}}$$

가 되며 이들이 θ_1과 θ_2의 적률법을 이용하여 구한 추정량이 된다.

최우추정량은 **정규적인 경우**(regular case)에서 많은 장점을 얻을 수 있다. 여기서, 정규적인 경우를 만족하는 수학적 조건들 중 하나는 모수가 X의 공간 내 끝점이 아니어야 한다는 것이다. 정규적 경우가 아닌 예는

$$f(x,\theta) = \frac{1}{\theta}, \qquad 0 \le x \le \theta$$

로 모수공간은 $\Omega = \{\theta : 0 < \theta < \infty\}$이다. 여기서 θ는 공간의 상위 끝점이다. 반면 우도함수

$$L(\theta) = \prod_{i=1}^{n}\left(\frac{1}{\theta}\right)^n, \qquad 0 \le x_i \le \theta$$

를 최대화하기 위해서는 θ를 가능한 최소화하여야 한다. 즉 $\hat{\theta} = \max(X_i)$이다. 만일 θ가 $\max(X_i)$보다 작으면 우도함수는 0이 된다. 즉, 어떤 x_i에 대해 $\theta < x_i$이면 $L(\theta) = 0$이 되며 이 값은 $L(\theta)$의 최대값은 아니다. 예제 3.5－1부터 3.5－4의 p.d.f.는 모두 정규적인 경우이다.

정규적인 경우에 최우추정량은 n이 충분히 크다면 근사적으로 정규분포를 갖는다. 이 이론은 여기서 증명하지 않지만 정규분포가 통계학적으로 중요한 이유에 해당하는데, 이는 모집단의 분포가 정규분포에 가깝다는 사실을 의미하는 것이 아니라 최우추정량과 같은 많은 추정량들이 근사적인 정규분포를 갖는다는 것을 의미한다. 이는 또한 이산형 분포의 정규적인 경우에도 적용될 수 있다.

그러면 지금까지 우리가 공부한 예제들이 의미하는 것은 무엇인가? 첫 번째 예제인 지수분포에서 $\mu_{\overline{X}} = \theta$이고 $\sigma^2_{\overline{X}} = \sigma^2/n = \theta^2/n$ 이므로 $\hat{\theta} = \overline{X}$는 근사적으로 $N(\theta, \theta^2/n)$을 따른다. 예제 3.5－1에서 $\overline{X}$는 정확한 정규분포 $N(\theta, \sigma^2/n)$을 갖는다. 예제 3.5－2에서 $\hat{\theta} = \overline{X}/\alpha$는

$$E(\hat{\theta}) = E\left(\frac{\overline{X}}{\alpha}\right) = \frac{\alpha\theta}{\alpha} = \theta$$

이고

$$Var(\hat{\theta}) = \left(\frac{1}{\alpha}\right)^2 Var(\overline{X}) = \left(\frac{1}{\alpha^2}\right)\left(\frac{\alpha\theta^2}{n}\right) = \frac{\theta^2}{\alpha n}$$

이므로 근사적으로 $N(\theta, \theta^2/\alpha n)$를 따른다.

예제 3.5－3에서 $\widehat{\theta_1}$은 $N(\theta_1, \theta_2/n)$이고 $\widehat{\theta_2} = V$는 θ_2의 편의추정량이지만 n이 충분히 크면 근사적으로 $N(\theta_2, 2\theta_2^2/n)$를 따른다. 이산형 확률분포의 경우에서 $Y = X_1 + X_2 + \cdots + X_n$은 $b(n, p = \theta)$이고 θ의 최우추정량 $\hat{\theta} = \overline{X} = Y/n$는

$$E\left(\frac{Y}{n}\right) = \frac{E(Y)}{n} = \frac{n\theta}{n} = \theta \text{이고} \quad Var\left(\frac{Y}{n}\right) = \left(\frac{1}{n}\right)^2 n\theta(1-\theta) = \frac{\theta(1-\theta)}{n}$$

이므로 근사적으로 $N[\theta, \theta(1-\theta)/n]$ 분포를 따른다. 정규적인 경우에 최우추정량은 근사적으로 정규분포를 따른다.

또한 평균이 μ이고 유한분산 σ^2을 갖는 어떤 분포로부터 추출된 표본크기 n인 표본의 표본평균 $\overline{X}$는 n이 충분히 크면 근사적으로 $N(\mu, \sigma^2/n)$를 따르는데, 이를 **중심극한정리(Central Limit Theorem)**라고 한다.

θ의 추정량 $U = u(X_1, X_2, \ldots, X_n)$이 정규분포 또는 근사정규부포를 갖는다고 하고, 정규분포에서 평균 θ는 미지이고 분산 σ_U^2는 알고 있다고 가정하자. 그러면 $\dfrac{U-\theta}{\sigma_U}$는 근사적으로 $N(0,1)$을 따르므로 표준정규분포의 확률분포표로부터

$$P\left(-2 \le \frac{U-\theta}{\sigma_U} \le 2\right) \approx 0.95$$

를 얻는다. 만일 U가 정확히 정규분포를 따른다면 실제적으로는 0.95가 아닌 0.9544이다. 위의 식을 다시 쓰면

$$P(U-2\sigma_U \le \theta \le U+2\sigma_U) \approx 0.95$$

이다.

즉, 확률표본 $x_1, x_2, \ldots, x_n$이 얻어지고, 이 표본으로부터 계산한 통계량 U가 $u(x_1, x_2, \ldots, x_n)$이라 하자. 만일 σ_U를 알고 있으면 다음 계산된 구간

$$[u(x_1, x_2, \ldots, x_n) - 2\sigma_U,\ u(x_1, x_2, \ldots, x_n) + 2\sigma_U]$$

이 θ를 포함할 신뢰도가 0.95이다. 여기서, 구간 $u \pm 2\sigma_U$를 θ에 대한 95% **신뢰구간**(confidence interval)이라 하고, 95%를 **신뢰계수**(confidence coefficient)라고 한다.

만일 σ_U가 미지모수라고 하면 이러한 모수들을 적절히 추정해야 하는데 σ_u의 추정값을 $\widetilde{\sigma_U}$로 나타내자. 예를 들면 2.5절에서 Y가 $b(n, p=\theta)$일 때 표준오차

$$\tilde{\sigma}_{Y/n} = \sqrt{\frac{(Y/n)(1-Y/n)}{n}}$$

는 Y/n의 표준편차 $\sqrt{\theta(1-\theta)/n}$의 추정값이다. 그러므로 $p=\theta$에 대한 근사적 95% 신뢰구간으로

$$\frac{y}{n} \pm 2\sqrt{\frac{(y/n)(1-y/n)}{n}}$$

을 사용한다. 2.5절에서 설명한 μ의 95% 신뢰구간은

$$\bar{x} \pm 2\left(\frac{s}{\sqrt{n}}\right)$$

이며, 여기서 표준오차 $s/\sqrt{n}$는 $\overline{X}$의 표준편차 $\sigma/\sqrt{n}$의 추정값이다. 표준정규분포표로부터 2대신 다른 값을 사용하면 다른 유의 수준에 대응하는 신뢰구간을 얻을 수 있다. 예를 들면 1.282, 1.645, 2.576 또는 3을 사용하면 미지의 모수 μ에 대한 80%, 90%, 99%, 99.73% 신뢰구간을 구할 수 있다.

그렇다면 위에서 언급한 백분위수들을 잘 만족하려면 n이 얼마나 커야하는가? 이것은 상황에 따라 다르기 때문에 이 질문에 대한 답을 하기란 쉽지 않다. 예를 들면 봉우리가 하나인 연속형 대칭분포에서 $n=4$ 또는 5 정도의 작은 경우에도 모평균 μ에 대한 추정이 잘 맞는다. 그러나 분포가 비대칭분포이면

더 많은 관측값이 필요하다. 사실상 표준오차로 표준편차를 추정할 때 n이 적어도 30이상이라도 분포가 심하게 비대칭이면 더 많은 관측값이 필요하다. 또한 이항분포와 같은 이산형 분포에서 p가 $1/2$에 가까운 값이면 $n=50$이면 충분하다. 아주 심하게 비대칭인 이산형 분포에 대해서는 표본 크기가 수백 개 이상도 될 수 있다. 이러한 이유로 인해 표본의 크기가 적어도 30 이상이면 충분하고 추가적인 가정 없이 50 정도면 더욱 신뢰할 수 있다고 할 수 있다.

연습문제 3.5

3.5-1 $N(\mu, \sigma^2)$분포로부터 추출한 15개의 관측값이 다음과 같다. $\theta_1 = \mu$와 $\theta_2 = \sigma^2$의 최우추정치를 구하여라.

31.5	36.9	33.8	30.1	33.9
35.2	29.6	34.4	30.5	34.2
31.6	36.7	35.8	34.5	32.7

3.5-2 크기 n인 확률표본 $X_1, X_2, \ldots, X_n$이 $N(\mu, \sigma^2)$으로부터 추출되었다. 여기서 분산 $\theta = \sigma^2$은 $0 < \theta < \infty$이고 μ는 알고 있는 실수값이다. θ에 대한 최우추정량이

$$\hat{\theta} = (1/n)\sum_{i=1}^{n}(X_i - \mu)^2$$

이고 이 추정량이 θ에 대한 불편추정량임을 보여라.

3.5-3 X의 p.d.f.가 $f(x;\theta) = \theta x^{\theta-1}$, $0 < x < 1$, $\theta \in \Omega = \{\theta : 0 < \theta < \infty\}$라 하고, 이 분포로부터 추출된 크기 n인 확률표본을 $X_1, X_2, \ldots, X_n$이라 하자.

(a) 모수가 **(i)** $\theta = 1/2$ **(ii)** $\theta = 1$ **(iii)** $\theta = 2$인 경우 X의 p.d.f. 그래프를 그려라.

(b) θ의 최우추정량이 $\hat{\theta} = -n/\ln\left(\prod_{i=1}^{n} X_i\right)$임을 보여라.

(c) 다음 10개의 관측값으로 구성된 세 개의 자료 각각에 대해 θ에 대한 최우추정치와 적률법을 이용한 추정치를 구하여라.

(i)

0.0256	0.3051	0.0278	0.8971	0.0739
0.3191	0.7379	0.3671	0.9763	0.0102

(ii)	0.9960	0.3125	0.4374	0.7464	0.8278
	0.9518	0.9924	0.7112	0.2228	0.8609
(iii)	0.4698	0.3675	0.5991	0.9513	0.6049
	0.9917	0.1551	0.0710	0.2110	0.2154

3.5-4 X의 p.d.f.가 $f(x;\theta)=(1/\theta)x^{(1-\theta)/\theta}, \quad 0<x<1, \quad 0<\theta<\infty$ 라 하자.

(a) θ에 대한 최우추정량이 $\hat{\theta}=-(1/n)\sum_{i=1}^{n}\ln X_i$임을 보여라.

(b) $E(\hat{\theta})=\theta$임을 보여 $\hat{\theta}$이 θ의 불편추정량임을 보여라.

3.5-5 $X_1, X_2, \ldots, X_n$이 다음 p.d.f.로부터의 확률표본이라 하자. θ의 최우추정량을 구하여라.

$$f(x;\theta)=e^{-(x-\theta)}, \qquad \theta<x<\infty, -\infty<\theta<\infty$$

Hint 이 문제는 정규적 경우의 추정이 아님.

3.5-6 $X_1, X_2, \ldots, X_n$이 다음 분포함수를 갖는 분포로부터의 확률표본이라 하자. θ의 최우추정량을 구하여라. 여기서, $\theta>0$이다.

$$F(x)=\begin{cases} 0, & x\le 1 \\ 1-\left(\dfrac{1}{x}\right)^{\theta}, & 1<x<\infty \end{cases}$$

3.5-7 만일 p.d.f.가 $f(x;\theta)=(1/\theta)e^{-x/\theta}, \quad 0<x<\infty, \theta>0$인 경우 θ의 최우추정량은 표본평균 $\overline{X}$이다. 이 분포에서 $E(\overline{X})=\theta$이고 $Var(\overline{X})=\theta^2/n$이다. $\overline{X}$가 근사적으로 $N(\theta, \theta^2/n)$인 분포를 따른다는 사실로부터 θ에 대한 95% 신뢰구간을 구하여라.

3.5-8 $\overline{X}$가 평균 μ는 알고 있으나 분산 σ^2은 모르는 분포로부터 추출된 표본크기 n인 확률표본의 평균이라 하자. $\bar{x}\pm 2\sigma/\sqrt{n}$를 μ에 대한 근사 95% 신뢰구간으로 사용할 수 있다. $\sigma=4$일 때 신뢰구간이 $\bar{x}\pm 0.5$인 n을 구하여라.

3.6 중심극한정리

2.5절에서 평균이 μ이고 분산이 $\sigma^2 > 0$인 이산형 분포에서 크기 n인 확률표본의 평균 $\overline{X}$의 분포는

$$E(\overline{X}) = \mu, \quad Var(\overline{X}) = \frac{\sigma^2}{n}$$

임을 보았다. 따라서 표본의 수 n이 증가하면 $\overline{X}$의 분산은 감소한다. 결과적으로 $\overline{X}$의 분포는 n의 크기에 따라 달라지며, 확률은 μ를 중심으로 일정한 구간에 속하게 된다. 즉 n이 증가하면 확률적으로 $\overline{X}$는 μ에 수렴하거나 $(\overline{X}-\mu)$는 0에 수렴한다. 6장에서 증명하겠지만 정규분포로부터 표본 $X_1, X_2, \ldots, X_n$을 추출하면 평균 $\overline{X}$의 분포는 $N(\mu, \sigma^2/n)$을 따른다.

일반적으로 Y를 평균이 μ이고 분산이 σ^2인 어떤 분포에서 크기 n인 확률표본의 합이라면

$$W = \frac{\sqrt{n}}{\sigma}(\overline{X}-\mu) = \frac{\overline{X}-\mu}{\sigma/\sqrt{n}} = \frac{Y-n\mu}{\sqrt{n}\,\sigma}$$

로 쓸 수 있고, 양의 정수 n에 대하여

$$E(W) = E\left[\frac{\overline{X}-\mu}{\sigma/\sqrt{n}}\right] = \frac{E(\overline{X})-\mu}{\sigma/\sqrt{n}} = \frac{\mu-\mu}{\sigma/\sqrt{n}} = 0$$

이며

$$Var(W) = E(W^2) = E\left[\frac{(\overline{X}-\mu)^2}{\sigma^2/n}\right] = \frac{E\left[(\overline{X}-\mu)^2\right]}{\sigma^2/n} = \frac{\sigma^2/n}{\sigma^2/n} = 1$$

이 된다.

따라서 $\overline{X}-\mu$가 0으로 감소하는 동안 $\sqrt{n}(\overline{X}-\mu)/\sigma$에서의 $\sqrt{n}/\sigma$은 이러한 감소의 속도를 늦추거나 방지하는 역할을 한다. 그러면 n이 증가하면 W의 분포는 어떻게 되겠는가? 만일 표본이 정규분포로부터 추출되었다면 예제 6.2－4에서 증명하겠지만 $\overline{X}$는 $N(\mu, \sigma^2/n)$이고 W는 양의 n 각각에 대해 $N(0, 1)$을 따르는데, 이는 W의 극한분포가 $N(0, 1)$이어야 한다는 의미이다. 이러한 결과를 **중심극한정리**(Central Limit Theorem)라고 하며 6.3절에서 자세하게 증명하겠다.

정리 3.6-1 **(중심극한정리)** 유한크기의 평균 μ와 양의 유한크기의 분산 σ^2인 분포로부터 추출한 크기 n인 확률표본 $X_1, X_2, \ldots, X_n$의 평균이 $\overline{X}$라고 하면 W의 분포는 다음과 같다.

증명

$$W = \frac{\overline{X} - \mu}{\sigma / \sqrt{n}} = \frac{\sum_{i=1}^{n} X_i - n\mu}{\sqrt{n}\,\sigma} = \frac{Y - n\mu}{\sqrt{n}\,\sigma},$$

여기서, $n \to \infty$일 때 W는 $N(0,1)$을 따르며, $Y = \sum_{i=1}^{n} X_i$이다.

현실적으로 중심극한정리는 표본의 크기 n이 "충분히 클 때(sufficiently large)" 사용하며, 이 경우 W의 분포함수는 다음과 같다.

$$P(W \le w) \approx \int_{-\infty}^{w} \frac{1}{\sqrt{2\pi}} e^{-z^2/2} dz = \Phi(w)$$

다음 응용 예제들로 중심극한정리의 기본 개념을 이해하여 보자.

예제 3.6-1 각 측정값의 평균이 15m이고 분산이 4m인 전선 묶음에서 $n = 25$개의 확률표본을 추출했을 때 평균을 $\overline{X}$라 하자. 그러면 $\overline{X}$는 근사적으로 $N(15, 4/25)$ 분포를 따른다. 예를 들면

$$P(14.4 < \overline{X} < 15.6) = P\left(\frac{14.4 - 15}{0.4} < \frac{\overline{X} - 15}{0.4} < \frac{15.6 - 15}{0.4}\right)$$
$$\approx \Phi(1.5) - \Phi(-1.5) = 0.9332 - 0.0668 = 0.8664$$

이다.

예제 3.6-2 $X_1, X_2, \cdots, X_{20}$이 균일분포 $U(0,1)$로부터의 크기 20인 확률표본이라 하자. 여기서 $E(X_i) = 1/2$이고 $Var(X_i) = 1/12$, $i = 1, 2, \cdots, 20$이다. $Y = X_1 + X_2 + \cdots + X_{20}$이면, $\mu_Y = 20(1/2)$이고 $\sigma_Y^2 = 20(1/12)$이다. 그리고

$$P(Y \le 9.1) = P\left(\frac{Y - 20(1/2)}{\sqrt{20/12}} \le \frac{9.1 - 10}{\sqrt{20/12}}\right) = P(W \le -0.697)$$
$$\approx \Phi(-0.697) = 0.2423$$

이다. 또한

$$P(8.5 \le Y \le 11.7) = P\left(\frac{8.5-10}{\sqrt{5/3}} \le \frac{Y-10}{\sqrt{5/3}} \le \frac{11.7-10}{\sqrt{5/3}}\right)$$
$$= P(-1.162 \le W \le 1.317)$$
$$\approx \Phi(1.317) - \Phi(-1.162)$$
$$= 0.9061 - 0.1226 = 0.7835$$

이다.

예제 3.6-3 $\overline{X}$는 p.d.f.가 $f(x) = x^3/4,\ 0 < x < 2$인 분포로부터 표본크기 25인 확률표본의 평균을 나타낸다. $\mu = 8/5 = 1.6$이고 $\sigma^2 = 8/75$이다. 따라서

$$P(1.5 \le \overline{X} \le 1.65) = P\left(\frac{1.5-1.6}{\sqrt{8/75}\,/\sqrt{25}} \le \frac{\overline{X}-1.6}{\sqrt{8/75}\,/\sqrt{25}} \le \frac{1.65-1.6}{\sqrt{8/75}\,/\sqrt{25}}\right)$$
$$= P(-1.531 \le W \le 0.765)$$
$$\approx \Phi(0.765) - \Phi(-1.531)$$
$$= 0.7779 - 0.0629 = 0.7150$$

이다.

이러한 예제들로부터 확률표본의 평균 $\overline{X}$나 확률표본의 합 $Y = \sum_{i=1}^{n} X_i$에 대한 확률의 근사값을 구하는 데 중심극한정리을 어떻게 이용할 수 있는지를 알 수 있다. 즉, 표본이 추출되는 분포의 평균이 μ, 분산이 σ^2이고 n이 충분히 클 때 $\overline{X}$의 분포는 근사적으로 $N(\mu, \sigma^2/n)$이고, Y의 분포도 근사적으로 $N(n\mu, n\sigma^2)$을 따른다. 일반적으로 n이 25나 30 이상이면 근사정도가 아주 좋다. 그러나 만일 모집단 분포가 균일분포, 단봉분포, 연속형 분포인 경우에는 n이 4 또는 5정도로 적은 표본이라도 근사 정도가 아주 좋다. 그리고 원래의 분포가 근사적으로 정규분포를 따른다면 표본크기 n이 2 또는 3일 경우에도 $\overline{X}$의 분포는 정규분포와 아주 유사하다. 사실 표본이 $N(\mu, \sigma^2)$로부터 추출된다면 $\overline{X}$는 모든 $n = 1, 2, 3, \ldots$에 대하여 $N(\mu, \sigma^2/n)$ 분포를 따른다.

다음 예제는 독자들이 앞에서 언급한 참조내용과 중심극한정리를 이해하는 데 도움이 될 것이다. 특히 여러 가지 분포에서 표본크기 n이 $\overline{X}$나 $Y=\sum_{i=1}^{n} X_i$의 분포에 미치는 영향을 살펴보자.

예제 3.6-4 p.d.f.가 $f(x)=1,\ 0<x<1$인 균일분포 $U(0,1)$로부터 크기 4인 확률표본을 X_1, X_2, X_3, X_4라 하자. 평균은 $\mu=1/2$이고 분산은 $\sigma^2=1/12$이다. $Y=\sum_{i=1}^{n} X_i$의 분포와 각각 $n=2$와 $n=4$인 정규분포 $N[n(1/2), n(1/12)]$의 그래프를 비교해 보자.

5.2절에서 소개하는 방법에 의해 $Y=X_1+X_2$의 p.d.f.는

$$g(y)=\begin{cases} y, & 0<y\le 1 \\ 2-y, & 1<y<2 \end{cases}$$

이다. 이는 삼각형 모양의 p.d.f.이며 그림 3.6-1(a)에 $N[2(1/2), 2(1/12)]$의 그래프와 같이 그려져 있다. 또한 $Y=X_1+X_2+X_3+X_4$의 p.d.f.는

$$g(y)=\begin{cases} \dfrac{y^3}{6}, & 0\le y<1, \\ \dfrac{-3y^3+12y^2-12y+4}{6}, & 1\le y<2, \\ \dfrac{3y^3-24y^2+60y-44}{6}, & 2\le y<3, \\ \dfrac{-y^3+12y^2-48y+64}{6}, & 3\le y\le 4. \end{cases}$$

이다. 이 p.d.f.의 그래프는 $N[4(1/2), 4(1/12)]$의 그래프와 함께 그림 3.6-1 (b)에 나타내었다. 만일 $P(1.7\le Y\le 3.2)$를 구하고자 하면

$$\int_{1.7}^{3.2} g(y)dy,$$

를 계산해야 하는데(연습문제 3.6-8) 쉬운일은 아니다. 이 경우 정확한 값의 근사 값을 구하기 위해 정규근사를 이용하는 것이 효율적이다.

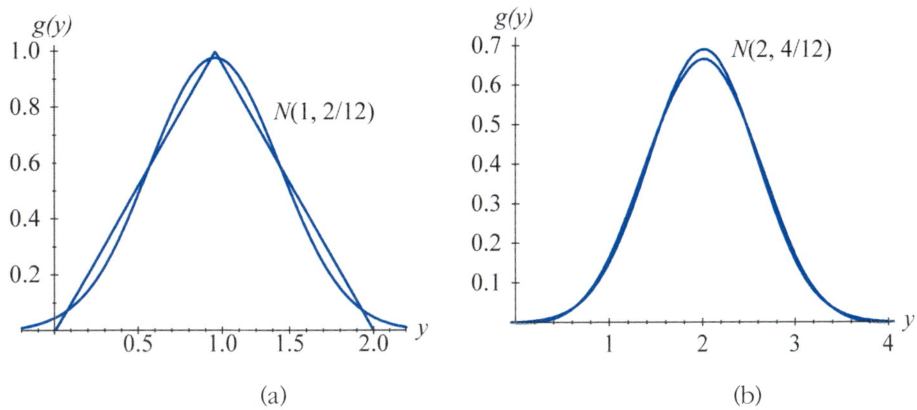

그림 3.6–1 균일확률변수의 합의 p.d.f.

예제 3.4－4와 예제 3.6－8에서 $n=4$와 같이 작은 크기의 n에 대해서도 표본의 합은 근사적으로 정규분포를 따르는 것을 확인했다. 다음 예제는 모집단 분포가 비대칭인 경우 만족할만한 근사를 얻기 위해서는 n이 아주 커야 한다는 것을 보여준다. 모든 n에 대해 수평 축의 척도를 같게 하기 위하여 다음 결과를 이용한다.

평균이 μ이고 분산이 σ^2인 연속형 확률변수 X의 p.d.f.를 $f(x)$, 분포함수를 $F(x)$라 하자. $W=(X-\mu)/\sigma$라 하면

$$G(w)=P(W\le w)=P\left(\frac{X-\mu}{\sigma}\le w\right)$$
$$=P(X\le \sigma w+\mu)=F(\sigma w+\mu).$$

이다. 따라서 $F(\sigma w+\mu)$를 미분하면 W의 p.d.f.를 구할 수 있다. 즉

$$g(w)=\sigma f(\sigma w+\mu)$$

예제 3.6-5 $X_1, X_2, \ldots, X_n$이 자유도가 1인 카이제곱 분포로부터 크기 n인 확률표본이라 하자. 만일

$$Y=\sum_{i=1}^{n} X_i$$

이면 Y는 $\chi^2(n)$분포를 따르고 $E(Y)=n$, $Var(Y)=2n$이 된다.

$$W = \frac{Y-n}{\sqrt{2}}$$

으로 정의하면 W의 p.d.f.는 다음과 같다.

$$g(w) = \sqrt{2n}\,\frac{(\sqrt{2n}\,w+n)^{n/2-1}}{\Gamma\left(\frac{n}{2}\right)2^{n/2}}e^{-(\sqrt{2n}\,w+n)/2}, \qquad -n/\sqrt{2n} < w < \infty$$

$w > -n/\sqrt{2n}$ 의 구간은 $y > 0$에 대응된다. 그림 3.6-2(a)와 (b)에 $n=20$과 $n=100$인 경우의 W의 그래프와 $N(0,1)$의 그래프가 함께 나타나 있다.

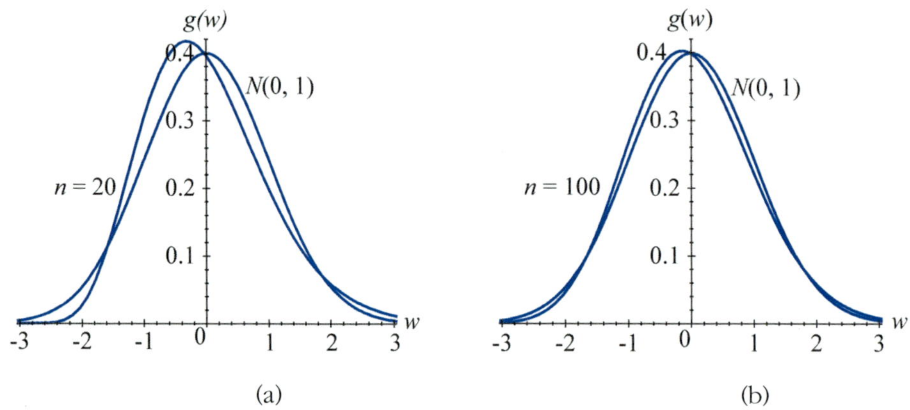

그림 3.6-2 $W = (Y-n)/\sqrt{2n}$ 의 p.d.f. 들

지금까지는 모든 예제들이 연속형 분포였으나 중심극한정리에서 분포가 연속형이어야 하는 제약조건은 없다. 다음 절에서 이산형 분포에 대한 중심극한정리의 응용을 설명하고자 한다.

연습문제 3.6

3.6-1 구간 $(0,1)$인 균일분포에서 추출한 12개 확률표본의 평균을 $\overline{X}$라 하자. 이 때, $P(1/2 \le \overline{X} \le 2/3)$를 구하여라.

3.6-2 p.d.f.가 $f(x) = (3/2)x^2, -1 < x < 1$인 분포로부터 추출된 15개 확률표본의 합을 $Y = X_1 + X_2 + \cdots + X_{15}$라 하자. $P(-0.3 \le Y \le 1.5)$

를 구하여라.

3.6-3 평균이 3인 지수분포로부터 추출된 36개 확률표본의 평균을 $\overline{X}$라 하자. $P(2.5 \le \overline{X} \le 4)$를 구하여라.

3.6-4 p.m.f.가 $f(x) = 1 - x/2,\ 0 \le x \le 2$인 분포로부터 크기 $n = 18$인 확률표본을 추출하였다

(a) μ와 σ^2을 구하여라.

(b) $P(2/3 \le \overline{X} \le 5/6)$를 구하여라.

3.6-5 러닝머신에서 운동할 때 인간의 최대 산소 흡입량을 X 라 하자. 관측값은 산소량(mℓ/Kg/분)으로 측정되었다. 어떤 특정 모집단에 대한 X의 평균은 $\mu = 54.030$이고 표준편차는 $\sigma = 5.8$이다. $\overline{X}$를 크기 $n = 47$인 확률표본의 표본평균이라 하자. $P(52.761 \le \overline{X} \le 54.453)$를 구하여라.

3.6-6 어떤 사탕의 무게(g)를 X라 하자. $\mu = E(X) = 24.43$이고 $\sigma^2 = Var(X) = 2.20$일 때 크기 $n = 30$인 확률표본의 표본평균을 $\overline{X}$라 하자. 다음을 구하여라.

(a) $E(\overline{X})$ **(b)** $Var(\overline{X})$

(c) $P(24.17 \le \overline{X} \le 24.82)$

3.6-7 Sudan에서 태어난 신생아들의 출생 몸무게(g)를 X라 하자. $E(X) = 3320$이고 $Var(X) = 660^2$일 때 크기 $n = 225$인 확률표본의 표본평균을 $\overline{X}$라 하자. $P(3233.76 \le \overline{X} \le 3406.24)$를 구하여라.

3.6-8 연습문제 3.6 − 4에서 $n = 4$일 때 $P(1.7 \le Y \le 3.2)$를 계산하고 이를 정규근사확률과 비교하여라.

3.6-9 다음은 전자전도성 도포 방식을 사용한 5개 고팅방법에 대한 결과의 평균이다.

83.86	75.86	79.65	90.57	95.37	97.97	77.00	80.80	83.53	83.17
80.20	81.42	89.14	88.68	85.15	90.11	89.03	85.00	82.57	79.46
81.20	82.80	81.28	74.64	69.85	75.60	76.60	78.30	88.51	86.32
84.03	95.27	90.05	77.50	75.14	81.33	86.12	78.30	80.30	84.96
79.30	88.96	82.76	83.13	79.60	86.20	85.16	87.86	91.00	91.10
84.04	92.10	79.20	83.76	87.87	86.71	81.89	85.72	75.84	74.27
93.08	81.75	75.66	75.35	76.55	84.86	90.68	91.02	90.97	98.30
91.84	97.41	73.60	90.65	80.20	74.75	90.35	79.66	86.88	83.00

86.24	80.50	74.25	91.20	70.16	78.40	85.60	80.82	75.95	80.75
81.86	82.18	82.98	84.00	76.85	85.00	79.50	86.56	83.30	72.40
79.20	86.20	82.36	84.08	86.11	88.25	88.93	93.12	78.30	77.24
82.52	81.37	83.72	86.90	84.37	92.60	95.01	78.95	81.40	88.40
76.10	85.33	82.95	80.20	88.21	83.49	81.00	82.72	81.12	83.62
91.18	85.90	79.01	77.56	81.13	80.60	81.65	70.70	69.36	79.09
71.35	67.20	67.43	69.95	66.76	76.35	69.45	80.13	84.26	88.13

(a) 위의 150개 관측값을 10개의 등구간을 사용하여 도수분포표를 작성하되 처음 계급은 (66.495, 69.695)을 사용하여라. 이 때, 최빈계급은 무엇인가?

(b) 그룹 자료에 대한 상대도수히스토그램을 그려라.

(c) 150개 평균 자료에 대한 평균 82.661과 분산 42.2279를 정규분포의 평균과 분산으로 보고 정규분포의 그래프를 상대도수히스토그램에 겹쳐서 그려라. 150개 평균 자료는 정규분포를 따르는가?

3.6-10 어떤 교회에서 일주일에 들어오는 헌금은 평균 $2000이고 표준편차는 $500이다. 헌금 명단에서 $n = 25$명의 확률표본을 추출하여 표본평균 $\overline{X}$를 구한다고 할 때 $P(\overline{X} > 2050)$을 구하여라.

3.6-11 종이의 장력 X는 $\mu = 30$이고 $\sigma = 3$(평방 인치당 파운드)이다. 크기 $n = 100$인 확률표본을 장력분포로부터 추출하였다. 표본평균 $\overline{X}$가 평방 인치당 29.5 파운드보다 클 확률을 구하여라.

3.6-12 어떤 버스회사는 특별수송기간 동안 Iowa에서 Chicago까지 10인승 밴을 운영한다. 승차권 매매를 시작한 이후 매매 간격의 시간(분)은 $\alpha = 3$이고 $\theta = 2$인 Gamma 분포를 따른다. 한 시간 안에 모든 표가 매진될 확률을 구하여라.

3.6-13 4단계 작업이 필요한 프로젝트에서 각 단계를 완료하는 데 소요되는 시간(일)을 X_1, X_2, X_3, X_4라 하자. 이 시간들은 각각 독립이며 공통적으로 $\theta = 2$이고 $\alpha = 4$인 Gamma 분포를 따른다. 한 단계는 다음 단계가 시작되기 전에 완료되어야 한다. Y를 전체 프로젝트를 완료하는 데 소요되는 시간이라 하자. $P(Y \le 35)$의 근사확률을 구하여라. 이 예제에서 $n = 4$일 때 중심극한정리를 사용하는 것이 적절한가?

3.7 이산형 분포의 정규분포에 대한 근사

3.7절에서는 이산형 분포의 근사확률을 구하는 데 정규분포가 어떻게 사용되는지 예를 들어 설명하고자 한다. 가장 중요한 이산형 분포는 이항분포이다. 이항확률변수는 베르누이 실험을 독립적으로 시행한 결과로 정의할 수 있으며, 베르누이 확률변수의 합으로 설명할 수 있다. 즉, 평균이 $\mu = p$ 이고 분산이 $\sigma^2 = p(1-p), 0 < p < 1$인 베르누이 분포로부터의 확률표본을 $X_1, X_2, \ldots, X_n$이라 하자. 그러면 $Y = \sum_{i=1}^{n} X_i$는 $b(n,p)$이다. 중심극한정리로부터 $n \to \infty$ 일 때

$$W = \frac{Y - np}{\sqrt{np(1-p)}} = \frac{\overline{X} - p}{\sqrt{p(1-p)/n}}$$

가 $N(0,1)$인 분포를 갖는다. 따라서 만일 n이 충분히 크다면 Y의 분포는 근사적으로 $N[np, np(1-p)]$인 분포를 따르고 이항분포의 확률 $b(n,p)$는 정규분포를 사용하여 근사적으로 구할 수 있다. 만일 $np \geq 5$ 이고 $n(1-p) \geq 5$를 만족하면 n이 충분히 크다고 할 수 있다. 만일 p가 0.5에서 멀어지면 멀어질수록 베르누이분포가 비대칭이 되기 때문에 더 많은 크기의 표본이 필요하게 된다.

다음은 이산형 분포의 확률을 연속형 분포를 이용하여 구하는 방법이다. Y가 $b(n,p)$이면 p.d.f.는

$$P(Y = k) = f(k) = \frac{n!}{k!(n-k)!} p^k (1-p)^{n-k}, \quad k = 0, 1, 2, \ldots, n$$

이다. 이 확률분포의 그래프에서 사각형의 밑변의 중심은 k이고 길이는 $(k - 1/2, k + 1/2)$이며 높이는 $P(X = k)$가 된다. $k = 0, 1, \ldots, n$에 대한 사각형들을 모아놓은 것이 Y의 확률히스토그램이다. 그림 3.7-1의 (a)와 (b)는 각각 $b(10, 1/2)$과 $b(18, 1/6)$의 확률히스토그램이다. 정규분포를 이항분포의 근사확률로 사용할 때 정규분포함수 아래의 면적은 이항분포 확률히스토그램의 사각형 면적의 근사값으로 사용된다. 즉 정규분포 $N[np, np(1-p)]$에서 $k - 1/2$과 $k + 1/2$ 사이의 면적이 이항분포의 $P(Y = k)$의 근사값으로 사용된다.

예제 3.7-1 Y가 $b(10,1/2)$을 따른다고 하자. 중심극한정리에 의하여 $P(a < Y < b)$는 평균이 $10(1/2) = 5$이고 분산이 $10(1/2)(1/2) = 5/2$인 정규분포를 사용하여 근사확률을 구할 수 있다. 그림 3.7−1(a)는 $b(10,1/2)$의 확률히스토그램과 $N(5,5/2)$인 정규분포 p.d.f.를 나타낸다. 밑변이 $(k-\frac{1}{2}, k+\frac{1}{2})$인 사각형의 면적과 구간 $k-1/2$과 $k+1/2$ 사이의 정규곡선아래의 면적은 모든 정수 k에 대하여 근사적으로 같다.

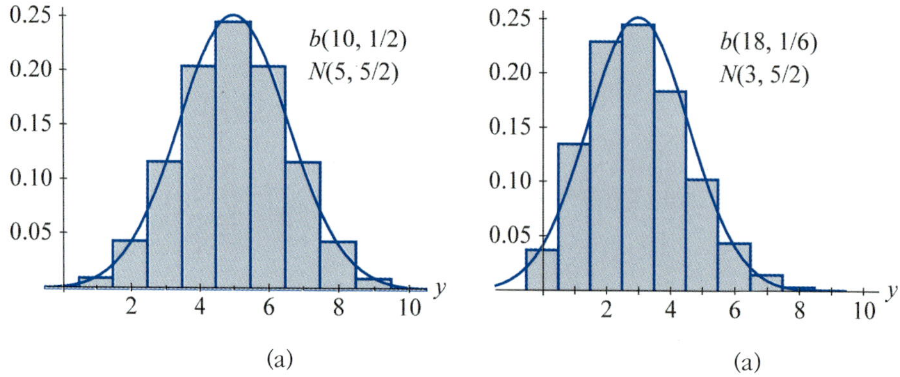

그림 3.7−1 이항분포에 대한 정규 근사

예제 3.7-2 Y가 $b(18,1/6)$을 따른다고 하자. $np = 18(1/6) = 3 < 5$이므로 정규근사를 실시한 결과는 좋지 않다. 그림 3.7−1(b)는 $b(18,1/6)$에 대한 비대칭 확률분포와 정규분포 $N(3,5/2)$의 대칭 p.d.f.의 그래프를 나타낸다.

예제 3.7-3 Y가 예제 3.7−1과 그림 3.7−1(a)의 이항분포 $b(10,1/2)$을 따른다고 하자. 이때, $P(3 \le Y < 6)$을 구해보자. 그러면 $P(Y=6)$은 포함되지 않으므로

$$P(3 \le Y < 6) = P(2.5 \le Y \le 5.5)$$

이고 따라서 정규분포를 사용하여 확률을 구하면

$$P\left(\frac{2.5-5}{\sqrt{10/4}} \le \frac{Y-5}{\sqrt{10/4}} \le \frac{5.5-5}{\sqrt{10/4}}\right) \approx \phi(0.316) - \phi(-1.581)$$

$$= 0.6240 - 0.0570 = 0.5670$$

이다. 부록의 표 Ⅱ를 사용하면 $P(3 \le Y < 6) = 0.5683$이다.

예제 3.7-4 Y가 $b(36, 1/2)$분포를 따른다고 하자. 그러면

$$\mu = (36)(1/2) = 18$$

이고

$$\sigma^2 = (36)(1/2)(1/2) = 9$$

이므로

$$\begin{aligned} P(12 < Y \le 18) &= P(12.5 \le Y \le 18.5) \\ &= P\left(\frac{12.5-18}{\sqrt{9}} \le \frac{Y-18}{\sqrt{9}} \le \frac{18.5-18}{\sqrt{9}}\right) \\ &\approx \phi(0.167) - \phi(-1.833) \\ &= 0.5329 \end{aligned}$$

위의 계산에서 12는 포함이 되지 않으므로 12.5로 수정하여 계산하였다. 이항분포 식을 이용하면 다음과 같다.

$$P(12 < Y \le 18) = P(13 \le Y \le 18) = 0.5334$$

또한

$$\begin{aligned} P(Y = 20) &= P(19.5 \le Y < 20.5) \\ &= P\left(\frac{19.5-18}{\sqrt{9}} \le \frac{Y-18}{\sqrt{9}} \le \frac{20.5-18}{\sqrt{9}}\right) \\ &\approx \phi(0.833) - \phi(0.5) \\ &= 0.1060 \end{aligned}$$

이항분포 식을 이용하면 $P(Y = 20) = 0.1063$인데, 정규근사와 비교해도 오차가 크지 않다.

일반적으로 Y가 $b(n, p)$를 따르고 n이 크면, $k = 0, 1, \cdots, n$,에 대해

$$P(Y \le k) \approx \phi\left(\frac{k + 1/2 - np}{\sqrt{npq}}\right)$$

이고

$$P(Y < k) \approx \phi\left(\frac{k - 1/2 - np}{\sqrt{npq}}\right)$$

이다. 첫 번째는 k가 포함되는 경우이고 두 번째는 포함되지 않는 경우이다.

다음은 Poisson 분포에서 평균이 충분히 큰 경우에 정규분포를 사용하여 근사 확률을 구하는 예를 설명하고자 한다.

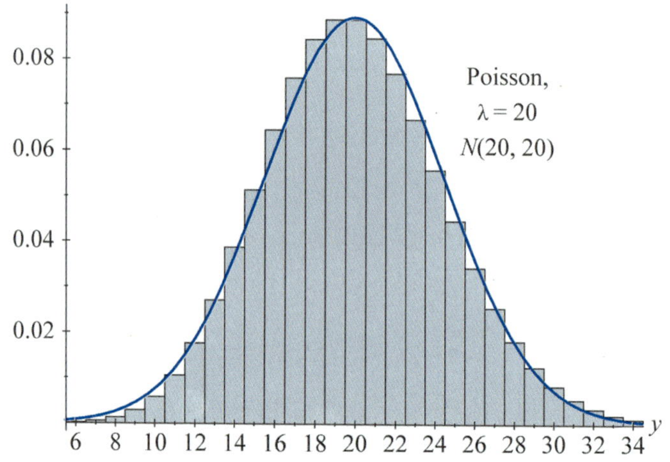

그림 3.7-2 $\lambda = 20$인 Poisson분포의 정규 근사

예제 3.7-5 평균이 20인 Poisson 분포를 갖는 확률변수는 평균이 1인 Poisson 분포로부터 크기 20인 확률표본 관측값의 합 Y로 생각할 수 있다. (6장 참조). 따라서

$$W = \frac{Y - 20}{\sqrt{20}}$$

는 근사적으로 $N(0, 1)$인 분포를 갖으며 Y의 분포는 근사적으로 $N(20, 20)$이다. 예를 들면

$$\begin{aligned} P(16 < Y \leq 21) &= P(16.5 \leq Y \leq 21.5) \\ &= P\left(\frac{16.5 - 20}{\sqrt{20}} \leq \frac{Y - 20}{\sqrt{20}} \leq \frac{21.5 - 20}{\sqrt{20}}\right) \\ &\approx \phi(0.335) - \phi(-0.783) = 0.4142 \end{aligned}$$

사건 $\{16 < Y \leq 21\}$에서 $Y = 16$이 포함되지 않기 때문에 16.5로 증가되었다. Poisson 식을 사용한 경우는 0.4226이다.

예제 3.7-5 일반적으로 Y가 평균이 λ인 Poisson 분포를 따른다면 λ가 충분히 클 때

$$W = \frac{Y - \lambda}{\sqrt{\lambda}}$$

는 근사적으로 $N(0, 1)$을 따른다.

연습문제 3.7

3.7-1 Y의 분포가 $b(25, 1/2)$이라 하자. 부록의 표 Ⅱ를 사용하여 얻은 정확한 확률값과 중심극한정리를 사용한 근사확률을 구한 후 두 결과를 비교하여 보아라.

(a) $P(10 < Y \leq 12)$

(b) $P(12 \leq Y < 15)$

(c) $P(Y = 12)$

3.7-2 수학시험에서 높은 점수를 받는 학생의 20%가 왼손잡이이다. X를 7학년 학생들 사이에서 추출한 $n = 25$의 확률표본에서 왼손잡이 학생의 수라 하자. $P(2 < X < 9)$를 다음과 같은 방법으로 구하여라.

(a) 부록의 표 Ⅱ를 사용

(b) 중심극한정리를 이용하여 구한 근사확률

3.7-3 California 남부 주민들에게 전문가들이 예측한 향후 50년 이내의 대규모 지진에 대한 여론조사를 실시한 결과, 60%의 주민이 현재 살고 있는 집이 안전하지 않다고 응답하였다. 확률변수 X를 안전하지 않을 것이라고 응답한 주민의 수라 하고, $n = 864$명을 확률표본으로 추출하였을 경우 $P(496 \leq X \leq 548)$의 근사확률을 구하여라.

3.7-4 발아율이 $p = 0.75$인 어떤 씨앗 $n = 48$개에서 발아하는 씨앗의 수를 X라 하자. $P(35 \leq X \leq 40)$의 근사확률을 구하여라.

3.7-5 모든 대학생 중 "만일 당신의 친구가 AIDS 보균자로 의심된다면 친구와 같은 컵을 사용하여 물을 마시겠는가?"라는 질문에 '예'라고 대답한 비율을 p라 하자. $p = 0.10$이라 가정하고 $n = 100$명의 확률표본 중 '예'라고 대답한 학생의 수를 X라 하자. $P(X \leq 11)$에 대한 근사확률을 구하여라.

3.7-6 성인인 경우 폐렴 발생의 70%는 박테리아가 원인이다. 폐렴에 걸린 성인 중 $n=84$명의 확률표본을 추출하였을 때 박테리아가 원인인 폐렴 환자수를 X라 하자. 정규근사를 이용하여 $P(X \le 52)$를 구하여라.

3.7-7 p.d.f.가 $f(x)=1/x^2, 1<x<\infty$인 분포로부터 추출된 48개의 확률표본을 $X_1, X_2, \cdots, X_{48}$이라 하자. 이들 중 많아야 10개의 확률변수가 4보다 클 근사확률을 구하여라.

Hint 만일 $X_i > 4$, $i=1,2,\cdots,48$ 이면 i번째 시행은 성공이고 Y는 성공의 횟수라고 한다.

3.7-8 제과회사에서는 표시무게가 20.4(g)인 박하사탕을 생산하고 있다. 박하사탕 무게가 $N(21.37, 0.16)$인 정규분포를 따른다고 가정하자.

(a) X를 생산라인에서 추출한 박하사탕 무게라고 할 때 $P(X<20.857)$을 구하여라.

(b) 어떤 생산라인에서 100개의 박하사탕을 임의로 추출하여 무게를 재었다. Y가 무게가 20.857g보다 작은 박하사탕의 수라고 하자. $P(Y \le 5)$의 근사확률을 구하여라.

(c) 어떤 생산라인에서 100개의 박하사탕을 임의로 추출하여 무게를 측정하였을 때 표본평균을 $\overline{X}$라 하면, $P(21.31 \le \overline{X} \le 21.39)$를 구하여라.

3.7-9 Geiger 계수기로 측정한 초당 방출한 바륨-133의 알파-입자수를 X라 했을 때, X는 $\lambda=49$인 Poisson 분포를 갖는다고 가정하자. $P(45<X<60)$를 구하여라.

3.7-10 Geiger 계수기로 측정한 30초간 방출된 바륨-133의 알파-입자수를 X라 하자. X는 평균이 4829인 Poisson분포를 갖는다고 가정하자. $P(4776 \le X \le 4857)$를 구하여라.

3.7-11 평균이 2/3인 Poisson 분포로부터의 표본크기 30인 확률표본을 $X_1, X_2, \cdots, X_{30}$이라 하자. 다음 확률의 근사 확률을 구하여라.

(a) $P\left(15 < \sum_{i=1}^{30} X_i \le 22\right)$

(b) $P\left(21 \le \sum_{i=1}^{30} X_i < 27\right)$

3.7-12 카지노의 룰렛 게임에서 빨강색에 베팅하였을 때 이길 확률은 $p = 18/38$이다. 빨강색에 돈을 1000번 베팅하였을 때 이긴 횟수를 Y라고 하면 $P(Y > 500)$의 근사확률을 구하여라.

3.7-13 모든 미국인의 약 60%가 운동을 하지 않는다고 한다. 임의로 $n = 96$명의 미국인을 추출하였을 때, 50명이상 60명 이하의 미국인이 운동을 하지 않을 확률은 얼마인가?

3.7-14 X가 $b(100, 0.1)$ 분포를 따른다고 할 때, 다음 방법으로 $P(12 \le X \le 14)$의 근사확률을 구하여라.

(a) 이항분포의 정규근사

(b) Poisson분포의 정규근사

(c) 이항분포를 이용한 정확한 확률

3.7-15 p.m.f.가 $f(x) = (1/4)^{x-1}(3/4)$, $x = 1, 2, 3, \ldots$ 인 기하분포로부터 추출된 표본크기 36의 확률표본을 $X_1, X_2, \cdots, X_{36}$이라 하자. 다음의 근사확률을 구하여라.

(a) $P\left(46 \le \sum_{i=1}^{36} X_i \le 49\right)$

(b) $P(1.25 \le \overline{X} \le 1.50)$

Hint 합의 분포는 이산형으로 관측됨에 유의하자.

3.7-16 정육면체 주사위를 독립적으로 24번 던진다. 24번 결과들의 합을 Y라 하면, Y는 이산형 확률변수이다. 다음의 근사확률을 구하여라.

(a) $P(Y \ge 86)$

(b) $P(Y < 86)$

(c) $P(70 < Y \le 86)$

3.7-17 미국에서 첫 돌 이전에 사망하는 유아의 사망율은 $p = 0.01$이다. (실제로는 이보다 조금 낮다.) 5000명의 신생아 그룹에서 45명 이상 53명 이하가 한 살 이전에 사망할 확률을 구하여라.

3.7-18 Y는 $n = 100$인 베르누이 시행의 합이다. 즉, Y는 $b(100, p)$이다. 다음 각 확률 **(i)** $p = 0.1$ **(ii)** $p = 0.5$ **(iii)** $p = 0.8$에 대하여

(a) 정규근사 p.d.f.의 그래프를 그려라.

(b) $P(|Y/100 - p| \le 0.015)$의 근사확률을 구하여라.

3.7-19 1에이커 당 나무의 수는 평균 60인 Poisson 분포를 따른다. 독립성의 가정 하에서, X를 100 에이커의 넓이에 있는 나무의 수라고 할 때 $P(5950 \leq X \leq 6100)$의 근사값을 계산하여라.

3.7-20 어떤 회사의 통신체계는 35개의 외부로 통하는 회선으로 이루어져 있다. 만일 X가 주어진 시간에 평균 25인 Poisson 분포를 따른다고 하면 내부로 들어오는 회선이 하나도 없을 확률을 구하여라.

3.7-21 어떤 물체 한 단위에서 결점의 수는 평균이 2인 Poisson 분포를 따른다는 상황 하에서, 50 단위를 임의로 추출하였다.

(a) 50개 단위에서 총 결점의 수가 110보다 작을 확률을 구하여라.

(b) 50개 단위에서 6개 이상의 결점을 갖는 제품이 2개 이상일 확률을 구하여라.

3.7-22 어떤 길이가 1야드인 테이프의 결점의 수 X는 평균이 0.3인 Poisson 분포를 따른다. 임의로 $n=100$개의 테이프를 추출하여 총 결점의 수 Y를 구하는 경우 $P(Y \leq 25)$의 근사값을 구하여라.

제3장 맺음말

확률을 배경으로 어떻게 p.d.f.가 만들어지는지에 대해 예를 들어 설명하고자 한다. 먼저 Gamma 분포를 고려해 보자.

시구간(time interval)을 포함한 평균이 λ인 Poisson 과정(2장 맺음말에서 설명)에서 T는 r번째 변화가 일어나기까지의 대기시간이라 하자. $t>0$에 대해 T의 분포함수는

$$F(t)=P(T\le t)=1-P(T>t)=1-\sum_{k=0}^{r-1}\frac{(\lambda t)^k e^{-\lambda t}}{k!}$$

이다. 이 식에서 뒷 부분의 합은 구간 $[0,t]$에서 변화가 r보다 작을 확률을 나타낸다. $F(t)$를 미분한 결과는 T의 p.d.f. 즉,

$$f(t)=\lambda^r t^{r-1}e^{-\lambda t}/(r-1)!,\quad 0<t<\infty$$

이며, 이것은 $\theta=1/\lambda$이고 $\alpha=r$인 Gamma 분포의 p.d.f.이다. 따라서 이 p.d.f.를 어떤 가정 하의 대기 시간에 대한 적절한 p.d.f.로 생각할 수 있다.

물론 $\alpha=1$이면 지수분포의 p.d.f.

$$f(t)=(1/\theta)e^{-t/\theta},\qquad 0<t<\infty$$

가 된다. 이 경우 실패율(위험율, 사망력)

$$\frac{f(x)}{1-F(x)}=\frac{(1/\theta)e^{-t/\theta}}{1-(1-e^{-t/\theta})}=\frac{1}{\theta}$$

이 상수값을 갖는 것은 흥미롭다. 이것은 사람들의 수명이 지수분포를 따른다면 젊은 사람이 내년에 사망할 확률과 노인이 내년에 사망할 확률이 같다는 것을 의미한다. 젊은 사람의 잔여수명이 길게되게 하려면 $1/\theta$은 작게 즉, θ를 크게 해야 한다. 그러나 불행히도 제품이나 사람에 대한 실패율은 시간에 따라 증가하는 것이 보통이다.

실패율이 $\alpha x^{\alpha-1}/\beta^\alpha, \alpha>1, \beta>0$인 경우 간단한 미분방정식을 풀어 **와이블**(Weibull)분포의 p.d.f.를 유도할 수 있는데,

$$f(x) = \frac{\alpha x^{\alpha-1}}{\beta^{\alpha}} e^{-(x/\beta)^{\alpha}}, \quad 0 < x < \infty$$

이다. 이 식에서, 공산품의 수명에 대한 좋은 모형은 α 값이 3인 경우를 자주 사용한다. 반면 보험통계 분야에서 인간의 연령별 사망률을 나타내는 사망력(force of mortality)은 ae^{bx}, $a > 0, b > 0$와 같은 지수분포를 따르며 이로부터 **곰베르츠**(Gompertz) p.d.f.를 유도할 수 있다.

$$f(x) = ab^{bx} e^{-(1/b)(e^{bx}-1)}, \quad 0 < x < \infty$$

예를 들면 남성의 사망력이 매년 10%씩 증가한다면 일 년 안에 남성이 사망할 확률이 매 72/10= 7.2년마다 두 배가 된다(72의 법칙). 5살짜리 남아의 사망력은 약 0.00004정도로 아주 낮다. 즉 5살 소년이 일 년 안에 사망할 확률은 약 100,000명 당 4명이다. 그러나, 이 확률은 미네소타, 네브라스카, 켄터키, 워싱턴 DC 등 미국의 22개주에서 연합으로 발행하는 로토식 복권인 “power ball”에 당첨될 확률보다는 더 크다.

CHAPTER

4

통계적 추론의 응용

4.1 필요한 몇 가지 기본 정리

신뢰구간을 추정하는 일과 같은 통계적 추론을 수행하기 위해서는 이 절에서 설명하는 추가적인 내용을 이해하는 것이 좋다. 이들 중 일부는 6장에서 증명하겠으며, 이 장에서는 이론에 대한 설명과 이와 관련한 예제들을 제시하고자한다.

정리 4.1-1 $X_1, X_2, \cdots, X_n$이 독립이고 각각 자유도가 $r_1, r_2, \ldots, r_n$인 χ^2 확률변수라 하자. 그러면 $Y = X_1 + X_2 + \cdots + X_n$은 자유도가 $r_1 + r_2 + \cdots + r_n$인 카이제곱 분포를 따른다.

예제 4.1-1 세 개의 확률변수 X_1, X_2, X_3이 독립이고 각각 자유도가 $r_1 = 2$, $r_2 = 5$, $r_3 = 4$인 카이제곱 분포를 따른다고 하자. 그러면 $Y = X_1 + X_2 + X_3$는 $\chi^2(11)$이 되고 부록의 표 Ⅵ로부터 $P(Y < 19.68) = 0.95$임을 알 수 있다.

정리 4.1-2 $X_1, X_2, \cdots, X_n$이 독립이고 각각 평균이 $\mu_1, \mu_2, \ldots, \mu_n$이며 분산이 $\sigma_1^2, \sigma_2^2, \ldots,$

σ_n^2인 정규분포를 따른다고 하자. 그러면 확률변수 $Y=\sum_{i=1}^{n} a_i X_i$는 평균이 $\mu_Y=\sum_{i=1}^{n} a_i \mu_i$이고 분산이 $\sigma_Y^2=\sum_{i=1}^{n} a_i^2 \sigma_i^2$인 정규분포를 따른다.

예제 4.1-2 세 개의 확률변수 X_1, X_2, X_3이 독립이고 평균이 각각 $\mu_1=4$, $\mu_2=-5$, $\mu_3=2$이며 분산이 각각 $\sigma_1^2=4$, $\sigma_2^2=16$, $\sigma_3^2=9$인 정규분포를 따른다고 하자. 그러면 확률변수 $Y=X_1-X_2$는 평균이 $\mu_Y=(1)(4)+(-1)(-5)=9$이고 분산이 $\sigma_Y^2=(1)^2(4)+\ (-1)^2(16)=20$ 인 정규분포를 따른다. 또한 $Z=X_1+X_2+X_3$는 평균이 $\mu_Z=4+(-5)+2=1$이고 분산이 $\sigma^2=4+16+9=29$인 정규분포를 따른다.

정리 4.1-3 $N(\mu,\sigma^2)$ 분포로부터 크기 n인 확률표본의 평균과 분산을 각각 $\overline{X}$와 S^2이라 하자. 그러면 $\overline{X}$와 S^2은 독립이며 $\overline{X}$는 $N(\mu,\sigma^2/n)$인 분포를 따르고 $\dfrac{(n-1)s^2}{\sigma^2}$는 $\chi^2(n-1)$인 분포를 따른다.

예제 4.1-3 $N(\mu,\sigma^2)$인 분포로부터의 확률표본을 $X_1, X_2, \cdots, X_n$이라 하자. 3.4절에서 $(X_i-\mu)^2/\sigma^2$은 $\chi^2(1)$, $i=1,2,\ldots,n$임을 설명한 바 있다. 정리 4.1－1부터 n개의 독립인 χ^2 확률변수의 합 $\sum_{i=1}^{n}(X_i-\mu)^2/\sigma^2$은 $\chi^2(n)$인 분포를 따른다. 정리 4.1－3으로부터 만일 μ를 $\overline{X}$로 대체한다면 $(n-1)S^2/\sigma^2=\sum_{i=1}^{n}(X_i-\overline{X})/\sigma^2$는 $\chi^2(n-1)$인 분포를 따른다. 즉 χ^2 확률변수의 모수를 추정량으로 대체하면 자유도 1개가 감소하게 되는데, 이를 다음과 같이 일반화시킬 수 있다. 만일 $\chi^2(r)$ 분포에서 p개의 모수($p<r$)가 추정량으로 대체된다면 자유도가 $r-p$인 카이제곱 분포를 따르게 된다.

본 절을 끝내기 전에 통계적 추론에서 필요한 두 개의 중요한 분포에 대해 생각해 보자. 여기서는 분포를 유도하는 대신 두 확률변수에 대한 정의를 제시하고자한다. T와 F 확률변수에 대한 일부 확률값을 표 Ⅵ와 Ⅶ에 제시하였고, T와 F 분포에 대한 p.d.f.와 그래프를 예제 5.2 − 12와 5.2 − 13에 제시한 바 있다. T를

$$T = \frac{Z}{\sqrt{U/r}}$$

라 하자. 여기서 Z는 $N(0,1)$ 분포를 따르고 U는 $\chi^2(r)$ 분포를 따르며 Z와 U는 독립이다. 이 경우 T는 자유도가 r인 Student t 분포를 따른다고 한다. 예를 들면, 만일 $r = 10$이면 부록의 표 Ⅵ로부터 $P[T \le 2.764] = 0.99$이다. 일반적으로 표 Ⅵ로부터 $P[T > t_\alpha(r)] = \alpha$인 $t_\alpha(r)$을 구할 수 있다.

예제 4.1-4 (예제 4.1 − 3계속) 정리 4.1 − 3에서 $\overline{X}$가 $N(\mu, \sigma^2/n)$이면 $\dfrac{\overline{X} - \mu}{\sigma/\sqrt{n}}$는 $N(0,1)$을 따른다. 물론 $(n-1)S^2/\sigma^2$은 $\chi^2(n-1)$이고 $\overline{X}$와 S^2은 독립이다. 따라서

$$T = \frac{\dfrac{\overline{X} - \mu}{\dfrac{\sigma}{\sqrt{n}}}}{\sqrt{\dfrac{(n-1)S^2}{\sigma^2} \Big/ (n-1)}} = \frac{\overline{X} - \mu}{S\sqrt{n}}$$

는 자유도가 $n-1$인 Student t 분포를 따른다.

$$F = \frac{U_1/r_1}{U_2/r_2}$$

이라 하자. 여기서 U_i는 $\chi^2(r_i)$, $i = 1,2$이고 U_1과 U_2는 독립이다. 이 경우 F는 자유도가 r_1과 r_2인 Fisher의 F 분포(또는 Snedecor의 F)를 따른다고 하고 $F(r_1, r_2)$로 나타낸다. 예를 들면 $r_1 = 5$이고 $r_2 = 10$인 경우 부록의 표 Ⅶ로부터 $P(F \le 4.24) = 0.975$이고 $P(F > 5.64) = 0.01$이다. 일반적으로 주어진 α값에 대해 $P(F > F_\alpha) = \alpha$인 F_α를 구할 수 있다.

예제 4.1-5 독립인 두 모집단 $N(\mu_X, \sigma_X^2)$과 $N(\mu_Y, \sigma_Y^2)$로부터 추출한 확률표본을 각각 $X_1, X_2, \cdots, X_n$ 과 $Y_1, Y_2, \cdots, Y_m$이라 하자. 정리 4.1-3으로부터 $(n-1)S_X^2/\sigma_X^2$은 $\chi^2(n-1)$이고 $(m-1)S_Y^2/\sigma_Y^2$은 $\chi^2(m-1)$인데, X와 Y가 독립이므로 두 확률변수가 독립임을 알 수 있다. 따라서

$$F = \frac{\dfrac{(n-1)S_X^2}{\sigma_X^2(n-1)}}{\dfrac{(m-1)S_Y^2}{\sigma_Y^2(m-1)}} = \frac{S_X^2\sigma_Y^2}{S_Y^2\sigma_X^2}$$

는 자유도가 $n-1$과 $m-1$인 F 분포를 따른다.

연습문제 4.1

4.1-1 X_1과 X_2가 독립이고 각각 자유도가 $r_1 = 4$이고 $r_2 = 2$인 카이제곱 분포를 따른다고 하자.

(a) $P(2.204 < X_1 + X_2 < 16.81)$를 구하여라.

(b) $P(12.59 < X_1 + X_2)$를 구하여라.

4.1-2 X_1과 X_2가 독립인 확률변수라고 하자. $Y = X_1 + X_2$ 는 $\chi^2(14)$이고 X_1은 $\chi^2(3)$이라고 하자.

(a) X_2의 분포는 무엇인가?

(b) $P(3.053 < X_2 < 24.72)$를 구하여라.

4.1-3 X_1과 X_2가 독립인 확률변수이고 각각 $N(\mu_1 = 3, \sigma_1^2 = 9)$와 $N(\mu_2 = 6, \sigma_2^2 = 16)$인 분포를 따른다고 한다. $Y = X_1 - X_2$일 때 $P(-10 < Y < 5)$을 구하여라.

4.1-4 어떤 절차를 완성하기 위해서는 연속된 세 개의 확률적 단계가 필요하다고 하자. 각 단계의 평균과 표준편차는 $\mu_1 = 6$시간, $\mu_2 = 4$시간, $\mu_3 = 5$시간, $\sigma_1 = 2$시간, $\sigma_2 = 2$시간, $\sigma_3 = 3$시간이다. 각 단계에 필요한 시간은 독립이고 정규분포를 따른다고 가정할 때, 모든 절차를 완성하는 데 20시간 보다 적게 걸릴 확률을 구하여라.

4.1-5 정규분포 $N(\mu, \sigma^2)$으로부터 $n=16$인 확률표본의 평균과 분산을 $\overline{X}$와 S^2이라 하자.

(a) 표 Ⅵ로부터

$$P\left(-d < \frac{\overline{X}-\mu}{S/\sqrt{16}} < d\right) = 0.95$$

이 되는 d를 구하여라.

(b) (a) 부분의 부등식을 다시 쓰면 다음과 같다.

$$P[u(\overline{X}, S) < \mu < v(\overline{X}, S)] = 0.95$$

μ에 대한 95% 신뢰구간을 얻기 위한 $u(\overline{X}, S)$와 $v(\overline{X}, S)$를 구하여라.

4.1-6 (예제 4.1 − 5 계속) 예제 4.1 − 5에서 $\sigma_X^2 = \sigma_Y^2 = \sigma^2$이라고 하자. σ^2은 미지의 모수이다.

(a) $\overline{X}$는 $N(\mu_X, \sigma^2/n)$이고 $\overline{Y}$는 $N(\mu_Y, \sigma^2/m)$ 분포를 따른다면, $\overline{X}-\overline{Y}$가 $N[\mu_X-\mu_Y, \ \sigma^2(1/n+1/m)]$ 임을 보여라.

(b) $[(n-1)S_X^2+(m-1)S_Y^2]/\sigma^2$가 $\chi^2(n+m-2)$ 임을 보여라.

(c) 확률변수

$$T = \frac{\dfrac{\overline{X}-\overline{Y}-(\mu_X-\mu_Y)}{\sqrt{\sigma^2(1/n+1/m)}}}{\sqrt{\dfrac{[(n-1)S_X^2+(m-1)S_Y^2]/\sigma^2}{n+m-2}}}$$

가 자유도 $n+m-2$인 Student t 분포를 따름을 보여라. T식에서 σ는 삭제할 수 있다.

4.1-7 (예제 4.1 − 6 계속) 예제 4.1 − 6에서 $n=8$, $m=10$이라 하자.

(a) 표 Ⅵ로부터 $P(-d < T < d) = 0.90$인 d를 구하여라.

(b) (a)의 식을 $\mu_X-\mu_Y$가 포함되는 부등식으로 다시 써라.

(c) $\overline{x}=7.3$, $s_x=12.7$, $\overline{y}=6.4$, $s_y=10.3$이라고 하자. $\mu_X-\mu_Y$의 90% 신뢰구간을 구하여라.

(d) σ_X^2과 σ_Y^2이 같지 않다고 하자. 예제 4.1 − 5의 F를 사용하여

$$P(c < F < d) = 0.95, \ P(F < d) = 0.975$$

를 만족하는 c와 d를 표 Ⅷ로부터 구하여라.

Hint $P(c < F) = P(1/c > 1/F) = 0.975$이며 $1/F$는 $F(m-1, n-1)$ 분포를 따른다.

(e) $P(c < F < d) = 0.95$를 $P[u(S_X^2, S_Y^2) < \sigma_Y^2/\sigma_X^2 < v(S_X^2, S_Y^2)] = 0.95$ 형태로 다시 써라.

(f) (c)에 있는 값을 사용하여 σ_Y^2/σ_X^2의 95% 신뢰구간을 구하여라.

4.2 χ^2, F, T를 사용한 신뢰구간

이 절에서는 모든 표본들이 정규모집단으로부터 추출되었다고 가정한다. 그러나 실제 상황에서는 항상 정규성의 가정이 성립하기 어려우며, 이론을 적용하기 전에 모집단이 적어도 근사 정규분포를 따르는지 정도는 확인하는 것이 좋다.

정리 4.1-3으로부터 σ^2의 신뢰구간을 구하기 위하여 $W = (n-1)S^2/\sigma^2$이 $\chi^2(n-1)$ 분포를 따른다는 사실을 이용했다. 부록의 표 Ⅳ를 이용하여 자유도가 $n-1$일 때

$$P\left(a \le \frac{(n-1)S^2}{\sigma^2} \le b\right) = 1-\alpha$$

를 만족하는 a와 b를 선택하는 방법을 학습하였다. 여기서 $P(W \le a) = P(W \ge b) = \alpha/2$이고 $a = \chi^2_{1-\alpha/2}(n-1)$, $b = \chi^2_{\alpha/2}(n-1)$을 나타낸다. ($\chi^2_p(r)$은 $\chi^2(r)$ 확률변수에서 오른쪽 확률이 p인 절단점을 나타낸다.) 부등식을 풀면

$$\begin{aligned} 1-\alpha &= P\left(\frac{a}{(n-1)S^2} \le \frac{1}{\sigma^2} \le \frac{b}{(n-1)S^2}\right) \\ &= P\left(\frac{(n-1)S^2}{b} \le \sigma^2 \le \frac{(n-1)S^2}{a}\right) \end{aligned}$$

이 된다. 따라서 확률구간 $[(n-1)S^2/b, (n-1)S^2/a]$가 미지의 σ^2을 포함할 확률은 $1-\alpha$이다. $X_1, X_2, \ldots, X_n$의 실현값으로 $x_1, x_2, \ldots, x_n$을 얻고, 표본분산 s^2을 계산하면 $[(n-1)s^2/b, (n-1)s^2/a]$은 σ^2에 대한 $100(1-\alpha)\%$ 신뢰구간이 된다. 따라서 표준편차 σ에 대한 $100(1-\alpha)\%$ 신뢰구간은

$$\left[\sqrt{\frac{(n-1)s^2}{b}}, \sqrt{\frac{(n-1)s^2}{a}}\right] = \left[\sqrt{\frac{n-1}{b}}s, \sqrt{\frac{n-1}{a}}s\right]$$

$$= \left[\sqrt{\frac{n-1}{\chi^2_{\alpha/2}(n-1)}}s, \sqrt{\frac{n-1}{\chi^2_{1-\alpha/2}(n-1)}}s\right]$$

이다.

예제 4.2-1 Maxico에서 서식하는 Guardiola 종류의 씨앗이 발아하는 데 걸리는 시간(일)은 $N(\mu,\sigma^2)$을 따른다고 가정한다. 발아시간의 표준편차에 대한 구간추정을 하기 위해 얇은 잎을 갖는 종자에서 $n=13$개의 확률표본을 추출하여 계산한 결과, $\overline{x}=18.97$일과 $12s^2=\sum_{i=1}^{13}(x_i-\overline{x})^2=128.41$일을 얻었다. 부록의 표 Ⅳ로부터 $5.226=\chi^2_{0.95}(12)$이고 $21.03=\chi^2_{0.05}(12)$이므로 σ^2에 대한 90% 신뢰구간은

$$\left[\frac{128.41}{21.03}, \frac{128.41}{5.226}\right] = [6.11, 24.57]$$

이다. 또한, σ에 대한 90% 신뢰구간은

$$[\sqrt{6.11}, \sqrt{24.57}] = [2.47, 4.96]$$

이다.

두 개의 정규분포로부터 두 개의 분산을 비교할 때가 있다. 이 경우에는 S_X^2/σ_X^2과 S_Y^2/σ_Y^2의 비율을 이용하여 σ_X^2/σ_Y^2에 대한 신뢰구간을 구하여 비교할 수 있다. 여기서 S_X^2과 S_Y^2은 $N(\mu_X, \sigma_X^2)$과 $N(\mu_Y, \sigma_Y^2)$으로부터 각각 표본크기 n과 m인 표본을 추출했을 때의 표본분산을 나타낸다. 그러나 이들의 역을 다음과 같이 나타낼 수 있다.

$$\frac{\dfrac{S_Y^2}{\sigma_Y^2}}{\dfrac{S_X^2}{\sigma_X^2}} = \frac{\left[\dfrac{(m-1)S_Y^2}{\sigma_Y^2}\right] \Big/ (m-1)}{\left[\dfrac{(n-1)S_X^2}{\sigma_X^2}\right] \Big/ (n-1)}$$

$(m-1)S_Y^2/\sigma_Y^2$과 $(n-1)S_X^2/\sigma_X^2$은 각각 독립이고 자유도가 $(m-1)$,

$(n-1)$인 카이제곱 분포를 따르기 때문에 예제 4.1－5로부터 이들 비의 분포는 $F(m-1,\, n-1)$을 따른다. 즉

$$F=\frac{\dfrac{(m-1)S_Y^2}{\sigma_Y^2(m-1)}}{\dfrac{(n-1)S_X^2}{\sigma_X^2(n-1)}}=\frac{\dfrac{S_Y^2}{\sigma_Y^2}}{\dfrac{S_X^2}{\sigma_X^2}}$$

는 자유도가 $r_1=m-1$과 $r_2=n-1$인 F 분포를 따른다. 즉 이 비를 σ_X^2/σ_Y^2에 대한 신뢰구간을 구하는데 사용할 수 있다.

신뢰구간을 구하기 위해 부록의 표 Ⅶ로부터

$$\begin{aligned}1-\alpha &= P\left(c\le \frac{S_Y^2/\sigma_Y^2}{S_X^2/\sigma_X^2}\le d\right)\\ &= P\left(c\frac{S_X^2}{S_Y^2}\le \frac{\sigma_X^2}{\sigma_Y^2}\le d\frac{S_X^2}{S_Y^2}\right)\end{aligned}$$

을 만족하는 c와 d를 구한다. 표 Ⅶ에서 제공하는 확률이 제한적이기 때문에 일반적으로 $c=F_{1-\alpha/2}(m-1,n-1)=1/F_{\alpha/2}(n-1,m-1)$로 $d=F_{\alpha/2}(m-1,n-1)$을 사용한다. (연습문제 4.1－7 (d) 참고.) 만일 s_x^2과 s_y^2이 각각 S_X^2과 S_Y^2의 관측값이면, 분산비 σ_X^2/σ_Y^2에 대한 $100(1-\alpha)\%$ 신뢰구간은

$$\left[\frac{1}{F_{\alpha/2}(n-1,m-1)}\frac{s_x^2}{s_y^2},\ F_{\alpha/2}(m-1,\, n-1)\frac{s_x^2}{s_y^2}\right]$$

이다. 구간의 양 끝점에 제곱근을 취하여 σ_X/σ_Y의 $100(1-\alpha)\%$ 신뢰구간을 구할 수 있다.

예제 4.2-2 예제 4.2－1에서 사용했던 σ^2을 σ_X^2으로 나타냈으며 $(n-1)s_x^2=12s^2=128.41$이다. 넓은 잎을 갖는 종에서 씨앗이 발아하는 데 걸리는 시간은 $N(\mu_Y,\, \sigma_Y^2)$을 따른다고 가정한다. 씨앗 $m=9$개 확률표본의 평균은 $\bar{y}=23.20$이고

$$8s_y^2=\sum_{i=1}^{9}(y_i-\bar{y})^2=36.72$$

이다. $F_{0.01}(12,8)=5.67$ 이고 $F_{0.01}(8,12)=4.50$이므로 σ_X^2/σ_Y^2 에 대한 98% 신뢰구간은

$$\left[\left(\frac{1}{5.67}\right)\frac{(128.41)/12}{(36.72)/8},\ (4.50)\frac{(128.41)/12}{(36.72)/8}\right]=[0.41,\ 10.49]$$

이다. 따라서 σ_X/σ_Y에 대한 98% 신뢰구간은

$$[\sqrt{0.41},\sqrt{10.49}]=[0.64, 3.24]$$

이다.

비록 두 분포의 분산 또는 표준편차의 비에 대한 신뢰구간을 구하는 방법을 설명하였으나 일반적으로 구간의 폭이 크므로 별로 유용하지 못하고 정확도도 떨어진다. 이는, 모집단 분포가 정규분포와 많이 다를 경우 신뢰계수가 정밀하지 못하기 때문이다. 예를 들면 $(n-1)S^2/\sigma^2$의 분포는 $\chi^2(n-1)$과 다를 수도 있다.

앞에서 표준편차 σ의 값을 알고 있다고 가정하는 경우 정규분포의 μ에 대한 신뢰구간과 σ값을 알지 못하는 경우 표본 크기가 큰 경우 μ에 대한 신뢰구간을 구한 바 있다. 그러나 실제 응용에서는 표본의 크기가 작고 대부분의 경우 표준편차의 값을 알지 못한다. 예를 들면 전구 제조업자는 과거의 경험으로부터 다양한 전구의 수명에 대한 표준편차 값을 알 수도 있겠으나 대부분의 경우 조사자는 평균보다 표준편차에 대한 정보가 많지 않다. 이러한 경우에 신뢰구간 추정을 어떻게 하는지 알아보자.

만일 확률표본이 정규분포로부터 추출되었다면 예제 4.1-4의 결과로부터

$$T=\frac{\dfrac{\overline{X}-\mu}{\sigma/\sqrt{n}}}{\sqrt{\dfrac{(n-1)S^2}{\sigma^2}\Big/(n-1)}}=\frac{\overline{X}-\mu}{S/\sqrt{n}}$$

는 자유도가 $r=n-1$인 t분포를 따른다. 여기서 $Z=(\overline{X}-\mu)/(\sigma/\sqrt{n})$는 $N(0,1)$인 분포를 따르고, $W=(n-1)S^2/\sigma^2$은 $\chi^2(n-1)$ 분포를 따르며 Z와 W는 독립이다.

$P[T \geq t_{\alpha/2}(n-1)] = \alpha/2$가 되는 $t_{\alpha/2}(n-1)$을 선택하면

$$1-\alpha = P\left[-t_{\alpha/2}(n-1) \leq \frac{\overline{X}-\mu}{S/\sqrt{n}} \leq t_{\alpha/2}(n-1)\right]$$

$$= P\left[-t_{\alpha/2}(n-1)\left(\frac{S}{\sqrt{n}}\right) \leq \overline{X}-\mu \leq t_{\alpha/2}(n-1)\left(\frac{S}{\sqrt{n}}\right)\right]$$

이다. 확률표본의 관측값으로부터 $\overline{X}$와 S^2의 실현값인 $\overline{x}$와 s^2을 계산할 수 있으며, 따라서 μ에 대한 $100(1-\alpha)\%$ 신뢰구간은 위 식을 정리하여 얻을 수 있는데,

$$\left[\overline{x}-t_{\alpha/2}(n-1)\left(\frac{s}{\sqrt{n}}\right),\ \overline{x}+t_{\alpha/2}(n-1)\left(\frac{s}{\sqrt{n}}\right)\right]$$

이다.

예제 4.2-3 암소가 첫 번째와 두 번째 송아지를 낳는 기간 사이에 생산되는 우유에서 버터지방의 양(파운드)을 X라 하자. X의 분포는 $N(\mu, \sigma^2)$이라 가정하자. 농부는 μ를 추정하기 위하여 $n=20$마리의 암소가 생산해내는 버터지방의 양을 측정하여 다음의 자료를 얻었다.

481	537	513	583	453	510	570	500	457	555
618	327	350	643	499	421	505	637	599	392

이 자료에 대해 $\overline{x}=507.50$, $s=89.75$이다. 따라서 μ의 점 추정값은 $\overline{x}=507.50$이다. $t_{0.05}(19)=1.729$이므로 μ에 대한 90% 신뢰구간은

$$507.50 \pm 1.729\left(\frac{89.75}{\sqrt{20}}\right)$$

이거나, 507.50 ± 34.70 또는 $[472.80,\ 542.20]$이다.

T가 자유도 $n-1$인 t분포를 갖는다고 하자. 그러면 $t_{\alpha/2}(n-1) > z_{\alpha/2}$이다. 결과적으로 구간 $\overline{x} \pm z_{\alpha/2}(\sigma/\sqrt{n})$는 구간 $\overline{x} \pm t_{\alpha/2}(n-1)(s/\sqrt{n})$ 보다 좁다는 것을 예상할 수 있다. 결국 정규분포를 이용한 구간에서는 σ에 대한 정보를 더 갖고 있는 경우이며, t분포를 이용한 구간의 길이는 s값에 따라 변함을 알 수 있다. 그러나 일반적으로 두 구간의 길이를 비교하면 $\overline{x} \pm z_{\alpha/2}(\sigma/\sqrt{n})$이 더 짧다. (연습문제 4.2−10 참고.)

예제 4.2-4 σ 값을 알고 있는 경우와 모르고 있는 경우에 신뢰구간을 비교하기 위하여 $N(50,16)$ 분포로부터 크기 $n=5$인 표본을 50개 추출하였다. 크기가 5인 표본 각각에 대해 $\sigma=4$를 알고 있는 경우 90% 신뢰구간 $\bar{x}\pm 1.645(4/\sqrt{5})$를 계산하였다. 그림 4.2-1(a)에 이 50개의 신뢰구간을 표시하였다. 같은 자료에 대해 σ를 모른다고 가정하고 $\bar{x}\pm 2.132(s/\sqrt{5})$를 사용하여 90% 신뢰구간을 계산하고, 이 신뢰구간을 그림 4.2-1(b)에 표시하였다. z를 사용한 구간의 길이는 모두 같은 반면 t를 이용한 구간의 길이는 표본에 따라 다름을 알 수 있다. 어떤 t 구간의 길이는 대응하는 z 구간보다 길거나 짧다. t 구간의 평균 길이는 7.339인 반면 z 구간의 평균 길이는 5.885이다. t 구간의 기대 길이는 7.169이다. z 구간의 경우 43개(86%)의 구간이 $\mu=50$을 포함하는 반면 t 구간은 45개(90%)가 평균을 포함하였다. 만일 이 모의실험을 계속하여 반복 실시한다면 결과는 다르게 나올 것이다. 그러나 약 90%의 구간은 평균을 포함하게 될 것이다.

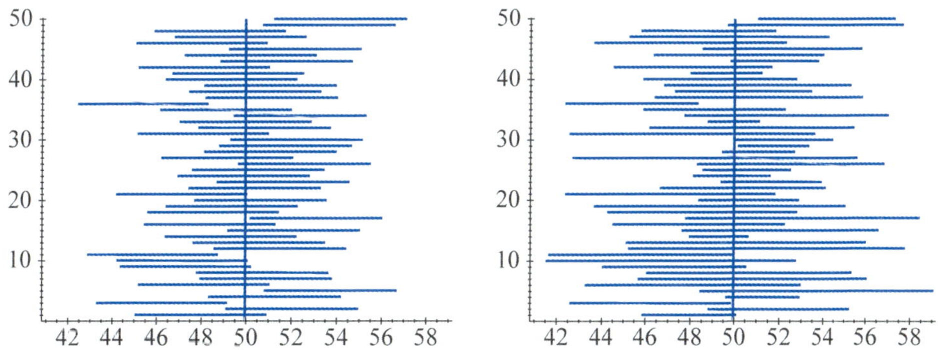

(a) z 구간들, σ를 알고 있는 경우 (b) t 구간들, σ를 모르는 경우

그림 4.2-1 μ에 대한 90% 신뢰구간

만일 모집단 분포가 정규분포이고 μ와 σ 값을 모른다고 가정하면, 근사 t 분포를 갖는

$$T=\frac{\overline{X}-\mu}{S/\sqrt{n}}$$

를 이용하여 μ에 대한 근사 신뢰구간을 구할 수 있다. 일반적으로 많은 비정규

분포, 특히 연속형의 대칭, 단봉 분포에 대해 이 근사를 이용할 경우 아주 신뢰도가 높으나, 분포의 비대칭도가 크면 이 근사법을 사용하는 것은 비효율적이다.(연습문제 5.3－11 참조.) 이러한 경우에는 분포의 중위수에 대한 비모수 검정을 사용하는 것이 더 정확도가 높을 것이다. 이 방법은 4.9절에서 설명하겠다.

지금까지는 소위 μ에 대한 **양측신뢰구간(two-sided confidence intervals)**에 대해 설명했는데, 경우에 따라 μ에 대한 상한 또는 하한만을 추정하는 경우도 있다.

$\overline{X}$를 정규분포 $N(\mu,\sigma^2)$으로부터 크기 n인 확률표본의 평균이라 하자. 여기서, σ^2을 알고 있다고 하면 신뢰하한은

$$P\left(\frac{\overline{X}-\mu}{\sigma/\sqrt{n}} \le z_\alpha\right)=1-\alpha$$

또는

$$P\left[\overline{X}-z_\alpha\left(\frac{\sigma}{\sqrt{n}}\right)\le \mu\right]=1-\alpha$$

이다. 일단 $\overline{X}$의 값으로 $\overline{x}$를 사용하면 μ에 대한 $100(1-\alpha)\%$ **단측신뢰구간(one-sided confidence interval)**은 $[\,\overline{x}-z_\alpha(\sigma/\sqrt{n}),\ \infty)$이다. 즉 신뢰계수 $1-\alpha$로 μ에 대한 하한은 $\overline{x}-z_\alpha(\sigma/\sqrt{n})$이다. 유사하게 $(-\infty,\ \overline{x}+z_\alpha(\sigma/\sqrt{n})]$도 μ에 대한 단측신뢰구간이며 신뢰계수 $1-\alpha$로 μ에 대한 상한을 제공한다.

만일 σ를 모른다면 μ에 대한 신뢰구간의 하한과 상한을 구하기 위해 $T=(\overline{X}-\mu)/(S/\sqrt{n})$를 사용하면 신뢰구간의 하한과 상한은 각각 $\overline{x}-t_\alpha(n-1)(s/\sqrt{n})$와 $\overline{x}+t_a(n-1)(s/\sqrt{n})$이다.

다음은 두 정규분포에서 분산을 모르고 표본크기가 작은 경우 평균 차이에 대한 신뢰구간을 구하는 방법에 대해 알아보자. $X_1,X_2,\ldots,X_n$과 $Y_1,Y_2,\ldots,Y_m$이 각각 분포 $N(\mu_X,\sigma_X^2)$와 $N(\mu_Y,\sigma_Y^2)$에서 추출된 독립인 확률표본이라 하자. 만일 표본크기가 30보다 작은 경우이면 이 문제는 어려울 수 있다. 그러

나 이 경우라 할지라도 두 분산이 미지의 공통분산과 같을 경우 즉, $\sigma_X^2 = \sigma_Y^2 = \sigma^2$이면 다음 식을 이용할 수 있다.

$$Z = \frac{\overline{X} - \overline{Y} - (\mu_X - \mu_Y)}{\sqrt{\sigma^2/n + \sigma^2/m}}$$

는 $N(0,1)$ 분포를 따르고, 또한 확률표본들이 독립이므로

$$U = \frac{(n-1)S_X^2}{\sigma^2} + \frac{(m-1)S_Y^2}{\sigma^2}$$

는 두 개의 독립인 χ^2 변수의 합이며 따라서 U는 $\chi^2(n+m-2)$ 분포를 따른다. 또한 표본 평균과 표본분산이 독립이므로 Z와 U는 독립이다. T 확률변수의 정의에 따라

$$T = \frac{Z}{\sqrt{U/(n+m-2)}}$$

는 자유도가 $n+m-2$인 t분포를 따른다. 즉

$$T = \frac{\dfrac{\overline{X} - \overline{Y} - (\mu_X - \mu_Y)}{\sqrt{\sigma^2/n + \sigma^2/m}}}{\sqrt{\left[\dfrac{(n-1)S_X^2}{\sigma^2} + \dfrac{(m-1)S_Y^2}{\sigma^2}\right/ (n+m-2)\Bigg]}}$$

$$= \frac{\overline{X} - \overline{Y} - (\mu_X - \mu_Y)}{\sqrt{\left[\dfrac{(n-1)S_X^2 + (m-1)S_Y^2}{n+m-2}\right]\left[\dfrac{1}{n} + \dfrac{1}{m}\right]}}$$

는 자유도가 $r = n+m-2$인 t분포를 따른다. 따라서 $t_0 = t_{\alpha/2}(n+m-2)$라고 하면

$$P(-t_0 \le T \le t_0) = 1 - \alpha$$

이다. $\mu_X - \mu_Y$에 대해 부등식을 풀면

$$P\left(\overline{X} - \overline{Y} - t_0 S_p\sqrt{\frac{1}{n} + \frac{1}{m}} \le \mu_X - \mu_Y \le \overline{X} - \overline{Y} + t_0 S_p\sqrt{\frac{1}{n} + \frac{1}{m}}\right)$$

이며 여기서 공통인 표준편차의 **합동추정량**(pooled estimator)은

$$S_p = \sqrt{\frac{(n-1)S_X^2 + (m-1)S_Y^2}{n+m-2}}$$

이다. 만일 $\bar{x}$, $\bar{y}$와 s_p가 $\bar{X}$, $\bar{Y}$, S_p의 관측값이라고 하면 모평균의 차이 $\mu_X - \mu_Y$에 대한 $100(1-\alpha)\%$ 신뢰구간은

$$\left[\bar{x} - \bar{y} - t_0 s_p\sqrt{\frac{1}{n} + \frac{1}{m}},\ \bar{x} - \bar{y} + t_0 s_p\sqrt{\frac{1}{n} + \frac{1}{m}}\right]$$

이다.

예제 4.2-5 두 고등학교 X와 Y에서 치른 수학시험 점수가 각각 $N(\mu_X, \sigma^2)$과 $N(\mu_Y, \sigma^2)$을 따르고 σ^2은 모른다고 하자. X 고등학교에서 $n=9$명의 학생들을 추출했을 때 확률표본의 평균과 분산은 $\bar{x} = 81.31$, $s_x^2 = 60.76$이고 Y 고등학교에서 $m=15$명의 학생들을 추출했을 때 $\bar{y} = 78.61$, $s_y^2 = 48.24$이다. $t_{0.025}(22) = 2.074$이므로, 평균의 차 $\mu_X - \mu_Y$ 에 대한 95% 신뢰구간의 양 끝점은

$$(81.31 - 78.61) \pm 2.074\sqrt{\frac{8(60.76) + 14(48.24)}{22}}\sqrt{\frac{1}{9} + \frac{1}{15}}$$

이다. 즉 95% 신뢰구간은 $[-3.65, 9.05]$이다.

만일 분산 σ_X^2과 σ_Y^2을 알고 있거나 표본크기가 충분히 크면 $s_x^2 \approx \sigma_X^2$이고 $s_y^2 \approx \sigma_Y^2$ 이므로

$$\frac{\bar{X} - \bar{Y} - (\mu_X - \mu_Y)}{\sqrt{\sigma_X^2/n + \sigma_Y^2/m}} \quad \text{및} \quad \frac{\bar{X} - \bar{Y} - (\mu_X - \mu_Y)}{\sqrt{S_X^2/n + S_Y^2/m}}$$

는 각각 $N(0,1)$ 분포와 근사 $N(0,1)$ 분포를 따른다는 사실을 이용하여 $\mu_X - \mu_Y$의 신뢰구간을 구할 수 있다. 각 경우에서 신뢰구간은

$$\bar{x} - \bar{y} \pm z_{\alpha/2}\sqrt{\frac{\sigma_X^2}{n} + \frac{\sigma_Y^2}{m}} \quad \text{및} \quad \bar{x} - \bar{y} \pm z_{\alpha/2}\sqrt{\frac{s_x^2}{n} + \frac{s_y^2}{m}}$$

이다.

참고 두표본(two-sample) T에 대해 좀더 상세히 알아보자.

$$T = \frac{\overline{X}-\overline{Y}-(\mu_X-\mu_Y)}{\sqrt{\frac{(n-1)S_X^2+(m-1)S_Y^2}{n+m-2}\left(\frac{1}{n}+\frac{1}{m}\right)}}$$

$$= \frac{\overline{X}-\overline{Y}-(\mu_X-\mu_Y)}{\sqrt{\left[\frac{(n-1)S_X^2}{nm}+\frac{(m-1)S_Y^2}{nm}\right]\left[\frac{n+m}{n+m-2}\right]}}$$

이다. $(n-1)/n \approx 1$, $(m-1)/m \approx 1$이고 $(n+m)/(n+m-2) \approx 1$이므로

$$T \approx \frac{\overline{X}-\overline{Y}-(\mu_X-\mu_Y)}{\sqrt{\frac{S_X^2}{m}+\frac{S_Y^2}{n}}}$$

이다. 이 경우 각 분산은 표본크기가 다른 m 또는 n으로 나누었다. 즉 예제 4.2－5에서 다룬 바와 같이 만일 표본크기가 매우 크거나 분산을 알고 있다면 분모가 다음과 같이

$$\sqrt{\frac{S_X^2}{n}+\frac{S_Y^2}{m}} \quad \text{또는} \quad \sqrt{\frac{\sigma_X^2}{n}+\frac{\sigma_Y^2}{m}}$$

로 나타나야 하므로 T는 서로 다른 표본의 크기로 나누었다. 따라서 표본크기와 분산이 같지 않으면 이 T 통계량을 사용하여 $\mu_X-\mu_Y$의 신뢰구간을 구할 때 특히 주의하여야 한다. 즉 $n<m$이고 $\sigma_X^2<\sigma_Y^2$일 때 T는 자유도가 $n+m-2$인 Student t 분포를 따르지 않는다. 이 분포는 분모의 S_Y^2/n 항이 정상적인 것보다 커지므로 Student t 분포보다 짧게 산포한다. 반면에 만일 $m<n$이고 $\sigma_X^2<\sigma_Y^2$이면 $S_x^2/m+S_y^2/n$는 성상적인 경우보다 짧게 나타나므로 T의 분포는 Student t 분포보다 더 넓게 산포한다.

그러나 이러한 복잡함을 극복할 수 있는 방법이 있다. 모집단 분포가 정규분포와 가깝고 분산이 다른 경우에 다음 통계량을 사용하자.

$$U = \frac{\overline{X}-\overline{Y}-(\mu_X-\mu_Y)}{\sqrt{\frac{S_X^2}{n}+\frac{S_Y^2}{m}}}$$

여기서 U는 자유도가 $\lfloor v \rfloor$인 근사 t 분포를 따른다.

$$v = \frac{\left(\frac{s_x^2}{n} + \frac{s_y^2}{m}\right)^2}{\frac{1}{n-1}\left(\frac{s_x^2}{n}\right)^2 + \frac{1}{m-1}\left(\frac{s_y^2}{m}\right)^2}$$

여기서 $\lfloor v \rfloor$는 **마루함수**(floor function) 또는 **최대정수함수**(greatest integer function)로 자유도는 v 값보다 작은 최대정수를 나타낸다. 이러한 근사법은 B. L. Welch에 의해 처음으로 제안되었다.

예제 4.2-6 위의 참고 사항을 이해하기 위하여 모의실험을 실시하였다. T와 U의 관측값을 각각 $N=500$개씩 생성하였다. 그림 4.2-2에는 $N(0,1)$ 분포로부터 X 관측값을 $n=6$개 생성하였고, $N(0,36)$ 분포로부터 Y 관측값을 $m=18$개를 생성하였다. Welch의 근사 t 분포에 대한 자유도 v의 계산에서는 표본분산 대신에 모집단 분산을 사용하였다.

그림 4.2-3의 예시에서는 $N(0,1)$ 분포로부터 X 관측값을 $n=18$개 생성하였고, $N(0,36)$ 분포로부터 Y 관측값을 $m=6$개 생성하였다. T 통계량은 두 모집단 분포의 분산이 같다고 가정하였다.

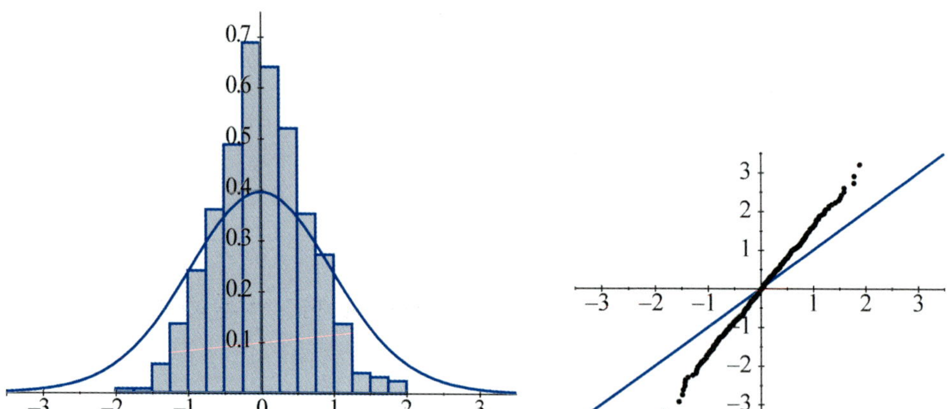

T 관측값들, $T(22)$ p.d.f.를 같이 나타냄 　 $T(22)$ 분위수에 대 T 순서통계량

그림 4.2-2 T와 U의 관측값들 ($n=6$, $m=18$, $\sigma_X^2=1$, $\sigma_Y^2=36$)

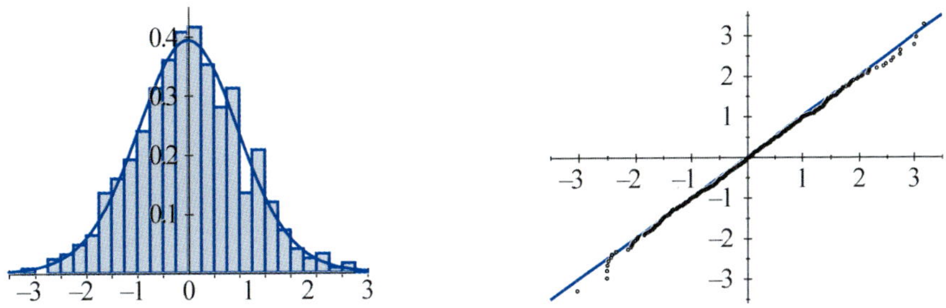

U 관측값들, $T(19)$ p.d.f.를 같이 나타냄 $T(19)$ 분위수에 대 U 순서통계량

그림 4.2-2 계속

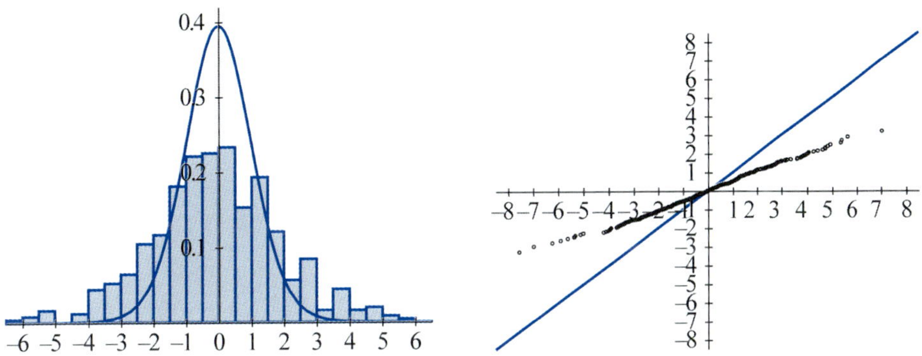

T 관측값들, $T(22)$ p.d.f.를 같이 나타냄 $T(22)$ 분위수에 대 T 순서통계량

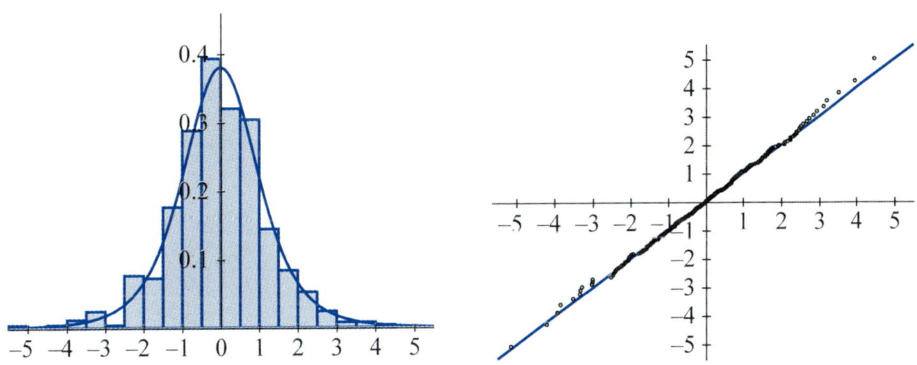

U 관측값들, $T(5)$ p.d.f.를 같이 나타냄 $T(5)$ 분위수에 대 U 순서통계량

그림 4.2-3 T와 U의 관측값 $(n = 18,\ m = 6,\ \sigma_X^2 = 1,\ \sigma_Y^2 = 36)$

연습문제 4.2

4.2-1 봄에 잡히는 어떤 물고기의 길이(cm)를 X라 하자. X의 분포는 $N(\mu,\sigma^2)$ 분포를 따른다고 가정한다. X의 $n=13$ 개 확률표본 관측값은 다음과 같다.

13.1	5.1	18.0	8.7	16.5	9.8	6.8
12.0	17.8	25.4	19.2	15.8	23.0	

(a) 이 물고기의 표준편차 σ에 대한 점추정치를 구하여라.

(b) σ에 대한 95% 신뢰구간을 구하여라.

4.2-2 다음은 남성 25명의 콜레스테롤 수치에 관한 자료이다.

164	272	261	248	235	192	203	278	268
230	242	305	286	310	345	289	326	
335	297	328	400	228	194	338	252	

이 확률표본 관측값들은 $N(\mu,\sigma^2)$ 분포로부터 추출되었다고 가정하자.

(a) 이 자료의 표본평균과 표본분산을 계산하여라.

(b) σ^2에 대한 90% 신뢰구간을 구하여라.

(c) σ에 대한 90% 신뢰구간을 구하여라.

(d) 정규성에 대한 가정이 옳다고 생각하는가?

4.2-3 확률표본 $X_1, X_2, X_3, \ldots, X_n$이 평균 μ 값을 모르는 $N(\mu,\sigma^2)$ 분포로부터 추출되었다고 하자. 미지의 분산 σ^2에 대한 신뢰구간을 계산하는 방법을 말하여라.

Hint $\sum_{i=1}^{n}(X_i-\mu)^2/\sigma^2$이 $\chi^2(n)$ 분포를 따른다는 사실을 이용함.

4.2-4 X와 Y는 각각 6-파운드와 12-파운드 상자에 들어있는 세탁용 세제의 무게이다. X와 Y는 각각 $N(\mu_X,\sigma_X^2)$와 $N(\mu_Y,\sigma_Y^2)$ 분포를 갖는다고 가정하자. X의 확률표본 $n=10$개의 표본평균과 표본분산은 각각 $\bar{x}=6.10$, $s_x^2=0.0040$이다. 반면 Y의 확률표본 $m=9$개의 표본평균과 표본분산은 각각 $\bar{y}=12.10$, $s_y^2=0.0076$이다.

(a) σ_X^2/σ_Y^2의 점 추정치를 구하여라.

(b) σ_X^2/σ_Y^2의 95% 신뢰구간을 구하여라.

4.2-5 X와 Y를 각각 건강한 사람과 질병의심환자의 혈액 속에 있는 10억 크롬당 혈중포도당 농도라 하자. X와 Y는 각각 $N(\mu_X, \sigma_X^2)$와 $N(\mu_Y, \sigma_Y^2)$인 분포를 따른다고 가정한다.

X의 $n = 8$명으로부터의 관측값:

15 23 12 18 9 28 11 10

Y의 $m = 10$명으로부터의 관측값:

25 20 35 15 40 16 10 22 18 32

(a) σ_X^2/σ_Y^2의 점 추정치를 구하여라.

(b) σ_X^2/σ_Y^2의 95% 단측신뢰구간의 상한을 구하여라.

4.2-6 크기 n인 확률표본 $X_1, X_2, \ldots, X_n$이 $N(\mu, \sigma^2)$ 분포로부터 추출되었다고 하자.

$$P\left(a \le \frac{(n-1)S^2}{\sigma^2} \le b\right) = 1-\alpha$$

를 만족하는 a와 b를 구하여라. 따라서 σ에 대한 $100(1-\alpha)\%$ 신뢰구간은 $[\sqrt{(n-1)/b}\,s, \sqrt{(n-1)/a}\,s]$이다. 이 신뢰구간의 길이를 최소화하는 a와 b의 값을 구하여라. 즉 제약조건

$$G(b) - G(a) = \int_a^b g(u)du = 1-\alpha$$

하에서

$$k = s\sqrt{n-1}\left(\frac{1}{\sqrt{a}} - \frac{1}{\sqrt{b}}\right)$$

를 최소화하여라. 여기서 $G(u)$와 $g(u)$는 각각 $\chi^2(n-1)$ 분포의 분포함수와 p.d.f.이다.

Hint 제약조건으로 인해 b는 a의 함수이다. 특히 제약 방정식을 a에 대해 미분을 취하고 $\frac{db}{da} = \frac{g(a)}{g(b)}$임을 보여라. $\frac{dk}{da}$를 결정한다. 다음으로 $\frac{dk}{da} = 0$으로 놓고 a와 b가

$$a^{n/2}e^{-a/2} - b^{n/2}e^{-b/2} = 0$$

을 만족함을 보여라.

Note : a와 b의 값을 계산할 수 있는데, 연습문제 5.2 − 1 참고하기 바람.

4.2-7 13톤의 치즈를 "22−파운드" 상자에 넣어 오래된 석고광산에 저장하였다. 확률표본 $n=9$상자의 무게는 다음과 같다.

21.50	18.95	18.55	19.40	19.15
22.35	22.90	22.20	23.10	

치즈 상자의 무게는 $N(\mu,\sigma^2)$ 분포를 따른다고 가정한다. μ에 대한 95% 신뢰구간을 구하여라.

4.2-8 에어로빅의 최대역량에 대한 연구(Journal of Applied Physiology 65, 6[December 1988])에서 12명의 여성이 실험에 참가하였으며 혈액 플라스마 볼륨(blood plasma volume)을 측정하였다. 다음 자료는 이 실험에서 얻은 관측값이다.

3.15	2.99	2.77	3.12	2.45	3.85
2.99	3.87	4.06	2.94	3.53	3.20

확률변수 X는 평균이 μ이고 분산이 σ인 정규분포를 따른다고 가정한다.

(a) μ의 점 추정치를 구하여라.

(b) σ^2과 σ의 점 추정치를 구하여라.

(c) μ에 대한 90% 신뢰구간을 구하여라.

4.2-9 용기 안의 공기가 제대로 봉인되었는지의 효과를 보기위한 누수검사를 하였다. 공기바늘을 용기에 끼워 넣고 물속에 넣은 다음 누수가 관찰될 때까지 압력을 높여 나갔다. X는 압력수치(pound/inch^2)이며 $N(\mu,\sigma^2)$ 분포를 따른다고 가정한다. 다음은 X의 $n=10$개 관측값이다.

3.1	3.3	4.5	2.8	3.5	3.5	3.7	4.2	3.9	3.3

(a) μ의 점 추정치를 구하여라.

(b) σ의 점 추정치를 구하여라.

(c) μ에 대한 95% 단측신뢰구간의 상한을 구하여라.

4.2-10 크기 n의 확률표본 $X_1, X_2, \cdots, X_n$이 $N(\mu,\sigma^2)$ 분포로부터 추출되었다고 하자. $n=5$일 때 다음 조건 하에서 μ에 대한 95% 신뢰구간들의 평균길이를 계산하여라.

(a) 분산을 알고 있을 경우

(b) 분산을 모르는 경우

Hint $E(S)$를 구하기 위해 $E\left[\sqrt{(n-1)S^2/\sigma^2}\right]$을 계산하여라. $(n-1)S^2/\sigma^2$은 $\chi^2(n-1)$분포를 따른다는 사실을 이용함.)

4.2-11 자동차 인테리어 업체가 몇 개의 전기선을 어떤 장치 안에 부착한 후 전기선을 다시 분리해내는 데 필요한 힘을 측정하고자 한다. 각 전기선을 분리해내는 데 필요한 힘은 20파운드이다. X를 전기선을 분리해내는 데 필요한 힘이라 하자. X는 $N(\mu, \sigma^2)$을 따른다. 다음은 X의 20개 관측값이다.

28.8	24.4	30.1	25.6	26.4	23.9	22.1	22.5	27.6	28.1
20.8	27.7	24.4	25.1	24.6	26.3	28.2	22.2	26.3	24.4

(a) μ와 σ의 점 추정치를 구하여라.

(b) μ의 99% 단측신뢰구간의 하한을 구하여라.

4.2-12 서로 다른 두 나라에 살고 있는 성인 남성의 신장에 대해 독립된 확률표본을 추출하여 다음 결과를 얻었다. $n=12$, $\overline{x}=65.7$인치, $s_x=4$인치, $m=15$, $\overline{y}=68.2$인치, $s_y=3$인치 일 때 두 모집단의 평균 신장의 차이 $\mu_X-\mu_Y$에 대한 98% 신뢰구간을 구하여라. $\sigma_X^2=\sigma_Y^2$라고 가정한다.

4.2-13 암소가 다음 송아지를 낳을 때까지 생산하는 버터지방 양(파운드)을 측정하였다. X와 Y는 각각 위스콘신 주와 미시간 주에 있는 농장에서 해당되는 암소가 생산해내는 버터지방 량을 나타낸다. X의 12개 관측값은

649	657	714	877	975	468
567	849	721	791	874	405

이고 Y의 16개 관측값은

699	891	632	815	589	764	524	727
597	868	652	978	479	733	549	790

이다.

(a) X는 $N(\mu_X, \sigma^2)$ 이고 Y는 $N(\mu_Y, \sigma^2)$이라고 가정하고 $\mu_X-\mu_Y$에 대한 95% 신뢰구간을 구하여라.

(b) 동일한 도표에 두 자료에 대한 상자 도표를 작성하여라.

(c) 두 농장에 있는 암소들의 버터지방 생산량은 유의적인 차이를 보이는가?

4.2-14 X는 잠금장치가 있는 덮개를 제거하는 데 필요한 힘의 크기이고 Y는 잠금장치가 없는 덮개를 제거하는 경우에 필요한 힘의 크기라고 하자. X와 Y의 분포가 각각 $N(\mu_X, \sigma^2)$과 $N(\mu_Y, \sigma^2)$이라고 가정하자. 독립인 10개의 X 관측값은

3.26 2.26 2.62 2.62 2.36 3.00 2.62 2.40 2.30 2.40

이고, 독립인 10개의 Y 관측값은 다음과 같다.

1.80 1.46 1.54 1.42 1.32 1.56 1.36 1.64 2.00 1.54

(a) $\mu_X - \mu_Y$에 대한 95% 신뢰구간을 구하여라.

(b) 두 개의 자료가 들어있는 병행 상자-수염 그림을 작성하여라.

(c) 잠금장치의 유무에 따라 필요한 힘의 크기에 차이가 있는가?

4.2-15 정규분포 $N(\mu_X, \sigma_X^2)$와 $N(\mu_Y, \sigma_Y^2)$으로부터 각각 표본 크기가 n과 m인 독립표본의 표본평균과 분산의 불편 추정치를 $\overline{X}$, $\overline{Y}$, s_X^2, s_Y^2이라고 하자. μ_X, μ_Y, σ_X^2, σ_Y^2은 미지의 모수이다. 그러나 만일 $\sigma_X^2/\sigma_Y^2 = d$를 알고 있는 상수라고 할 때 다음 사실을 보여라.

(a) $\dfrac{(\overline{X}-\overline{Y})-(\mu_X-\mu_Y)}{\sqrt{d\sigma_Y^2/n+\sigma_Y^2/m}}$ 는 $N(0,1)$을 따른다.

(b) $\dfrac{(n-1)S_X^2}{d\sigma_Y^2}+\dfrac{(m-1)S_Y^2}{\sigma_Y^2}$ 는 $\chi^2(n+m-2)$ 분포를 따른다.

(c) (a)와 (b)에서 두 개의 확률변수는 독립이다.

(d) 이러한 사실로부터 $\mu_X - \mu_Y$에 대한 신뢰구간을 구하기 위한 $t-$분포를 갖는 확률변수(σ_Y^2과는 독립)를 구하여라.

4.2-16 평균이 μ이고 분산이 $\sigma^2 = 10$인 분포로부터 추출된 크기 n인 확률표본의 평균을 $\overline{X}$라 하자. 임의 구간 $(\overline{X}-1/2,\ \overline{X}+1/2)$이 μ를 포함할 확률이 근사적으로 0.95가 되는 n을 구하여라.

4.2-17 $\overline{X}$와 $\overline{Y}$는 각각 $N(\mu_X, \sigma^2)$과 $N(\mu_Y, \sigma^2)$ 분포로부터 추출된 독립이고 크기 n인 확률표본의 표본평균이다. 동일한 분산 σ^2은 알고 있다고 가정한다. 다음 식을 만족하는 n을 구하여라.

$P(\overline{X}-\overline{Y}-\sigma/5 < \mu_X - \mu_Y < \overline{X}-\overline{Y}+\sigma/5) = 0.90$

4.3 신뢰구간과 가설검정

통계적 추론에서 제일 중요하다고 여겨지는 분야는 모수추정이다. 점추정은 최우추정법에서 구간추정은 신뢰구간에서 소개한 바 있다. 지금부터는 통계적 추론에서 모수추정과 함께 반드시 다루어야 할 분야인 **가설검정**(tests of statistical hypothesis)을 소개하고자 한다. 검정 방법은 모수의 신뢰구간과 아주 밀접하게 관련되어 있다. 다음 예를 살펴보자.

많은 통계학자들이 새로운 방식으로 기초통계학을 강의하고 있다. 새로운 방법의 통계학 강의에서는 과거와 같이 해석학의 사전지식이 필요 없을 경우가 많이 있다. 대신 학생들은 프로젝트, 각종 web사이트 그리고 대중매체에서 구할 수 있는 통계보고서의 분석 등을 통해 통계학을 공부하고 있다. 교수는 강의의 양을 줄일 수 있는 반면 학생들은 스스로 좋은 통계적 방법을 찾아 학습하고 있는 것이다.

사람들 중에는 새로운 교육방법을 찬성하기도 하고 반대하기도 한다. 새로운 방법으로 공부한 학생들에게 시험을 치르게 하고 평가할 수도 있다. 이전의 강의방식으로 공부한 학생들의 시험점수는 평균이 75이고 표준편차는 10이었다고 하자.

통계학자들은 새로운 방법으로 공부한 학생들의 평균이 75점 이상이라는 믿음을 주장하려고 한다. 즉 μ가 평균이면 $\mu > 75$라고 믿는다. 이것은 분포의 모수에 대한 기술이므로 **통계적 가설**(statistical hypothesis)이라고 한다. 여기서 새로운 통계학 과정을 듣는 학생들의 점수에 대한 분포의 평균 μ가 75점 이상인 $\mu > 75$이다.

새로운 방법이 시간과 노력의 낭비라고 믿는 어떤 통계학자들은 평균 μ가 변하지 않을 것이고 심지어 평균이 낮아질 것으로 생각한다. 즉 기껏해야 $\mu = 75$라고 생각한다. 물론 이것도 통계적 가설이며 **귀무가설**(null hypothesis) 또는 변화없는 가설이라 하고 $H_0 : \mu = 75$로 나타낸다. $H_1 : \mu > 75$로 나타내는 다른 가설을 **대립가설**(alternative hypothesis)이라고 하며 이는 어떤 새로운 방법을 제안하고자 하는 연구자들의 가설이다. 새로운 방법의 통계학 과목을 듣는 학생들의 점수에 대한 표준편차가 $\sigma = 10$으로 변하지 않는다고 하자. σ에 대한 가정이 필요 없는 상황에 대해서는 차후에 설명하고자 한다.

$H_1 : \mu > 75$에 대해 $H_0 : \mu = 75$를 어떻게 검정하는가? 기초통계학을 수강

하는 학생들의 모집단으로부터 일부학생들을 확률표본으로 추출할 필요가 있는데, 스스로 지원한 사람들을 표본으로 추출하면 편의가 발생할 수 있다. 대안으로, 기초통계학을 수강해야 하는 학생들의 모집단으로부터 $n=64$명의 학생들을 추출하여 한 개의 학급을 만든다. 학생들은 새로운 방법으로 교육하는 통계학을 수강하는 것에 동의하고 학기말에 최종평가 시험을 보게 한다.

또한 새로운 교육방법을 평가하는 방법에도 동의한다고 하자. 64개의 점수 $X_1, X_2, \ldots, X_{64}$를 얻는데 이를 새로운 방법으로 공부하는 학생들의 모집단으로부터 추출된 확률표본이라고 가정하자. 표본평균 $\overline{X}$를 이용하여 μ에 대한 단측검정을 할 수 있다. $\overline{X}$가 근사적으로 $N(\mu, \sigma^2/n)$ 분포를 갖는다는 사실로부터

$$P\left(\frac{\overline{X}-\mu}{\sigma/\sqrt{n}} \le z_\alpha\right) \approx 1-\alpha$$

이며, 또는

$$P\left(\overline{X}-z_\alpha\frac{\sigma}{\sqrt{n}} \le \mu\right) \approx 1-\alpha$$

이다. 즉, $\overline{x}$가 표본평균이면 우리는 μ가 $\overline{x}-z_\alpha(\sigma/\sqrt{n})$보다 큰 값일 것이라고 $100(1-\alpha)\%$ 신뢰한다. 위의 경우 $\alpha=0.05$이고 $n=64$와 $\sigma=10$인 경우 단측신뢰구간의 하한은 $\overline{x}-1.645(10/\sqrt{64})=\overline{x}-2.06$이다.

따라서 만일 표본평균이 $\overline{x}=77.47$이면 하한은 $77.47-2.06=75.41$이다. 즉, μ가 시험성적 75.41보다 크다고 95% 신뢰한다. 따라서 새로운 교육방법인 평균점수를 향상시킬 것으로 믿으며 대립가설 $H_1: \mu > 75$를 채택할 것이다. 만일 표본평균이 75.92이면 μ의 하한은 $75.92-2.06=73.86$이며 이 자료를 근거로 $H_0: \mu=75$를 기각할 이유가 없다.

이 두 가지 경우에서 만일

$$Z=\frac{\overline{X}-75}{\sigma/\sqrt{n}}$$

를 계산하면

$$z=\frac{77.47-75}{10/\sqrt{64}}=1.976, \quad z=\frac{75.92-75}{10/\sqrt{64}}=0.736$$

을 얻는다.

처음 값은 $z = 1.976 > 1.645$이고 두 번째 값은 $z = 0.736 < 1.645$이다. 즉, 첫 번째 경우에서 만일 $(\overline{x} - 75)/(\sigma/\sqrt{n}) \geq 1.645$이면 75는 단측 신뢰구간에 포함되지 않지만, 두 번째 경우에서 만일 $(\overline{x} - 75)/(\sigma/\sqrt{n}) < 1.645$이면 75는 신뢰구간 안에 들어간다. 다음 두 개의 부등식

$$\frac{\overline{x} - \mu}{\sigma/\sqrt{n}} < z_\alpha \text{와} \quad \overline{x} - z_\alpha \frac{\sigma}{\sqrt{n}} < \mu$$

는 동일한 표현인데 μ를 75로 대체하고 $\overline{x}$에 77.47과 75.92를 대입해 보면 알 수 있다. 따라서 통계량 Z를 계산하고 신뢰계수 α로 적절한 단측 신뢰구간의 하한 z_α와 비교하면 된다.

따라서 만일

$$Z = \frac{\overline{X} - 75}{\sigma/\sqrt{n}} \geq z_\alpha$$

이면 귀무가설 $H_0 : \mu = 75$를 기각할 수 있다. 이 경우 75는 단측 신뢰구간 안에 포함되지 않는다. **통계적 가설검정**을 하는 데는 두 종류의 오류가 발생한다. 실제로는 μ가 75와 같지만 $\overline{X}$를 대입하여 계산한 Z가 $Z \geq z_\alpha$이면 $H_0 : \mu = 75$을 기각할 수 있다. 이를 **제1종 오류(Type I error)**라 하며 귀무가설이 사실일 때 귀무가설을 기각하는 오류이다. 다른 오류로는 실제로 μ가 75보다 큰데 $\overline{X}$를 대입하여 계산한 Z가 $Z < z_\alpha$이어서 $H_1 : \mu > 75$에 대하여 $H_0 : \mu = 75$를 기각하지 않는 오류이다. 이것을 **제2종오류(Type II error)**라 하며 대립가설이 사실인데 귀무가설을 채택하는 오류이다.

$\sigma = 10$으로 가정하고 $n = 64$, $\alpha = 0.05$인 위의 예제에서 두 종류 오류의 발생확률을 계산해 보자. 제1종 오류의 발생확률은 $\mu = 75$일 때 $(\overline{X} - 75)/(10/\sqrt{64})$가 근사적으로 $N(0, 1)$를 따르므로

$$P\left(\frac{\overline{X} - 75}{10/\sqrt{64}} \geq 1.645; \mu = 75\right) \approx 0.05 = \alpha$$

이다. 즉, $\alpha = 0.05$는 $100(1-\alpha)\% = 95\%$ 신뢰구간과 관련이 있으며 제1종 오류가 발생할 확률이다. 이 확률 $\alpha = 0.05$를 검정의 **유의수준**(significance level)이라고 한다.

$\mu = 76.5$일 때 제2종 오류의 발생 확률을 계산해 보자. 즉, $\mu = 76.5$일 때 $(\overline{X} - 76.5)/(10/\sqrt{64})$는 근사적으로 $N(0,1)$분포를 갖기 때문에

$$P\left(\frac{\overline{X}-75}{10/\sqrt{64}} < 1.645;\ \mu = 76.5\right)$$

$$= P\left(\frac{\overline{X}-75}{10/\sqrt{64}} < 1.645 - \frac{76.5-75}{10/\sqrt{64}} = 0.445;\ \mu = 76.5\right) \approx 0.67$$

이다. 즉, 실제로 μ가 76.5일 때 $H_0 : \mu = 75$를 기각할 확률은 아주 크다. 때때로 제2종 오류의 발생확률을 $\beta = 0.67$로 나타낸다.

$\alpha = 0.05$로 작지만 $\beta = 0.67$은 아주 크기 때문에 $\beta = 0.10$과 같은 낮은 값으로 검정하려고 할 것이다. 이 경우에는 $n = 64$ 보다도 아주 큰 표본크기가 필요하다. 실제적으로 가설검정은 다음과 같다. 만일 $\overline{X}$가 아주 크면 즉, $\overline{X} \geq c$이면 $H_0 : \mu = 75$를 기각하고 만일 $\overline{X} < c$이면 $H_0 : \mu = 75$를 기각하지 않는다. 따라서

$$\alpha = 0.05 = P(\overline{X} \geq c;\ \mu = 75) = P\left(\frac{\overline{X}-75}{10/\sqrt{n}} \geq \frac{c-75}{10/\sqrt{n}};\ \mu = 75\right)$$

이고

$$\beta = 0.01 = P(\overline{X} < c;\ \mu = 76.5) = P\left(\frac{\overline{X}-76.5}{10/\sqrt{n}} < \frac{c-76.5}{10/\sqrt{n}};\ \mu = 76.5\right)$$

인 n과 c를 구하려고 한다.

각 경우에서 $\overline{X}$는 표준화되었고 근사적으로 $N(0,1)$ 분포를 따르기 때문에

$$\frac{c-75}{10/\sqrt{n}} = 1.645, \qquad \frac{c-76.5}{10/\sqrt{n}} = -1.282 \tag{4.3-1}$$

이다. 첫 번째 식에서 두 번째 식을 빼면

$$\frac{1.5\sqrt{n}}{10} = 2.927$$

이고, 따라서

$$\sqrt{n} = \frac{(2.927)(10)}{1.5} = 19.51$$

이다. 즉 $n = 380.8$이고 n은 정수이어야 하므로 $n = 381$이다. 이는 c가

$$c = 75 + 1.645\frac{10}{\sqrt{n}} = 75.84$$

이어야 한다. 즉 $\mu = 76.5$일 때 원하는 $\alpha = 0.05$와 $\beta = 0.01$를 얻기 위해서는 검정통계량은

$$\frac{\overline{X} - 75}{10/\sqrt{381}} \geq 1.645$$

여야 한다.

참고 CAS를 사용하여 4.3-1 식을 구할 수 있다. Maple 해는 예제 5.2-11을 참조하여라.

다음 예제를 통해 통계적 검정에 대한 새로운 개념을 설명하고자 한다. 강철봉의 강도를 X라 하자. 공정 Ⅰ로 생산되는 강철봉의 강도 X가 $N(50,36)$을 따른다고 하자. 만일 새로운 공정인 Ⅱ로 강철봉을 생산한다면 X는 $N(55,36)$을 따를 것으로 생각된다. 공정 Ⅱ로 생산된 강철봉이 많이 있다면 평균 강도가 증가한다는 사실을 어떻게 검정할 수 있을 것인가?

즉 X는 $N(\mu,36)$으로 가정하고 μ는 50 또는 55가 된다. 우리는 대립가설 $H_1 : \mu = 55$에 대해 귀무가설 $H_0 : \mu = 50$을 검정하려고 한다. 각 가설은 각각의 X 분포를 따른다. 즉, H_0은 X가 $N(50,36)$이라 하고 H_1은 X가 $N(55,36)$이라 한다. X의 분포를 완전하게 기술하는 가설을 **단순가설**(simple hypothesis)이라 하고 그렇지 않은 경우를 **복합가설**(composite hypothesis)이라 한다. 복합가설은 적어도 두 개 이상의 가설을 의미한다. 예를 들면 $H_1 : \mu > 50$은 $\sigma^2 = 36$이고 평균이 50보다 큰 모든 정규분포들로 구성되기 때문에 복합가설이다. 가설 H_0와 H_1이 사실인지 검정하기 위하여 새로운 정규분포로부터 크기 n인 확률표본 $x_1, x_2, \ldots, x_n$을 이용한 규칙을 설정하여야 할 것이다. 규칙은 H_0을 채택 또는 기각하는 의사결정이므로 표본공간을 두 개의 부분 C와

C'로 분할해야 한다. 그래서 만일 $(x_1, x_2, ..., x_n) \in C$이면 H_0을 기각하고, 만일 $(x_1, x_2, ..., x_n) \in C'$이면 H_0을 채택(기각 안함)한다. H_0에 대한 기각영역을 검정의 **기각역**(critical region)이라 한다. 때때로 표본공간은 통계량의 값으로 분할하는데 이를 **검정통계량**(test statistics)이라 한다. 예를 들면 $\overline{X}$는 검정통계량이고 $C = \{(x_1, x_2, ..., x_n) : \overline{x} \ge 53\}$을 선택할 수 있다. 그러면 H_0이 기각되는 기각영역을 검정통계량의 값으로 정의할 수 있다. 즉, 기각영역은 $\overline{x}$ 공간에서 $C = \{\overline{x} : \overline{x} \ge 53\}$로 정의하는 것과 같다. 만일 H_0이 사실일 때 $(x_1, x_2, ..., x_n) \in C$이면 H_0을 기각하는 제1종 오류가 발생한다. 만일 H_1이 사실일 때 $(x_1, x_2, ..., x_n) \in C'$이면 H_0은 채택된다. 즉, H_1이 사실일 때 H_1을 기각하는 제2종 오류가 발생한다. 제1종 오류의 발생확률을 검정의 유의수준이라 하고 α로 나타낸다. 즉,

$$\alpha = P[(X_1, X_2, ..., X_n) \in C;\ H_0]$$

는 귀무가설 H_0이 참일 때 $(X_1, X_2, \cdots X_n)$이 C 안에 놓일 확률이다 제2종 오류의 발생확률은 β이다. 즉,

$$\beta = P[(X_1, X_2, ..., X_n) \in C'; H_1]$$

이다. 이는 귀무가설이 거짓일 때 귀무가설을 채택(기각하지 못함)할 확률이다. 예를 들어 $n = 16$개의 사탕을 검사하고 $C = \{\overline{x} : \overline{x} \ge 53\}$이라 하자. 그러면 $\overline{X}$는 H_0이 참일 때 $N(50, 36/16)$이고 H_1이 참일 때 $N(55, 36/16)$이 된다. 따라서

$$\alpha = P(\overline{X} \ge 53; H_0) = P(\frac{\overline{X} - 50}{6/4} \ge \frac{53 - 50}{6/4}; H_0)$$

$$= 1 - \Phi(2) = 0.0228$$

이고

$$\beta = P(\overline{X} < 53; H_1) = P\left(\frac{\overline{X} - 55}{6/4} < \frac{53 - 55}{6/4}; H_1\right)$$

$$= \Phi\left(-\frac{4}{3}\right) = 1 - 0.9087 = 0.0913$$

이 된다.

그림 4.3 - 1은 H_0과 H_1이 각각 참일 때 $\overline{X}$의 확률밀도함수 그래프를 나타낸다. α의 크기가 감소(증가)하면 β의 크기는 증가(감소)한다. 표본크기 n을 증가시키면 α와 β 모두 감소한다.

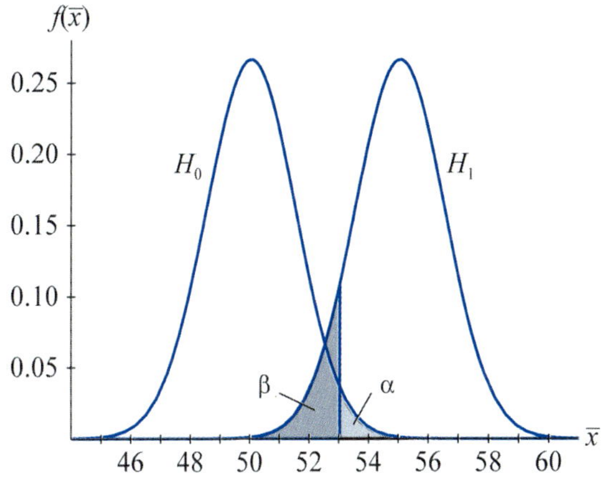

그림 4.3-1 H_0와 H_1에서의 $\overline{X}$의 p.d.f.

앞의 두 예제에서 실시했던 검정을 **단측검정**(one-sided tests)이라 한다. 대립가설 $H_1: \mu \geq \mu_0$에 대한 귀무가설 $H_0: \mu = \mu_0$의 검정에서 $\overline{X} \geq c$ 또는 $(\overline{X} - \mu_0)/(\sigma/\sqrt{n}) \geq z_\alpha$이면 귀무가설 H_0을 기각할 수 있다. 물론 평균이 줄어들었음을 검정하고자 하면 $H_1: \mu < \mu_0$에 대한 $H_0: \mu = \mu_0$을 검정하며 이 경우에는 $\overline{X} \leq c$ 또는 $(\overline{X} - \mu_0)/(\sigma/\sqrt{n}) \leq -z_\alpha$이면 H_0을 기각할 수 있다. 때때로 μ의 방향을 모르는 경우 **양측검정**(two-sided tests)으로 양측 대립가설 $H_1: \mu \neq \mu_0$을 검정하는데 이 경우 $|\overline{X} - \mu_0| \geq c$ 또는 $|(\overline{X} - \mu_0)/(\sigma/\sqrt{n})| \geq z_{\alpha/2}$이면 $H_0: \mu = \mu_0$을 기각한다. 여기서 $z_{\alpha/2}$는 $P(|Z| \geq z_{\alpha/2} = \alpha$를 만족하는 값이며 Z는 $H_0: \mu = \mu_0$이 참일 때 $\overline{X}$의 표준화 값이다. 위의 규칙은 만일 μ_0이 $100(1-\alpha)\%$ 신뢰구간

$$(\overline{x} - z_{\alpha/2}\sigma/\sqrt{n},\ \overline{x} + z_{\alpha/2}\sigma/\sqrt{n})$$

에 포함되어있지 않으면 $H_0: \mu = \mu_0$을 기각하고 $H_1: \mu \neq \mu_0$을 채택하는 것과 같다.

표 4.3 - 1은 이러한 검정에 대해 요약한 것이다.

표 4.3-1 한 개의 평균에 대한 가설검정(분산을 알고 있는 경우)

H_0	H_1	기각역
$\mu=\mu_0$	$\mu>\mu_0$	$z\geq z_\alpha$ 또는 $\bar{x}\geq \mu_0+z_\alpha\sigma/\sqrt{n}$
$\mu=\mu_0$	$\mu<\mu_0$	$z\leq -z_\alpha$ 또는 $\bar{x}\leq \mu_0-z_\alpha\sigma/\sqrt{n}$
$\mu=\mu_0$	$\mu\neq\mu_0$	$\lvert z\rvert\geq z_{\alpha/2}$ 또는 $\lvert\bar{x}-\mu_0\rvert\geq z_{\alpha/2}\sigma/\sqrt{n}$

이 절에서 강조하고자 하는 것은 우리가 설명한 모든 신뢰구간은 모수들의 가설검정으로 변환할 수 있다는 것이다. 만일 추론하고자 하는 모수가 θ라면 θ의 예로 $\theta=\mu$, $\theta=p$, $\theta=\sigma^2$, $\theta=\sigma_1^2/\sigma_2^2$, $\theta=\mu_1-\mu_2$ 등을 들 수 있으며 근사정규, χ^2, t, F 확률변수를 이용하여 θ의 신뢰구간을 계산할 수 있다. 만일 대립가설 H_1이 양측가설이면 θ에 대한 양측 $100(1-\alpha)\%$ 신뢰구간을 계산할 수 있다. 만일 $H_0:\theta=\theta_0$의 θ_0이 구간 안의 값이 아니면 H_0을 기각하고 $H_1:\theta\neq\theta_0$을 채택한다. 예를 들면 두 개의 표본인 경우에 $H_0:\mu_1=\mu_2$ 또는 $\theta=\mu_1-\mu_2=0$을 검정하는데 만일 0이 $\mu_1-\mu_2$에 대한 $100(1-\alpha)\%$ 신뢰구간 안에 들어가지 않으면 H_0을 기각하고 이 경우 검정의 유의수준은 α가 된다. 특히 그것이 95% 신뢰구간이면 검정의 유의수준은 $\alpha=0.05$이다.

만일 대립가설이 $H_1:\theta>\theta_0$과 같은 단측가설이면 θ에 대한 하한값을 갖는 $100(1-\alpha)\%$ 단측 신뢰구간을 구할 수 있다. 만일 θ_0이 이 신뢰구간 안에 없으면 $H_0:\theta=\theta_0$을 기각하고 $H_1:\theta>\theta_0$을 채택하며 유의수준은 α이다. 그러나 만일 $100(1-\alpha)\%$ 신뢰구간의 상한 안에 θ_0이 포함되지 않으면 $H_0:\theta=\theta_0$을 기각하고 $H_0:\theta>\theta_0$을 채택한다. 이러한 개념들을 4장의 예제와 연습문제들을 통해 설명하였다.

연습문제 4.3

4.3-1 어떤 집단의 IQ 점수가 근사적으로 $N(\mu, 100)$을 따른다고 가정하자. 대립가설 $H_1:\mu>110$에 대한 귀무가설 $H_0:\mu=110$을 검정하기 위하여 모집단으로부터 크기 $n=16$인 확률표본을 추출하였고 표본평

균 $\overline{x}=113.5$를 얻었다.

(a) 5% 유의수준에서 귀무가설 H_0을 기각하는가? 채택하는가?

(b) 10% 유의수준에서 귀무가설 H_0을 기각하는가? 채택하는가?

4.3-2 X는 주철의 브리넬 경도를 나타내고 $N(\mu, 100)$인 분포를 따른다고 하자. $n=25$개 표본 관측값을 사용하여 대립가설 $H_1: \mu > 170$에 대한 귀무가설 $H_0: \mu = 170$을 검정하려고 한다.

(a) 유의수준 $\alpha = 0.05$인 검정통계량과 기각역을 정의하여라.

(b) $n=25$인 확률표본에서 X의 관측값이 다음과 같다. 검정통계량 값을 계산하고 결론을 명확히 기술하여라.

170	167	174	179	179	156	163	156	187
156	183	179	174	179	170	156	187	
179	183	174	187	167	159	170	179	

4.3-3 25 파운드의 감자를 담을 수 있게 자루를 만들었다. 자루 안에 담긴 감자의 무게 X는 $N(\mu, 9)$를 따른다고 가정하자. 대립가설 $H_1: \mu < 25$에 대한 귀무가설 $H_0: \mu = 25$를 검정하려고 한다. 이 분포로부터 네 개의 확률표본 X_1, X_2, X_3, X_4를 추출하고 이 검정에 대한 기각역을 $\overline{x} \le 22.5$로 정의하였다.

(a) 이 검정을 위해 유의수준 α를 얼마로 설정하였는가?

(b) 네 개 확률표본 자루의 무게가 $x_1 = 21.24$, $x_2 = 24.81$, $x_3 = 23.62$, $x_4 = 26.82$라고 하자. 이 검정에서 H_0을 채택할지 기각할지를 결정하여라.

4.3-4 소규모 College에 재학중인 재학생들의 SAT 수학점수가 $N(\mu, 8100)$을 따른디고 하자. 대립가설 $H_1: \mu < 530$에 대한 귀무가설 $H_0: \mu = 530$을 검정하려고 한다. $n=36$개 SAT 수학점수의 확률표본을 추출하고 기각역을 $C = \{\overline{x} : \overline{x} \le 510.77\}$로 하였다. 이 검정의 유의수준을 얼마로 설정하면 좋겠는가?

4.3-5 X는 연간 에이커 당 콩의 생산량을 나타내며, 정규분포 $N(1.5\ ,\ 0.09)$를 따른다고 가정하자. 새로운 비료로 인해 평균 생산량을 증가할 것으로 예측된다. 대립가설 $H_1: \mu > 1.5$에 대한 귀무가설 $H_0: \mu = 1.5$를 검정하려고 한다. 새로운 비료에서도 분산은 $\sigma^2 = 0.09$라고 가정한다. 크기 n인 확률표본의 평균 $\overline{X}$를 검정통계량으로 사용하고 $\overline{x} \ge c$이

면 H_0을 기각한다. $P(\overline{X} \geq c; \mu = 1.5) = 0.05$이고 $P(\overline{X} \geq c; \mu = 1.7) = 0.95$인 n과 c를 구하여라. 즉 $\alpha = 0.05$이고 $\mu = 1.7$일 때 $\beta = 1 - 0.95 = 0.05$이다.

4.3-6 X는 소가 송아지를 나은 후 365일 동안 생산한 버터지방의 양(파운드)이라 하자. X의 분포는 정규분포 $N(\mu, 140^2)$이라고 가정한다. 대립가설 $H_1: \mu < 715$에 대한 귀무가설 $H_0: \mu = 715$를 검정하기 위하여 기각역을 $C = \{\bar{x}: \bar{x} \leq 668.94\}$로 하였다. 여기서 $\bar{x}$는 임의로 추출된 $n = 25$ 마리 소의 버터지방의 표본평균이다.

(a) 다음 X의 25개 관측값으로부터의 결론은 무엇인가?

425	710	661	664	732	714	934	761	744
653	725	657	421	573	535	602	537	405
874	791	721	849	567	468	975		

(b) 이 검정의 유의수준은 얼마인가?

4.3-7 정규분포 $N(\mu, \sigma^2 = 25)$로부터 추출한 크기 n인 확률표본의 평균을 $\overline{X}$라 하자. $H_1: \mu < 20$에 대한 $H_0: \mu = 20$을 검정하기 위하여 $\overline{X} \leq c$이면 H_0을 기각한다. $P(\overline{X} \leq c; \mu = 20) = 0.10$과 $P(\overline{X} \leq c; \mu = 19) = 0.90$을 만족하는 n과 c를 구하여라. 즉 $\alpha = 0.10$이고 $\mu = 19$일 때 $\beta = 1 - 0.90 = 0.10$이다.

4.4 한 개의 모수에 대한 검정

4.3절에서는 모수에 대한 신뢰구간과 가설검정의 관계에 초점을 두었었다. 4.4절에서는 다양한 검정 결과들을 요약하고자 한다. 먼저 검정통계량과 관련이 있는 다른 값을 구하는 방법을 소개하고자 한다. 대부분의 소프트웨어를 이용하여 이 값을 출력할 수 있는데 이를 **확률값**(probability value) 또는 ***p*–값**(***p***–value)이라고 한다. 검정과 관련된 p–값은 표본으로부터 계산된 검정통계량 값이 대립가설의 방향으로 검정통계량 값보다 큰 값을 얻을 확률이며 H_0이 참일 때 계산된다. p–값은 기각역을 사전에 결정하기보다는 그 값을 보고 하고 연구자로 하여금 의사결정을 할 수 있게 한다.

p–값(p–value)을 명확히 이해하기 위하여 4.3절에서 예로 사용했던 검정통계량

$$Z = \frac{\overline{X} - \mu_0}{\sigma/\sqrt{n}}$$

을 이용하자. 표준편차 $\sigma \approx 10$을 알고 있다고 가정한 상태에서 대립가설 $H_1 : \mu > 75 = \mu_0$에 대한 귀무가설 $H_0 : \mu = 75 = \mu_0$을 검정한다고 하자. 검정이 의미가 있기 위해서는 약 $n = 400$의 관측값이 필요하였다. 즉, 두 종류의 오류 발생확률이 $\alpha = 0.05$와 $\beta \approx 0.10$이 되기 위해서는 $n = 400$개의 표본이 필요하다. 만일 검정통계량이

$$\frac{\overline{X} - 75}{10/\sqrt{400}} = \frac{\overline{X} - 75}{0.5} \geq 1.645$$

이거나 또는 $\overline{X} \geq 75.8225$이면 귀무가설 $H_0 : \mu = 75$를 기각하고 대립가설 $H_1 : \mu > 75$를 채택한다. 이 검정에서 만일 $\overline{x} = 76$이면 명백히 $H_0 : \mu = 75$을 기각하고 $H_1 : \mu > 75$을 채택한다. 그러나 $H_0 : \mu = 75$일 때 $(\overline{X} - 75)/0.5$는 $N(0,1)$을 따르고 계산된 검정통계량은 $(76 - 75)/0.5 = 2$이므로 표준정규 확률변수가 2보다 클 확률은

$$p-\text{값} = P(Z \geq 2) = 0.0228 < 0.05$$

이다.

만일 $p-$값이 α 보다 작으면 H_0을 기각하고 H_1을 채택한다. 이 경우에 $p-$값$= 0.0228 \leq \alpha = 0.05$는 검정통계량 $z = 2 \geq 1.645$와 정확하게 같다. 그리고 만일 $p-$값이 0.05 보다 크다면 검정통계량 값은 1.645보다 작을 것이다. $p-$값은 검정통계량을 1 : 1로 변환한 다른 측면에서의 통계량이다. 그러나 오늘날 많은 통계학자들은 다양한 통계적 가설에 관련된 의사결정에서 $p-$값인 꼬리확률이 검정통계량 z 보다 더 의미 있다고 느끼기 때문에 $p-$값을 더 많이 사용하고 있다.

만일 앞의 논의에서 대립가설이 양측검정 $H_1 : \mu \neq 75$이면 표준정규 확률변수의 절대값이 2를 초과하는 확률로 $p-$값을 2배 하여야 한다. 즉

$$p-\text{값} = P(|Z| \geq 2) = 2(0.0228) = 0.0456$$

이며 $\alpha = 0.05$에 대해 귀무가설을 기각한다.

예제 4.4-1 모집단 분포가 평균 μ는 모르지만 분산 $\sigma^2 = 100$은 알고 있는 정규분포를 따른다고 가정하자. $n = 52$개의 관측값에 기초한 표본평균 $\overline{X}$를 이용하여 대립가설 $H_1 : \mu > 60$에 대한 귀무가설 $H_0 : \mu = 60$을 검정하려고 한다. 관측된 표본평균은 $\overline{x} = 62.75$라고 하자. $\mu = 60$일 때 $\overline{x}$가 62.75 보다 클 확률을 계산하면 이는 $\overline{x} = 62.75$의 $p-$값이 된다. 즉

$$
\begin{aligned}
p-\text{값} &= P(\overline{X} \geq 62.75\ ;\ \mu = 60) \\
&= P\left(\frac{\overline{X} - 60}{10/\sqrt{52}} \geq \frac{62.75 - 60}{10/\sqrt{52}}\ ;\ \mu = 60\right) \\
&= 1 - \Phi\left(\frac{62.75 - 60}{10/\sqrt{52}}\right) = 1 - \Phi(1.983) = 0.0237
\end{aligned}
$$

이다. 만일 $p-$값이 정해놓은 기준보다 작으면 $H_0 : \mu = 60$을 기각할 수 있다. 예를 들면 $p-$값이 $\alpha = 0.05$보다 작거나 같을 때 $H_0 : \mu = 60$을 기각하는 것은

$$
\overline{x} \geq 60 + (1.645)\left(\frac{10}{\sqrt{52}}\right) = 62.718
$$

일 때 기각하는 것과 같다. 여기서

$$
p-\text{값} = 0.0237 \leq \alpha = 0.05 \text{ 이고 } z = \frac{\overline{x} - 60}{10/\sqrt{52}} = 1.983 \geq 1.645
$$

이다. $p-$값의 정의는 H_0이 참이라는 가정 하에서 통계량 분포의 **꼬리확률**(tail-end probability)로 생각할 수 있다. 그림 4.4-1은 $z = 1.983$에 대한 $p-$값이다.

우리가 지금까지 공부한 신뢰구간과 관련된 여러 가지 검정을 요약해 보자. 첫 번째 경우는 모집단 분포가 $N(\mu, \sigma^2)$이고 σ^2을 알고 있는 경우로 검정통계량은

$$
Z = \frac{\overline{X} - \mu_0}{\sigma/\sqrt{n}}
$$

이다. 표 4.3-1은 $H_0 : \mu = \mu_0$에 대한 세 가지 대립가설의 가설검정방법을 요약해 놓은 것이다.

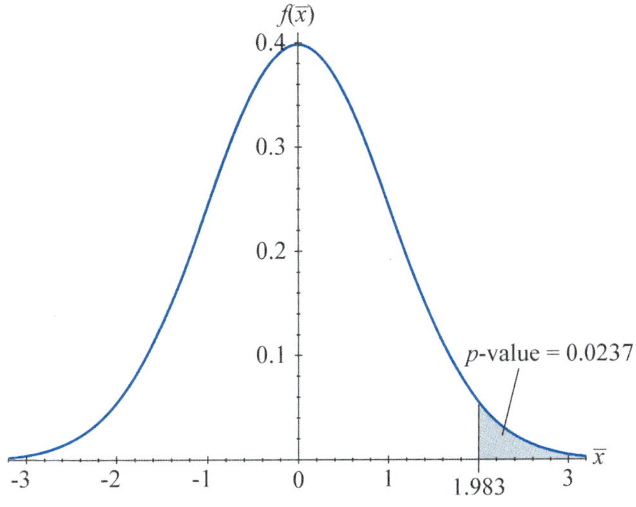

그림 4.4-1 p-값의 예시

두 번째는 모집단 분포가 $N(\mu, \sigma^2)$이고 σ^2을 모르고 있는 경우로 검정통계량은

$$T = \frac{\overline{X} - \mu_0}{S/\sqrt{n}}$$

이며, T는 $T(n-1)$분포를 갖는다. 표 4.4-1에 검정방법이 정리되어 있다. 세 번째 검정이 4.2절에서 설명한 양측 신뢰구간과 관련되어 있다.

표 4.4-1 한 개의 평균에 대한 가설검정(분산을 모르고 있는 경우)

H_0	H_1	기각역
$\mu = \mu_0$	$\mu > \mu_0$	$t \geq t_\alpha(n-1)$ or $\bar{x} \geq \mu_0 + t_\alpha(n-1)s/\sqrt{n}$
$\mu = \mu_0$	$\mu < \mu_0$	$t \leq -t_\alpha(n-1)$ or $\bar{x} \leq \mu_0 - t_\alpha(n-1)s/\sqrt{n}$
$\mu = \mu_0$	$\mu \neq \mu_0$	$\lvert t\rvert \geq t_{\alpha/2}(n-1)$ or $\lvert\bar{x} - \mu_0\rvert \geq t_{\alpha/2}(n-1)s/\sqrt{n}$

예제 4.4-2 쥐에게 생긴 종양의 15일이 지난 크기를 $X(mm)$라 하자. X의 분포는 $N(\mu, \sigma^2)$이라고 가정한다. 대립가설 $H_1 : \mu \neq 4.0$에 대한 귀무가설 $H_0 : \mu = \mu_0 = 4.0(mm)$을 검정하려고 한다. $n = 9$개의 관측값을 사용하고 유의수준이 $\alpha = 0.10$이면 그림 4.4-2(a)에 있는 기각역은

$$|t| = \frac{|\bar{x} - 4.0|}{s/\sqrt{9}} \geq t_{\alpha/2}(8) = 1.860$$

이다.

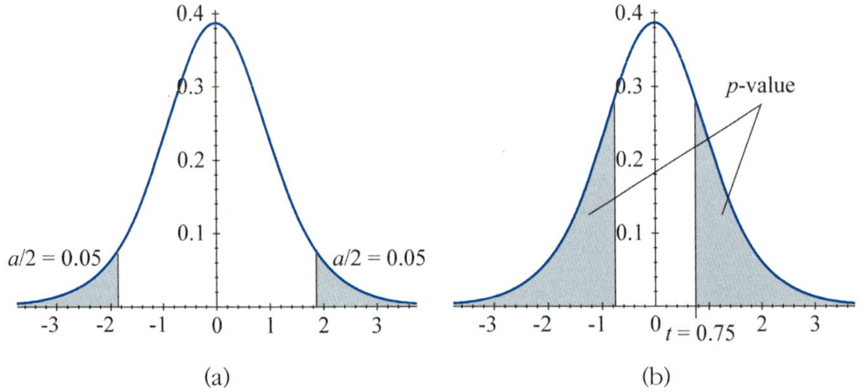

그림 4.4-2 종양이 자라는 것의 평균에 대한 검정

만일 $n = 9$, $\bar{x} = 4.3$, $s = 1.2$이면

$$t = \frac{4.3 - 4.0}{1.2/\sqrt{9}} = \frac{0.3}{0.4} = 0.75$$

이고, 따라서

$$|t| = |0.75| < 1.860$$

이므로 유의수준 $\alpha = 10\%$에서 $H_0 : \mu = 4.0$을 채택(기각하지 않음)한다. (그림 4.4-2(b) 참고.) $p-$값은

$$p - \text{값} = P(|T| \geq 0.75) = 2P(T \geq 0.75)$$

이다. 자유도가 8인 t-분포표에서는 정확한 $p-$값을 구할 수 없다. 반면

$$P(|T| \geq 0.706) = 2P(T \geq 0.706) = 0.50$$

이므로 $p-$값은 약 0.50이며 소프트웨어로 계산한 정확한 $p-$값은 0.4748이다.

참고 통계적 가설검정에서 귀무가설 'H_0을 채택'(accept H_0)이라는 용어는 'H_0을 기각하지 않음'(do not reject H_0) 또는 'H_0을 기각하는데 실

> 패'(fail to reject H_0)라고 하는 것이 바람직하다. 예제 4.4−2에서 $\bar{x}$가 4.0에 가깝다면 $\mu = 4.0$을 채택하겠지만 μ가 실제로 4.0으로 받아들여지는 것을 원하는 것은 아니고, 자료가 $\mu = 4.0$으로부터 기각할 만큼 멀리 떨어져 있지 않다고 말하기를 원한다. 즉 관측 자료로 부터는 $\mu = 4.0$을 기각하지 않는다. 이러한 이유로 우리는 때때로 귀무가설을 '채택한다'라고 하기도 하고, 때로는 귀무가설을 '기각하는 데 실패했다' 또는 '기각하지 않는다'라고 한다.

경우에 따라 두 개의 분포 또는 모집단의 평균을 비교하고자 하는 경우가 있다. 이 경우 두 가지 경우가 있는데 하나는 X와 Y가 독립인 경우이고, 다른 하나는 X와 Y가 종속인 경우이다. 만일 X와 Y가 종속이면 $W = X - Y$라고 하고 $\mu_X = \mu_Y$의 가설은 $H_0 : \mu_W = 0$으로 쓸 수 있다. 예를 들면 X와 Y가 각각 8주 에어로빅 프로그램을 받기 이전과 이후의 휴식기 맥박수라 하자. 대립가설 $H_1 : \mu_W > 0$ (에어로빅 프로그램은 휴식기의 맥박수를 감소함)에 대한 귀무가설 $H_0 : \mu_W = 0$ (변화 없음)을 검정하려고 한다. X와 Y는 동일한 사람으로부터 측정된 것이므로 X와 Y는 명백히 종속이다. 만일 W의 분포가 근사적으로 $N(\mu_W, \sigma^2)$을 따른다고 가정할 수 있으면 표 4.4−1에 있는 한 개의 평균에 대한 t−검정 중 적절한 것을 사용할 수 있다. 이를 **짝지어진 t−검정**(paired t−test)이라 한다.

예제 4.4-3 고등학교 여학생 24명에게 강력한 점프 훈련을 받도록 하였다. 이런 훈련이 100m 달리기에서 시간을 단축할 것으로 생각하고 있다. 100m 달리기에서 W = 훈련 이전시간 − 훈련 이후 시간이라 하고, W의 분포는 근사적으로 $N(\mu_W, \sigma_W^2)$을 따른다고 가정하자. 대립가설 $H_1 : \mu_W > 0$에 대한 귀무가설 $H_0 : \mu_W = 0$을 검정하려고 한다. 검정통계량과 유의수준 $\alpha = 0.05$에서의 기각역은

$$t = \frac{\bar{w} - 0}{s_{w/}\sqrt{24}} \geq t_{0.05}(23) = 1.714$$

이다.

다음 자료는 100m 달리기에서 훈련 이전과 이후의 시간 차이로서 양수는 훈련 후에 시간이 단축된 결과이다.

0.28	0.01	0.13	0.33	−0.03	0.07	−0.18	−0.14
−0.33	0.01	0.22	0.29	−0.08	0.23	0.08	0.04
−0.30	−0.08	0.09	0.70	0.33	−0.34	0.50	0.06

자료로부터 $\overline{w}=0.079$이고 $s_w=0.255$이다. 따라서 검정통계량은

$$t=\frac{0.079-0}{0.255/\sqrt{24}}=1.518$$

이며, $1.518<1.714$이므로 유의수준 $\alpha=0.05$에서는 귀무가설은 기각되지 않는다. 그러나 $t_{0.10}(23)=1.319$이고 $t=1.518>1.319$ 이므로 유의수준 $\alpha=0.10$에서는 귀무가설이 기각된다. 다른 방법으로 표현하면

$$0.05 < p-\text{값} < 0.10 \quad \text{또는} \quad p-\text{값}=0.0713$$

이다.

다음은 $N(\mu,\sigma^2)$ 가정에서 분산 σ^2에 대한 검정방법을 설명하고자 한다. 이때, 귀무가설은 $H_0:\sigma^2=\sigma_0^2$이고 검정통계량은

$$\chi^2=\frac{(n-1)S^2}{\sigma_0^2}$$

이며 H_0하에서 자유도가 $r=n-1$인 χ^2 분포를 따른다. 표 4.4−2는 검정에 대한 요약이다.

표 4.4−2 분산에 대한 검정

H_0	H_1	기각역
$\sigma^2=\sigma_0^2$	$\sigma^2>\sigma_0^2$	$s^2\ge\frac{\sigma_0^2\chi_\alpha^2(n-1)}{n-1}$ or $\chi^2\ge\chi_\alpha^2(n-1)$
$\sigma^2=\sigma_0^2$	$\sigma^2<\sigma_0^2$	$s^2\le\frac{\sigma_0^2\chi_{1-\alpha}^2(n-1)}{n-1}$ or $\chi^2\le\chi_{1-\alpha}^2(n-1)$
$\sigma^2=\sigma_0^2$	$\sigma^2\ne\sigma_0^2$	$s^2\le\frac{\sigma_0^2\chi_{1-\alpha/2}^2(n-1)}{n-1}$ or $s^2\ge\frac{\sigma_0^2\chi_{\alpha/2}^2(n-1)}{n-1}$ or $\chi^2\le\chi_{1-\alpha/2}^2(n-1)$ or $\chi^2\ge\chi_{\alpha/2}^2(n-1)$

예제 4.4-4 $n=23$이고 $\alpha=0.05$라고 가정하자. $H_1:\sigma^2\neq 100$에 대한 $H_0:\sigma^2=100$을 검정하기 위하여

$$\chi^2=(n-1)S^2/\sigma_0^2=22S^2/100$$

라고 하자. $\chi^2_{0.975}(22)=10.98$이고 $\chi^2_{0.025}(22)=36.78$이므로

$$\chi^2=\frac{22s^2}{100}\leq 10.98 \quad \text{또는} \quad \chi^2=\frac{22s^2}{100}\geq 36.78$$

이거나, 같은 의미로

$$s^2\leq c_1=\frac{100(10.98)}{22}=49.91 \qquad s^2\geq c^2=\frac{100(36.78)}{22}=167.18$$

이면 귀무가설 H_0을 기각한다.

표본분산이 $s^2=147.82$이므로 귀무가설 $H_0:\sigma^2=100$이 기각되지 않는다.

σ^2에 대한 95% 신뢰구간은

$$\left[\frac{(22)(147.82)}{36.78},\ \frac{(22)(147.82)}{10.98}\right]=[88.42,\ 296.18]$$

이며, 이 구간은 $\sigma^2=100$을 포함한다. χ^2 통계량의 관측된 값은

$$\chi^2=\frac{22(147.82)}{100}=32.52$$

이고 이는 $10.98<32.52<36.78$이므로 예상한 것과 같이 H_0을 채택한다.

만일 대립가설이 $H_1:\sigma^2>100$이면

$$\chi^2=\frac{22s^2}{100}\geq \chi^2_{0.05}(22)=33.92$$

이거나

$$s^2\geq\frac{100\chi^2_{0.05}(22)}{22}=\frac{(100)(33.92)}{22}=154.18$$

일 때 귀무가설 $H_0:\sigma^2=100$이 기각된다.

$$\chi^2=32.52<33.92 \quad \text{이고} \quad s^2=147.82<154.18$$

이므로 유의수준 $\alpha = 0.05$에서 귀무가설 H_0을 기각하지 않는다. 자료의 수가 더 크다면 귀무가설이 기각될 수도 있다.

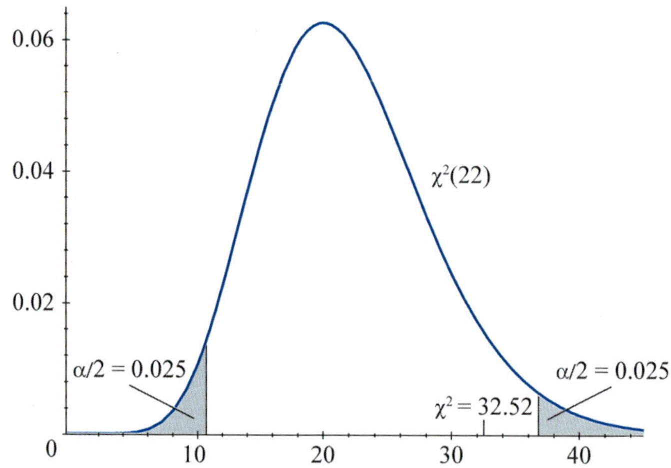

그림 4.4-3 IQ 점수의 분산에 대한 검정

끝으로 모수 p가 미지인 $b(n,p)$ 모형에 대해 설명하고자 한다. $H_0 : p = p_0$을 검정하기 위하여 p에 대한 신뢰구간을 먼저 설명해 보자. $\hat{p} = Y/n$이라 하자. 만일 귀무가설 $H_0 : p = p_0$이 사실이면

$$z = \frac{\hat{p} - p_0}{\sqrt{\frac{\hat{p}(1-\hat{p})}{n}}} \leq -z_\alpha$$

일 때 대립가설 $H_1 : p < p_0$을 기각한다. 이는

$$P_0 \notin \left[0, \hat{p} + z_\alpha \sqrt{\frac{\hat{p}(1-\hat{p})}{n}}\right]$$

와 같이 쓸 수 있으며 p에 대한 단측신뢰구간의 상한이다. 만일

$$\frac{|\hat{p} - p_0|}{\sqrt{\frac{\hat{p}(1-\hat{p})}{n}}} \geq z_{\alpha/2}$$

이면 귀무가설 H_0을 기각하고 대립가설 $H_0 : p \neq p_0$을 채택한다. 이것은 p에 대

한 양측신뢰구간

$$P_0 \notin \left(\hat{p} - z_{\alpha/2}\sqrt{\frac{\hat{p}(1-\hat{p})}{n}},\ \hat{p} + z_{\alpha/2}\sqrt{\frac{\hat{p}(1-\hat{p})}{n}}\right)$$

에 포함되지 않는 경우와 같다.

표 4.4 − 3에 귀무가설 $H_0 : p = p_0$에 대한 검정방법을 정리하였다.

표 4.4–3 한 개의 비율에 대한 가설검정

H_0	H_1	기각역
$p = p_0$	$p > p_0$	$z = \dfrac{y/n - p_0}{\sqrt{\hat{p}(1-\hat{p})/n}} \geq z_\alpha$
$p = p_0$	$p < p_0$	$z = \dfrac{y/n - p_0}{\sqrt{\hat{p}(1-\hat{p})/n}} \leq -z_\alpha$
$p = p_0$	$p \neq p_0$	$\lvert z \rvert = \dfrac{\lvert y/n - p_0 \rvert}{\sqrt{\hat{p}(1-\hat{p})/n}} \geq z_{\alpha/2}$

참고 $H_0 : p = p_0$을 검정할 때 통계량 z의 분모에 있는 $\hat{p}$ 대신 p_0을 사용하기도 한다. 즉 $\sqrt{\hat{p}(1-\hat{p})/n}$ 대신 $\sqrt{p_0(1-p_0)/n}$을 사용하는 것이다. 두 방법 모두 비슷한 결과를 얻기 때문에 어떤 한 가지 방법을 특별히 선호하는 것은 없다. $H_0 : p = p_0$이 사실일 때 $\hat{p}$의 정확한 표준편차 값을 계산하지만 H_0이 명백히 거짓일 때는 $\hat{p}$을 사용할 때 더 나은 표준편차 추정치를 제공한다. 표준편차의 추정치를 $\hat{p}$의 표준오차라고 한다.

예제 4.4-5 어떤 테니스 선수가 처음 서브에서 성공할 확률을 p라 하자. 과거의 p가 0.4여서 이 확률을 개선하기 위해 레슨을 받기로 했다. 레슨을 받은 후 대립가설 $H_1 : p > 0.4$(개선됨)에 대한 귀무가설 $H_0 : p = 0.4$(개선 없음)를 검정하기 위해 200개의 첫 서브 성공 여부를 기록한 결과 92번 성공하였다. 따라서 표준편차에 있는 추정치는 $\hat{p} = 92/200 = 0.46$이므로

$$z = \frac{0.46 - 0.40}{\sqrt{(0.46)(0.54)/200}} = 1.70 > 1.645$$

이다. $p_0 = 0.4$를 사용하면

$$z = \frac{0.46 - 0.40}{\sqrt{(0.4)(0.6)/200}} = 1.73 > 1.645$$

이다. 두 경우 모두 유의수준 $\alpha = 0.05$로 $H_1 : \mu > 12$를 선호하여 $H_0 : \mu = 12$를 기각한다. 따라서 이러한 자료는 테니스 선수가 첫 서브에서 성공률을 높이는 데 레슨이 도움이 된 것으로 본다.

연습문제 4.4

4.4-1 10온스 상자에 들어 있는 과자의 무게가 $N(\mu, \sigma^2)$이라고 가정하자. 대립가설 $H_1 : \mu > 10.1$에 대한 귀무가설 $H_0 : \mu = 10.1$을 검정하기 위해 크기 $n = 16$인 확률표본을 추출하였으며 관측값으로부터 $\bar{x} = 10.4$, $s = 0.4$를 얻었다.

(a) 유의수준 5%에서 H_0을 기각하는가? 채택하는가?

(b) 이 검정에서 $p-$값은 무엇인가?

4.4-2 X를 여대생의 폐활량(forced vital capacity : FCV)에 관한 자료라 하자. X의 분포는 근사적으로 $N(\mu, \sigma^2)$인데 $\mu = 3.4$리터라고 알고 있다고 가정하자. 배구코치는 여자배구선수들의 폐활량이 3.4보다 크다고 주장한다. 이 주장을 $n = 9$인 임의표본으로 검정하려고 한다.

(a) 귀무가설을 정의하여라.

(b) 대립가설을 정의하여라.

(c) 검성통계량을 정의하여라.

(d) $\alpha = 0.05$일 때 기각역을 정의하고, 기각역을 표시하는 그래프를 그려라.

(e) 임의표본으로부터 얻은 폐활량의 자료가 다음과 같을 때 검정통계량 값을 계산하여라.

3.4 3.6 3.8 3.3 3.4 3.5 3.7 3.6 3.7

(f) 결론을 어떻게 내려야 할까?

(g) 이 검정의 근사 $p-$값을 계산하여라.

4.4-3 비타민 B_6는 제약회사에서 제조한 비타민 알약에 들어있는 여러 가지 비타민들 가운데 하나이다. 알약은 알약 당 B_6의 함유량이 평균 50

mg이 되도록 제조된다. 회사는 B_6가 한 달에 $1\,mg$씩 양이 줄어들기 때문에 세 달 후에는 $\mu = 47$일 것으로 예상된다. 소비자 그룹에서는 세 달 후에 $\mu < 47$이라고 의심한다.

(a) 확률표본 크기 $n = 20$일 때, 유의수준 $\alpha = 0.05$에서 $H_1 : \mu < 47$에 대한 $H_o : \mu = 47$을 검정하기 위한 기각역을 정의하여라.

(b) 만일 20개 알약의 평균이 $\overline{x} = 46.94$이고 표준편차는 $s = 0.15$라면 결론은 무엇인가?

(c) 이 검정의 근사 $p-$값을 계산하여라.

4.4-4 51명의 골프 선수들이 X제품과 Y제품의 골프공을 세 번씩 임의의 순서로 친다. X_i와 Y_i를 각각 i, $(i = 1,2,\ldots,51)$번째 골프 선수가 X제품과 Y제품의 골프공이 날아간 거리의 평균이라 하고, $W_i = X_i - Y_i$라 하자. μ_W가 차이의 평균이라 할 때 $H_1 : \mu_W > 0$에 대한 $H_0 : \mu_W = 0$을 검정하여라. 만일 $\overline{w} = 2.07$이고 $s_w^2 = 84.63$이면 유의수준 $\alpha = 0.05$에서 H_0을 채택하는가? 또는 기각하는가?

4.4-5 우유생산업자가 저지방 건조 우유를 분유 제조회사에 판매하려고 한다. 우유의 지방 함유량을 검사하기 위하여 판매업자와 제조업자 각각 표본으로 추출된 제품의 지방 함유 비율을 측정하였다. 10개 표본의 측정 결과는 아래 표와 같다. 차이 $X - Y$의 평균을 μ_W라 하자. $H_1 : \mu_W > 0$에 대한 $H_0 : \mu_W = 0$를 검정하려고 한다. 차이에 대한 짝지어진 $t-$검정을 실시하여라. $\alpha = 0.05$.

제품번호	제조회사 검사결과(X)	판매업자 검사결과 (Y)
1	0.50	0.79
2	0.58	0.71
3	0.90	0.82
4	1.17	0.82
5	1.14	0.73
6	1.25	0.77
7	0.75	0.72
8	1.22	0.79
9	0.74	0.72
10	0.80	0.91

4.4-6 소가 송아지를 나은 후 305일 동안 생산한 우유의 양(파운드)을 X라 하자. 대립가설 $H_1 : \sigma^2 > 140^2$에 대한 귀무가설 $H_0 : \sigma^2 = 140^2$을 검정하려고 한다.

(a) $n = 25$개의 자료가 있을 때 검정통계량과 유의수준 $\alpha = 0.05$에 대응하는 기각역을 구하여라.

(b) 다음 X의 관측값에서 검정통계량을 계산하고 결론을 내려라.

425	710	661	664	732	714	934	761	744
653	725	657	421	573	535	602	537	405
874	791	721	849	567	468	975		

(c) μ에 대한 98% 단측 신뢰구간의 상한을 구하여라.

4.4-7 5월에 생산된 6파운드짜리 세탁용 세제의 무게는 평균 6.13파운드, 표준편차 0.095파운드이다. 회사는 제품의 표준편차를 줄이기 위해 기계를 수리하기로 하였는데, 이 작업에 대해 $H_1 : \sigma < 0.095$에 대한 $H_0 : \sigma = 0.095$의 가설검정을 실시하려고 한다. 6월에 $n = 20$개를 조사한 확률표본은 $\overline{x} = 6.10$이고 $s = 0.065$였다.

(a) 유의수준 $\alpha = 0.05$로 표준편차가 감소하였는가?

(b) 이 검정에 대한 p-값을 계산하여라.

4.4-8 항아리 A 에는 빨간 공이 100개 흰 공이 200개 들어있고 항아리 B 에는 빨강 공이 200개 흰 공이 100개 들어있다. p를 항아리에서 빨간 공을 추출할 확률이라 하자. 어떤 항아리에서 공이 추출되었는지 모르기 때문에 p는 미지이다. 단순대립가설 $H_1 : p = 2/3$에 대한 단순 귀무가설 $H_0 : p = 1/3$을 검정하려고 한다. 항아리를 히나 선택하여 공 3개를 복원추출 하였을 때, X를 추출된 빨간 공의 수라 하자. 기각역이 $C = \{x : x = 2,3\}$라고 할 때 제1종 오류의 확률 α와 제2종 오류의 확률 β를 구하여라.

4.4-9 Y가 $b(100,p)$ 분포를 따른다. 대립가설 $H_1 : p < 0.08$에 대한 귀무가설$H_0 : p = 0.08$ 검정에서 $Y \le 6$이면 H_0을 기각하고 H_1을 채택한다.

(a) 검정의 유의수준 α를 결정하여라.

(b) 만일 $p = 0.04$가 사실이면 제2종 오류의 확률을 구하여라.

4.4-10 어떤 테니스 선수가 처음 서브를 성공할 확률이 p라고 하자. 과거 자료를 보면 이 선수의 성공비율이 $p = 0.40$이므로 이 선수는 p값을 증가

시키기 위해 레슨을 받기로 하였다. 레슨이 끝난 후 $n=25$번 시행을 실시한 후 $H_1: p>0.40$에 대한 $H_0: p=0.40$을 검정하려고 한다. y를 처음 서브에서 성공한 횟수라고 하고 기각역은 $C=\{y: y\geq 13\}$이라 하자.

(a) 부록의 표 Ⅱ를 사용하여 $\alpha=P(Y\geq 13\,;p=0.40)$를 구하여라.

(b) $p=0.60$일 때 $\beta=P(Y<13)$을 구하여라.
즉 $\beta=P(Y\leq 12\,;p=0.60)$을 구하여라.

(c) $y=15$에 대응하는 $p-$값을 구하여라.

4.4-11 Y가 $b(192,p)$인 분포를 따른다. $H_0: p=0.75$를 기각하고 $H_1: p>0.75$를 채택할 필요충분조건은 $Y\geq 152$이다. 정규근사를 사용하여 다음을 구하여라.

(a) $\alpha=P(Y\geq 152\,;p=0.75)$

(b) $\beta=P(Y<152\,;p=0.80)$

4.4-12 주사위가 1의 눈금이 많이 나오고 6의 눈금이 적게 나오는지를 결정하기 위하여 $n=8000$번 주사위를 던져 1의 눈금이 나온 횟수를 관찰하였다. p를 이 주사위를 던졌을 때 1의 눈금이 나올 확률이라 하자. 대립가설 $H_1: p<1/6$에 대한 귀무가설 $H_0: p=1/6$을 검정하려고 한다.

(a) 검정통계량과 유의수준 $\alpha=0.05$에서의 기각역을 결정하여라.

(b) 만일 8000번 시행에서 $y=1265$번 관측되었다면 검정통계량 값을 계산하고 결론을 내려라.

(c) 95% 단측 신뢰구간에서 $1/6$은 p의 상한인가?

4.4-13 어떤 제조품의 불량률을 p라고 하자. 대립가설 $H_1: p>1/26$에 대한 귀무가설 $H_0: p=1/26$을 검정하기 위하여 임의로 추출된 n개의 제품을 검사하였다. Y를 표본에서 불량품의 수라고 하자. $y\geq c$이면 H_0를 기각한다. $\alpha=P(Y\geq c;p=1/26)=0.05$이고 $P(Y\geq c;p=1/10=0.90)$ 즉 $\beta=0.10$이고 $p=1/10$을 만족하는 n과 c를 구하여라.

Hint 정규근사나 Poisson 근사를 이용하여라.

4.5 두 개의 모수에 대한 동일성 검정

독립인 확률변수 X와 Y가 각각 정규분포 $N(\mu_X, \sigma_X^2)$과 $N(\mu_Y, \sigma_Y^2)$을 따른다고 했을 때, X와 Y의 분포가 같은지를 검정하고자 하는 경우가 있다. 정규성의 가정 하에서 두 평균이 같은지 그리고 두 분산이 같은지를 검정해 보자.

먼저 두 개의 평균에 대한 동일성 검정을 실시하자. X와 Y가 독립이고 정규분포를 따를 때 4.2절에서 $\mu_X - \mu_Y$에 대한 신뢰구간을 설정할 때 사용하였던 t-통계량을 사용하여 평균에 대한 가설검정을 실시할 수 있다. 신뢰구간을 계산할 때 사용된 t-통계량은 X와 Y의 분산이 동일하다고 가정하였으나, 두 개의 분산이 실제로 같은가에 대한 검정도 필요하다.

식물학자는 산성 수준이 다른 두 지역에서 완두콩 줄기의 성장을 비교하고자 한다. X와 Y는 각각 독립인 두 지역에서 얻은 완두콩 줄기의 성장 길이를 나타낸다고 하자. 식물학자는 대립가설 $H_1 : \mu_X - \mu_Y < 0$에 대한 귀무가설 $H_0 : \mu_X - \mu_Y = 0$을 검정하여야 한다.

만일 X와 Y가 독립이고 분산이 같은 정규분포를 갖는다고 가정하자. 표본 크기가 n과 m일 때 검정통계량은 다음과 같다.

$$T = \frac{\overline{X} - \overline{Y}}{\sqrt{\dfrac{(n-1)S_X^2 + (m-1)S_Y^2}{n+m-2}\left(\dfrac{1}{n} + \dfrac{1}{m}\right)}} \tag{4.5-1}$$

$$= \frac{\overline{X} - \overline{Y}}{S_p\sqrt{\dfrac{1}{n} + \dfrac{1}{m}}}$$

여기서

$$S_p = \sqrt{\frac{(n-1)S_X^2 + (m-1)S_Y^2}{n+m-2}} \tag{4.5-2}$$

이다. T는 귀무가설 $H_0(\mu_X = \mu_Y)$가 참이고 분산이 (근사적으로) 같을 때 자유도가 $r = n+m-2$인 t-분포를 따른다. 만일 T의 관측값이 $-t_\alpha(n+m-2)$보다 작으면 H_0을 기각하고 H_1을 채택한다.

예제 4.5-1 식물학자가 서로 다른 두 지역에서 얻은 완두콩 줄기에 관한 자료는 다음과 같다. X의 $n=11$개 관측값

0.8 1.8 1.0 0.1 0.9 1.7 1.0 1.4 0.9 1.2 0.5

Y의 $m=13$개 관측값은

1.0	0.8	1.6	2.6	1.3	1.1	2.4
1.8	2.5	1.4	1.9	2.0	1.2	

이다. 이 자료에서 $\bar{x}=1.03$, $s_x^2=0.24$, $\bar{y}=1.66$, $s_y^2=0.35$을 계산할 수 있다. 대립가설 $H_1 : \mu_X - \mu_Y < 0$에 대한 귀무가설 $H_0 : \mu_X - \mu_Y = 0$의 가설검정에서 기각역은 $t \le -t_{0.05}(22) = -1.717$이며 여기서 검정통계량 t는 식 4.5-1을 이용하여 계산한다.

$$t = \frac{1.03 - 1.66}{\sqrt{\dfrac{10(0.24)+12(0.35)}{11+13-2}\left(\dfrac{1}{11}+\dfrac{1}{13}\right)}}$$

$$= -2.81 < 1.717$$

이므로 유의수준 $\alpha = 0.05$에서 H_0은 기각된다. $-t_{0.005}(22) = -2.819$이므로 이 검정의 근사 $p-$값은 0.005이다. (그림 4.5-1 참고.) 또한 표본분산이 크게 다르지 않으므로 대부분 이 이표본 t-검정을 사용하고 있다.

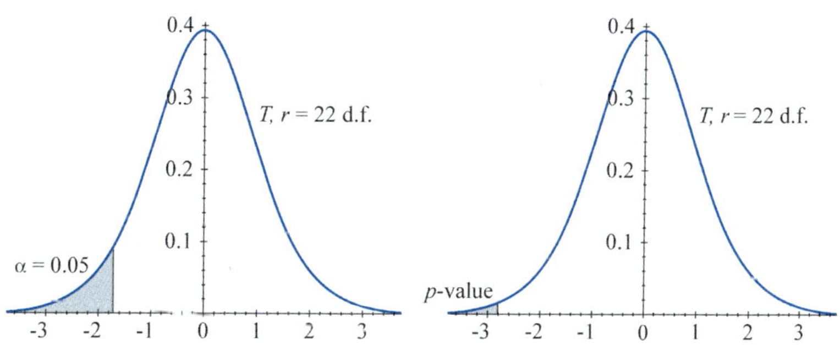

그림 4.5-1 완두콩 줄기 성장에 대한 기각역과 p-값

두 표본의 시각적인 비교를 위해서 상자-수염도표를 작성하는 것이 바람직하다. 두 자료집합에서 X 표본의 다섯숫자요약(최소값, 제1사분위수, 제2사분위수, 제3사분위수, 최대값)은

0.1 0.8 1.0 1.4 1.8

이고 Y 표본의 다섯숫자요약은

0.8 1.15 1.6 2.2 2.6

이다. 그림 4.5−2는 두 자료의 상자그림이다.

표 4.5−1은 T−통계량을 사용하여 두 모평균의 동일성 검정을 실시하는 것에 대한 요약표이다. 물론 분산을 알고 있다면 $H_0 : \mu_X = \mu_Y$를 검정하기 위하여

$$Z = \frac{\overline{X} - \overline{Y}}{\sqrt{\dfrac{\sigma_X^2}{n} + \dfrac{\sigma_Y^2}{m}}}$$

를 사용할 수 있다. 그리고 H_0이 참이라는 가정 하에서 Z는 $N(0,1)$이거나 모집단 분포가 정규분포가 아니면 적어도 근사정규분포를 따른다. 만일 분산을 모르고 표본 크기가 충분히 크다면 Z에 있는 σ_X^2과 σ_Y^2를 각각 s_X^2과 s_Y^2으로 대체할 수 있으며 이 경우 Z는 근사적으로 $N(0,1)$을 따른다.

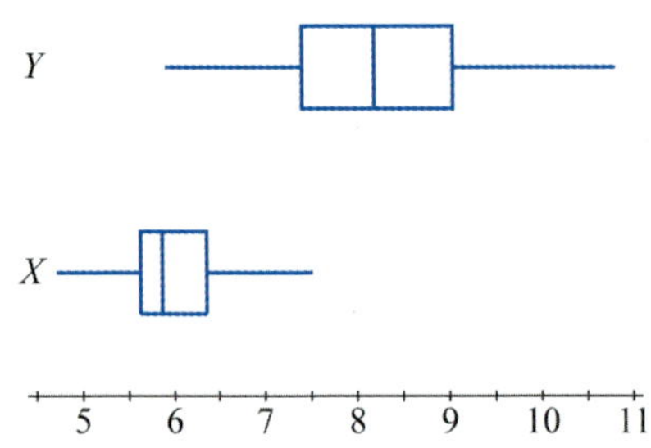

그림 4.5−2 완두콩 줄기 성장에 대한 상자 그림

표 4.5−1 두 평균의 동일성 여부에 대한 가설검정

H_0	H_1	기각역
$\mu_X = \mu_Y$	$\mu_X > \mu_Y$	$t \ge t_\alpha(n+m-2)$ or $\overline{x} - \overline{y} \ge t_\alpha(n+m-2)s_p\sqrt{1/n+1/m}$
$\mu_X = \mu_Y$	$\mu_X < \mu_Y$	$t \le -t_\alpha(n+m-2)$ or $\overline{x} - \overline{y} \le -t_\alpha(n+m-2)s_p\sqrt{1/n+1/m}$
$\mu_X = \mu_Y$	$\mu_X \ne \mu_Y$	$\lvert t\rvert \ge t_{\alpha/2}(n+m-2)$ or $\lvert\overline{x} - \overline{y}\rvert \ge t_{\alpha/2}(n+m-2)s_p\sqrt{1/n+1/m}$

정규분포와 두 확률변수의 독립성 가정 하에 $H_0 : \sigma_X^2 = \sigma_Y^2$의 검정은 검정통계량

$$F = \frac{\dfrac{(n-1)S_X^2}{\sigma_X^2(n-1)}}{\dfrac{(m-1)S_Y^2}{\sigma_Y^2(m-1)}} = \frac{S_X^2}{S_Y^2}$$

를 사용하는데, 여기서 H_0가 참일 때 자유도가 $r_1 = n-1$, $r_2 = m-1$인 F 분포를 따른다. 표 4.5－2는 분산의 동일성 검정에 대한 요약표이다. F의 역수인 $1/F$은 자유도가 $m-1$과 $n-1$인 F 분포를 따른다. 모든 기각역은 오른쪽 꼬리형태의 기각역으로 표기되기 때문에 부록의 표 Ⅶ로부터 임계값을 쉽게 구할 수 있다. 표의 첫 번째와 두 번째는 σ_X^2/σ_Y^2에 대한 단측 신뢰구간과 관련이 있다.

예제 4.5-2 거미를 연구하는 생물학자가 암컷은 수컷보다 길이가 길고 변동이 크다고 믿는다. 암컷거미의 길이에 대한 변동이 수컷거미에 비해 큰가의 여부를 검정하려고 한다. 수컷거미의 길이 X의 분포는 $N(\mu_X, \sigma_X^2)$, 암컷거미 길이 Y의 분포는 $N(\mu_Y, \sigma_Y^2)$이고 X와 Y는 독립이라고 가정하자. 대립가설 $H_1 : \sigma_X^2/\sigma_Y^2 < 1$ (즉, $\sigma_X^2 < \sigma_Y^2$)에 대한 귀무가설 $H_0 : \sigma_X^2/\sigma_Y^2 = 1$ (즉, $\sigma_X^2 = \sigma_Y^2$)을 검정하려고 한다. X와 Y의 관측값이 각각 $n = 30$과 $m = 30$일 때 유의수준 $\alpha = 0.01$에서의 기각역은 부록의 표 Ⅶ로부터 다음과 같다.

$$\frac{s_y^2}{s_x^2} \geq F_{0.01}(29, 29) = 2.42$$

표 4.5-2 분산의 동일성에 대한 가설검정

H_0	H_1	기각역
$\sigma_X^2 = \sigma_Y^2$	$\sigma_X^2 > \sigma_Y^2$	$\dfrac{s_x^2}{s_y^2} \geq F_\alpha(n-1,\ m-1)$
$\sigma_X^2 = \sigma_Y^2$	$\sigma_X^2 < \sigma_Y^2$	$\dfrac{s_y^2}{s_x^2} \geq F_\alpha(m-1,\ n-1)$
$\sigma_X^2 = \sigma_Y^2$	$\sigma_X^2 \neq \sigma_Y^2$	$\dfrac{s_y^2}{s_x^2} \geq F_{\alpha/2}(n-1,\ m-1)$ or $\dfrac{s_y^2}{s_x^2} \geq F_{\alpha/2}(m-1,\ n-1)$

X의 $n=30$개 관측값은

5.20	4.70	5.75	7.50	6.45	6.55
4.70	4.80	5.95	5.20	6.35	6.95
5.70	6.20	5.40	6.20	5.85	6.80
5.65	5.50	5.65	5.85	5.75	6.35
5.75	5.95	5.90	7.00	6.10	5.80

이고 Y의 $m=30$개 관측값은 다음과 같다.

8.25	9.95	5.90	7.05	8.45	7.55
9.80	10.80	6.60	7.55	8.10	9.10
6.10	9.30	8.75	7.00	7.80	8.00
9.00	6.30	8.35	8.70	8.00	7.50
9.50	8.30	7.05	8.30	7.95	9.60

측정 단위는 mm이며 $\bar{x}=5.917$, $s_x^2=0.4399$, $\bar{y}=8.153$, $s_y^2=1.4100$이다. 검정통계량 F가

$$\frac{s_y^2}{s_x^2}=\frac{1.4100}{0.4399}=3.2053>2.42$$

이므로 생물학자들의 믿음에 따라 귀무가설 H_0를 기각할 수 있다.(그림 4.5 − 3 참조)

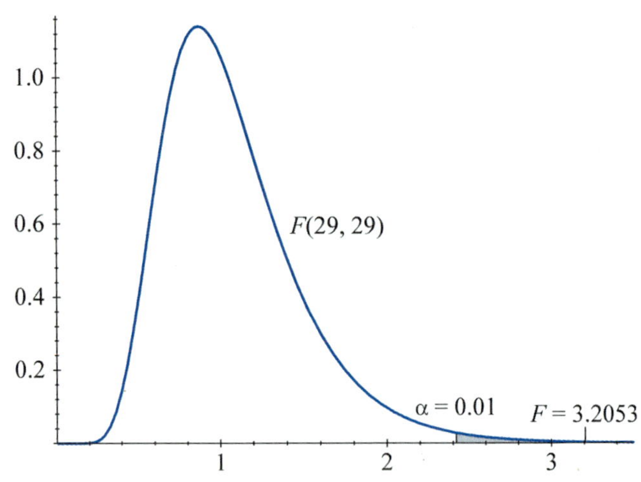

그림 4.5–3 거미의 분산에 대한 검정

그림 4.5 − 4의 그래프를 이용하여 두 자료의 집합을 비교할 수 있다. 그림 4.5 − 4(a)는 ***q*−*q* 도표**로 수컷거미에 대한 암컷거미 길이의 순서통계량 도표

이다. q-q 도표로부터 수컷거미의 표준편차가 암컷거미보다 작다는 것을 알 수 있으며 또한 수컷거미가 암컷거미보다 길이가 짧다는 것을 알 수 있다. 그림 4.5−4(b)는 수컷(X)와 암컷(Y) 거미의 길이에 대한 상자도표를 나타낸 것이다.

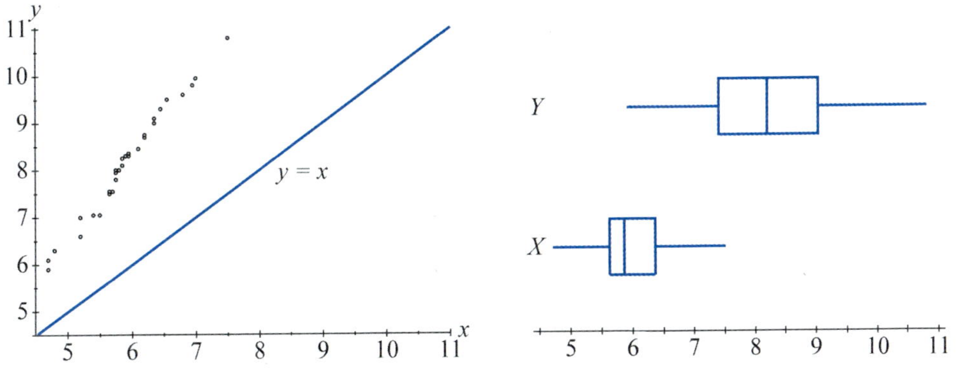

그림 4.5−4 수컷(X)과 암컷(Y) 거미의 길이에 대한 $q-q$도표와 상자그림

예제 4.5−1에서 분산이 같다는 가정 하에 평균의 동일성을 검정하기 위해 t−통계량을 사용하였다. 다음 예제에서는 이 가정이 맞는지를 검정한다.

예제 4.5-3 예제 4.5−1에서 X의 관측값은 $n = 11$이고 Y의 관측값은 $m = 13$이며 X는 $N(\mu_X, \sigma_X^2)$, Y는 $N(\mu_Y, \sigma_Y^2)$으로 가정하였다. 양측 대립가설에 대한 귀무가설 $H_0 : \sigma_X^2/\sigma_Y^2 = 1$을 검정하고자 한다. 유의수준 $\alpha = 0.05$에서 만일

$$s_x^2/s_y^2 \geq F_{0.025}(10,12) = 3.37 \quad \text{또는} \quad s_y^2/s_x^2 \geq F_{0.025}(12,10) = 3.62$$

이면 H_0을 기각한다. 예제 4.5−1의 자료로부터

$$s_x^2/s_y^2 = 0.24/0.35 = 0.686 \text{이고} \quad s_y^2/s_x^2 = 1.458$$

이므로 H_0을 기각하지 않는다. 따라서 예제 4.5−1에서 사용된 t−통계량에 대한 등분산 가정은 유효하다. 그림 4.5−5에서 $F_{0.975}(10,12) = 1/F_{0.025}(12,10) = 1/3.62 = 0.276$임을 확인할 수 있다.

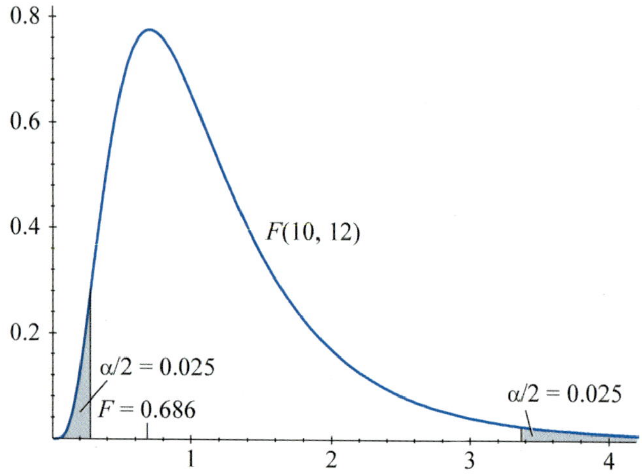

그림 4.5-5 완두콩 줄기 성장값의 분산에 대한 검정

가끔 두 가지 다른 방법으로 어떤 일을 할 때 각 방법의 성공확률에 대한 동일성을 검정할 필요가 있다. 각각 성공 확률이 p_1과 p_2일 때 n_1번과 n_2번의 독립시행에서 성공 횟수를 Y_1과 Y_2라 하자. 표본비율 $\widehat{p_1} = Y_1/n_1$과 $\widehat{p_2} = Y_2/n_2$는 근사적으로 정규분포를 따르며, 따라서

$$Z = \frac{Y_1/n_1 - Y_2/n_2 - (p_1 - p_2)}{\sqrt{p_1(1-p_1)/n_1 + p_2(1-p_2)/n_2}}$$

$$= \frac{\widehat{p_1} - \widehat{p_2} - (p_1 - p_2)}{\sqrt{p_1(1-p_1)/n_1 + p_2(1-p_2)/n_2}}$$

는 근사적으로 $N(0,1)$을 따르며, 이로부터 $p_1 - p_2$에 대한 신뢰구간을 구할 수 있다. 이 경우 분모에 서 사용한 p_1은 $\widehat{p_1}$로 p_2는 $\widehat{p_2}$으로 대체하여 사용한다. 만일 $H_0 : p_1 - p_2 = 0$을 검정하는 데 검정통계량

$$Z = \frac{\widehat{p_1} - \widehat{p_2} - 0}{\sqrt{\dfrac{\widehat{p_1}(1-\widehat{p_1})}{n_1} + \dfrac{\widehat{p_2}(1-\widehat{p_2})}{n_2}}}$$

을 사용할 수 있으면 이는 $p_1 - p_2$에 대한 단측 또는 양측 신뢰구간과 동일하다. 표 4.5-3에 두 비율에 대한 가설검정 방법이 요약되어 있다.

표 4.5-3 두 비율에 대한 가설검정

H_0	H_1	기각역
$p_1 = p_2$	$p_1 > p_2$	$z \geq z_\alpha$
$p_1 = p_2$	$p_1 < p_2$	$z \leq -z_\alpha$
$p_1 = p_2$	$p_1 \neq p_2$	$\lvert z \rvert \geq z_{\alpha/2}$

참고 대부분의 통계학자들은 $H_0 : p_1 - p_2 = 0$을 검정할 때, $p_1 = p_2$ 공동의 추정치로서 검정통계량 Z의 분모에 있는 $\hat{p_1}$과 $\hat{p_2}$를 $\hat{p} = (Y_1 + Y_2)/(n_1 + n_2)$로 대체하여 사용한다. 따라서 검정통계량은

$$Z = \frac{\hat{p_1} - \hat{p_2} - 0}{\sqrt{\hat{p}(1-\hat{p})\left(\frac{1}{n_1} + \frac{1}{n_2}\right)}}$$

이 된다.

예제 4.5-4 주간과 야간에 교대로 제품을 생산하는 공장이 있다. 주간과 야간에 생산되는 제품의 불량률을 각각 p_1과 p_2라 하자. 주간과 야간에 생산되는 제품을 각각 $n = 1000$개씩 추출하여 대립가설 $H_1 : p_1 < p_2$에 대한 귀무가설 $H_0 : p_1 = p_2$을 유의수준 $\alpha = 0.05$하에서 검정하고자 한다. 주간생산과 야간생산에서의 불량품이 각각 $y_1 = 37$개와 $y_2 = 53$개로 조사되었다. 두 가지 방법으로 검정통계량을 계산해 보자. 만일 분모에서 $\hat{p_1}$과 $\hat{p_2}$을 사용하면

$$z = \frac{0.037 - 0.053}{\sqrt{\frac{(0.037)(0.963)}{1000} + \frac{(0.053)(0.947)}{1000}}} = -1.727 < -1.645$$

이고 공통비율 $p_1 = p_2$의 추정치 $\hat{p} = (37 + 53)/2000 = 0.045$를 사용하면

$$z = \frac{0.037 - 0.053}{\sqrt{(0.045)(0.955)\left(\frac{1}{1000} + \frac{1}{1000}\right)}} = -1.726 < -1.645$$

이다. 따라서 $H_0 : p_1 = p_2$를 기각하고 $H_1 : p_1 < p_2$를 채택하므로 불량률이 더 높은 야간생산품을 개선하기 위한 방법을 연구해야 한다.

연습문제 4.5

4.5-1 X와 Y는 각각 어떤 닭의 암컷과 수컷의 무게를 나타낸다. X는 $N(\mu_X, \sigma_X^2)$을 따르고 Y는 $N(\mu_Y, \sigma_Y^2)$을 따른다고 가정하자.

(a) X에 $n=16$개의 관측값 Y에 $m=13$개의 관측값이 주어졌을 때 대립가설 $H_1 : \mu_X > \mu_Y$에 대한 귀무가설 $H_0 : \mu_X = \mu_Y$를 검정하기 위한 검정통계량과 기각역을 결정하여라. 유의수준은 $\alpha = 0.01$로 하고 분산은 같다고 가정한다.

(b) $\bar{x} = 415.16$, $s_x^2 = 1356.75$, $\bar{y} = 347.40$, $s_y^2 = 692.21$이 주어졌을 때 검정통계량 값을 계산하고 결론을 말하여라.

(c) $\alpha = 0.05$ 하에서 등분산 가정이 유효한지 검정하여라.

4.5-2 세계보건기구(WHO)의 공기 질 모니터링 프로젝트에서 공기 중 유해물질의 입자($\mu g/m^3$)를 측정한 자료가 있다. X와 Y는 각각 Melbourne와 Houston의 시가지 도심에서 공기 중 유해입자의 농축량을 나타낸 것이다. $n=13$개의 X 관측값과 $m=16$개의 Y 관측값을 사용하여 대립가설 $H_1 : \mu_X < \mu_Y$에 대한 귀무가설 $H_0 : \mu_X = \mu_Y$를 검정하고자 한다.

(a) $\alpha = 0.05$하에서 등분산 가정 하에서 검정통계량과 기각역을 결정하여라.

(b) 만일 $\bar{x} = 72.9$, $s_x = 25.6$ $\bar{y} = 81.7$, $s_y = 28.3$ 이라면 검정통계량 값을 계산하고 결론을 내려라.

(c) $p-$값을 계산하여라.

(d) $\alpha = 0.05$하에서 등분산 가정이 유효한지 검정하여라.

4.5-3 지역 공중보건소에 근무하는 간호사들은 부적절한 태아검진을 받은 여성들을 대상으로 조사를 하였다. 조사 대상이 되는 여성들을 추출하기 위해 출생증명서에 기재된 정보를 사용하였다. 추출된 여성들은 두 그룹으로 나누어졌는데 5회 이하의 태어검진을 받은 14명의 여성과 6번 이상 태아검진을 위해 방문했던 14명의 여성이다. 두 그룹 여성들의 신생아 몸무게를 각각 확률변수 X와 Y라고 하였다. 이 때, X의 분포는 $N(\mu_X, \sigma^2)$이고 Y의 분포는 $N(\mu_Y, \sigma^2)$으로 가정한다.

(a) 유의수준 $\alpha = 0.05$하에서 대립가설 $H_1 : \mu_X - \mu_Y < 0$에 대한 귀무가설 $H_0 : \mu_X - \mu_Y = 0$을 검정하기 위한 검정통계량과 기각역을 결정하여라.

(b) X의 관측값이 다음과 같고

49	108	110	82	93	114	134
114	96	52	101	114	120	116

Y의 관측값이 다음과 같을 때

133	108	93	119	119	98	106
131	87	153	116	129	97	110

검정통계량 값을 계산하고 결론을 기술하여라.

(c) $p-$값을 구하여라.

(d) 두 자료 집합을 같은 그래프에 나타나는 상자 그림을 작성하여라. 상자 그림은 어떤 의미를 나타내는가?

(e) $\alpha = 0.05$하에서 등분산 가정이 유효한지 검정하여라.

4.5-4 X와 Y를 각각 자동차 윈도우를 장착할 때 사용한 5개의 못 가운데 3번 못과 4번 못을 뽑는 데 필요한 힘이라 하자. X와 Y의 분포는 각각 $N(\mu_X, \sigma^2)$과 $N(\mu_Y, \sigma^2)$으로 가정한다.

(a) 임의로 $m = n = 10$개의 관측값을 표본추출하였다면 검정통계량과 양측 대립가설에 대한 귀무가설 $H_0 : \mu_X - \mu_Y = 0$을 검정하기 위한 기각역을 정의하여라. $\alpha = 0.05$이고 등분산을 가정한다.

(b) $n = 10$개의 X의 관측값은

111	120	139	136	138	149	143	145	111	123

이고, $m = 10$개의 Y의 관측값은

152	155	133	134	119	155	142	146	157	149

일 때 검정통계량 값을 계산하고 결론을 기술하여라.

(c) 이 검정의 근사 $p-$값은 얼마인가?

(d) 두 자료 집합의 상자 그림을 같은 그래프에 나타내어라. 상자도표는 (b)에서 내린 결론을 지지하는 근거가 되는가?

(e) $\alpha = 0.05$하에서 등분산 가정이 유효한지 검정하여라.

4.5-5 X와 Y를 각각 어떤 곤충의 수컷과 암컷의 발목뼈 길이라고 하자. X의 분포는 $N(\mu_X, \sigma^2)$이고 Y의 분포는 $N(\mu_Y, \sigma^2)$으로 가정한다.

$n = 25$, $\bar{x} = 33.80$ $s_x^2 = 4.88$, $m = 29$, $\bar{y} = 31.66$, $s_y^2 = 5.81$ 이라고 하자.

(a) $\alpha = 0.02$로 양측 대립가설에 대한 귀무가설 $H_0 : \sigma_X^2/\sigma_Y^2 = 1$을 검정하여라.

(b) $\alpha = 0.01$로 대립가설 $H_1 : \mu_X > \mu_Y$에 대한 귀무가설 $H_0 : \mu_X = \mu_Y$를 검정하여라.

4.5-6 물을 연성화하기 위한 약품을 담기 위해 특수한 방법으로 자루를 제작하였다. X와 Y를 각각 두 가지 방법으로 만든 자루에 든 약품의 무게라 하자. X와 Y의 분포는 각각 $N(\mu_X, \sigma^2)$과 $N(\mu_Y, \sigma^2)$으로 가정한다. 각 방법으로 만든 자루 10개를 임의로 추출하여 다음과 같은 자료를 얻었다.

X:	80.51	80.46	80.75	80.50	80.36
	80.32	80.36	80.78	80.26	80.34
Y:	80.51	80.28	80.40	80.35	80.38
	80.28	80.27	80.16	80.59	80.56

(a) $\sigma_X^2 = \sigma_Y^2$이라고 가정하였을 때, 대립가설 $H_1 : \mu_X \neq \mu_Y$에 대한 귀무가설 $H_0 : \mu_X = \mu_Y$를 검정하여라. $p-$값을 계산하고 결론을 기술하여라.

(b) 양측 대립가설에 대한 등분산 가정을 검정하여라.

(c) 상자-수염 그림을 같은 그래프에 작성하고 가설검정의 결과와 비교하여라.

4.5-7 p_m과 p_f를 등시로 되돌아오는 수컷 제비와 암컷 제비의 비율이라고 하자. 894마리의 수컷 제비 중 124마리가 돌아왔고 700마리의 암컷 제비 중 70마리가 되돌아왔다고 할 때, $p_m - p_f$의 95% 신뢰구간을 구하여라. (The Condor, 1992, pp. 177 − 133.) 이것은 $\alpha = 0.05$일 때 대립가설 $H_1 : p_m \neq p_f$에 대한 귀무가설 $H_0 : p_m = p_f$의 검정 결과와 일치하는가?

4.5-8 1994년 4월 18일 TIME지에 '건강보험료를 재조정하기 위하여 담배에 주정부 세금을 $1.25를 부과해야 한다고 생각하는가?'라는 전화조사에 미국 성인 800명이 응답한 결과가 실렸다. 이들 중 605명은 비흡연자였다. p_1과 p_2를 각각 비흡연자와 흡연자의 찬성 비율이라고 하자. 비

흡연자의 $y_1 = 351$명과 흡연자의 $y_2 = 41$명이 '예'라고 응답하였다.

(a) 유의수준 $\alpha = 0.05$ 하에서, 대립가설 $H_1 : p_1 \neq p_2$에 대한 귀무가설 $H_0 : p_1 = p_2$를 검정하여라.

(b) 모비율 차 $p_1 - p_2$에 대한 95% 신뢰구간을 구하여라. (a)에서 얻은 결과와 일치하는가?

4.5-9 아프리카와 남미의 개발도상국가에서 태어난 신생아의 저체중(2500그램 미만) 비율을 각각 p_1과 p_2라 하자. 대립가설 $H_1 : p_1 > p_2$에 대한 귀무가설 $H_0 : p_1 = p_2$를 검정하고자 한다.

(a) 유의수준이 $\alpha = 0.05$일 때, 가설검정을 위한 기각역을 정의하여라.

(b) 만일 확률표본의 크기가 각각 $n_1 = 900$, $n_2 = 700$이고 저체중인 신생아의 수가 각각 $y_1 = 135$, $y_2 = 77$이라 하면, 어떤 결과를 얻을 수 있겠는가?

(c) 유의수준이 $\alpha = 0.01$이라면 어떤 결과를 얻을 수 있겠는가?

(d) 이 가설검정에 대한 $p-$값을 계산하여라.

4.6 단순선형 회귀

경우에 따라 학생의 SAT(대학수학능력시험) 수학점수와 이 학생의 해석학 성적과 같이 두 변수들 사이의 관계에 대해 관심이 있는 경우가 있다. 이러한 변수들 중 하나인 x 값을 사전에 미리 알고 있을 때, 확률변수 Y를 예측할 수 있다. 그러나, Y가 확률변수이므로 미래의 관측값 $Y = y$를 완벽하게 예측할 수는 없다. 따라서 먼저 Y의 평균인 $E(Y)$를 추정하는 문제를 설명하고자 한다. 위의 예에서와 같이 SAT의 수학점수가 올라가면 해석학 점수 Y의 평균 $E(Y)$가 좋아짐을 기대할 수 있다. 경우에 따라서는 $E(Y) = \mu(x)$는 $\alpha + \beta x$ 또는 $\alpha + \beta x + \gamma x^2$ 또는 $\alpha e^{\beta x}$와 같은 선형 함수식, 이차 함수식, 지수 함수식 등의 형태로 가정할 수 있다. $E(Y) = \mu(x)$를 추정 또는 동등하게 함수에 포함되어 있는 모수 α, β, γ를 추정하기 위해 n개의 다른 x값 $x_1, x_2, \ldots, x_n$에 대해 확률변수 Y를 관찰해 보자. 독립적인 실험을 n번 수행하여 n쌍의 관측값 $(x_1, y_1), (x_2, y_2), \ldots, (x_n, y_n)$을 얻을 수 있는데, 이 n쌍의 자료는 평균 $E(Y)$를 추정하는데 사용된다. 때때로 $E(Y) = \mu(x)$를 회귀곡선이라고 하기 때문에 이와 같은 문제를 **회귀**(regression) 문제로 분류하기도 한다.

참고 $\alpha+\beta x+\gamma x^2$과 같은 모형은 x에 대해 선형은 아니지만, 모수 α, β, γ에 대한 선형 식이므로 **선형모형**(linear model)이라 한다. 그러나 $\alpha e^{\beta x}$는 α와 β가 선형이 아니므로 선형모형이라 할 수 없다.

먼저 $E(Y)=\mu(x)$가 x의 선형함수인 경우에 대해 살펴보자. 자료점은 $(x_1,y_1),(x_2,y_2),\ldots,(x_n,y_n)$인데, 이 자료들을 직선에 적합시켜 보자.(그림 4.6-1 참조). 또한 Y의 평균을 선형함수라 가정하면 X의 어떤 특정한 값에 대응하는 Y값은 평균에서 확률오차 ϵ 만큼 차이가 있다. ϵ의 분포는 $N(0,\sigma^2)$으로 가정한다. 따라서 선형모형은

$$Y_i=\alpha_1+\beta x_i+\varepsilon_i,\qquad i=1,2,\ldots,n$$

이며, 여기서 오차항 ε_i, $i=1,2,\ldots,n$는 독립이고 $N(0,\sigma^2)$ 분포를 따른다.

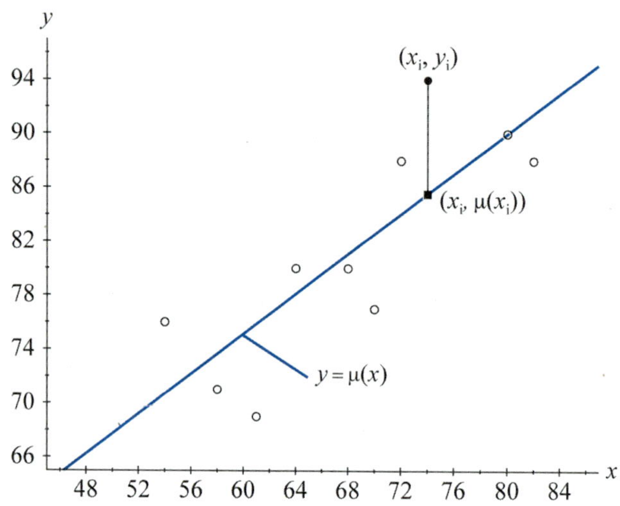

그림 4.6-1 산점도 및 최소제곱회귀선

다음으로 선형함수 모형에서 α_1, β, σ^2에 대한 점추정치를 구해 보자. $\alpha_1=\alpha-\beta\overline{x}$라 하면

$$Y_i=\alpha+\beta(x_i-\overline{x})+\varepsilon_i,\qquad \text{여기서}\quad \overline{x}=\frac{1}{n}\sum_{i=1}^{n}x_i$$

가 되며 Y_i는 상수인 $\alpha+\beta(x_i-\overline{x})$에 정규확률변수인 오차항 ε_i를 더한 형태가

된다. 따라서 $Y_1, Y_2, \dots, Y_n$은 각각의 평균이 $\alpha+\beta(x_i-\overline{x})$, $i=1,2,\dots,n$이고 미지의 분산 σ^2을 갖는 서로 독립인 정규확률변수가 된다. 따라서 $Y_1, Y_2, \dots, Y_n$의 결합 p.d.f.는 개별 확률밀도함수의 곱이므로, 우도함수는

$$L(\alpha,\beta,\sigma^2)=\prod_{i=1}^{n}\frac{1}{\sqrt{2\pi\sigma^2}}\exp\left\{-\frac{\left[y_i-\alpha-\beta(x_i-\overline{x})\right]^2}{2\sigma^2}\right\}$$

$$=\left(\frac{1}{2\pi\sigma^2}\right)^{n/2}\exp\left\{-\frac{\Sigma_{i=1}^{n}\left[y_i-\alpha-\beta(x_i-\overline{x})\right]^2}{2\sigma^2}\right\}$$

이다. $L(\alpha,\beta,\sigma^2)$이 최대값을 갖는 α와 β 값을 구하거나,

$$-\ln L(\alpha,\beta,\sigma^2)=\frac{n}{2}\ln(2\pi\sigma^2)+\frac{\sum_{i=1}^{n}\left[y_i-\alpha-\beta(x_i-\overline{x})\right]^2}{2\sigma^2}$$

가 최소값을 갖는 즉,

$$H(\alpha,\beta)=\sum_{i=1}^{n}[y_i-\alpha-\beta(x_i-\overline{x})]^2$$

이 최소값을 갖는 α와 β를 구한다. $|y_i-\alpha+\beta(x_i-\overline{x})|=|y_i-\mu(x_i)|$는 자료점 (x_i,y_i)로부터 직선 $Y=\mu(x)$까지 수직 거리이므로 $H(\alpha,\beta)$는 이들 거리의 제곱합을 나타낸다. 따라서 제곱합을 최소화하는 α와 β를 구하는 것을 **최소제곱법**(method of least squares)이라 한다.

$H(\alpha,\beta)$가 최소가 되는 α와 β를 구하려면 두 개의 편미분

$$\frac{\partial H(\alpha,\beta)}{\partial\alpha}=2\sum_{i=1}^{n}[y_i-\alpha-\beta(x_i-\overline{x})](-1)$$

과

$$\frac{\partial H(\alpha,\beta)}{\partial\beta}=2\sum_{i=1}^{n}[y_i-\alpha-\beta(x_i-\overline{x})][-(x_i-\overline{x})]$$

를 구한 다음 $\partial H(\alpha,\beta)/\partial\alpha=0$으로 놓고 풀면

$$\sum_{i=1}^{n}(y_i-n\alpha)-\beta\sum_{i=1}^{n}(x_i-\overline{x})=0$$

이고, 편차의 합인 $\sum_{i=1}^{n}(x_i-\overline{x})=0$이므로

$$\sum_{i=1}^{n} y_i - n\alpha = 0$$

이며, 따라서 α의 추정치는

$$\hat{\alpha} = \overline{y}$$

이다.

α 대신 $\overline{y}$를 대입하고 $\partial H(\alpha,\beta)/\partial\alpha = 0$를 풀면

$$\sum_{i=1}^{n}(y_i - \overline{y})(x_i - \overline{x}) - \beta\sum_{i=1}^{n}(x_i - \overline{x})^2 = 0$$

이다. 이로부터 β의 추정치를 구하면

$$\hat{\beta} = \frac{\sum_{i=1}^{n}(y_i - \overline{y})(x_i - \overline{x})}{\sum_{i=1}^{n}(x_i - \overline{x})^2} = \frac{\sum_{i=1}^{n} y_i(x_i - \overline{x})}{\sum_{i=1}^{n}(x_i - \overline{x})^2}$$

이다. 따라서 최적합인 평균선 $\mu(x) = \alpha + \beta(x_i - \overline{x})$를 구하기 위해

$$\hat{\alpha} = \overline{y} \qquad (4.6-1)$$

와

$$\hat{\beta} = \frac{\sum_{i=1}^{n} y_i(x_i - \overline{x})}{\sum_{i=1}^{n}(x_i - \overline{x})^2} = \frac{\Sigma_{i=1}^{n}\, x_i y_i - \left(\frac{1}{n}\right)\left(\sum_{i=1}^{n} x_i\right)\left(\sum_{i=1}^{n} y_i\right)}{\sum_{i=1}^{n} x_i^2 - \left(\frac{1}{n}\right)\left(\sum_{i=1}^{n} x_i\right)^2} \qquad (4.6-2)$$

을 사용할 수 있다.

σ^2의 최우추정량을 구하기 위해서 σ^2에 대해 편미분을 하면

$$\frac{\partial[-\ln L(\alpha,\beta,\sigma^2)]}{\partial(\sigma^2)} = \frac{n}{2\sigma^2} - \frac{\sum_{i=1}^{n}[y_i - \alpha - \beta(x_i - \overline{x})]^2}{2(\sigma^2)^2}$$

이고, 이 식을 0으로 놓고 풀어 α와 β에 대해 $\hat{\alpha}$과 $\hat{\beta}$을 대입하면

$$\widehat{\sigma^2} = \frac{1}{n}\sum_{i=1}^{n}\left[y_i - \hat{\alpha} - \hat{\beta}(x_i - \overline{x})\right]^2 \qquad (4.6-3)$$

이다. $n\widehat{\sigma^2}$은 다음 식을 이용하면 편리하다.

$$n\widehat{\sigma^2} = \sum_{i=1}^{n} y_i^2 - \frac{1}{n}\left(\sum_{i=1}^{n} y_i\right)^2 - \hat{\beta}\sum_{i=1}^{n} x_i y_i + \hat{\beta}\left(\frac{1}{n}\right)\left(\sum_{i=1}^{n} x_i\right)\left(\sum_{i=1}^{n} y_i\right) \quad (4.6-4)$$

$\widehat{\sigma^2}$에 대한 식 4.6-3을 보면, 관측값 y_i 값과 y_i의 예측평균 사이의 차이에 대한 제곱합임을 알 수 있다. y_i의 예측평균 값을 $\widehat{y_i} = \hat{\alpha} - \hat{\beta}(x_i - \overline{x})$라 하자.

$$y_i - \widehat{y_i} = y_i - \hat{\alpha} - \hat{\beta}(x_i - \overline{x}), \ i = 1,2,\ldots,n$$

를 i번째 **잔차**(residual)라고 한다. σ^2의 최우추정치는 잔차의 제곱합을 n으로 나눈 것이 된다. 잔차의 합은 항상 0이어야 하지만, 실제 계산에서는 반올림 오차 때문에 관측된 잔차 $y_i - \widehat{y_i}$들의 합은 정확히 0이 되지 않는다.

다음은 두 변수들 사이의 관계를 나타내는 상관계수를 설명하고자 한다. n개의 이변량 관측값의 쌍 $(x_1, y_1), (x_2, y_2), \ldots, (x_n, y_n)$에 대해 **표본상관계수**(sample correlation coefficient)는

$$r = \frac{s_{xy}}{s_x s_y}$$

로 정의되며, 여기서 s_{xy}는 **표본공분산**(sample covariance)으로서

$$s_{xy} = \frac{1}{n-1}\sum_{i=1}^{n}(x_i - \overline{x})(y_i - \overline{y_i}) = \frac{1}{n-1}\sum_{i=1}^{n}(x_i - \overline{x})y_i$$

이다. 즉 표본상관계수는 $\hat{\beta} = \frac{s_{xy}}{s_y^2}$이므로

$$r = \frac{s_{xy}}{s_x s_y} = \left(\frac{s_{xy}}{s_x^2}\right)\left(\frac{s_x}{s_y}\right) = \hat{\beta}\frac{s_x}{s_y}$$

이며,

$$\hat{\beta} = r\frac{s_y}{s_x}$$

이다. 따라서 최소제곱법을 이용하여 구한 직선의 방정식은

$$\hat{y} = \hat{\alpha} + \hat{\beta}(x - \overline{x}) = \overline{y} + r\frac{s_y}{s_x}(x - \overline{x})$$

가 된다. $\widehat{y_1}, \widehat{y_2}, \dots, \widehat{y_n}$의 표본평균은

$$\begin{aligned}\bar{\hat{y}} &= \frac{1}{n}\sum_{i=1}^{n}\widehat{y_i} \\ &= \frac{1}{n}\sum_{i=1}^{n}\left[\bar{y} + r\frac{s_y}{s_x}(x-\bar{x})\right] \\ &= \bar{y}\end{aligned}$$

이고, $\widehat{y_1}, \widehat{y_2}, \dots, \widehat{y_n}$의 표본분산은

$$\begin{aligned}s_{\hat{y}}^2 &= \frac{1}{n-1}\sum_{i=1}^{n}\left[\widehat{y_i} - \bar{y}\right]^2 \\ &= \frac{1}{n-1}\sum_{i=1}^{n}\left[\bar{y} + r\frac{s_y}{s_x}(x_i-\bar{x}) - \bar{y}\right]^2 \\ &= r^2\frac{s_y^2}{s_x^2}\frac{1}{n-1}\sum_{i=1}^{n}\left(x_i-\bar{x}\right)^2 \\ &= r^2 s_y^2\end{aligned}$$

이다. 따라서

$$r^2 = \frac{s_{\hat{y}}^2}{s_y^2}$$

이다. 즉 r^2은 y의 회귀선에 의해 설명되는 $y_1, y_2, \dots, y_n$의 변동의 비율이다.

표 4.6-1 시험점수 자료의 계산

x	y	x^2	xy	y^2	$\hat{y}$	$y-\hat{y}$	$(y-\hat{y})^2$
70	77	4,900	5,390	5,929	82.561566	−5.561566	30.931016
74	94	5,476	6,956	8,836	85.529956	8.470044	71.741645
72	88	5,184	6,336	7,744	84.045761	3.954239	15.636006
68	80	4,624	5,440	6,400	81.077371	−1.077371	1.160728
58	71	3,364	4,118	5,041	73.656395	−2.656395	7.056434
54	76	2,916	4,104	5,776	70.688004	5.311996	28.217302
82	88	6,724	7,216	7,744	91.466737	−3.466737	12.018265
64	80	4,096	5,120	6,400	78.108980	1.891020	3.575957
80	90	6,400	7,200	8,100	89.982542	0.017458	0.000305
61	69	3,721	4,209	4,761	75.882687	−6.882687	47.371380
683	813	47,405	56,089	66,731		0.000001	217.709038

예제 4.6-1 그림 4.6−1의 자료는 심리학 과목을 수강하는 10명 학생의 수강이전에 실시한 사전 테스트 점수(x)와 기말시험 점수(y)이다. 표 4.6−1은 x와 y의 자료이고, 모수들을 추정하는데 필요한 합들도 나타내었다. 잔차를 구하려면 먼저 α와 β의 추정치를 구해야 한다.

따라서 $\hat{\alpha} = 813/10 = 81.3$이고

$$\hat{\beta} = \frac{56{,}089 - (689)(813)/10}{47{,}405 - (683)(683)/10} = \frac{561.1}{756.1} = 0.742$$

이다. $\bar{x} = 683/10 = 68.3$이므로 최소제곱 회귀선은

$$\hat{y} = 81.3 + (0.742)(x - 68.3)$$

이고, σ^2에 대한 최우추정치는

$$\widehat{\sigma^2} = \frac{217.709038}{10} = 21.7709$$

이다.

그림 4.6−2는 이 자료들에 대한 잔차도표이다. 표 4.6−1의 자료로부터 $s_y^2 = 70.4556$, $s_{\hat{y}}^2 = 46.2657$, $r = 0.81035$이다. 또한

$$\frac{s_{\hat{y}}^2}{s_y^2} = \frac{46.2657}{70.4556} = 0.6567 = r^2$$

이므로 기말시험 점수 변동 중 65.67%는 y의 회귀선에 의한 변동으로 설명할 수 있다. 만일 잔차들 사이에 어떤 경향이나 패턴이 없으면 (즉, 잔차 값들이 평균이 0인 분포로부터 추출된 확률표본과 같으면) y 값의 평균 추정치는 아주 잘 적합된 것으로 간주할 수 있다.

다음은 $\hat{\alpha}$, $\hat{\beta}$ 그리고 $\widehat{\sigma^2}$의 분포(또는 이들 추정량들의 함수들에 대한 분포)를 구하는 문제를 설명하고, 모수들의 신뢰구간을 구할 때 발생하는 **추정오차**(error of the estimates)에 대해 설명하고자 한다.

앞에서도 언급했듯이 변수 $x_1, x_2, \ldots, x_n$의 실현값은 상수이다. 예를 들어, 화학자가 실험을 할 때 서로 다른 온도에서 혼합물을 만들 수 있듯이 이 값들은 대부분 실험자들이 결정한다. 그러나 이 값들은 예제 4.6−1에서와 같이 SAT

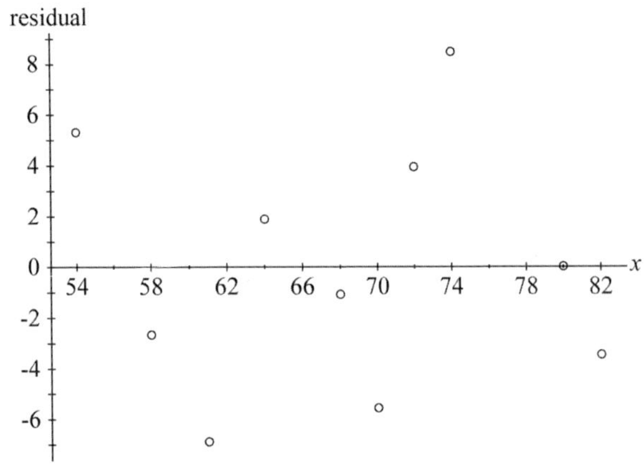

그림 4.6-2 표 4.6 − 1의 자료에 대한 잔차 도표

점수나 수업을 듣기 이전의 점수와 같이 사전에 미리 주어진 관측값일 수도 있다. 추정량 $\hat{\alpha}$, $\hat{\beta}$ 그리고 $\widehat{\sigma^2}$의 분포를 구하기 위한 확률변수를 $Y_1, Y_2, \ldots, Y_n$으로 정의하자.

추정량 $\hat{\alpha}$는 독립이고 정규분포를 따르는 확률변수들의 선형 함수이므로 $\hat{\alpha}$는 평균이

$$E(\hat{\alpha}) = E\left(\frac{1}{n}\sum_{i=1}^{n} Y_i\right) = \frac{1}{n}\sum_{i=1}^{n} E(Y_i)$$

$$= \frac{1}{n}\sum_{i=1}^{n}\left[\alpha + \beta(x_i - \bar{x})\right] = \alpha$$

이고 분산이

$$Var(\hat{\alpha}) = \sum_{i=1}^{n}\left(\frac{1}{n}\right)^2 Var(Y_i) = \frac{\sigma^2}{n}$$

인 정규분포를 따른다.

추정량 $\hat{\beta}$ 또한 $Y_1, Y_2, \ldots, Y_n$의 선형함수이므로 평균이

$$E(\hat{\beta}) = \frac{\sum_{i=1}^{n}(x_i - \bar{x})E(Y_i)}{\Sigma_{i=1}^{n}(x_i - \bar{x})^2}$$

$$= \frac{\sum_{i=1}^{n}(x_i - \bar{x})\left[\alpha + \beta(x_i - \bar{x})\right]}{\sum_{i=1}^{n}(x_i - \bar{x})^2}$$

$$= \frac{\alpha \sum_{i=1}^{n}(x_i - \overline{x}) + \beta \sum_{i=1}^{n}(x_i - \overline{x})^2}{\sum_{i=1}^{n}(x_i - \overline{x})^2} = \beta$$

이고, 분산이

$$Var(\hat{\beta}) = \sum_{i=1}^{n}\left[\frac{x_i - \overline{x}}{\Sigma_{j=1}^{n}(x_j - \overline{x})^2}\right]^2 \mathrm{Var}(Y_i)$$

$$= \frac{\sum_{i=1}^{n}(x_i - \overline{x})^2}{\left[\sum_{i=1}^{n}(x_i - \overline{x})^2\right]^2}\sigma^2 = \frac{\sigma^2}{\sum_{i=1}^{n}(x_i - \overline{x})^2}$$

인 정규분포를 따른다.

위의 사실로부터 다음 관계식을 얻을 수 있다.

$$\begin{aligned}\sum_{i=1}^{n}\left[Y_i - \alpha - \beta(x_i - \overline{x})\right]^2 &= \sum_{i=1}^{n}\{(\hat{\alpha} - \alpha) + (\hat{\beta} - \beta)(x_i - \overline{x}) \\ &\quad + [Y_i - \hat{\alpha} - \hat{\beta}(x_i - \overline{x})]\}^2 \\ &= n(\hat{\alpha} - \alpha)^2 + (\hat{\beta} - \beta)^2 \sum_{i=1}^{n}(x_i - \overline{x})^2 \\ &\quad + \sum_{i=1}^{n}[Y_i - \hat{\alpha} - \hat{\beta}(x_i - \overline{x})]^2 \qquad (4.6\text{-}5)\end{aligned}$$

Y_i, $\hat{\alpha}$ 및 $\hat{\beta}$가 정규분포를 따른다는 사실로부터

$$\frac{[Y_i - \alpha - \beta(x_i - \overline{x})]^2}{\sigma^2}, \quad \frac{(\hat{\alpha} - \alpha)^2}{\left[\frac{\sigma^2}{n}\right]}, \quad \frac{(\hat{\beta} - \beta)^2}{\left[\frac{\sigma^2}{\Sigma_{i=1}^{n}(x_i - \overline{x})^2}\right]}$$

각각은 자유도가 1인 χ^2 분포를 갖는다. $Y_1, Y_2, \ldots, Y_n$은 상호 독립이므로 정리 4.1－1에 의해

$$\frac{\sum_{i=1}^{n}[Y_i - \alpha - \beta(x_i - \overline{x})]^2}{\sigma^2}$$

은 $\chi^2(n)$ 분포를 따른다. 즉, 식 4.6－5의 왼쪽 항을 σ^2으로 나누면 $\chi^2(n)$ 분포를 따르고 두 개의 $\chi^2(1)$ 변수의 합과 같다. 그리고

$$\frac{\sum_{i=1}^{n}\left[Y_i-\hat{\alpha}-\hat{\beta}(x_i-\overline{x})\right]^2}{\sigma^2}=\frac{n\widehat{\sigma^2}}{\sigma^2}\geq 0$$

이다. 따라서 $n\widehat{\sigma^2}/\sigma^2$ 은 $\chi^2(n-2)$ 분포를 따른다.

다음은 회귀직선의 기울기인 β의 신뢰구간을 구해보자.

$$T_1=\frac{\sqrt{\sum_{i=1}^{n}(x_i-\overline{x})^2}\left(\frac{\hat{\beta}-\beta}{\sigma}\right)}{\sqrt{\frac{n\widehat{\sigma^2}}{\sigma^2(n-2)}}}=\frac{\hat{\beta}-\beta}{\sqrt{\frac{n\widehat{\sigma^2}}{(n-2)\Sigma_{i=1}^{n}(x_i-\overline{x})^2}}}$$

는 자유도가 $n-2$인 t 분포를 따른다. 따라서

$$P\left[-t_{\gamma/2}(n-2)\leq\frac{\hat{\beta}-\beta}{\sqrt{\frac{n\widehat{\sigma^2}}{(n-2)\sum_{i=1}^{n}(x_i-\overline{x})^2}}}\leq t_{\gamma/2}(n-2)\right]=1-\gamma$$

이며, 따라서 β에 대한 $100(1-\gamma)\%$ 신뢰구간은

$$\left[\hat{\beta}-t_{\gamma/2}(n-2)\sqrt{\frac{n\widehat{\sigma^2}}{(n-2)\Sigma_{i=1}^{n}(x_i-\overline{x})^2}},\ \hat{\beta}+t_{\gamma/2}(n-2)\sqrt{\frac{n\widehat{\sigma^2}}{(n-2)\Sigma_{i=1}^{n}(x_i-\overline{x})^2}}\right]$$

이다.

유사하게

$$T_2=\frac{\frac{\sqrt{n}(\hat{\alpha}-\alpha)}{\alpha}}{\sqrt{\frac{n\widehat{\sigma^2}}{\sigma^2(n-2)}}}=\frac{\hat{\alpha}-\alpha}{\sqrt{\frac{\widehat{\alpha^2}}{n-2}}}$$

는 자유도가 $n-2$인 t 분포를 따른다. 따라서 T_2는 α에 대한 추론을 하는 데 사용할 수 있다. 또한 $n\widehat{\sigma^2}/\sigma^2$은 자유도가 $n-2$인 χ^2 분포를 따른다는 사실을

이용하여 분산 σ^2에 대한 추론을 할 수 있다.

만약 유의수준을 γ로 하여 대립가설 $H_1 : \beta \neq \beta_0$에 대해 귀무가설 $H_0 : \beta = \beta_0$을 검정한다면 β_0이 β의 $100(1-\gamma)\%$ 신뢰구간 안에 포함되어 있는지 살펴볼 수 있다. 만일 단측검정 $H_1 : \beta > \beta_0$에 대해 $H_0 : \beta = \beta_0$을 검정한다면 β_0이 단측 $100(1-\gamma)\%$ 신뢰구간의 하한

$$\hat{\beta} - t_\gamma(n-2)\sqrt{\frac{\widehat{n\sigma^2}}{(n-2)\Sigma_{i=1}^n (x_i - \bar{x})^2}}$$

내에 포함되는지의 여부를 살펴볼 수 있다. 단측검정인 경우에 검정통계량 T_1이

$$T_1 = \frac{\hat{\beta} - \beta_0}{\sqrt{\frac{\widehat{n\sigma^2}}{(n-2)\Sigma_{i=1}^n (x_i - \bar{x})^2}}} \geq t_\gamma(n-2)$$

이면 H_0을 기각한다. 다른 방법으로는 먼저 통계량 $T_1 = t_0$을 계산하고

$$p-\text{값} = P[T(n-2) \geq t_0]$$

을 계산한 다음 만일 $p-$값$\leq \gamma$이면 $H_0 : \beta = \beta_0$을 기각하고 $H_1 : \beta > \beta_0$을 채택한다.

표 4.6-2 회귀직선의 기울기에 대한 검정

H_0	H_1	기각역
$\beta = \beta_0$	$\beta > \beta_0$	$t_1 \geq t_\gamma(n-2)$
$\beta = \beta_0$	$\beta < \beta_0$	$t_1 \leq -t_\gamma(n-2)$
$\beta = \beta_0$	$\beta \neq \beta_0$	$\lvert t_1 \rvert \geq t_{\gamma/2}(n-2)$

표 4.6 − 2는 귀무가설과 세 개의 가능한 대립가설에 대한 기각역이다. 만일 β_0가 신뢰구간 안에 포함되지 않으면 귀무가설 H_0을 기각한다. 예를 들면 첫 번째 검정에서 만일 β_0이 단측 신뢰구간의 하한

$$\hat{\beta} - t_\gamma(n-2)\sqrt{\frac{\widehat{n\sigma^2}}{(n-2)\sum_{i=1}^{n}(x_i - \bar{x})^2}}$$

에 포함되지 않으면 귀무가설 H_0을 기각한다.

$\beta_0 = 0$이고, $H_0 : \beta = 0$을 검정하는 것은 "기울기가 0"이라는 귀무가설을 검정하는 것과 같다.

예제 4.6-2 심리학 과목에서 학생의 사전시험 점수를 x라 하고 같은 학생의 기말고사 성적을 y라 하자. $n = 10$명의 학생들에 대해 대립가설 $H_1 : \beta \neq 0$에 대한 귀무가설 $H_0 : \beta = 0$을 검정하고자 한다. 유의수준 $\alpha = 0.01$에서 기각역은 $|t_1| \geq t_{0.005}(8) = 3.355$이다. 예제 4.6−1의 자료를 사용하여 T_1을 계산하면

$$t_1 = \frac{0.742 - 0}{\sqrt{10(21.7709)/8(756.1)}} = \frac{0.742}{0.1897} = 3.911$$

가 되어 귀무가설 H_0을 기각한다.

연습문제 4.6

4.6-1 통계학을 수강하는 10명 학생들의 중간고사와 기말고사 점수가 다음과 같다.

(a) 이 자료에 대해 최소제곱회귀선을 계산하여라.

(b) 같은 그래프 상에 자료점과 최소제곱회귀선을 표시하여라.

(c) $\widehat{\sigma^2}$의 값을 구하여라.

중간	기말	중간	기말
70	87	67	73
74	79	70	83
80	88	64	79
84	98	74	91
80	96	82	94

4.6-2 다음은 ACT 시험에서 학생들의 수리 영역의 점수(x)와 첫 학기 해석학 기말고사 점수(y)이다. 해석학 점수는 200점 만점이다.

(a) 이 자료에 대한 최소제곱회귀선을 계산하여라.

(b) 같은 그래프 상에 자료점과 최소제곱회귀선을 그려라.

x	y	x	y
25	138	20	100
20	84	25	143
26	104	26	141
26	112	28	161
28	88	25	124
28	132	31	118
29	90	30	168
32	183		

4.6-3 다음은 화학자들이 전기장 집중도를 측정하기 위해 많이 사용하는 전기장 효과 전극(ion sensitive electrode)의 농도(ppm)과 전압(mV)에 관한 자료이다.

ppm	mV	ppm	mV	ppm	mV
0	1.72	75	2.40	150	4.47
0	1.68	75	2.32	150	4.51
0	1.74	75	2.33	150	4.43
50	2.04	100	2.91	200	6.67
50	2.11	100	3.00	200	6.66
50	2.17	100	2.89	200	6.57

(a) ppm과 mV에 대한 상관계수와 최소제곱회귀선을 계산하여라.

(b) 같은 그래프 상에 산점도와 최소제곱회귀선을 그려라.

(c) 잔차를 계산하고 도표를 그려라. 직선회귀가 적절한가?

4.6-4 α에 대한 $100(1-\gamma)\%$ 신뢰구간의 양끝점이 다음과 같음을 보여라.

$$\hat{\alpha} \pm t_{\gamma/2}(n-2)\sqrt{\frac{\widehat{\sigma^2}}{n-2}}$$

4.6-5 σ^2에 대한 $100(1-\gamma)\%$ 신뢰구간이 다음과 같음을 보여라.

$$\left[\frac{n\widehat{\sigma^2}}{\chi^2_{\gamma/2}(n-2)}, \frac{n\widehat{\sigma^2}}{\chi^2_{1-\gamma/2}(n-2)}\right]$$

4.6-6 연습문제 4.6-1의 자료를 사용하여 α, β 및 σ^2에 대한 95% 신뢰구간을 구하여라.

4.6-7 다음은 소규모 학부중심 대학에 지원한 학생 $n=15$명의 ACT 시험점수 중 사회과학 점수(x)와 자연과학 점수(y)이다.

x	y	x	y	x	y
32	28	30	27	26	32
23	25	17	23	16	22
23	24	20	30	21	28
23	32	17	18	24	31
26	31	18	18	30	26

(a) 이 자료에 대한 최소제곱회귀선을 구하여라.

(b) 같은 그래프 상에 자료점과 최소제곱회귀선을 그려라.

(c) α, β 및 σ^2에 대한 점추정치를 구하여라.

(d) 보편적인 가정 하에서 α, β 및 σ^2에 대한 95% 신뢰구간을 구하여라.

4.6-8 연습문제 4.6－1의 자료를 사용하여 유의수준 $\gamma=0.025$로 대립가설 $H_1:\beta>0$에 대한 귀무가설 $H_0:\beta=0$에 대한 t－검정을 실시하여라.

4.6-9 연습문제 4.6－2의 자료를 사용하여 유의수준 $\gamma=0.025$로 대립가설 $H_1:\beta>0$에 대한 귀무가설 $H_0:\beta=0$에 대한 t－검정을 실시하여라.

4.6-10 다음 관계식이 성립함을 보여라.

$$\sum_{i=1}^{n}\left[Y_i-\alpha-\beta(x_i-\overline{x})\right]^2 = n(\hat{\alpha}-\alpha)^2+(\hat{\beta}-\beta)^2\sum_{i=1}^{n}(x_i-\overline{x})^2 + \sum_{i=1}^{n}\left[Y_i-\hat{\alpha}-\hat{\beta}(x_i-\overline{x})\right]^2$$

4.6-11 독립인 확률변수 $Y_1, Y_2, \cdots, Y_n$이 각각 p.d.f. $N(\beta x_i,\ \gamma^2 x_i^2)$, $i=1,2,\ldots,n$을 갖는다고 하는데, 여기서 $x_1, x_2, \ldots, x_n$의 값은 서로 같지 않으며 어느 것도 0은 아니다. β와 γ^2의 최우추정량을 구하여라.

4.7 선형 회귀의 확장

이 절에서는 4.6절에서 사용한 기호와 가정들을 그대로 사용하였다. $\hat{Y}=\hat{\alpha}+\hat{\beta}(x-\overline{x})$는 주어진 어떤 값 x에 대한 Y의 평균에 대한 점추정치거나, 어떤 주어진 x에 대응하는 Y의 예측값으로 생각할 수 있다. 그러면 $\hat{Y}$가 Y의 평균이나 Y 자체 값과 어느 정도 가까울까? 어떤 특정한 x가 주어진 상황 하에서 $\alpha+\beta(x-\overline{x})$의 신뢰구간과 Y의 예측구간을 구해 보자.

$$E(Y)=\mu(x)=\alpha+\beta(x-\overline{x})$$

의 신뢰구간을 구하기 위하여

$$\hat{Y}=\hat{\alpha}+\hat{\beta}(x-\overline{x})$$

이라 하자. $\hat{Y}$은 독립이고 정규분포를 따르는 확률변수 $\hat{\alpha}$과 $\hat{\beta}$의 선형결합이므로 $\hat{Y}$은 정규분포를 따른다. 또한

$$\begin{aligned} E(\hat{Y}) &= E[\hat{\alpha}+\hat{\beta}(x-\overline{x})] \\ &= \alpha+\beta(x-\overline{x}) \end{aligned}$$

이고

$$\begin{aligned} Var(\hat{Y}) &= Var[\hat{\alpha}+\hat{\beta}(x-\overline{x})] \\ &= \frac{\sigma^2}{n}+\frac{\sigma^2}{\sum_{i=1}^{n}(x_i-\overline{x})^2}(x-\overline{x})^2 \\ &= \sigma^2\left[\frac{1}{n}+\frac{(x-\overline{x})^2}{\sum_{i=1}^{n}(x_i-\overline{x})^2}\right] \end{aligned}$$

이다. $n\widehat{\sigma^2}/\sigma^2$은 $\chi^2(n-2)$를 따른다는 것을 앞에서 설명한 바 있다. $\hat{\alpha}$과 $\hat{\beta}$은 $\widehat{\sigma^2}$과 독립이므로 t 통계량

$$T=\frac{\dfrac{\hat{\alpha}+\hat{\beta}(x-\overline{x})-[\alpha+\beta(x-\overline{x})]}{\sigma\sqrt{\dfrac{1}{n}+\dfrac{(x-\overline{x})^2}{\Sigma_{i=1}^{n}(x_i-\overline{x})^2}}}}{\sqrt{\dfrac{n\widehat{\sigma^2}}{(n-2)\sigma^2}}}$$

은 자유도가 $r=n-2$인 t−분포를 따른다. 부록의 표 VI로부터

$$P[-t_{\gamma/2}(n-2) \le T \le t_{\gamma/2}(n-2)] = 1-\gamma$$

인 $t_{\gamma/2}(n-2)$를 선택한다. 이것은

$$P[\hat{\alpha}+\hat{\beta}(x-\bar{x})-ct_{\gamma/2}(n-2) \le \alpha+\beta(x-\bar{x}) \le \hat{\alpha}+\hat{\beta}(x-\bar{x})+ct_{\gamma/2}(n-2)] = 1-\gamma$$

가 된다. 여기서

$$c = \sqrt{\frac{n\widehat{\sigma^2}}{n-2}}\sqrt{\frac{1}{n}+\frac{(x-\bar{x})^2}{\Sigma_{i=1}^n (x_i-\bar{x})^2}}$$

이다. 따라서 $\mu(x)=\alpha+\beta(x-\bar{x})$에 대한 $100(1-\gamma)\%$ 신뢰구간의 양 끝점은 다음과 같다.

$$\hat{\alpha}+\hat{\beta}(x-\bar{x}) \pm ct_{\gamma/2}(n-2)$$

이 구간의 길이는 c가 x 값에 따라 달라지므로 특정한 x 값에 따라 구간의 길이가 달라진다.(예제 4.7−1 참조).

α와 β를 추정하기 위해 $(x_1,y_1),(x_2,y_2),\ldots,(x_n,y_n)$을 사용한 바 있다. 어떤 값 x_{n+1}이 주어졌을 때, 이 값에 대응하는 Y의 값은

$$\hat{y}_{n+1} = \hat{\alpha}+\hat{\beta}(x_{n+1}-\bar{x})$$

이다. 그러나 $\hat{y}_{n+1}$은 확률변수

$$Y_{n+1} = \alpha+\beta(x_{n+1}-\bar{x})+\epsilon_{n+1}$$

의 가능한 값 중 하나이다. Y_{n+1}이 취할 수 있는 값에 대하여 무엇을 말할 수 있겠는가? $x=x_{n+1}$일 때 Y_{n+1}의 **예측구간(prediction interval)**을 구해 보자. 이는 $x=x_{n+1}$일 때 Y의 평균에 대한 신뢰구간을 구하는 것과 비슷하다.

$$Y_{n+1} = \alpha+\beta(x_{n+1}-\bar{x})+\epsilon_{n+1}$$

이고, ϵ_{n+1}은 $N(0,\sigma^2)$이며 $\bar{x}=(1/n)\Sigma_{i=1}^n x_i$이다.

$$W = Y_{n+1}-\hat{\alpha}-\hat{\beta}(x_{n+1}-\bar{x})$$

는 독립이고 정규분포를 따르는 확률변수들의 선형결합이므로 정규분포를 따른다. W의 평균은

$$E(W)=E[Y_{n+1}-\hat{\alpha}-\hat{\beta}(x_{n+1}-\overline{x})]$$

$$=\alpha+\beta(x_{n+1}-\overline{x})-\alpha-\beta(x_{n+1}-\overline{x})=0$$

이다. Y_{n+1}, $\hat{\alpha}$, $\hat{\beta}$은 독립이므로 W의 분산은

$$Var(W)=\sigma^2+\frac{\sigma^2}{n}+\frac{\sigma^2}{\sum_{i=1}^{n}(x_i-\overline{x})^2}(x_{n+1}-\overline{x})^2$$

$$=\sigma^2\left[1+\frac{1}{n}+\frac{(x_{n+1}-\overline{x})^2}{\sum_{i=1}^{n}(x_i-\overline{x})^2}\right]$$

이다. $n\widehat{\sigma^2}/[(n-2)\sigma^2]$이 $\chi^2(n-2)$를 따랐다. Y_{n+1}, $\hat{\alpha}$ 및 $\hat{\beta}$은 $\widehat{\sigma^2}$과 독립이므로, 다음과 같은 t-통계량을 만들 수 있다.

$$T=\frac{\dfrac{Y_{n+1}-\hat{\alpha}-\hat{\beta}(x_{n+1}-\overline{x})}{\sigma\sqrt{1+\dfrac{1}{n}+\dfrac{(x_{n+1}-\overline{x})^2}{\Sigma_{i=1}^{n}(x_i-\overline{x})^2}}}}{\sqrt{\dfrac{n\widehat{\sigma^2}}{(n-2)\sigma^2}}}$$

이 통계량은 자유도가 $r=n-2$인 t-분포를 따른다. 부록의 표Ⅵ로부터

$$P[-t_{\gamma/2}(n-2)\le T\le t_{\gamma/2}(n-2)]=1-\gamma$$

인 상수 $t_{\gamma/2}(n-2)$를 선택한다. Y_{n+1}에 대해 부등식을 풀면 다음을 얻을 수 있다.

$$P[\hat{\alpha}+\hat{\beta}(x_{n+1}-\overline{x})-d\,t_{\gamma/2}(n-2)\le Y_{n+1}\le$$

$$\hat{\alpha}+\hat{\beta}(x_{n+1}-\overline{x})+d\,t_{\gamma/2}(n-2)]=1-\gamma$$

여기서

$$d=\sqrt{\frac{n\widehat{\sigma^2}}{n-2}}\sqrt{1+\frac{1}{n}+\frac{(x_{n+1}-\overline{x})^2}{\Sigma_{i=1}^{n}(x_i-\overline{x})^2}}$$

이다. 따라서 Y_{n+1}의 $100(1-\gamma)\%$ 예측구간의 양 끝점은 다음과 같다.

$$\hat{\alpha}+\hat{\beta}(x_{n+1}-\overline{x})\pm dt_{\gamma/2}(n-2)$$

예제 4.6 − 1의 자료를 사용하여 $\mu(x)$에 대한 95% 신뢰구간과 주어진 x값에 대한 95% 예측구간을 구해 보자. 이 구간을 구하기 위해 식 4.6 − 1, 4.6 − 2 및 4.6 − 4를 사용할 수 있다.

예제 4.7-1 예제 4.6 − 1의 자료를 이용하여 $\mu(x)$의 95% 신뢰구간을 구해 보자. 자료로부터 $\overline{x}=68.3$, $\hat{\alpha}=81.3$, $\hat{\beta}=561.1/756.1=0.7421$ 및 $\widehat{\sigma^2}=21.7709$를 구한 바 있다. 또한

$$\sum_{i=1}^{n}(x_i-\overline{x})^2=\sum_{i=1}^{n}x_i^2-\left(\frac{1}{n}\right)\left(\sum_{i=1}^{n}x_i\right)^2$$

$$=47,405-\frac{683^2}{10}=756.1$$

이다. 95% 신뢰구간을 위해 $t_{0.025}(8)=2.306$을 이용할 수 있다. $x=60$일 때 $\mu(60)$에 대한 95% 신뢰구간은

$$81.3+0.7421(60-68.3)\pm\left[\frac{\sqrt{10(21.7709)}}{8}\sqrt{\frac{1}{10}+\frac{(60-68.3^2)}{756.1}}\right](2.306)$$

$$75.1406\pm 5.2589$$

이다.

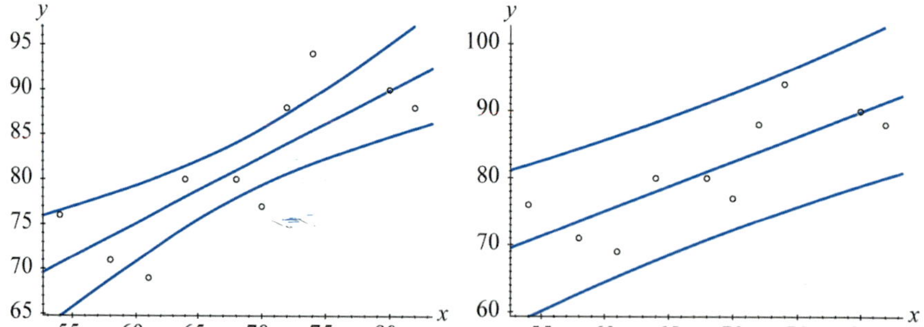

(a) $\mu(x)$의 95% 신뢰구간　　(b) Y의 95% 예측구간대

그림 4.7−1 예제 4.6 − 1의 자료

비슷하게 $x=70$일 때 $\mu(70)$의 95% 신뢰구간의 끝점은

$$82.5616 \pm 3.8761$$

이다. 신뢰구간의 길이는 x값이 변함에 따라 달라진다. 그림 4.7－1(a)는 $\mu(x)$의 95% **신뢰구간대(confidence interval band)**와 $\hat{y}=\hat{\alpha}+\hat{\beta}(x-\overline{x})$를 나타낸 산점도이다.

$x=60$일 때 Y의 95% 예측구간의 양 끝점은

$$81.3+0.7421(60-68.3)\pm\left[\sqrt{\frac{10(21.7709)}{8}}\sqrt{1.1+\frac{(60-68.3)^2}{756.1}}\right](2.306)$$

$$75.1406 \pm 13.1289$$

이다. 이 구간은 $\mu(60)$의 신뢰구간보다 더 넓다. 그림 4.7－1(b)는 Y의 95% 예측구간과 최소제곱회귀선을 나타낸 산점도이다.

통계적 방법을 이용하여 얻어진 모형의 적절성을 검토하는 것은 언제나 중요하다. 선형회귀에서 실제로 성립하기 때문에 4.6절에서 x_i에 대한 $y_i-\hat{y_i}$의 잔차도표를 이용할 것을 제안한 바 있다. 이에 대한 예로서 x_i에 대한 y_i의 도표(그림 4.7－2(a))나 x_i에 대한 $y_i-\hat{y_i}$의 도표(그림 4.7－2(b))를 들 수 있다. 도표를 살펴보면 직선 식은 이 자료에 대해 최적회귀곡선에 적합이 되지 못한다. 오히려 2차회귀곡선 $y=\beta_0+\beta_1 x+\beta_2 x^2$이나 y 또는 x를 변환한 자료를 사용할 때 더 잘 적합될 것이다.

참고 그림 4.7－2에 사용한 자료는 다음과 같이 모의실험에 의해 만들어졌다. (x_i, y_i)의 각 쌍에서 x_i는 구간 $(1,9)$에서 임의로 추출되었고, 추출한 x_i 값을 이용하여 y_i는 구간 $[g(x_i)-1,\ g(x_i)+1]$에서 임의로 만들어졌다. 여기서 $g(x)=-x^2/4+3x$이다. 100개의 관측값에 대한 최적의 2차 회귀곡선은 $y=0.124+2.989x-0.249x^2$이다.

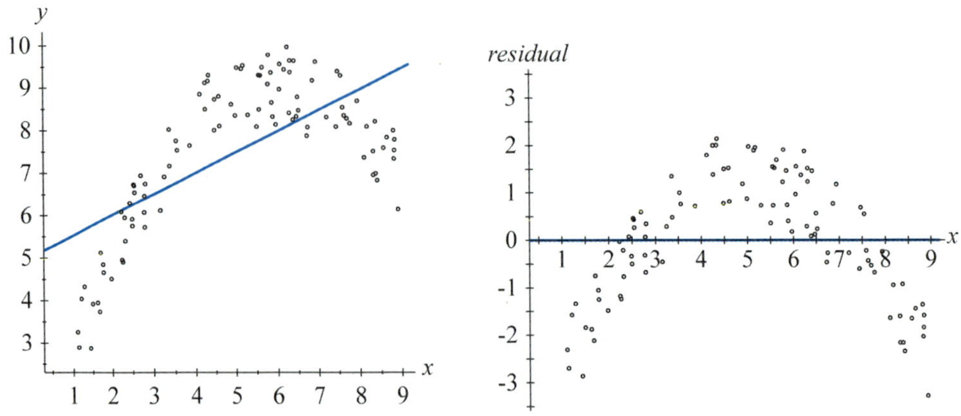

(a) (b)

그림 4.7-2 선형회귀선의 산점도와 잔차도표

예제 4.7-2는 표 4.7-1에 있는 자료를 변환한 예제이다. 이 자료는 "Applied Statistics for Engineers and Physical Scientists", 2nd ed., New York: Macmillan, 1992, R.V. Hogg and J. Ledolter의 연습문제 9.3-6에서 인용하였다.

표 4.7-1 자동차 38대의 무게와 갤런 당 마일(mpg)

무게	mpg	무게	mpg	무게	mpg
4.360	16.9	3.830	18.2	4.054	15.5
2.585	26.5	3.605	19.2	2.910	21.9
3.940	18.5	1.975	34.1	2.155	30.0
1.915	35.1	2.560	27.5	2.670	27.4
2.300	27.2	1.990	31.5	2.230	30.9
2.135	29.5	2.830	20.3	2.670	28.4
3.140	17.0	2.595	28.8	2.795	21.6
2.700	26.8	3.410	16.2	2.556	33.5
3.380	20.6	2.200	34.2	3.070	20.8
2.020	31.8	3.620	18.6	2.130	37.3
3.410	18.1	2.190	30.5	3.840	17.0
2.815	22.0	3.725	17.6	2.600	21.5
3.955	16.5	1.925	31.9		

예제 4.7-2 1978년에서 1979년 사이에 생산된 자동차 38대의 차량무게와 마일 당 연비에 대한 회귀모형을 계산해 보자. 무게는 1000파운드 단위로 측정하였으며 연비는 갤런당 마일(mpg)로 측정하였다.

그림 4.7−3은 $x = weight$(차량 무게)에 대한 $y = mpg$(갤런당 마일)에 대한 산점도와 x에 대한 $residual = y - \hat{y}$의 잔차도표이다. 그림 4.7−3(a)의 최소제곱회귀선은 $y = 48.707 - \ 8.365x$ 이다.

그래프를 보면 이차모형 $y = \beta_0 + \beta_1 x + \beta_2 x^2$이 타당해 보인다. 그러나 자동차 무게를 고려하여 각 자동차가 100마일 운전하는데 필요한 휘발유의 양에 대한 모형을 생각하는 것이 바람직하다. 이것이 필요한 이유는 자동차 무게가 증가하면 자동차로 100마일을 운전하기 위해 필요한 휘발유의 양, 즉 100/mpg도 비례적으로 증가하기 때문이다. 예를 들어, 2000파운드의 자동차가 100마일을 운전하는 데 필요한 휘발유의 양이 있다면 4000파운드의 자동차는 두 배의 휘발유가 필요할 것이다. 그림 4.7−4(a)는 자동차의 무게 $x = weight$에 대한 $z = 100/mpg$의 직선을 나타낸 도표이고, 그림 4.7−4(b)는 x에 대한 잔차 $residual = y - \hat{y}$의 잔차도표이다.

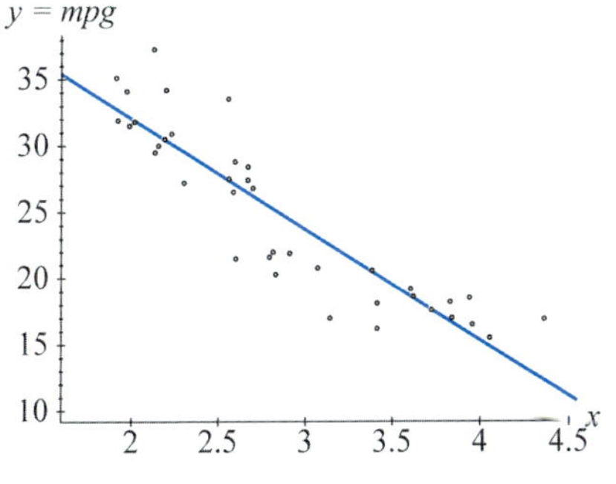

(a) mpg 대 자동차 무게

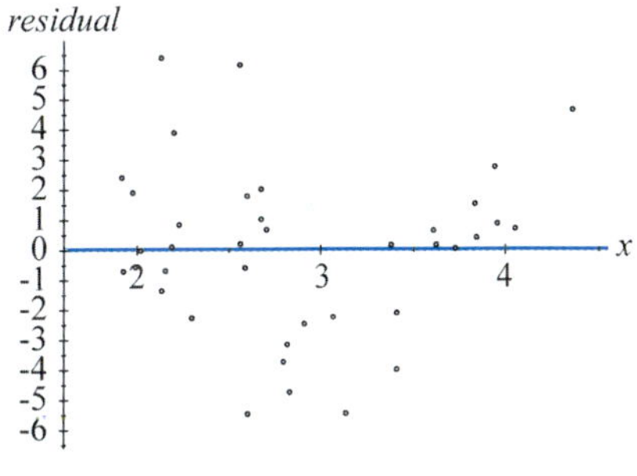

(b) 잔차 대 자동차 무게

그림 4.7−3 산점도와 함께 표시된 선형회귀선과 잔차도표

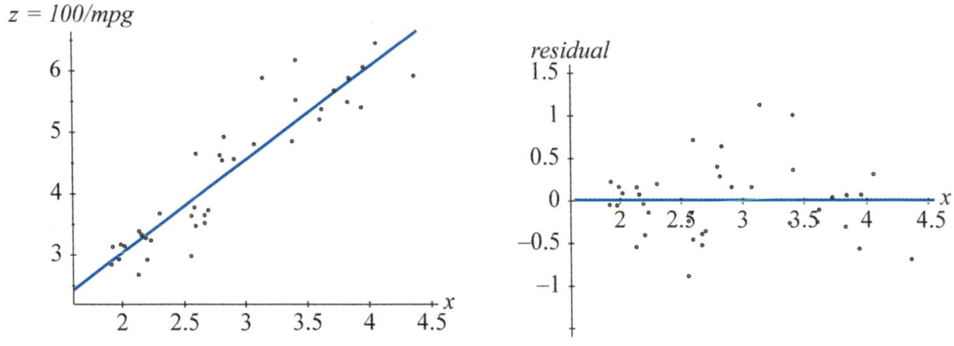

(a) $z=100/mpg$ 대 자동차 무게 (b) 잔차 대 자동차 무게

그림 4.7-4 변환자료의 산점도와 잔차도표

예제 4.7 − 2에서는 $z=100/y$을 이용한 변환이 의미가 있는 것 같아 실행하였지만 실제 상황에서는 다양한 변환을 시도해 보는 것도 나쁘지 않다. 예를 들면 y의 표준편차가 y값에 따라 증가하는 것처럼 보이면 대수변환($\log y$), 제곱근변환($\sqrt{y}$), 혹은 좀더 일반적으로 y^p 변환이 더 적절한 방법일 수도 있다. x에 대해 변환을 실시하였을 때 분산이 안정화되는 변환이 가장 좋으며, 이러한 과정을 통해 좀더 정확하게 적합된 선형관계를 알 수 있다.

같은 방법으로 x값을 변환하기도 하는데, 예를 들어 x값이 오른쪽으로 기울어진 자료라면 $\log x$, $\sqrt{x}$, 또는 $x^p\,(p<1)$과 같은 변환이 선형적합에 도움이 된다.

표 4.7-2 Anscombe 자료

a	b	c	d
(10, 8.04)	(10, 9.14)	(10, 7.46)	(8, 6.58)
(8, 6.95)	(8, 8.14)	(8, 6.77)	(8, 5.76)
(13, 7.58)	(13, 8.74)	(13, 12.74)	(8, 7.71)
(9, 8.81)	(9, 8.77)	(9, 7.11)	(8, 8.84)
(11, 8.33)	(11, 9.26)	(11, 7.81)	(8, 8.47)
(14, 9.96)	(14, 8.10)	(14, 8.84)	(8, 7.04)
(6, 7.24)	(6, 6.13)	(6, 6.08)	(8, 5.25)
(4, 4.26)	(4, 3.10)	(4, 5.39)	(8, 5.56)
(12, 10.84)	(12, 9.13)	(12, 8.15)	(8, 7.91)
(7, 4.82)	(7, 7.26)	(7, 6.42)	(8, 6.89)
(5, 5.68)	(5, 4.74)	(5, 5.73)	(19, 12.50)

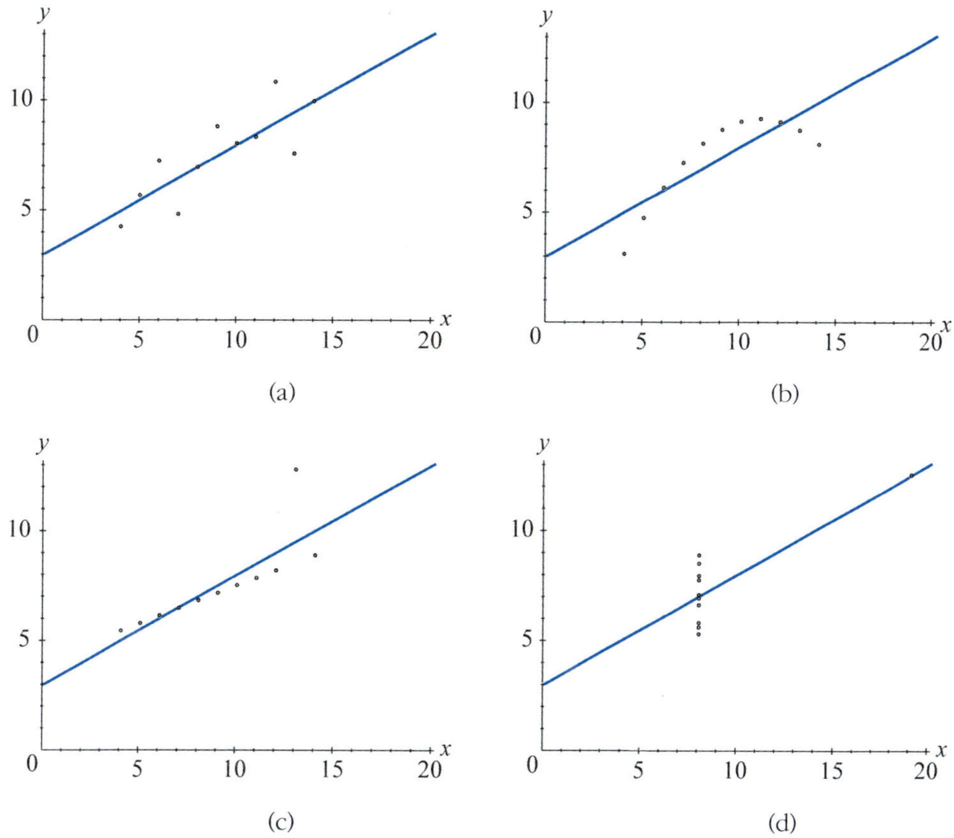

그림 4.7–5 $\hat{y}=3.0+0.5x$ 이고 $r^2=0.67$ 이 되는 도표들

예제 4.7-3 다음은 Anscombe가 제안한 고전적 예로서 변수들 사이의 산점도가 필요한 이유에 대해 설명하고 있다.("Graphs in Statistical Analysis", The American Statistician, 27, 17−21 [1973]). Anscombe는 $n=11$개의 점들이 동일한 선형적합과 결정계수 r^2을 갖는 네 개의 자료집합을 만들었다.(표 4.7−2 참조). 그림 4.7−5의 (a)도표만이 선형함수에 적합하다. (b)에서의 패턴은 적어도 $x=5$와 $x=15$사이의 범위에서 이차식 형태이다. (c)에서, 10개의 관측값은 직선위에 있지만 $x=13$은 이 패턴을 따르지 않는다. 도표 (d)는 한 개 관측값 x가 다른 관측값에서 멀리 떨어져 있을 때의 영향력을 알 수 있다. (c)와 (d)에서는 회귀모형을 추정할 때 이상점의 효과를 알 수 있다. 따라서 자료에 대해 산점도를 작성하는 것이 자료의 성질을 이해하는 데 매우 중요하다.

연습문제 4.7

4.7-1 연습문제 4.6−1의 자료를 사용하여

(a) $x = 68, 75, 82$일 때 $\mu(x)$의 95% 신뢰구간을 구하여라.

(b) $x = 68, 75, 82$일 때 Y의 95% 예측구간을 구하여라.

4.7-2 연습문제 4.6−12의 자료를 사용하여

(a) $b = 50, 90, 130$일 때 $\mu(b)$의 95% 신뢰구간을 구하여라.

(b) $b = 50, 90, 130$일 때 $a+b$의 95% 예측구간을 구하여라.

4.7-3 연습문제 4.6−2의 자료를 사용하여

(a) $x = 20, 25, 30$일 때 $\mu(x)$의 95% 신뢰구간을 구하여라.

(b) $x = 20, 25, 30$일 때 Y의 95% 예측구간을 구하여라.

4.7-4 연습문제 4.6−7의 ACT 점수에 대해

(a) $x = 17, 20, 23, 26, 29$일 때 $\mu(x)$의 95% 신뢰구간을 구하여라.

(b) $x = 17, 20, 23, 26, 29$일 때 Y의 90% 예측구간을 구하여라.

4.7-5 전산소에서는 지난 10년 동안 관리해 온 프로그램의 목록을 작성하였다.

(a) 이 자료에 대한 최소제곱회귀선을 구하여라.

(b) 동일한 도표에 자료점과 직선을 그려라.

(c) 동일한 가정 하에서 11번째 해에 프로그램 수에 대한 95% 예측구간을 구하여라.

연도	프로그램 수
1	430
2	480
3	565
4	790
5	885
6	960
7	1200
8	1380
9	1530
10	1591

4.7-6 최근 $n = 10$일 동안 경마에서 관객의 수 x(백명)와 경마에 베팅한 금액 y(백만$)에 대한 자료가 다음과 같다.

x	117	128	122	119	131	135	125	120	130	127
y	2.07	2.80	3.14	2.26	3.40	3.89	2.93	2.66	3.33	3.54

(a) (x,y)의 산점도를 그려라.

(b) 자료에 단순선형회귀 직선을 적합시켜라.

(c) 평균 $\mu(x)$에 대한 95% 신뢰구간을 구하여라.

(d) 관중이 12,000명일 때 베팅한 금액에 대한 90% 예측구간을 구하여라.

4.7-7 시간의 함수로서 분무량의 산포를 분석하였다. 산포 Y는 단위체적에서 입자수의 역수로 측정되었고 시간은 분 단위로 측정하였다. 실험은 확률적인 순서로 실행하였으나 x값을 크기 순서로 정렬하였다. (자료 : G.E.P. Box, W.G. Hunter, J.S. Hunter의 저서 Statistics for Experimenters, New York, Wiley, 1978)

x	8	22	35	40	57	73	78	87	98
y	6.16	9.88	14.35	24.06	30.34	32.17	42.18	43.23	48.76

(a) (x,y)의 산점도를 그려라.

(b) 최소제곱회귀선을 구하여 산점도위에 표시하여라.

(c) 대립가설 $H_1 : \beta > 0$에 대한 귀무가설 $H_0 : \beta = 0$을 검정하여라,

(d) $x = 110$일 때 반응값 y에 대한 95% 예측구간을 구하여라. $x = 110$은 관측된 x값들의 범위밖에 있을 때 외삽법(extrapolation)의 위험성에 대해 기술하여라.

4.8 일원 분산분석

두 개의 평균 μ_1과 μ_2에 대한 이표본 문제는 다음과 같이 회귀모형으로 생각할 수 있다.

$$Y_j = \beta_1 x_{1j} + \beta_2 x_{2j} + \epsilon_j , \quad j = 1, 2, \ldots, n + n = 2n$$

여기서 $\beta_1 = \mu_1$, $\beta_2 = \mu_2$, $(x_{1j}, x_{2j}) = (1,0)$, $j = 1,2,\cdots,n$이고 $(x_{1j,} x_{2j}) = (0,1)$, $j = n+1, n+2, \ldots, n+n = 2n$ 이다. 경우에 따라 실험자는 두 개 이상의 처리가 필요할 때가 있다. 예를 들면, 각각 m개씩 서로 다른 종류의 옥수

수 혼합물을 생산하는 곳에서 각각 크기 $n_1, n_2, \ldots, n_m$ 개의 표본을 추출하여 평균 생산량 $\mu_1, \mu_2, \ldots, \mu_m$ $(m > 2)$을 비교하는 데 이용할 수 있다. 이 상황은

$$Y_{ij} = \beta_1 x_{1j} + \beta_2 x_{2j} + \cdots + \beta_m x_{mj} + \epsilon_{ij}$$

로 모형화할 수 있다. 여기서, ϵ_{ij}는 $N(0, \sigma^2)$를 따르는 독립인 확률변수이고, $\beta_i = \mu_i$, $x_{ij} = 1$ 및 다른 x 값은 0이며, $i = 1,2,\ldots,m$, $j = 1,2,\ldots,n_j$이다. 또는 동등하게

$$Y_{ij} = \mu_i + \epsilon_{ij}\ , \quad i = 1,2,\ldots,m\ ,\ j = 1,2,\ldots n_i$$

이다. 즉 $Y_{i1}, Y_{i2}, \ldots Y_{in_i}$는 $N(\mu_i, \sigma^2)$, $i = 1,2,\ldots,m$으로부터 크기 n_i인 확률표본이다. 여기서 추론해야 하는 것은 모든 가능한 대립가설 H_1에 대해 m개의 평균이 동일하다는 귀무가설, 즉, $H_0 : \mu_1 = \mu_2 = \cdots = \mu_m = \mu$의 검정문제이다. 이 가설을 검정하기 위해 $N(\mu_i, \sigma^2)$, $i = 1,2,\ldots,m$로부터 추출한 크기 n_i인 확률표본을 $Y_{i1}, Y_{i2}, \ldots, Y_{in_i}$라 하자. 사용할 확률표본의 형태를 표 $4.8-1$에 나타내었다. 여기서 $n = n_1 + n_2 + \ldots + n_m$ 이고

$$\overline{Y_{..}} = \frac{1}{n}\sum_{i=1}^{m}\sum_{j=1}^{n_i} Y_{ij}, \qquad \overline{Y_{i.}} = \frac{1}{n}\sum_{j=1}^{n_i} Y_{ij}, \quad i = 1,2,\ldots,m$$

이다. $\overline{Y_{..}}$ 와 $\overline{Y_{i.}}$에 있는 점(•) 표시는 해당 첨자에 대한 평균을 구한다는 의미이다. 즉, $\overline{Y_{..}}$ 는 첨자 i, j 의 모든 관측값의 평균이고, $\overline{Y_{i.}}$는 j 첨사에 대한 평균을 의미한다.

표 4.8-1 일원 확률표본

					평균
$Y_1:$ $Y_2:$ $\vdots$ $Y_m:$ 총평균	Y_{11} Y_{21} $\vdots$ Y_{m1}	Y_{12} Y_{22} $\vdots$ Y_{m2}	$\cdots$ $\cdots$ $\vdots$ $\cdots$	Y_{1n_1} Y_{2n_2} $\vdots$ Y_{mn_m}	$\overline{Y_1}\cdot$ $\overline{Y_2}\cdot$ $\vdots$ $\overline{Y_m}\cdot$ $\overline{Y}..$

H_0의 검정에 대한 임계영역을 결정하기 위하여 총 변동에 대한 제곱합을 두 개의 부분으로 분해해 보자. 총변동의 제곱합 $SS(TO)$는

$$SS(TO) = \sum_{i=1}^{m} \sum_{j=1}^{n_i} (Y_{ij} - \overline{Y}..)^2$$

$$= \sum_{i=1}^{m} \sum_{j=1}^{n_i} (Y_{ij} - \overline{Y}_i. + \overline{Y}_i. - \overline{Y}..)^2$$

$$= \sum_{i=1}^{m} \sum_{j=1}^{n_i} (Y_{ij} - \overline{Y}_i.)^2 + \sum_{i=1}^{m} \sum_{j=1}^{n_i} (\overline{Y}_i. - \overline{Y}..)^2$$

$$+ 2\sum_{i=1}^{m} \sum_{j=1}^{n_i} (Y_{ij} - \overline{Y}_i.)(\overline{Y}_i. - \overline{Y}..)$$

로 분해되며, 위 식에서 마지막 항은 다음과 같이 된다.

$$2\sum_{i=1}^{m}\left[(\overline{Y}_i. - \overline{Y}..) \sum_{j=1}^{n_i} (Y_{ij} - \overline{Y}_i.)\right] = 2\sum_{i=1}^{m} (\overline{Y}_i. - \overline{Y}..)(n_i \overline{Y}_i. - n_i \overline{Y}_i.) = 0$$

또한 앞의 식에서

$$\sum_{i=1}^{m} \sum_{j=1}^{n_i} (\overline{Y}_{i.} - \overline{Y}_{..})^2 = \sum_{i=1}^{m} n_i (\overline{Y}_{i.} - \overline{Y}_{..})^2$$

이 되므로

$$SS(TO) = \sum_{i=1}^{m} \sum_{j=1}^{n_i} (Y_{ij} - \overline{Y}_{i.})^2 + \sum_{i=1}^{m} n_i (\overline{Y}_{i.} - \overline{Y}_{..})^2$$

이 된다. 제곱합을 다음과 같이 표기하도록 하자.

$$SS(TO) = \sum_{i=1}^{m} \sum_{j=1}^{n_i} (Y_{ij} - \overline{Y}_{..})^2,$$ 총 제곱합

$$SS(E) = \sum_{i=1}^{m} \sum_{j=1}^{n_i} (Y_{ij} - \overline{Y}_{i.})^2,$$ 처리, 그룹 또는 급 내 제곱합, 때때로 오차제곱합이라 한다.

$$SS(T) = \sum_{i=1}^{m} n_i (\overline{Y}_{i.} - \overline{Y}..)^2,$$ 처리, 그룹 또는 급 사이의 제곱합

이라 한다. 따라서

$$SS(TO) = SS(E) + SS(T)$$

이다.

H_0가 참일 때 Y_{ij}, $i = 1,2,\ldots,m$, $j = 1,2,\ldots,n_i$는 정규분포 $N(\mu,\sigma^2)$으로부터 추출된 크기 $n = n_1 + n_2 + \ldots + n_m$인 확률표본으로 생각할 수 있다. 그러면 $SS(TO)\ /\sigma^2$는 $\chi^2(n-1)$따른다. 따라서 $E[SS(TO)/\sigma^2] = n-1$ 이고 $E[SS(TO)/(n-1)] = \sigma^2$ 이므로 $SS(TO)/(n-1)$ 는 σ^2의 불편추정량이다. i번째 분포에서 추출한 표본을 근거로 한 σ^2의 불편추정량 $(n_i-1)W_i/\sigma^2$은 $\chi^2(n_i-1)$이므로

$$W_i = \frac{\sum_{j=1}^{n_i}(Y_{ij} - \overline{Y_i}.)^2}{n_i - 1}, \qquad i = 1,2,\ldots,m$$

이다. 따라서

$$E\left[\frac{(n_i-1)W_i}{\sigma^2}\right] = n_i - 1$$

이고

$$E(W_i) = \sigma^2, \quad i = 1,2,\ldots,m$$

이다. 따라서 m개의 독립된 χ^2 확률변수의 합

$$\sum_{i=1}^{m}\frac{(n_i-1)W_i}{\sigma^2} = \frac{SS(E)}{\sigma^2}$$

는 자유도가 $(n_1-1)+(n_2-1)+\cdots+(n_m-1) = n-m$인 카이제곱분포를 따른다. 따라서 $SS(E)/(n-m)$ 는 σ^2의 불편추정량이다.

$$\frac{SS(TO)}{\sigma^2} = \frac{SS(E)}{\sigma^2} + \frac{SS(T)}{\sigma^2}$$

이며, 여기서

$$\frac{SS(TO)}{\sigma^2} \sim \chi^2(n-1)\text{이고} \qquad \frac{SS(E)}{\sigma^2} \sim \chi^2(n-m)$$

이다. $SS(T) \geq 0$ 이므로 $SS(E)$와 $SS(T)$는 독립이고 $SS(T)/\sigma^2$는 $\chi^2(m-1)$이다.

참고 제곱합 $SS(TO), SS(E), SS(T)$ 는 변수 Y_{ij}, $i=1,2,\ldots,m$, $j=1,2,\ldots,n_i$의 **이차형식(quadratic forms)**의 예에 해당한다. 즉 제곱합에서 각 항은 Y_{ij}의 이차식이다. 또한 변수의 계수가 실수이므로 이러한 제곱합을 **실수이차형식**(real quadratic forms)이라 한다. (증명은 Hogg, McKean, Craig의 Introduction to Mathematical Statistics, 6th ed.[Prentice Hall, 2005] 참조).

정리 4.8-1 서로 독립이고 동일한 분산 σ^2을 갖는 상호독립인 $k+1$개의 정규확률변수를 $Q, Q_1, \ldots, Q_k$라고 하고, $Q = Q_1 + Q_2 + \cdots + Q_k$라 하자. Q/σ^2, Q_1/σ^2, $\cdots$, Q_{k-1}/σ^2은 각각 자유도가 $r, r_1, \cdots, r_{k-1}$인 카이제곱분포를 따른다고 하자. 만일 Q_k가 비음수이면

(a) $Q_1, \ldots, Q_k$는 상호 독립이고

(b) Q_k/σ^2는 자유도가 $r-(r_1+\cdots+r_{k-1}) = r_k$인 카이제곱분포를 갖는다.

귀무가설 H_0하에서 $SS(T)/\sigma^2$ 는 $\chi^2(m-1)$이므로 $E[SS(T)/\sigma^2] = m-1$이고 $E[SS(T)/(m-1)] = \sigma^2$ 이다. σ^2의 추정량 $SS(E)/(n-m)$는 귀무가설 H_0의 여부와 관계 없이 항상 불편추정량이다. 그러나 평균 $\mu_1, \mu_2, \ldots, \mu_m$이 동일하지 않으면 $SS(T)$에 근거한 추정량의 기대값은 σ^2 보다 클 것이다.

$$
\begin{aligned}
E[SS(T)] &= E\left[\sum_{i=1}^{m} n_i(\overline{Y}_{i\cdot} - \overline{Y}_{\cdot\cdot})^2\right] = E\left[\sum_{i=1}^{m} n_i \overline{Y_{i\cdot}^2} - n\overline{Y_{\cdot\cdot}}^2\right] \\
&= \sum_{i=1}^{m} n_i\left\{\operatorname{Var}(\overline{Y}_{i\cdot}) + [E(\overline{Y}_{i\cdot})]^2\right\} - n\left\{\operatorname{Var}(\overline{Y}_{\cdot\cdot}) + [E(\overline{Y}_{\cdot\cdot})]^2\right\} \\
&= \sum_{i=1}^{m} n_i\left\{\frac{\sigma^2}{n_i} + \mu_i^2\right\} - n\left\{\frac{\sigma^2}{n} + \overline{\mu}^2\right\} \\
&= (m-1)\sigma^2 + \sum_{i=1}^{m} n_i(\mu_i - \overline{\mu})^2
\end{aligned}
$$

이다. 여기서 $\overline{\mu} = (1/n)\sum_{i=1}^{m} n_i\mu_i$이다. 만일 $\mu_1 = \mu_2 = \cdots = \mu_m = \mu$이면

$$
E\left(\frac{SS(T)}{m-1}\right) = \sigma^2
$$

이다. 만일 평균들이 모두 같지 않으면

$$E\left[\frac{SS(T)}{m-1}\right]=\sigma^2+\sum_{i=1}^{m}n_i\frac{(\mu_i-\overline{\mu})^2}{m-1}>\sigma^2$$

이 된다.

연습문제 4.8−2는 H_0이 거짓일 때 $SS(T)$를 이용한 추정량은 $SS(E)$를 이용한 추정량보다 일반적으로 크다는 사실을 나타낸다. 귀무가설 H_0에 대한 검정은 $SS(T)/(m-1)$ 와 $SS(E)/(n-m)$의 비율을 이용하여 구하는데, 두 개 모두 σ^2의 불편추정량이고 귀무가설 $H_0:\mu_1=\mu_2=\cdots=\mu_m$이 사실일 때 비율은 1에 가까운 값을 가질 것으로 예상된다. 그러나 평균 $\mu_1, \mu_2, \ldots, \mu_m$이 달라지면 $E[SS(T)/(m-1)]$은 커지게 되므로 비율도 같이 커진다. $SS(T)/\sigma^2$와 $SS(E)/\sigma^2$는 독립인 χ^2 확률변수이므로 귀무가설 H_0가 참이라는 가정 하에서

$$\frac{\mathrm{SS(T)}/(m-1)}{\mathrm{SS(E)}/(n-m)}=\frac{[\mathrm{SS(T)}/\sigma^2]/(m-1)}{[\mathrm{SS(E)}/\sigma^2]/(n-m)}=F$$

는 자유도가 $m-1$과 $n-m$인 F 분포를 따른다. 만일 F 값이 매우 크면 $SS(T)$도 크다는 것을 의미하며, 이는 평균들이 서로 같지 않다는 것을 나타내므로 귀무가설 H_0을 기각한다. 여기서 기각역은 $F\geq F_\alpha(m-1, n-m)$이다.

여러 개의 평균에 대한 동일성 검정에 대한 정보는 표 4.8−2와 같은 **분산분석표(analysis-of-variance table)** 또는 ANOVA 표로 요약할 수 있다. ANOVA 표에서 평균제곱 MS는 제곱합(SS)을 자유도로 나눈 값이다.

표 4.8–2 분산분석표

변동	제곱합(SS)	자유도(d.f.)	평균제곱(MS)	F-비
처리	$SS(T)$	$m-1$	$MS(T)=\frac{SS(T)}{m-1}$	$\frac{MS(T)}{MS(E)}$
오차	$SS(E)$	$n-m$	$MS(E)=\frac{SS(E)}{n-m}$	
전체	$SS(TO)$	$n-1$		

예제 4.8-1 Y_1, Y_2, Y_3, Y_4가 독립이고 각각 정규분포 $N(\mu_i, \sigma^2)$, $i=1,2,3,4$를 따르는 확률변수라 하자. 귀무가설

$$H_0 : \mu_1 = \mu_2 = \mu_3 = \mu_4 = \mu$$

을 각각 $n_i = 3$인 확률표본을 이용하여 검정하려고 한다. 유의수준 $\alpha = 0.05$에 대한 기각역은

$$F = \frac{SS(T)/(4-1)}{SS(E)/(12-4)} \geq 4.07 = F_{0.05}(3,8)$$

이다. 표 4.8−3의 관측 자료를 이용하여 $SS(TO), SS(E), SS(T)$ 를 계산하면 다음과 같다.

$$SS(TO) = (13-11)^2 + (8-11)^2 + \cdots + (15-11)^2 + (10-11)^2 = 80$$
$$SS(E) = (13-10)^2 + (8-10)^2 + \cdots + (15-12)^2 + (10-12)^2 = 50$$
$$SS(T) = 3[(10-11)^2 + (13-11)^2 + (9-11)^2 + (12-11)^2] = 30$$

표 4.8−3 예제 자료

	관측값			$\overline{Y_{i.}}$
Y_1 :	13	8	9	10
Y_2 :	15	11	13	13
Y_3 :	8	12	7	9
Y_4 :	11	15	10	12
$\overline{Y_{..}}$				11

$SS(TO) = SS(E) + SS(T)$ 이므로 두 개의 변동값만 계산하면 나머지 한 개의 변동값은 쉽게 구할 수 있다. 표 4.8−4를 이용하여 F값을 계산하여 기각역과 비교하면

$$\frac{30/3}{50/8} = 1.6 < 4.07$$

이므로 유의수준 $\alpha = 0.05$ 하에서 귀무가설 H_0를 기각할 수 없다. $p-$값은 귀무가설 H_0 하에서 검정통계량 F 값보다 클 확률이며 컴퓨터 프로그램을 이용하여 계산할 수 있다.

이 예제의 정보는 표 4.8−4의 ANOVA 표에 요약되어 있다. F 통계량은 두 평균변동의 비이다.

표 4.8-4 ANOVA 표

변동	제곱합(SS)	자유도(d.f.)	평균제곱(MS)	F-비	p-값
처리	30	3	30/3	1.6	0.264
오차	50	8	50/8		
전체	80	11			

다음 식을 사용하면 $SS(TO)$, $SS(E)$, $SS(T)$ 를 간단히 계산할 수 있다.

$$SS(TO) = \sum_{i=1}^{m}\sum_{j=1}^{n_i} Y_{ij}^2 - \frac{1}{n}\left[\sum_{i=1}^{m}\sum_{j=1}^{n_i} Y_{ij}\right]^2$$

$$SS(T) = \sum_{i=1}^{m}\frac{1}{n_i}\left[\sum_{j=1}^{n_i} Y_{ij}\right]^2 - \frac{1}{n}\left[\sum_{i=1}^{m}\sum_{j=1}^{n_i} Y_{ij}\right]^2$$

$$SS(E) = SS(TO) - SS(T)$$

위의 식을 보면 제곱이 나타나는 항은 Y_{ij}^2 은 1, $(\sum_{j=1}^{n_i} Y_{ij})^2$은 n_i, 그리고 $(\sum_{i=1}^{m}\sum_{j=1}^{n_i} Y_{ij})^2$은 n과 같이 제곱합을 관측값의 수로 나누었다. 비록 이 식들이 유용하지만 실제 응용에서는 계산에 편리한 소프트웨어를 사용하는 것이 바람직하다.

예제 4.8-2 자동차용 유리를 고정하는 데 필요한 다섯 개의 나사가 있다. 제조업자는 이러한 나사가 유리를 고정시키는 데 얼마나 힘이 드는가를 시험하려고 한다. Y_i, $i = 1,2,3,4,5$를 i번째 위치에서 필요한 힘의 크기라 하고, Y_i는 정규분포 $N(\mu_i, \sigma^2)$을 따른다고 가정하자. 5개의 서로 다른 위치에서 일곱 개의 독립된 관측값을 사용하여 귀무가설 $H_0 : \mu_1 = \mu_2 = \mu_3 = \mu_4 = \mu_5$를 검정하였다. 유의수준 $\alpha = 0.01$에서 계산된 F값이

$$F = \frac{SS(T)/(5-1)}{SS(E)/(35-5)} \geq 4.02 = F_{0.01}(4,30)$$

이면 귀무가설 H_0을 기각한다.

표 4.8 − 5에 관측값과 그 합이 나타나 있다.

표 4.8-5 나사가 유리를 고정하는데 필요한 힘

관측값								$\sum_{j=1}^{7} Y_{ij}$	$\sum_{j=1}^{7} Y_{ij}^2$
Y_1 :	92	90	87	105	86	83	102	645	59,847
Y_2 :	100	108	98	110	114	97	94	721	74,609
Y_3 :	143	149	138	136	139	120	145	970	134,936
Y_4 :	147	144	160	149	152	131	134	1017	148,367
Y_5 :	142	155	119	134	133	146	152	981	138,415
합계								4334	556,174

이 자료를 이용하여 제곱합을 구하면

$$SS(TO) = 556,174 - \frac{1}{35}(4334)^2 = 19,500.97$$

$$SS(T) = \frac{1}{7}\left[645^2 + 721^2 + 970^2 + 1017^2 + 981^2\right]$$

$$- \frac{1}{35}(4334)^2 = 16,672.11$$

$$SS(E) = 19,500.97 - 16,672.11 = 2828.86$$

이다. F 값을 계산하면

$$F = \frac{16,672.11/4}{2828.86/30} = 44.20$$

이므로 유의수준 $\alpha = 0.01$에서 귀무가설을 기각할 수 있다.(표 4.8-6의 ANOVA 표 참조.)

귀무가설 H_0을 기각하는 이유를 그림 4.8-1의 상자-수염그림을 통해 알 수 있다. 위치 1과 2에서 나사의 지지력이 비슷하고 위치 3, 4, 5에서의 힘도 비슷하지만 시각적으로 같은 위치에 있지 않다.

표 4.8-6 ANOVA 표

변동	제곱합(SS)	자유도(d.f.)	평균제곱합(MS)	F-비	p-값
처리	16,672.11	4	4,168.03	44.20	0.000
오차	2,828.86	30	94.30		
전체	19,500.97	34			

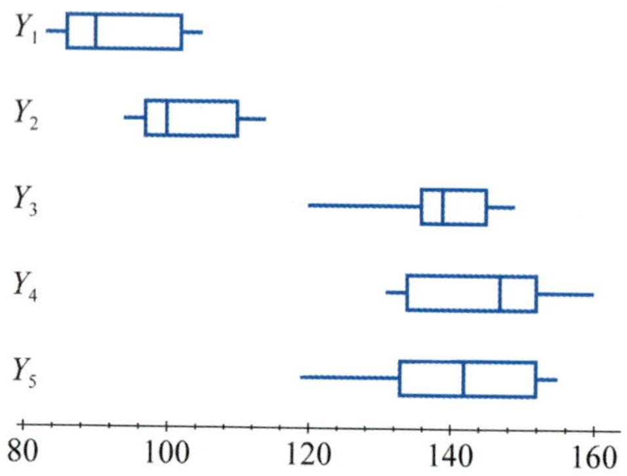

그림 4.8-1 나사가 유리를 고정하는 데 드는 힘에 대한 상자그림

만일 모집단 분포가 비정규분포이지만 비대칭 정도나 분산이 많이 다르지 않다면 이표본 t-검정이나 F-검정을 이용하는 것도 나쁘지 않다. 비정규분포의 경우 자료가 동일한 분산을 가지고 대칭이 되도록 자료를 변환하거나 비모수적 방법을 사용할 필요가 있으나 이 교재의 범위를 넘으므로 생략하겠다.

연습문제 4.8

4.8-1 μ_1, μ_2, μ_3이 각각 알려져 있지는 않으나 동일한 분산 σ^2을 갖는 정규분포의 평균이라 하자. 유의수준 $\alpha = 0.05$에서 모든 가능한 대립가설에 대해 귀무가설 $H_0 : \mu_1 = \mu_2 = \mu_3$을 검정하기 위해서 각 분포로부터 크기가 $n = 4$인 확률표본을 추출하였다. 세 개 분포로부터의 관측값이 다음과 같을 때 귀무가설 H_0의 기각여부를 결정하여라.

Y_1 :	5	9	6	8
Y_2 :	11	13	10	12
Y_3 :	10	6	9	9

4.8-2 다음 자료 집합으로부터 $SS(E)/(n-m) = 1$ 이고 $SS(T)/(m-1) = 75$ 임을 보여라. 이것은 평균들이 동일하지 않을 때 $SS(T)$를 이용하여 구한 σ^2의 불편추정치는 보통 σ^2 보다 크다는 것을 의미한다.

Y_1 :	4	5	6
Y_2 :	9	10	11
Y_3 :	14	15	16

4.8-3 토목 기술자들이 세 개의 서로 다른 재료를 사용하여 만든 기둥의 강도를 비교하려고 한다. A 기둥은 강철로 만들었고 B기둥과 C기둥은 다른 합금으로 만들었다. 각 기둥에 대해 어떤 힘을 가했을 때의 굴절(단위: 0.001 인치)을 측정하였다. 여기서, 굴절이 작음은 기둥의 강도가 강한 것을 의미한다. 표본크기가 $n_1 = 8$, $n_2 = 6$, $n_3 = 6$인 세 개 확률표본의 순서 자료는 다음과 같다.

A:	79	82	83	84	85	86	86	87
B:	74	75	76	77	78	82		
C:	77	78	79	79	79	82		

이 자료를 사용하여 유의수준 $\alpha = 0.05$에서 세 종류 기둥의 평균강도가 같은지를 검정하여라.

4.8-4 Montgomery는 섬유에서 목화가 차지하는 백분율에 영향을 받는 합성섬유의 강도에 관심이 있다. 5개 수준의 목화 함유백분율 각각에서 5개의 관측값을 얻었다.

목화 함유백분율	제곱인치당 인장강도(파운드)				
15	7	7	15	11	9
20	12	17	12	18	18
25	14	18	18	19	19
30	19	25	22	19	23
35	7	10	11	15	11

사용한 목화의 함유백분율에 따라 섬유의 강도에 차이가 있는지 유의수준 $\alpha = 0.05$에서 $F-$검정을 하여라.

4.8-5 Y_1, Y_2, Y_3, Y_4가 각각 50세 미만 여성, 50세 미만 남성, 50세 이상 여성, 50세 이상 남성들의 콜레스테롤 수준이라 하자. Y_i의 분포는 $N(\mu_i, \sigma^2)$, $i = 1,2,3,4$라고 가정하자. 각 확률변수들의 관측값으로부터 귀무가설 $H_0 : \mu_1 = \mu_2 = \mu_3 = \mu_4$를 검정하려고 한다.

(a) 유의수준 $\alpha = 0.05$에 대한 기각역을 구하여라.

(b) 다음 자료를 이용하여 ANOVA 표를 작성하고 결론을 말하여라.

Y_1 :	221	213	202	183	185	197	162
Y_2 :	271	192	189	209	227	236	142
Y_3 :	262	193	224	201	161	178	265
Y_4 :	192	253	248	278	232	267	289

(c) 이 검정에서 $p-$값을 계산하여라.

(d) 각 자료집합의 상자–수염 그림을 그려 비교하여 보아라.

4.8-6 Y_i를 $i=1,2,3,4$번째 제품의 골프채로 골프공을 쳤을 때 골프공이 날아가는 거리라고 하자. 어떤 골프선수가 쳤을 때 Y_i로 쳤을 때 비거리 분포는 $N(\mu_i, \sigma^2)$, $i=1,2,3,4$를 따른다고 가정하자. 각 제품마다 세 개 관측값을 추출하여 귀무가설 $H_0 : \mu_1 = \mu_2 = \mu_3 = \mu_4$를 검정하려고 한다.

(a) 유의수준 $\alpha = 0.05$에 대한 기각역을 구하여라.

(b) 다음 자료를 이용하여 ANOVA 표를 작성하고 결론을 말하여라.

Y_1 :	240	221	265
Y_2 :	286	256	272
Y_3 :	259	245	232
Y_4 :	239	215	223

(c) 만일 $\alpha = 0.025$이면 어떤 결론을 얻을 수 있는가?

(d) 이 검정의 근사 $p-$값을 구하여라.

4.8-7 디젤 자동차 운전자가 어느 지역에서 판매하는 세 종류의 디젤 연료의 품질을 mpg에 근거하여 검정하려고 한다. 다음 자료를 사용하여 세 개의 평균이 같다는 귀무가설을 유의수준 0.05로 검정하여라.

상표 A :	38.7	39.2	40.1	38.9	
상표 B :	41.9	42.3	41.3		
상표 C :	40.8	41.2	39.5	38.9	40.3

4.8-8 상자–수염 그림 4.8 − 1을 보면 Y_1과 Y_2의 평균이 같고 Y_3, Y_4, Y_5의 평균이 같아 보인다.

(a) 예제 4.8 − 2의 자료를 사용하여 $t-$검정과 $F-$검정을 통해 양측 대립가설에 대한 $H_0 : \mu_1 = \mu_2$를 검정하여라. 두 검정 모두 같은 결과를 얻는가?(유의수준 $\alpha = 0.05$)

(b) 예제 4.8 − 2 의 자료를 사용하여 $H_0 : \mu_3 = \mu_4 = \mu_5$를 검정하여라.(유의수준 $\alpha = 0.05$)

4.8-9 분사기를 생산하는데 용기무게, 농축무게, 추진 장치 무게를 고려해야 한다. Y_1, Y_2, Y_3를 각각 3일간 생산한 제품의 추진 장치 무게라 하자. 독립인 3개의 확률변수는 공통분산과 각각 평균이 μ_1, μ_2, μ_3인 정규분포를 따른다고 가정하자. 각각의 확률변수는 다음과 같은 9

개의 관측값을 가지는데, 이 값을 이용하여 귀무가설 $H_0 : \mu_1 = \mu_2 = \mu_3$을 검정해 보자.

(a) 유의수준 $\alpha = 0.01$에 대한 기각역을 구하여라.

(b) 다음 자료를 이용하여 ANOVA 표를 작성하고 결론을 말하여라.

Y_1 :	43.06	43.32	42.63	42.86	43.05
	42.87	42.94	42.80	42.36	
Y_2 :	42.33	42.81	42.13	42.41	42.39
	42.10	42.42	41.42	42.52	
Y_3 :	42.83	42.57	42.96	43.16	42.25
	42.24	42.20	41.97	42.61	

(c) 각 자료 집합에 대한 상자–수염 그림을 동일한 그래프에 작성하고 자료의 특성을 기술하여라.

4.8-10 유리컵을 생산하는 과정에서 손 닿는 부위의 저항력을 좋게 하기 위해 코팅작업이 필요하다. 어느 날 생산라인에서 유리컵을 임의로 추출하여 유리컵 상의 서로 다른 12개 지점에서 저항력을 측정하였다. 12월 6일, 7일, 22일의 3 일 동안 매일 11개의 유리컵을 추출한 후, 12개 지점에서 측정한 저항력 평균값은 다음과 같았다.

12월 6일	175.05	177.44	181.94	176.51	182.12	164.34
	163.20	168.12	171.26	171.92	167.87	
12월 7일	175.93	176.62	171.39	173.90	178.34	172.90
	174.67	174.27	177.16	184.13	167.21	
12월 22일	167.27	161.48	161.86	173.83	170.75	172.90
	173.27	170.82	170.93	173.89	177.68	

(a) 이 자료를 이용하여 세 날짜에 생산한 제품의 저항력 평균이 같은지 검정하여라.

(b) 상자–수염 그림을 사용하여 결과를 확인하여 보아라.

4.9 분포-자유 신뢰 및 허용구간

3.1절에서 연속형 자료에 대한 순서통계량, 표본의 백분위수, 분포의 백분위수 π_p에 대해 설명한 바 있다. 이 절에서는 순서통계량을 이용하여 연속형 분포의 여러 가지 백분위수 π_p의 신뢰구간을 구하는 방법을 설명하고자 한다. **분포–자유 신뢰구간(distribution–free confidence intervals)**은 π_p의 신뢰구간을 구하는 데 가정을 적게 사용하기 때문에 강한 모형의 가정을 사용하는

것보다 긴 구간을 갖는 경향이 있다.

만일 $Y_1 < Y_2 < Y_3 < Y_4 < Y_5$가 연속형 분포로부터 크기 $n=5$인 확률표본의 순서통계량이면 표본 중위수 Y_3은 분포의 중위수 $\pi_{0.5}$의 추정량으로 생각할 수 있다. $m=\pi_{0.5}$라 하자. 우리는 표본 중위수 y_3을 분포의 중위수 추정치로 사용할 수 있다. 그러나 표본크기 5인 경우에 관측된 $Y_3=y_3$이 m에 아주 가까운 값이라면 더할 나위 없이 좋다. 중위수 m의 신뢰구간을 어떻게 구축하는지 살펴보자.

단순히 Y_3을 m의 추정량으로 사용하는 대신 임의구간 (Y_1, Y_5)가 m을 포함할 확률, 즉, $P(Y_1 < m < Y_5)$를 구해 보자. 만일 어떤 관측값 X가 m보다 작은 경우를 성공이라 하면 독립시행에서 성공의 확률은 $P(X < m) = 0.5$이다. 첫 번째 순서통계량 Y_1이 m보다 작은 값이고 마지막 순서통계량 Y_5가 m보다 큰 값이기 위해서는 성공이 한 번 이상인 경우에서 다섯 번 모두 성공인 경우를 제외하면 된다. 즉,

$$P(Y_1 < m < Y_5) = \sum_{k=1}^{4} \binom{5}{k} \left(\frac{1}{2}\right)^2 \left(\frac{1}{2}\right)^{5-k}$$

$$= 1 - \left(\frac{1}{2}\right)^5 - \left(\frac{1}{2}\right)^5 = \frac{15}{16}$$

이다. 따라서 임의의 구간 (Y_1, Y_5)가 m을 포함할 확률은 $15/16 \approx 0.94$이다. 이 확률표본이 실제적으로 얻어지고 관측된 순서통계량 값이 각각 $y_1 < y_2 < y_3 < y_4 < y_5$라고 하면, (y_1, y_5)는 m의 94% 신뢰구간이 된다.

표본크기를 증가시키는 경우를 살펴보자. 연속형 분포로부터 크기 n인 확률표본의 순서통계량을 $Y_1 < Y_2 < \ldots < Y_n$이라 하자. 그러면 $P(Y_1 < m < Y_n)$은 각 시행에서 성공의 확률이 $P(X < m) = 0.5$일 때 성공이 한 번 이상 일어날 경우에서 n번 모두 성공인 경우를 제외한 확률이다. 결과적으로 확률은 다음과 같다.

$$P(Y_1 < m < Y_n) = \sum_{k=1}^{n-1} \binom{n}{k} \left(\frac{1}{2}\right)^k \left(\frac{1}{2}\right)^{n-k}$$

$$= 1 - \left(\frac{1}{2}\right)^n - \left(\frac{1}{2}\right)^n = 1 - \left(\frac{1}{2}\right)^{n-1}$$

이 확률은 n이 증가함에 따라 커지는데, (y_1, y_n)의 신뢰계수 $1-(1/2)^{n-1}$은 아주 큰 값이다. 그러나, 불행하게도 n이 커지면 구간 (y_1, y_n)의 길이가 커지게 되어 m을 추정하는 의미가 없어지게 된다. 만일 구간 (y_2, y_{n-1})나 (y_3, y_{n-2})를 사용하면 신뢰구간의 길이는 짧아지나 신뢰계수도 작아진다. 이러한 경우를 좀더 살펴보자.

연속형 분포로부터 크기 n인 확률표본의 순서통계량 $Y_1 < Y_2 < \cdots < Y_n$에 대해 $P(Y_i < m < Y_j)$, $i < j$를 구해 보자. 예를 들어 다음과 같은 확률을 구해 보자.

$$P(Y_2 < m < Y_{n-1}) \quad \text{또는} \; P(Y_3 < m < Y_{n-2})$$

n번을 각각 독립시행 한 결과 X가 m보다 작을 때 성공이라 하면, 각 시행에서 성공의 확률은 $P(X < m) = 0.5$이다. 결과적으로 i번째 순서통계량 Y_i가 m보다 작고, j번째 순서통계량이 m보다 클 확률은 적어도 i번의 성공과 성공이 j번 보다 작은 경우의 확률과 같으며 다음과 같이 계산할 수 있다.

$$P(Y_i < m < Y_j) = \sum_{k=i}^{j-1} \binom{n}{k} \left(\frac{1}{2}\right)^k \left(\frac{1}{2}\right)^{n-k} = 1-\alpha$$

어떤 특정한 값 n, i, j에 대해 확률 $1-\alpha$는 이항분포 확률의 합으로 직접 계산하거나 n이 충분히 크면 정규분포에 근사시켜 확률을 구할 수 있다. 관측구간 (y_i, y_j)는 미지의 분포 중위수에 대한 $100(1-\alpha)\%$ 신뢰구간으로 사용할 수 있다.

예제 4.9-1 영국 해안에서 잡히는 특정 물고기(nezumia) $n=9$ 마리의 길이(cm)에 대한 자료가 다음과 같다: 32.5, 27.6, 29.3, 30.1, 15.5, 21.7, 22.8, 21.2, 19.0. 측정값의 순서통계량은

$$15.5 < 19.0 < 21.2 < 21.7 < 22.8 < 27.6 < 29.3 < 30.1 < 32.5$$

이다. 표본이 추출되기 이전에 부록의 표 II로부터

$$P(Y_2 < m < Y_8) = \sum_{k=2}^{7} \binom{9}{k} \left(\frac{1}{2}\right)^k \left(\frac{1}{2}\right)^{9-k} = 0.9805 - 0.0195 = 0.9610$$

임을 알 수 있다. 따라서 이 어종 전체의 중위수 m에 대한 신뢰구간 $(y_2 = 19.0,\ y_8 = 30.1)$의 신뢰계수는 96.1%이다.

표 4.9–1 m에 대한 신뢰구간의 정보

n	$(i, n+1-i)$	$P(Y_i < m < Y_{n+1-i})$
5	(1, 5)	0.9376
6	(1, 6)	0.9688
7	(1, 7)	0.9844
8	(2, 7)	0.9296
9	(2, 8)	0.9610
10	(2, 9)	0.9786
11	(3, 9)	0.9346
12	(3, 10)	0.9614
13	(3, 11)	0.9776
14	(4, 11)	0.9426
15	(4, 12)	0.9648
16	(5, 12)	0.9232
17	(5, 13)	0.9510
18	(5, 14)	0.9692
19	(6, 14)	0.9364
20	(6, 15)	0.9586

학생들은 이 많은 확률들을 일일이 계산할 필요가 없다. 표 4.9－1에서 표본크기가 $n = 5, 6, \ldots, 20$인 경우에 미지의 중위수 m에 대한 신뢰구간 (y_i, y_{n+1-i})을 구하는 데 필요한 정보를 얻을 수 있으며, $P(Y_i < m < Y_{n+1-i})$의 신뢰계수가 90% 이상이고, 95% 가까운 값이 되도록 첨자 i를 선택하였다.

표본크기 n이 커지면 이항분포는 평균이 np이고 분산이 $np(1-p)$인 정규분포에 근사한다는 사실을 이용할 수 있다. 이러한 근사가 어느 정도 적절한지 살펴보기 위하여 표 4.9－1에서 $n = 16$인 경우의 확률을 계산해 보자.

$$1 - \alpha = P(Y_5 < m < Y_{12}) = \sum_{k=5}^{11} \binom{16}{k} \left(\frac{1}{2}\right)^k \left(\frac{1}{2}\right)^{16-k}$$

$$= P(W = 5, 6, \ldots, 11) = 0.9616 - 0.0384 = 0.9232$$

인데, 여기서 W는 $b(16, 1/2)$이다. W는 평균이 $np = 8$, 분산이 $np(1-p) = 4$이므로 표준화 변수 $Z = (W - 8)/2$는 근사 정규분포를 따른다. 따라서

$$1-\alpha = P(4.5 < W < 11.5) = P\left(\frac{4.5-8}{2} < \frac{W-8}{2} < \frac{11.5-8}{2}\right)$$

이고, 이를 정규분포에 근사시키면

$$1-\alpha \approx \Phi\left(\frac{3.5}{2}\right) - \Phi\left(\frac{-3.5}{2}\right) = \Phi(1.75) - \Phi(-1.75)$$

$$= 0.9599 - 0.0401 = 0.9198$$

이다. 이 값은 표 4.9 − 1의 확률 0.9232와 아주 유사하다.

연속형 분포에서 중위수 m에 대한 신뢰구간을 구하는 방법은 백분위수 π_p의 신뢰구간을 구하는 데도 적용할 수 있다. 이 경우 각 시행에서 X가 π_p보다 작으면 성공이라 한다. 즉 각 독립시행에서 성공의 확률은 $P(X < \pi_p) = p$이다. 따라서 $i < j$일 때 확률 $1-\alpha = P(Y_i < \pi_p < Y_j)$는 성공이 적어도 i번 이상 그리고 j번미만 발생할 확률이 되며, 아래와 같이 계산한다.

$$1-\alpha = P(Y_i < \pi_p < Y_j) = \sum_{k=i}^{j-1} \binom{n}{k} p^k (1-p)^{n-k}$$

일단 표본이 얻어지고 순서통계량이 결정되면 구간 (y_i, y_j)는 미지 분포의 백분위수 π_p의 $100(1-\alpha)\%$ 신뢰구간이 된다.

예제 4.9-2 다음 자료는 어떤 모집단의 1인당 연간소득분포에서 추출한 확률표본 $n = 27$개의 관측값이다. (단위 : 백달러.)

161	180	192	205	229	264
169	183	193	213	241	291
171	184	196	221	243	317
174	186	200	222	256	376
179	187	204			

모집단의 제25백분위수 $\pi_{0.25}$를 추정해 보자. $(n+1)p = 28(1/4) = 7$이므로 일곱 번째 순서통계량인 $y_7 = 183$은 $\pi_{0.25}$의 점추정치이다. $\pi_{0.25}$에 대한 신뢰구간을 구하기 위해 y_7로부터 순서통계량을 y_4에서 y_{10}과 같이 상하로 움직여 보자. 구간 (y_4, y_{10})의 신뢰계수는 얼마가 되겠는가를 알아보기 위해 표본을 추출하기 전에

$$1-\alpha = P(Y_4 < \pi_{0.25} < Y_{10}) = \sum_{k=4}^{9} \binom{27}{k} (0.25)^k (0.75)^{27-k}$$
$$= 0.8201$$

을 구할 수 있다. W는 이항분포 $b(27, 1/4)$를 따르고, 평균이 $27/4 = 6.75$, 분산이 $81/16$이므로 정규근사를 이용하면 다음과 같이 계산할 수 있다.

$$\begin{aligned} 1-\alpha &= P(3.5 < W < 9.5) \\ &\approx \Phi\left(\frac{9.5-6.75}{9/4}\right) - \Phi\left(\frac{3.5-6.75}{9/4}\right) \\ &= \Phi\left(\frac{11}{9}\right) - \Phi\left(-\frac{13}{9}\right) = 0.8149 \end{aligned}$$

따라서 $(y_4 = 174, y_{10} = 187)$은 $\pi_{0.25}$에 대한 82.01% 또는 근사 81.49% 신뢰구간이라 할 수 있다. 또한 $(y_3 = 171, y_{11} = 192)$와 같은 다른 신뢰구간을 선택할 수도 있으며 이 경우에는 다른 신뢰계수를 갖는다. 원하는 신뢰계수가 선택되면 $(n+1)p$번째 순서통계량에서 대칭이 되게 적절한 순서통계량을 선택한다.

관측값의 수가 많은 경우에는 좀더 쉽게 순서통계량을 결정하는 방법이 있다. 3.1절에서 소개한 줄기-잎 도표는 필요한 순서통계량을 구하는 데 도움이 된다. 다음 예제를 보자.

예제 4.9-3 표 4.9-2는 암소 $n = 90$ 마리가 첫 송아지를 출산한 후 305일 동안 생산한 버터의 지방량 자료에 대한 순서화 줄기-잎 그림이며 잎은 두 자리 숫자로 되어있다.

이 그림에서 $y_8 = 392$, $y_{38} = 494$, $y_{53} = 526$ 등인 것을 쉽게 알 수 있다. 구간 $(494, 526)$은 미지의 중위수 m에 대한 신뢰구간이 될 수 있다. $(90)(1/2) = 45$이고 $(90)(1/2)(1/2) = 22.5$이므로, 이 경우 신뢰계수는

$$\begin{aligned} P(Y_{38} < m < Y_{53}) &= \sum_{k=38}^{52} \binom{90}{k} \left(\frac{1}{2}\right)^k \left(\frac{1}{2}\right)^{90-k} \\ &\approx \Phi\left(\frac{52.5-45}{\sqrt{22.5}}\right) - \Phi\left(\frac{37.5-45}{\sqrt{22.5}}\right) \end{aligned}$$

$$= \Phi(1.581) - \Phi(-1.581) = 0.8860$$

이다. 이항분포를 이용하여 계산한 정확한 신뢰계수는 0.8867이다.
같은 방법으로 $(y_{17} = 437, y_{29} = 470)$은 제1사분위수 $\pi_{0.25}$의 신뢰구간이며 이 경우 $(90)(1/4) = 22.5$이고 $(90)(1/4)(3/4) = 16.875$이므로 신뢰계수는

$$P(Y_{17} < \pi_{0.25} < Y_{29}) \approx \Phi\left(\frac{28.5 - 22.5}{\sqrt{16.875}}\right) - \Phi\left(\frac{16.5 - 22.5}{\sqrt{16.875}}\right)$$

$$= \Phi(1.46) - \Phi(-1.46) = 0.8558$$

이다. 이항분포를 이용한 정확한 값은 0.8569이다.

표 4.9-2 90개 버터지방 측정치에 대한 줄기-잎 그림

줄기	잎										깊이
2s	74										1
2•											1
3*											1
3t	27	39									3
3f	45	50									5
3s											5
3•	80	88	92	94	95						10
4*	17	18									12
4t	21	22	27	34	37	39	75	78			18
4f	44	52	53	53	57	58	96	97	99		24
4s	60	64	66	70	70	72	10	13	13	16	32
4•	81	86	89	91	92	94	37	39			41
5*	00	00	01	02	05	09					(10)
5t	24	26	31	32	32	37		19			39
5f	40	41	44	55			18				31
5s	61	70	73	74	99	17					27
5•	83	83	86	93	13						23
6*	07	08	11	12							18
6t	27	28	35	37							10
6f	43	43	45								6
6s	72										3
6•	91	96									2

$\overline{x} \pm 2(s/\sqrt{n})$를 사용하는 평균 μ의 신뢰구간의 길이와 이 절의 분포-자유 방법을 사용한 95% 신뢰구간의 길이를 비교해 보자(연습문제 4.9 − 6참조).

만일 표본을 정규분포와 비슷한 분포로부터 추출하였다면 $\bar{x}$를 근거로 한 신뢰구간의 길이가 짧지만, 이를 계산할 때 사용하는 가정들은 많다. 분포-자유 방법에서 사용되는 가정은 분포가 연속형이라는 것뿐이다. 따라서 만일 분포가 한쪽으로 치우치거나 이상점이 존재하여 두텁고 긴 꼬리를 갖는다면 분포-자유 방법이 더욱 안전하고 강력(robust)하다. 또한 분포-자유 방법을 사용하면 연구자들이 흥미를 가질 수 있는 여러 백분위수에 대한 신뢰구간도 얻을 수 있다.

미지의 백분위수에 대한 분포-자유 신뢰구간과 유사하지만, 어떤 물건을 "채우는(fill)" 문제에서 신뢰구간이나 가설검정보다 더 설득력 있는 해답을 알 수 있다. 물건을 채우는 문제는 시리얼, 맥주, 치약, 감기약, 세정제, 땅콩, 감자칩 등과 같이 채우는 의미가 있으면 어느 것이든 상관 없다. 예를 들어, 회사가 제품 광고에 표시한 것과 같이 적어도 12온스의 칩을 봉지에 넣으려고 한다. 만일 평균 무게가 $\mu = 12$온스 이하이거나 제품의 50% 이상이 기준에 미달하면 FDA는 상품제조 허가를 취소하기 때문에, 회사는 평균이 12온스보다 조금 높고 표준편차 σ가 작아서 대부분 제품의 용량 무게가 12온스를 넘도록 생산하려고 한다. 만일 정규분포의 가정 하에서 $\mu - 3\sigma = 12$이면 제품 중 13%만이 기준 용량 12온스보다 낮게 나타나고 FDA의 기준을 통과할 것이다.

그러므로 용량을 채우는 문제는 실제적으로 더 많이 채울 가능성이 있고 비용도 많이 든다. 모든 회사는 용량을 더 채워야 하고 적은 비율의 제품만 용량보다 적게 채우게 된다. 경우에 따라서 회사에서는 안전하게 기준을 지키기 위하여 더 많이 채우는 경향도 있다. 예들 들면, 회사에서 치약의 용량을 기준보다 더 많이 채운다면 회사에 미치는 영향은 무엇이겠는가? 물론 추가 비용도 발생하지만, 소비자들의 신뢰도도 떨어질 가능성이 있다. 이러한 요인들은 용량을 채우는 사업 분야에서 회사에 많은 손실을 가져온다. 그러므로 회사는 광고한 용량보다 평균을 약간 더 많게 하면서 가능한 변동을 줄이고자 한다.

분포함수가 $F(x)$인 연속형 분포에서 크기 n인 확률표본의 순서통계량을 $Y_1 < Y_2 < \cdots < Y_n$이라 하자. 그러면 $F(Y_i) = Z_i,\ i = 1, 2, \ldots, n$은 원래의 확률변수의 분포에서 X가 Y_i보다 작거나 같을 확률이다. 고급 통계학 과정에서는 $Z_i = F(Y_i)$가 $\alpha = i$이고 $\beta = n - i + 1$인 베타분포를 따른다는 것을 증명

할 수 있다(5.2절 참조).

다음 $n+1$개의 확률변수를 생각해 보자. $W_1 = Z_1 = F(Y_1)$, $W_2 = Z_2 - Z_1 = F(Y_2) - F(Y_1)$, $W_3 = Z_3 - Z_2 = F(Y_3) - F(Y_2)$, ... , $W_n = Z_n - Z_{n-1} = F(Y_n) - F(Y_{n-1})$, $W_{n+1} = 1 - Z_n = 1 - F(Y_n)$. $W_1, W_2, \ldots, W_n, W_{n+1}$을 구간 $(-\infty, Y_1], (Y_1, Y_2], \ldots, (Y_{n-1}, Y_n], (Y_n, \infty)$의 **포함(coverages)**이라고 한다. 재미있는 결과로 만일 $k \le n$이면 k개 포함의 합은 $\alpha = k$이고 $\beta = n-k+1$인 베타분포를 따른다. 예를 들면, $Z_i = F(Y_i)$는 $k = i$개의 포함의 합, 즉 $W_1 + W_2 + \cdots + W_i$는 $\alpha = i$이고 $\beta = n-i+1$인 베타분포를 따른다. 또한 $F(Y_j) - F(Y_i)$, $i < j$는 $k = j-i$개 포함의 합은

$$\begin{aligned}\gamma &= P[F(Y_j) - F(Y_i) \ge p] \\ &= \int_p^1 \frac{\Gamma(n+1)}{\Gamma(j-i)\Gamma(n-j+i+1)} v^{j-i-1}(1-v)^{n-j+i} dv\end{aligned}$$

이다. 일단 Y_i와 Y_j의 값으로 y_i와 y_j가 얻어지면 구간 (y_i, y_j)를 X 분포 확률의 $100p\%$에 대한 $100\gamma\%$ **허용구간(torelance interval)**이라 한다. 여기서 두 개의 비율이 나오는데 γ는 확률구간 (Y_i, Y_j)가 확률표본이 추출된 원래의 분포에서 비율 p을 포함하는 확률이다.

간단한 예를 살펴보자.

예제 4.9-4 연속형 분포로부터 크기 $n=6$인 확률표본의 순서통계량을 $Y_1 < Y_2 < \cdots < Y_6$이라고 하자. 만일 $p = 0.8$이면

$$\gamma = P[F(Y_6) - F(Y_1) \ge 0.8] = \int_{0.8}^1 \frac{\Gamma(7)}{\Gamma(5)\Gamma(2)} v^4(1-\nu)dv = 0.34$$

이다. 즉, Y_1과 Y_6의 관측값은 분포의 80%에 대한 34% 허용구간을 가진다.

실제 응용에서는 γ와 p값이 0.34나 0.8보다 훨씬 큰 값이 된다. 예를 들면, 용량을 채우는 문제에서 제조업자가 용기에 적어도 12온스를 채운다고 하자. 만일 용기 안에 채워지는 양을 X라 하면 구간 12.02부터 12.18이 X분포의 95%에 대한 98% 허용구간이라는 것을 알면 유용할 것이다.

예제 4.9-5 연속형 분포로부터 크기 $n=100$인 확률표본의 순서통계량을 $Y_1 < Y_2 < \cdots < Y_{100}$이라 하고, $p=0.9$라 하자. 그러면 $F(Y_{100})-F(Y_1)$이 99개 포함(coverages)의 합이므로

$$\begin{aligned}\gamma &= \int_{0.9}^{1} \frac{\Gamma(101)}{\Gamma(99)\Gamma(2)} v^{99-1}(1-v)^{2-1}dv \\ &= \left[100v^{99}(1-v)+v^{100}\right]_{0.9}^{1} \\ &= 1-\sum_{k=99}^{100}\binom{100}{k}(0.9)^k(0.1)^{100-k} \\ &= \sum_{k=0}^{98}\binom{100}{k}(0.9)^k(0.1)^{100-k}\end{aligned}$$

이다. 즉, 부분적분과 Beta분포 및 이항분포의 관계를 이용하여, 이항분포 $b(100, 0.9)$에서 성공의 횟수가 98번 이하의 확률 γ를 계산하여야 한다. 컴퓨터로 계산된 값은 0.9997이다. $np=90$과 $np(1-p)=9$인 정규근사로 확률을 구하면

$$P(U \le 98) = P\left(\frac{U-90}{3} \le \frac{98.5-90}{3}\right) = \Phi(2.83) = 0.9977$$

이다. 즉 (y_1, y_{100})은 분포의 99%에 대한 99.97% 허용구간이다. 좁은 구간 (y_2, y_{99})를 사용하면 γ는 0.9922로 줄어든다.

물론 $k=n+1-i$개 포함의 합인 구간 (Y_i, ∞)에 대한 단측 허용구간을 구할 수 있다. 앞의 예제에서 구간 (y_4, ∞)는 분포의 90%에 대한 99.22 허용구간이 된다.

응용

1. 어떤 신뢰성 공학자가 비행기 타이어의 신뢰수명을 추정하기 위해 실험을 실시하여 얻은 자료가 다음과 같다.(A Data-Based Approach to Statistics (1994), Ronald L. Iman. Wadsworth Publishing Co., Belmont, CA 94002.) 이 실험에서 가속 조건은 부품이 고장이 날 때까지 시간을 가속하는 것이다. 가속수명검정은 자동차나 모터, 타이어와 같은 많은 제품의 수명시험에 사용된다. 바퀴의 경우 도로와 비슷한 조건 하에서 바퀴를 회전시켜 고장이 날 때까지의 시간을 측정한다. 다음 결과는 16개 타이어를 수천마일을 회전시켰을 때 처음 고장이 날 때까지의 거리이며 크기 순서로 정렬되었다.

46.7	47.2	49.1	56.5	56.8	59.2	59.9	63.2
63.3	63.4	63.7	64.1	67.1	67.7	93.3	118.5

$(16+1)(0.5)=8.5$, $17(0.25)=4.25$, $17(0.75)=12.75$이므로 중위수, 제1사분위수, 제3사분위수의 추정치는 다음과 같다.

$$\tilde{\pi}_{0.5}=\left(\frac{1}{2}\right)(63.2)+\left(\frac{1}{2}\right)(63.3)=63.25$$

$$\tilde{\pi}_{0.25}=\left(\frac{3}{4}\right)(56.5)+\left(\frac{1}{4}\right)(56.8)=56.575$$

$$\tilde{\pi}_{0.75}=\left(\frac{1}{4}\right)(64.1)+\left(\frac{3}{4}\right)(67.1)=66.35$$

따라서 다섯숫자요약은

$$y_1=46.7,\ \ \tilde{q}_1=56.575,\ \ \tilde{m}=63.25,\ \tilde{q}_3=66.35,\ y_{16}=118.5$$

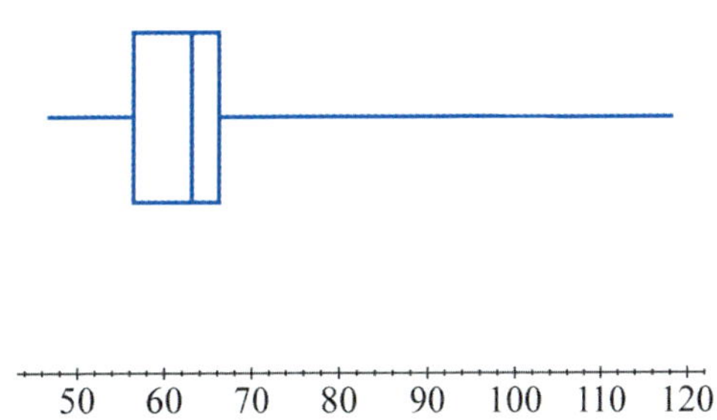

그림 4.9-1 수 천마일당 바퀴고상에 대한 상자그림

이며 이에 대응하는 상자그림은 그림 4.9－1과 같다.

두 개의 큰 값 때문에 이 자료는 오른쪽으로 긴 꼬리를 형성하고 있으므로, 공학자는 중위수의 신뢰구간으로 $\bar{x} \pm 2s/\sqrt{16}$ 를 사용하는 것에 동의하지 않는다. 따라서 표 4.9－1을 이용하여 표본중위수 $\tilde{\pi}_{0.5}=63.25$로부터 중위수 $m=\pi_{0.5}$에 대한 92.32% 신뢰구간 $y_5=56.8$ 과 $y_{12}=64.1$ 을 구하였다.

2. 3.1절의 마지막 응용부분에 있는 98개의 인장력에 관한 자료로부터 세 개의 분위수에 대한 점추정값

$$\tilde{\pi}_{0.25}=63.2\ ,\ \tilde{\pi}_{0.5}=64.4\ ,\ \tilde{\pi}_{0.75}=65.5$$

를 구하였다. 이 자료로부터 $\pi_{0.25}$, $\pi_{0.5}$, $\pi_{0.75}$의 신뢰구간을 구해 보자. 먼저 중위수 $m=\pi_{0.5}$부터 구하기 위해, 다음 조건을 만족하는 i를 구한다.

$$P(Y_i < \pi_{0.5} < Y_{99-i}) = \sum_{k=i}^{98-i}\binom{98}{k}\left(\frac{1}{2}\right)^{98}$$

$$\approx \Phi\left(\frac{98.5-i-49}{\sqrt{98(0.5)(0.5)}}\right)-\Phi\left(\frac{i-0.5-49}{\sqrt{98(0.5)(0.50)}}\right)\approx 0.95$$

따라서

$$\frac{49.5-i}{4.95}\approx 2, \qquad i\approx 49.5-9.9=39.6$$

이다. 만일 $i=39$를 선택하면 아마도 신뢰계수는 0.95보다 조금 클 것이다. 따라서 $\pi_{0.5}$의 신뢰구간은

$$(y_{39}=64.3\ ,\ y_{60}=64.9)$$

이다.

$\pi_{0.25}$와 $\pi_{0.75}$의 신뢰구간을 구하는 유일한 방법은 없지만 다음과 같은 절차로 구할 수 있다. y_{25}는 $\pi_{0.25}$의 추정치이고 $98(0.25)=24.5$, $\sqrt{98(0.25)(0.75)}=4.29$ 이므로 다음을 만족하는 i를 구할 수 있다.

$$P(Y_{25-i} < \pi_{0.25} < Y_{25+i}) = \sum_{k=25-i}^{24+i}\binom{98}{k}\left(\frac{1}{4}\right)^{k}\left(\frac{3}{4}\right)^{98-k}$$

$$\approx \Phi\left(\frac{24.5+i-24.5}{4.29}\right)-\Phi\left(\frac{24.5-i-24.5}{4.29}\right)\approx 0.95$$

따라서

$$\frac{i}{4.29} \approx 2 \quad \text{또는 } i \approx 2(4.29) = 8.58$$

이며, $i = 9$를 선택하면 신뢰계수가 커지고 $\pi_{0.25}$의 신뢰구간은 $(y_{16} = 62.4,\ y_{34} = 64.1)$이다. 같은 방법으로 구한 $\pi_{0.75}$의 신뢰구간은 $(y_{65} = 65.1,\ y_{83} = 66.2)$이다.

연습문제 4.9

4.9-1 전자 거울을 사용하여 $n = 9$개의 반사백분율 표본자료를 얻었다.

7.12 7.22 6.78 6.31 5.99 6.58 7.80 7.40 7.05

(a) 중위수 m에 대한 근사 95% 신뢰구간의 한계점을 구하여라.

(b) m의 신뢰구간으로 (y_3, y_7)를 사용할 수 있다. 구간과 신뢰계수를 구하여라.

4.9-2 $100p$번째 백분위수를 π_p라 하자. 연속형 분포로부터 크기 $n = 6$인 확률표본의 순서통계량이 $Y_1 < Y_2 < Y_3 < Y_4 < Y_5 < Y_6$일 때 다음을 계산하여라.

(a) $P(Y_2 < \pi_{0.5} < Y_5)$

(b) $P(Y_1 < \pi_{0.25} < Y_4)$

(c) $P(Y_4 < \pi_{0.9} < Y_6)$

4.9-3 다음은 마력이 290과 390 사이인 1995년형 자동차 $n = 12$대로부터 출발에서 시속 60Km에 도달하는 데까지 걸리는 시간(초) 자료이다.

6.2 7.9 6.6 6.4 5.2 4.9 5.5 7.0 6.6 5.4 5.3 5.1

(a) 중위수 m에 대한 근사 96.14% 신뢰구간을 구하여라.

(b) $\pi_{0.3}$의 신뢰구간으로 (y_1, y_7)을 사용할 수 있다. 구간과 신뢰계수를 구하여라.

4.9-4 "80-파운드" 물통의 중위수 무게를 m이라 하자. 다음 $n = 14$개의 확률표본 자료를 이용하여 m의 근사 95% 신뢰구간을 구하려고 한다.

80.51	80.28	80.40	80.35	80.38	80.28	80.27
80.16	80.59	80.56	80.32	80.27	80.53	80.32

(a) 중위수 m에 대한 근사 94.26% 신뢰구간을 구하여라.

(b) $\pi_{0.6}$의 신뢰구간으로 (y_6, y_{12})를 사용할 수 있다. 신뢰계수를 구하여라.

4.9-5 거미를 연구하는 생물학자가 수컷 녹색거미 20마리를 확률표본으로 추출하여 앞다리 하나의 길이(mm)를 측정하였다. 측정치로부터 중위수 m에 대한 근사 95% 신뢰구간을 구하여라.

15.10	13.55	15.75	20.00	15.45
13.60	16.45	14.05	16.95	19.05
16.40	17.05	15.25	16.65	16.25
17.75	15.40	16.80	17.55	19.05

4.9-6 다음 25개 관측값은 컴퓨터 프로그램 결과를 프린터에서 출력할 때까지 대기하는 시간(초)이다.

79	315	445	350	136	723	198	75	161
13	215	24	57	152	238	288	272	
9	315	11	51	98	620	244	34	

(a) 관측값을 크기 순서로 정렬하여라.

(b) $\pi_{0.25}$, m, $\pi_{0.75}$의 점추정치를 구하여라.

(c) 다음 신뢰구간을 구하고 표 II를 이용하여 신뢰수준을 구하여라.

(i) (y_3, y_{10}), $\pi_{0.25}$에 대한 신뢰구간

(ii) (y_9, y_{17}), 중위수 m에 대한 신뢰구간

(iii) (y_{16}, y_{23}), $\pi_{0.75}$에 대한 신뢰구간

(d) (c)의 (ii)에서 구한 신뢰계수를 갖는 μ의 신뢰구간을 $\bar{x} \pm 2(s/\sqrt{25})$를 사용하여 구하여라. 이 두 개 중앙에 대한 신뢰구간의 길이를 비교하여라. 결과가 놀라운가? 놀라운 결과이면, 이유는?

4.9-7 어떤 치약 제품에 함유되어 있는 특정 화학성분의 양을 X라 하자. 규격은 $0.85-1.10$mg/g이다. 다음은 X의 25개 관측값이다.

0.98	0.94	1.06	0.95	1.02	0.88	0.98	1.00	
0.95	0.99	0.92	0.93	0.92	0.89	0.92	0.98	1.01
0.90	0.98	1.00	0.97	0.87	0.95	0.91	0.90	

(a) 순서화 줄기-잎 그림을 작성하여라.

(b) 중위수 $m=\pi_{0.50}$의 점추정치를 구하여라.

(c) 중위수 m에 대한 근사 95% 신뢰구간을 구하여라. 정확한 신뢰계수를 구하여라.

(d) 제1사분위수에 대한 점추정치를 구하여라.

(e) 제1사분위수에 대한 근사 95% 신뢰구간과 정확한 신뢰계수를 구하여라.

(f) 제3사분위수에 대한 점추정치를 구하여라.

(g) 제3사분위수에 대한 근사 95% 신뢰구간과 정확한 신뢰계수를 구하여라.

4.9-8 다음 자료는 물이 흐를 때 발생하는 60개 기포 길이(마이크론) 측정치이다.

7.42	5.73	3.80	5.20	11.66	8.51	6.31	8.49
10.31	6.92	7.36	5.92	6.74	8.93	9.61	11.38
12.78	11.43	6.57	13.50	10.58	8.03	10.07	8.71
10.09	11.16	7.22	10.10	6.32	10.30	10.75	11.51
11.55	11.41	9.40	4.74	6.52	12.10	6.01	5.73
7.57	7.80	6.84	6.95	8.93	8.92	5.51	6.71
10.40	13.44	9.33	8.57	7.08	8.11	13.34	6.58
8.82	7.70	12.22	7.46				

(a) 순서화 줄기-잎 도표를 작성하여라.

(b) 중위수 $m=\pi_{0.50}$의 점추정치를 구하여라.

(c) 중위수 m에 대한 근사 95% 신뢰구간을 구하여라.

(d) 제40백분위수 $\pi_{0.40}$에 대한 점추정치를 구하여라.

(e) $\pi_{0.40}$에 대한 근사 90% 신뢰구간을 구하여라.

4.9-9 연속형 분포로부터 크기 $n=48$인 확률표본의 순서통계량을 $Y_1<Y_2<\cdots<Y_{48}$이라 하자. 분포의 75%에 대한 100γ% 허용구간으로 (y_2, y_{47})을 사용하려고 한다.

(a) 컴퓨터를 사용하여 γ를 계산하여라.

(b) (a) 부분의 이항확률을 정규근사 방법으로 구하여라.

4.9-10 분포함수가 $F(x)$인 연속형 분포에서 추출된 확률표본의 첫 번째와 마지막 순서통계량을 Y_1과 Y_n이라 하자. $\gamma=P[F(Y_n)-F(Y_1)\geq 0.90]$이 적어도 0.95인 조건을 만족하는 n의 최소값을 구하여라.

4.9-11 분포함수가 $F(x)$인 연속형 분포에서 추출된 크기 $n=25$의 확률표본의 순서통계량을 $Y_1 < Y_2 < \cdots < Y_{25}$라 하자. 이항확률분포표로부터 $P[F(Y_{21}) - F(Y_5) \geq 0.5]$를 계산하여라.

4.10 χ^2 적합도 검정

χ^2 적합도 검정은 통계학에서 매우 중요하게 사용되고 있는 검정방법 중 하나이다. χ^2 통계량은 다양하고 많은 종류의 검정에 사용되는데, 특히 다른 확률모형의 적합성을 검정하는 데 많이 사용된다.

먼저 χ^2 통계량을 이해하기 위해 이항모형을 예로 들어보자. 즉, Y_1이 $b(n, p_1)$, $0 < p_1 < 1$을 따른다고 하면, 중심극한정리에 따라

$$Z = \frac{Y_1 - np_1}{\sqrt{np_1(1-p_1)}}$$

은 n이 클 때(특히 $np_1 \geq 5$이고 $n(1-p_1) \geq 5$) 근사적으로 $N(0,1)$분포를 따르고, $Q_1 = Z^2$도 근사적으로 $\chi^2(1)$을 따른다. 만일 $Y_2 = n - Y_1$이고 $p_2 = 1 - p_1$이라면 Q_1은

$$Q_1 = \frac{(Y_1 - np_1)^2}{np_1(1-p_1)} = \frac{(Y_1 - np_1)^2}{np_1} + \frac{(Y_1 - np_1)^2}{n(1-p_1)}$$

과 같이 쓸 수 있다.

$$(Y_1 - np_1)^2 = (n - Y_1 - n[1-p_1])^2 = (Y_2 - np_2)^2$$

이므로

$$Q_1 = \frac{(Y_1 - np_1)^2}{np_1} + \frac{(Y_2 - np_2)^2}{np_2}$$

이 된다.

여기서, Q_1의 각 항을 주의 깊게 살펴보자. 물론 Y_1은 성공의 횟수이고 np_1은 성공의 기대도수로 $E(Y_1) = np_1$이다. 마찬가지로 Y_2와 np_2는 각각 실패의 횟수와 실패의 기대도수이다. 그러므로 분자의 각 항은 관측수와 기대도수의 차이의 제곱으로 구성된다. Q_1은

$$Q_1 = \sum_{i=1}^{2} \frac{(Y_i - np_i)^2}{np_i} \tag{4.10-1}$$

으로 쓸 수 있으며 자유도가 1인 근사 χ^2 분포를 갖는 것을 알 수 있다. Q_1은 관측도수와 그에 대응하는 기대도수 사이의 **근접성**(closeness)의 측도이다. 예를 들면, 관측도수 Y_1과 Y_2가 기대도수와 같다면 계산된 Q_1 값은 $q_1 = 0$인 반면 차이가 크면 계산된 $Q_1 = q_1$ 값은 그에 비례해 크게 된다.

이 사실을 일반화하기 위해 실험 결과 얻을 수 있는 k개의 상호배반인 사건 $A_1, A_2, \ldots, A_k$을 고려해 보자. $p_i = P(A_i)$라면 $\sum_{i=1}^{k} p_i = 1$이다. n번 독립적으로 실험을 반복했을 때 Y_i를 실험결과가 A_i, $i = 1, 2, \ldots, k$인 횟수라고 하자. $Y_1, Y_2, \ldots, Y_{k-1}$의 결합분포는 2.2절에서 설명한 이항분포를 일반화한 것이다. $Y_1, Y_2, \ldots, Y_{k-1}$의 결합 p.m.f는 다항분포로

$$f(y_1, y_2, \cdots, y_{k-1}) = \frac{n!}{y_1! y_2! \cdots y_k!} p_1^{y_1} p_2^{y_2} \cdots p_k^{y_k}$$

이며 $y_k = n - y_1 - y_2 - \cdots - y_{k-1}$이다.

Pearson은 4.10-1식의 Y_1과 $Y_2 = n - Y_1$을 포함시켜 Q_1과 유사한 식을 유도하였다. 즉, $Y_1, Y_2, \ldots, Y_{k-1}$과 $Y_k = n - Y_1 - Y_2 - \cdots - Y_{k-1}$을 포함하는 Q_{k-1}로 표시하였다. 이 식은

$$Q_{k-1} = \sum_{i=1}^{k} \frac{(Y_i - np_i)^2}{np_i}$$

이며 Pearson은 Q_1이 근사적으로 $\chi^2(1)$인 것과 유사하게 Q_{k-1}은 자유도가 $k-1$인 χ^2 분포를 따른다고 하였다.

앞에서 근사분포가 적절하다는 것을 확신하기 위해서는 $np_i \geq 5$, $i = 1, 2, \ldots k$가 되도록 n이 충분히 커야 한다고 제안한 바 있다. 이 기준은 아마도 초보자에게는 아주 좋은 참고사항일 수 있으나 $np_i \geq 1$, $i = 1, 2, \ldots, k$인 경우에도 근사 정도는 아주 좋다. 중요한 사실은 어떤 특정한 np_i가 너무 작아서 Q_{k-1}에 대응하는 항인 $(Y_i - np_i)^2/np_i$이 작은 분모 때문에 너무 크게 되어 다른 항

들에 영향을 미치는 경우도 있다. 어떤 경우이든 Q_{k-1}은 단지 근사 χ^2 분포를 갖는다는 것을 아는 것이 중요하다.

다음으로 Q_{k-1}이 근사적으로 $\chi^2(k-1)$인 사실을 어떻게 여러 가지 결과의 확률에 대한 가설검정에 사용될 수 있는지 설명하고자 한다. 실험결과 k개의 상호배반인 $A_1, A_2, \ldots, A_k$를 갖는다고 하자. 여기서, $p_i = P(A_i)$가 알고 있는 어떤 값 p_{i0} , $i = 1, 2, \ldots, k$와 같은지 검정해 보자. 즉, 가설

$$H_0 : p_i = p_{i0}, \quad i = 1, 2, \ldots, k$$

에 대한 검정이다. 위의 가설을 검정하기 위해 실험을 n번 독립적으로 반복하면 크기 n의 확률표본을 얻을 수 있다. 만일 A_i 의 관측도수 y_i와 H_0이 사실일 때 기대도수, 즉 np_{i0}가 근사적으로 같다면 귀무가설 H_0이 채택된다. 즉

$$q_{k-1} = \sum_{i=1}^{k} \frac{(y_i - np_{i0})^2}{np_{i0}}$$

이 작으면 H_0이 채택될 가능성이 높다. Q_{k-1}의 분포가 근사적으로 $\chi^2(k-1)$이므로 만일 $q_{k-1} \geq \chi^2_\alpha(k-1)$이면 H_0을 기각한다. 여기서 α는 원하는 검정의 유의수준이다.

예제 4.10-1 만일 사람들에게

3 7 2 4 1 9 7 2 1 5 0 8 ...,

과 같은 일렬로 연결된 난수를 기록하라고 하면 본능적으로 이웃하는 위치에 같은 숫사나 가까운 숫자를 적는 것을 기피할 가능성이 있다. 그러나 실제 난수발생에 있어서는 다음 숫자가 앞의 숫자와 같을 확률은 $p_{10} = 1/10$이고, 다음 숫자와 앞의 숫자와의 차이가 1일 확률(0은 9와 차이가 1이라고 가정)은 $p_{20} = 2/10$이다. 그리고 다른 모든 가능성의 확률은 $p_{30} = 7/10$이다. 어떤 사람이 난수열의 개념으로 생성한 51개의 숫자들이 확률적으로 생성된 난수와 같은가에 대해 검정을 실시해 보자. 이 검정은 귀무가설

$$H_0 : p_1 = p_{10} = \frac{1}{10}, \ p_2 = p_{20} = \frac{2}{10}, \ p_{30} = \frac{7}{10}$$

을 검정하는 것이다. 이 검정에서 유의수준 $\alpha = 0.05$에 대한 기각역은

$q_2 \geq \chi^2_{0.05}(2) = 5.991$ 이다. 숫자 열은 다음과 같다.

5	8	3	1	9	4	6	7	9	2	6	3	0
8	7	5	1	3	6	2	1	9	5	4	8	0
3	7	1	4	6	0	4	3	8	2	7	3	9
8	5	6	1	8	7	0	3	5	2	5	2	

이 자료에서 이웃하는 숫자가 앞의 숫자와 같은지 또는 차이가 1인 경우가 몇 번 나타났는지를 조사하여 다음 표를 작성하였다.

	관측도수	기대도수
동일한 숫자	0	50(1/10) = 5
차이가 1	8	50(2/10) = 10
기타	42	50(7/10) = 35
전체	50	50

χ^2 통계량을 계산하여, 기각역과 비교하면

$$\frac{(0-5)^2}{5} + \frac{(8-10)^2}{10} + \frac{(42-35)^2}{35} = 6.8 > 5.991 = \chi^2_{0.05}(2)$$

이어서 귀무가설을 기각하게 되며, 따라서 기록된 51개의 숫자는 난수가 아니라고 말할 수 있다.

카이제곱 검정을 사용하는데 있어서 중요한 단점 중 하나는 이 검정이 **다면 검정**(many-sided test)이라는 것이다. 즉 대립가설이 너무 일반적이다. 예를 들어 $k=3$인 경우 $H_1 : p_1 > p_{10},\ p_2 > p_{20},\ p_3 > p_{30}$과 같이 특정한 상황으로 제약하는 것이 어렵다. 이런 사실로 인해, 일부 통계학자는 $Y_1,\ Y_2,\ Y_3$의 선형한수를 사용하여 이 특정한 대립가설 H_1에 대해 귀무가설 H_0을 검정할 수도 있다고 하였다. 그러나 이런 논의는 종속확률변수 $Y_1,\ Y_2,\ Y_3$의 선형함수에 대한 분포를 알아야 하므로 이 책의 범위를 넘는다. 모든 대립가설에 대한 카이제곱 검정에서 어떤 경우에서도 $H_0 : p_i = p_{i0},\ i=1,2,\dots,k$가 카이제곱 검정이 유의수준 α하에서 귀무가설 H_0을 기각하기 매우 어렵다는 사실에 위안을 받을 수도 있다.

많은 실험을 통해 자료 $x_1, x_2, \dots, x_n$을 얻을 수 있는데, 경우에 따라서는 취득된 자료가 특정한 분포로부터의 확률표본 $X_1, X_2, \ldots, X_n$의 관측값인지 여부를 결정해야 할 때가 있다. 이럴 경우 카이제곱 검정을 어떻게 이용하는지 간단한 예를 통해 설명하고자 한다.

예제 4.10-2 네 개의 동전을 던졌을 때 나타나는 앞면의 수를 X라 하자. 네 개의 동전은 독립이고 각 동전의 앞면이 나올 확률은 1/2이라는 가정 하에 X는 $b(4,1/2)$이다. 이 실험을 100번 반복 실시하니 앞면의 수 0, 1, 2, 3, 4가 각각 7번, 18번, 40번, 31번, 4번 나타났다. 이 결과로 보아 이항분포 $b(4,1/2)$는 X의 분포에 대한 적절한 모형이라 할 수 있겠는가? $A_1=\{0\}$, $A_2=\{1\}$, $A_3=\{2\}$, $A_4=\{3\}$, $A_5=\{4\}$라고 하자. 만일 X가 $b(4,1/2)$일 때 $p_{i0}=P(X\in A_i)$라면

$$p_{10}=p_{50}=\binom{4}{0}\left(\frac{1}{2}\right)^4=\frac{1}{16}=0.0625,$$

$$p_{20}=p_{40}=\binom{4}{1}\left(\frac{1}{2}\right)^4=\frac{4}{16}=0.25,$$

$$p_{30}=\binom{4}{2}\left(\frac{1}{2}\right)^4=\frac{6}{16}=0.375.$$

이다. 유의수준 $\alpha=0.05$에서 귀무가설

$$H_0: p_i=p_{i0},\quad i=1,2,\ldots,5$$

는 계산된 Q_4 값이 $\chi^2_{0.05}(4)=9.488$보다 크면 귀무가설을 기각한다. 만일 이 실험을 100번 반복한 결과 $Y_1, Y_2, \ldots, Y_5$의 관측값으로 $y_1=7$, $y_2=18$, $y_3=40$, $y_4=31$, $y_5=4$를 얻었다면 계산된 Q_4는

$$q_4=\frac{(7-6.25)^2}{6.25}+\frac{(18-25)^2}{25}+\frac{(40-37.5)^2}{25}+\frac{(4-6.25)^2}{6.25}=4.47$$

이다. $4.47<9.488$이므로 유의수준 $\alpha=0.05$하에서 귀무가설을 기각하지 못한다. 즉 자료는 X의 확률모형으로 $b(4,1/2)$이라는 가설을 채택한다. χ^2 분포의 평균은 자유도와 같다. 이 예에서 평균은 4이며 Q_4는 4.47로 평균보다 약간 큰 값이다.

지금까지 χ^2 통계량 Q_{k-1}를 사용하여 검정하는 귀무가설 H_0이 $H_0: p_i = p_{i0}$, $i = 1,2,\ldots,k$로서 각 p_{i0}을 알고 있는 간단한 형태였다. 그러나 경우에 따라 $p_{10}, p_{20}, \ldots, p_{k0}$이 한 개 또는 다수의 모수들에 대한 함수인 경우도 있다. 예를 들면 예제 4.10−2에서 확률변수 X에 대한 모형이 H_0: X는 $b(4, p)$, $0 < p < 1$이라고 가정하자. 그러면

$$p_{i0} = P(X \in A_i) = \frac{4!}{(i-1)!(5-i)!} p^{i-1}(1-p)^{5-i}, \qquad i = 1,2,\ldots,5$$

이며 이는 미지의 모수 p의 함수이다. 물론 $H_0: p_i = p_{i0}$, $i = 1,2,\ldots,5$가 사실이면, 아주 큰 n에 대하여

$$Q_4 = \sum_{i=1}^{5} \frac{(Y_i - np_{i0})^2}{np_{i0}}$$

은 자유도가 4인 근사 카이제곱분포를 갖는다. 그러나 $Y_1, Y_2, \ldots, Y_5$의 관측값이 $y_1, y_2, \ldots, y_5$이면 $p_{10}, p_{20}, \ldots, p_{50}$가 미지의 모수 p의 함수이므로 이를 이용하여서는 Q_4를 계산할 수 없다.

이 어려움을 없애는 한 가지 방법은 자료로부터 p를 추정하고 이 추정치를 사용하여 계산을 수행하는 것이다. p에 대하여 Q_4를 최소화하는 p의 추정치를 $\tilde{p}$라 하면, $\tilde{p}$를 p의 **최소 χ^2 추정량**(minimum chi−square estimator)이라 한다. 만일 $\tilde{p}$을 사용하면 Q_4 통계량은 근사 카이제곱분포를 따르지만 자유도는 $4-1=3$ 이다. 즉 근사 카이제곱분포의 자유도는 최소 카이제곱 방법에 의해 추정된 모수의 수만큼 줄어든다. 이 결과의 증명은 어렵기 때문에 결과를 증명 없이 받아들이자. 여기서는 단지 한 개 모수의 함수인 p_{i0}, $i = 1, 2, \ldots k$인 경우만을 고려하였지만, 모수가 한 개 이상인 d개의 경우에도 적용된다. 그러므로 좀더 일반적인 경우로 이 검정은 q_{k-1}을 얻기 위하여 Y_i와 추정된 p_{i0}, $i = 1,2,\ldots,k$를 사용하여 Q_{k-1}을 계산하여야 한 후(즉, q_{k-1}은 최소화 χ^2), q_{k-1}은 기각역의 임계점 $\chi^2_\alpha(k-1-d)$와 비교하는데, 위의 예제의 경우 계산된 (최소화) χ^2 값인 Q_4는 $\chi^2_\alpha(3)$와 비교한다.

예제 4.10-3 1/10초 동안 바륨(barium)−133의 방출되는 알파 입자수를 X라 하자. 다음 자료는 Geiger계수기로 측정한 X의 50개 관측값이다.

7	4	3	6	4	4	5	3	5	3
5	5	3	2	5	4	3	3	7	6
6	4	3	11	9	6	7	4	5	4
7	3	2	8	6	7	4	1	9	8
4	8	9	3	9	7	7	9	3	10

X가 Poisson 분포를 따르는지 검정하여 보자. X가 Poisson 분포를 따른다는 H_0을 검정하기 위하여 50개 관측값의 표본평균 $\overline{x}=5.4$로부터 X의 평균 λ를 추정할 수 있다. 이 실험의 결과들을 $A_1=\{0,1,2,3\}$, $A_2=\{4\}$, $A_3=\{5\}$, $A_4=\{6\}$, $A_5=\{7\}$, $A_6=\{8,9,10,\ldots\}$으로 분할한다. H_0이 사실일 때 각 그룹의 기대도수를 적어도 5개 이상이 되게 하기 위하여 $\{0,1,2,3\}$을 A_1으로 $\{8,9,10,\ldots\}$을 A_6에 합친다. 표 4.10−1에 그룹화 자료를 근거로 추정치 $\hat{\lambda}=\overline{x}=5.4$를 갖는 Poisson 분포를 가정한 후 계산한 기대도수를 나타내었다. 추정된 모수가 1개이므로 Q_{6-1}은 자유도가 $r=5-1=4$인 근사 χ^2 분포를 갖는다. 검정통계량

$$q_5=\frac{[13-50(0.213)]^2}{20(0.213)}+\cdots+\frac{[10-50(0.178)^2]}{50(0.178)}$$

$$=2.763<9.488=\chi^2_{0.05}(4)$$

이므로 5% 유의수준에서 H_0은 기각되지 않는다. 즉, 이 자료로부터는 X가 Poisson 분포를 갖는다는 가설을 기각하지 않는다.

표 4.10−1 Geiger계수기로 측정하여 그룹화한 결과

	결과					
		A_2	A_3	A_4	A_5	A_6
도수	13	9	6	5	7	10
확률	0.213	0.160	0.173	0.156	0.120	0.178
기대도수($50p_i$)	10.65	8.00	8.65	7.80	6.00	8.90

다음은 확률변수 W의 분포가 연속형인 경우 모형의 검정문제를 설명하고자 한다. 즉 $F(w)$가 W의 분포함수일 때

$$H_0 : F(w) = F_0(w)$$

을 검정해 보자. 여기서 $F_0(w)$는 정의할 수 있는 임의의 연속형 분포함수이다. 이러한 형태의 문제를 해결하기 위해, 앞에서 $q-q$ 도표를 사용하였다. χ^2 통계량을 사용하기 위해서는 W의 가능한 값을 k개의 그룹으로 분할해야 하는데, 다음과 같은 방법으로 분할할 수 있다. 즉, 구간 $[0,1]$을

$$0 = b_0 < b_1 < b_2 < \cdots < b_k = 1$$

가 되도록 $b_0, b_1, b_2, \ldots, b_k$로 k개의 그룹으로 분할한다. $a_i = F_0^{-1}(b_i)$, $i = 1,2, \ldots, k-1$라고 하자. $A_1 = (-\infty, a_1]$, $A_i = (a_{i-1}, a_i]$, $i = 2,3,\ldots,k-1$이며 $A_k = (a_{k-1}, \infty)$이다. 그리고 $p_i = P(W \in A_i), i = 1,2,\ldots,k$라 하자. 실험을 독립적으로 n번 반복하였을 때 A_i, $i = 1,2,\ldots,k$에 속하는 W의 관측도수를 Y_i라 하자. 그러면 $Y_1, Y_2, \ldots, Y_k$는 모수가 $n, p_1, p_2, \cdots, p_{k-1}$인 다항분포를 한다. 또한 W의 분포함수가 $F_0(w)$일 때 $p_{i0} = P(W \in A_i)$라 하자. 실질적으로 검정하려는 가설은 H_0의 수정된 형태로

$$H_0' : p_i = p_{i0}, \quad i = 1,2,\ldots,k$$

이다. 만일 χ^2 통계량

$$Q_{k-1} = \sum_{i=1}^{k} \frac{(Y_i - np_{i0})^2}{np_{i0}}$$

을 계산한 값이 $\chi^2_\alpha(k-1)$보다 크면 귀무가설을 기각한다. 만일 $H_0' : p_i = p_{i0}$, $i = 1,2,\ldots,k$가 기각되지 않으면 $H_0 : F(w) = F_0(w)$도 기각하지 않는다.

예제 4.10-4 다음 자료는 어떤 작은 도시에서 119에 걸려오는 전화의 시간 간격 X의 105개 관측값이다. 그림 4.10-1은 이 자료의 히스토그램과 $\theta = 20$인 지수 p.d.f.의 그림이다.

30	17	65	8	38	35	4	19	7	14	12	4	5	4	2
7	5	12	50	33	10	15	2	10	1	5	30	41	21	31
1	18	12	5	24	7	6	31	1	3	2	22	1	30	2
1	3	12	12	9	28	6	50	63	5	17	11	23	2	46
90	13	21	55	43	5	19	47	24	4	6	27	4	6	37
16	41	68	9	5	28	42	3	42	8	52	2	11	41	4
35	21	3	17	10	16	1	68	105	45	23	5	10	12	17

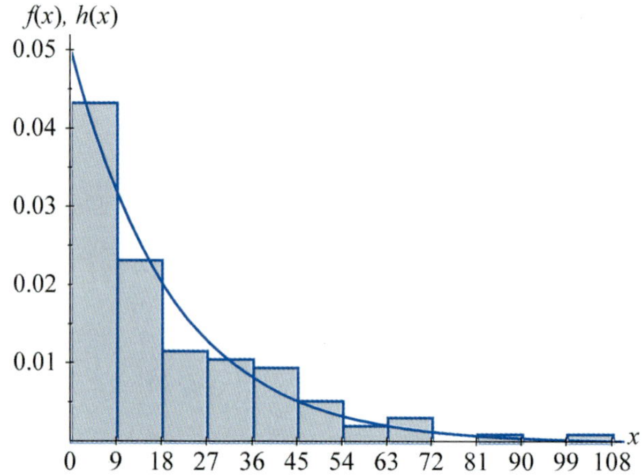

그림 4.10-1 번호 119에 걸려오는 전화 시간간격

표 4.10-2 119에 걸려오는 전화 시간간격

계급	도수	확률	기대도수
$A_1 = [\ 0,\ 9]$	41	0.3624	38.0490
$A_2 = [\ 9,18]$	22	0.2311	24.2611
$A_3 = [19,27]$	11	0.1473	15.4696
$A_4 = [27,36]$	10	0.0939	9.8638
$A_5 = [36,45]$	9	0.0599	6.2895
$A_6 = [45,54]$	5	0.0382	4.0103
$A_7 = [54,72]$	5	0.0399	4.1876
$A_8 = [72,\infty]$	2	0.0273	2.8690

다음은 이 자료에 대한 모형이 적절한지 판단하기 위하여 χ^2 적합도 검정이 어떻게 사용되는지 보자. 즉 만일 X를 119에 걸려오는 전화 시간간격이라 할 때 X의 분포가 $\theta = 20$인 지수분포라는 가설을 검정할 할 수 있다. 표 4.10－2는 8 개의 계급으로 그룹화된 자료, 확률 그리고 각 계급의 기대도수를 나타낸 것이다. 계산된 χ^2 통계량은

$$q_8 = \frac{(41-38.0490)^2}{38.0490} + \frac{(22-24.2611)^2}{24.2611} + \cdots + \frac{(2-2.8690)^2}{2.8690} = 3.1584$$

이며 자유도는 $8-1=7$이다.

이 검정에서 $\theta=20$을 알고 있다고 가정하였다. 또한 $\theta=\overline{x}=20.49$로 검정을 수행할 수도 있으나 자유도가 1개 줄어들게 된다.

연속형 확률변수의 모형을 다룰 때 미지의 모수를 추정해야 할 경우가 있다. 예를 들면, 귀무가설 H_0에서 W가 μ와 σ^2이 미지인 $N(\mu,\sigma^2)$을 따른다고 하자. 먼저 확률표본 $W_1, W_2, \ldots, W_n$에서 구한 $\overline{w}$와 s_w^2으로 μ와 σ^2을 추정할 수 있다. 먼저 공간 $\{w : -\infty < w < \infty\}$을 k개의 상호 배반인 $A_1, A_2, \ldots, A_k$로 분할한 후, μ와 σ^2의 추정치로 $\overline{w}$와 $s^2 = s_w^2$을 이용하여 추정치

$$p_{i0} = \int_{A_i} \frac{1}{s\sqrt{2\pi}} \exp\left[-\frac{(w-\overline{w})^2}{2s^2}\right] dw, \quad i=1,2,\cdots,k$$

를 얻는다. 확률표본 $w_1, w_2, \ldots, w_n$에서 $A_1, A_2, \ldots, A_k$ 각각의 관측도수 $y_1, y_2, \ldots, y_k$와 추정값 $\widehat{p_{10}}, \widehat{p_{20}}, \ldots, \widehat{p_{k0}}$으로부터

$$q_{k-1} = \sum_{i=1}^{k} \frac{(y_i - n\widehat{p_{i0}})^2}{n\widehat{p_{i0}}}$$

을 계산하여 $\chi^2_\alpha(k-1-2)$와 비교한다. 여기서 q_{k-1}값은 최소 χ^2 추정으로 구한 값보다 약간 큰 값이므로 주의해야 한다. 앞의 예제들에서 한 개 또는 여러 개의 모수를 추정하여 사용하였다. 마지막으로 이 절에서 설명한 방법은 적합도 검정으로 분류되며, 특히 이 절에서의 검정을 χ^2 **적합도 검정**(chi-square goodness of fit tests)이라고 한다.

연습문제 4.10

4.10-1 중량이 1 파운드인 땅콩사탕 봉지에는 갈색, 오렌지색, 녹색, 노랑색의 사탕이 224개 들어있다. 제조기계가 네 가지 색의 사탕을 봉지 안에 동일하게 넣고 있는지 알아보기 위해 아래 귀무가설을 검정하여라.

$$H_0 : p_B = p_O = p_G = p_Y = \frac{1}{4}$$

한 봉지에서 갈색이 42개, 오렌지색이 64개, 녹색이 53개, 노란색이 65개 관측되었다. 유의수준을 임의로 정하고 근사 $p-$값을 구하여라.

4.10-2 어떤 특정 상표의 초코사탕은 다섯 개의 색상으로 구성된다. A_1 ={갈색}, A_2 ={노란색}, A_3 = {오렌지색}, A_4 = {초록색}, A_5 = {커피색}이라 하자. p_i를 임의로 사탕 한 개를 추출했을 때 A_i, $i = 1, 2, \ldots, 5$에 속할 확률이라 할 때, 아래 귀무가설을 검정하여라.

$$H_0 : p_1 = 0.4, p_2 = 0.2, p_3 = 0.2, p_4 = 0.1, p_5 = 0.1$$

$n = 580$개의 확률표본으로부터 각각의 색상이 224, 130, 48, 59개 나타났다. 유의수준을 임의로 정하고 근사 $p-$값을 구하여라.

4.10-3 Arizona 주에서는 일일 복권의 당첨번호로 주중에 매일 숫자 3개를 추첨한다. p_i를 숫자 i, $i = 0, 1, \ldots, 9$가 추첨될 확률이라 하자. 연습문제 2.1－5에 있는 두 개의 자료에 대해 유의수준 $\alpha = 0.05$로 $H_0 : p_0 = p_1 = \cdots = p_9 = 1/10$을 검정하여라.

4.10-4 생물실험실에서 학생들이 옥수수에 대한 멘델의 법칙을 검정하고자 한다. 멘델의 유전법칙은 네 개의 범주가 9 : 3 : 3 : 1의 비율로 나타난다고 한다. 만일 학생들이 각각의 범주에 속하는 종류를 124, 30, 43, 11번 관찰하였다면 이 자료는 멘델의 법칙을 따른다고 할 수 있는가? 유의수준 $\alpha = 0.05$로 검정하여라.

4.10-5 자녀가 세 명 있는 가정에서 여자아이의 수를 X라 하자. X의 분포가 $b(3, 0.5)$라는 귀무가설을 χ^2 통계량을 사용하여 검정하여라. 유의수준은 $\alpha = 0.05$로 하여라.

(a) 유의수준 $\alpha = 0.05$에서 검정통계량과 기각역을 구하여라.

(b) 통계학을 수강하는 학생 중 세 자녀의 가정인 경우는 52명이다. 이들 중 자녀의 수가 $x = 0, 1, 2, 3$명인 경우가 각각 5, 17, 24, 6명

이었다. 검정통계량 값을 계산하고 표본들이 어떻게 추출되었는지를 고려하여 결론을 내려라.

4.10-6 동전 5개를 탁자위에 던졌을 때 나타나는 앞면의 수를 X라 하자. 학생들이 이 실험을 $n=85$번 반복하였다. 앞면의 수 $0, 1, 2, 3, 4, 5$는 각각 $0, 6, 13, 30, 28, 8$번 관측되었다. 이 자료를 이용하여 X가 $b(5, p)$ 분포라는 가설을 검정하여라. 자료로부터 p를 추정하여라. 또한 425개의 관측값을 이용하여 p의 95% 신뢰구간을 구하여라.

4.10-7 컴퓨터용 테이프의 결점수를 검정하기 위하여 컴퓨터 운영자는 테이프의 100feet 당 결점 수 X를 조사하였다. X가 평균 $\lambda=2.4$인 Poisson 분포를 따르는지 유의수준 $\alpha=0.05$로 검정하여라. 4000feet의 테이프를 조사해보니 100feet 당 결점수가 0개인 경우가 5개, 결점수가 1개인 경우가 7개, 결점수가 2개인 경우가 12개, 결점수가 3개인 경우가 9개, 결점수가 4개인 경우가 5개, 결점수가 5개인 경우가 1개, 결점수가 6개인 경우가 1개로 나타났다.

Hint 결점수가 5개인 경우와 6개인 경우를 결합하여 $\{x \geq 5\}$인 하나의 그룹으로 만들어라.

4.10-8 컴퓨터 테이프에서 불량 레코드 사이의 거리를 X라 하자. 다음 90개의 관측값으로부터 X의 분포가 지수분포라는 가설을 유의수준 $\alpha=0.05$로 검정하여라. 10개의 계급을 사용하고 θ의 추정치로 $\bar{x}=42.2$를 사용하여라.

30	79	38	47	22	52	36	36	7	57
3	22	30	14	8	32	15	21	12	12
6	67	6	7	35	78	28	74	5	9
37	1	3	3	44	160	50	27	61	15
39	44	130	18	6	1	32	116	23	12
58	101	68	53	58	21	21	7	79	41
80	33	71	81	17	10	13	49	21	56
107	21	17	64	14	36	26	1	54	207
64	238	25	51	82	8	2	3	43	87

4.10-9 용량이 2.2K ohm 레지스터 표본 100개를 검사하여 다음 측정치를 얻었다.

2.17	2.18	2.17	2.19	2.23	2.18	2.16	2.23	2.29	2.20
2.24	2.13	2.18	2.22	2.21	2.22	2.23	2.18	2.23	2.25
2.24	2.20	2.21	2.20	2.25	2.15	2.20	2.25	2.16	2.19

2.20	2.18	2.18	2.19	2.22	2.19	2.20	2.19	2.22	2.21
2.22	2.18	2.18	2.28	2.19	2.23	2.21	2.19	2.21	2.21
2.19	2.18	2.21	2.17	2.20	2.18	2.18	2.21	2.22	2.18
2.22	2.23	2.19	2.23	2.18	2.19	2.18	2.21	2.18	2.15
2.20	2.23	2.20	2.20	2.23	2.20	2.19	2.22	2.17	2.20
2.20	2.17	2.19	2.19	2.25	2.19	2.19	2.20	2.20	2.19
2.21	2.14	2.24	2.21	2.19	2.23	2.18	2.22	2.23	2.19

(a) 위 자료를 첫 번째 계급 2.125 − 2.145로 하여 동일한 간격을 갖는 아홉 개의 계급으로 그룹화하여라.

(b) 첫 두 개의 그룹과 끝 두 개의 그룹에 속한 자료의 수를 최소화 한 후, 이 자료가 정상적으로 분포하는지 χ^2 적합도 검정을 실시하여라. 그룹화된 자료의 평균과 표준편차인 μ와 σ를 추정하여라. ($\alpha = 0.05$로 할 것)

4.11 분할표

본 절에서는 카이제곱 검정을 응용하는 예에 대해 설명하고자 한다. 먼저 두 개 또는 여러 개의 다항분포가 같은지 검정하는 방법인 **동질성검정**(test for homogeneity)을 살펴보고, 독립성 검정을 설명하고자 한다. 두 검정 방법 모두 같은 검정통계량을 사용한다.

독립된 두 개의 실험에서 각각의 결과는 k개의 상호배반이고 포괄적인 사건 $A_1, A_2, \ldots, A_k$ 중 하나의 결과로 얻어진다고 가정하고,

$$p_{ij} = P(A_i), \quad i = 1, 2, \ldots, k, \quad j = 1, 2$$

라 하자. 즉 $p_{11}, p_{21}, \ldots, p_{k1}$은 첫 번째 실험에서 각 사건의 발생확률을 나타내고 $p_{12}, p_{22}, \ldots, p_{k2}$는 두 번째 실험에서 각 사건의 발생확률을 나타낸다. 실험은 독립적으로 각각 n_1번과 n_2번 반복 관측되었다. 또한 $Y_{11}, Y_{21}, \ldots Y_{k1}$은 첫 번째 실험의 독립된 실험횟수인 n_1번 시행에서 $A_1, A_2, \ldots, A_k$의 관측도수라 하자. 또한, $Y_{12}, Y_{22}, \ldots Y_{k2}$는 독립된 두 번째 실험의 n_2번 시행에서 $B_1, B_2, \ldots, B_k$의 관측도수라 하자. 물론 $\Sigma_{i=1}^{k} Y_{ij} = n_j$, $j = 1, 2$이다. 그러면,

$$\sum_{i=1}^{k} \frac{(Y_{ij} - n_j p_{ij})^2}{n_j p_{ij}}, \qquad j = 1, 2,$$

는 자유도가 $k-1$인 근사 카이제곱분포를 따른다. 두 개의 실험은 독립이므로

두 개의 χ^2 변수도 독립이다. 따라서 합인

$$\sum_{j=1}^{2}\sum_{i=1}^{k}\frac{(Y_{ij}-n_j p_{ij})^2}{n_j p_{ij}}$$

은 근사적으로 자유도가 $k-1+k-1=2k-2$인 카이제곱분포를 따른다. 일반적으로 $p_{ij},\ i=1,2,\ldots,k,\ j=1,2$는 미지이지만, 귀무가설

$$H_0: p_{11}=p_{12},\ p_{21}=p_{22},\ \cdots,\ p_{k1}=p_{k2}$$

를 검정할 경우가 많이 있다. 즉 이 가설은 두 개의 독립실험에서 대응하는 관련 사건들의 발생 확률이 같다는 것이다. 귀무가설 H_0에서 미지의

$$p_{i1}=p_{i2},\quad i=1,2,\ldots,k$$

를 상대도수 $(Y_{i1}+Y_{i2})/(n_1+n_2),\ i=1,2,\ldots,k$를 사용하여 추정할 수 있다. 즉, 만일 H_0이 사실이면 두 개의 실험은 실제적으로 $Y_{i1}+Y_{i2}$가 사건 A_i, $i=1,2,\ldots,k$의 도수인 큰 부분의 일부라고 말할 수 있다. k개 확률의 합은 1이므로 $(k-1)$개의 확률 $p_{i1}=p_{i2}$가 되는

$$\frac{Y_{i1}+Y_{i2}}{n_1+n_2},\quad i=1,2,\ldots,k-1$$

을 이용하여 추정하면 된다. 즉, $p_{k1}=p_{k2}$의 추정량은

$$1-\frac{Y_{11}+Y_{12}}{n_1+n_2}-\cdots-\frac{Y_{k-1,1}+Y_{k-1,2}}{n_1+n_2}=\frac{Y_{k1}+Y_{k2}}{n_1+n_2}$$

이다. 이 결과를 이용하면

$$Q=\sum_{j=1}^{2}\sum_{i=1}^{k}\frac{[Y_{ij}-n_{i1}(Y_{i1}+Y_{i2})/(n_1+n_2)]^2}{n_j(Y_{i1}+Y_{i2})/(n_1+n_2)}$$

을 얻는데, 이 통계량은 자유도가 $2k-2-(k-1)=k-1$인 근사 카이제곱분포를 따른다. $2k-2$에서 뺀 $(k-1)$은 Q 식에서 추정된 모수의 수이다. 귀무가설 H_0을 검정할 때 기각역은

$$q\geq\chi^2_\alpha(k-1)$$

이다.

예제 4.11-1 두 가지 교육방법의 효과를 검정하기 위하여 두 그룹으로부터 각각 50명의 학생을 임의 추출하였다. 교육기간이 끝난 후에 각 학생은 평가를 통해 점수(A, B, C, D, F)를 받았다. 자료는 다음과 같다.

	성적					
	A	B	C	D	E	
그룹 I	8	13	16	10	3	50
그룹 II	4	9	14	16	7	50

따라서 만일 각 학점을 받을 확률이 동일하다는 가설 H_0이 사실이면 각 성적의 기대 추정치는

$$\frac{8+4}{100} = 0.12,\ 0.22,\ 0.30,\ 0.26,\ \frac{3+7}{100} = 0.10$$

이다. 따라서 $n_1 p_{i1} = n_2 p_{i2}$의 추정치는 각각 $6, 11, 15, 13, 5$이다. 따라서 Q의 계산된 값은

$$\begin{aligned} q &= \frac{(8-6)^2}{6} + \frac{(13-11)^2}{11} + \frac{(16-15)^2}{15} + \frac{(10-13)^2}{13} + \frac{(3-5)^2}{5} \\ &\quad + \frac{(4-6)^2}{6} + \frac{(9-11)^2}{11} + \frac{(14-15)^2}{15} + \frac{(16-13)^2}{13} + \frac{(7-5)^2}{5} \\ &= \frac{4}{6} + \frac{4}{11} + \frac{1}{15} + \frac{9}{13} + \frac{4}{5} + \frac{4}{6} + \frac{4}{11} + \frac{1}{15} + \frac{9}{13} + \frac{4}{5} = 5.18 \end{aligned}$$

이다. H_0가 참이라는 가정 하에서 Q는 자유도가 $k-1=4$인 근사 카이제곱분포를 따르므로 $\alpha = 0.05$에서 기각역은 $q \geq 9.488 = \chi^2_{0.05}(4)$이다. 여기서 $q = 5.18 < 9.488$ 이므로 유의수준 5%에서 H_0이 기각되지 않는다. 또한 $q = 5.18$에 대한 p−값은 0.268로 대부분의 유의수준보다 크다. 이 검정 결과로부터 두 강의 방법 사이에 차이가 있다고 말할 수 없다.

이러한 절차를 독립인 h개 다항분포의 동일성 검정으로 쉽게 확장할 수 있다. 즉,

$$p_{ij} = P(A_i), \quad i = 1,2,\cdots,k, \quad j = 1,2,\cdots,h,$$

라 하고

$$H_0 : p_{i1} = p_{i2} = \cdots = p_{ih} = p_i, \quad i = 1, 2, \cdots, k.$$

를 검정한다고 하자. 실험 j를 n_j번 독립적으로 반복했을 때 $A_1, A_2, ..., A_k$의 관측도수를 $Y_{1j}, Y_{2j}, ..., Y_{kj}$라 하자.

$$Q = \sum_{j=1}^{h} \sum_{i=1}^{k} \frac{(Y_{ij} - n_j p_{ij})^2}{n_j p_{ij}}$$

은 자유도가 $h(k-1)$인 근사 카이제곱분포를 따른다. H_0하에서

$$\hat{p_i} = \frac{\sum_{j=1}^{h} Y_{ij}}{\sum_{j=1}^{h} n_j}, \quad i = 1, 2, ..., k-1$$

을 사용하여 $k-1$개의 확률을 추정해야 한다. p_k의 추정치는 $\hat{p}_k = 1 - \hat{p}_1 - \hat{p}_2 - \cdots - \hat{p}_{k-1}$로부터 구할 수 있다. 이러한 추정치들을 사용하여

$$Q = \sum_{j=1}^{h} \sum_{i=1}^{k} \frac{(Y_{ij} - n_j \hat{p}_i)^2}{n_j \hat{p}_i}$$

을 계산할 수 있으며, 이 경우 Q는 자유도가 $h = (k-1) - (k-1) = (h-1)(k-1)$인 근사 카이제곱분포를 따른다.

위의 검정 절차를 다항분포가 아닌 두 개 이상의 독립분포에 대한 동일성 검정에 어떻게 사용할 수 있는지 설명해 보자. 먼저 확률변수 U와 V의 분포함수를 각각 $F(u)$와 $F(v)$라고 가정하고, 모든 x에 대해 가설 $H_0 : F(x) = G(x)$인가의 여부를 검정하고자 한다. 앞에서 t와 F 통계량을 사용하여 $\mu_U = \mu_V$와 $\sigma_U^2 = \sigma_V^2$가 성립하는가에 대한 가설검정을 설명한 바 있으며, 두 확률표본을 q-q 도표로 비교한 바 있다. 이번에는 두 개의 연속형 분포를 갖는 확률변수들이 독립이라고 가정하자.

모든 x에 대하여 가설 $H_0 : F(x) = G(x)$를 검정해 보자. 이 가설은 다른 형태로 기술할 수 있다. 실수 선분을 k개의 상호배반인 집합 $A_1, A_2, ..., A_k$로 분할하고

$$p_{i1} = P(U \in A_i), \quad i = 1,2,\ldots,k$$

과

$$p_{i2} = P(V \in A_i), \quad i = 1,2,\ldots,k$$

라고 하자. 만일 모든 x에 대해 $F(x) = G(x)$이면 $p_{i1} = p_{i2}$, $i = 1,2,\ldots,k$이다. 가설 $H_0 : F(x) = G(x)$를 제약이 적은 $H_0' : p_{i1} = p_{i2}$, $i = 1,2,\ldots,k$과 같은 새로운 가설로 대체해 보자. 그 결과 만일 H_0'이 채택되면 'H_0이 채택되었다'라고 하기보다는 'H_0이 기각되지 않았다'라고 하는 것이 바람직하다.

응용에서는 $A_1, A_2, \ldots, A_k$를 어떻게 선택하느냐는 문제가 발생한다. k개의 분할점을 선택하는 방법이 한 가지만 있는 것은 아니다. 그러나 Q의 근사분포를 변화시키지 않는 결합표본을 관찰하는 것은 흥미로운 일이다. 다음 예제와 같이 $n_1 = n_2 = 20$이고 $k = 4$일 때 결합된 표본의 $1/4$이 각각의 구간에 놓이게 분할 구간을 선택할 수 있다.

예제 4.11-2 두 개의 비교 가능한 자동차 모형 각각에서 20대의 자동차를 임의로 추출하였다. 40대 자동차 모두 **가속수명검정**(accelerated life testing)을 하였다. 즉, 짧은 시간동안 도로 조건이 나쁜 곳에서 주행하고 일주일 동안의 고장 횟수를 기록하였다.

모형 U:	25	31	20	42	39	19	35	36	44	26
	38	31	29	41	43	36	28	31	25	38
모형 V:	28	17	33	25	31	21	16	19	31	27
	23	19	25	22	29	32	24	20	34	26

만일 분할점을 23.5, 28.5, 34.5라고 하면 정확하게 40대 자동차 중 $1/4$이 4개 집합에 각각에 포함된다. 따라서 자료는 다음과 같이 요약할 수 있다.

	A_1	A_2	A_3	A_3	합계
모형 U	2	4	4	10	20
모형 V	8	6	6	0	20

각 p_i의 추정치는 $10/40 = 1/4$이며, $n_j = 20$을 곱하면 5가 된다. 따라서 계산된 Q 값은

$$
\begin{aligned}
q =\ & \frac{(2-5)^2}{5}+\frac{(4-5)^2}{5}+\frac{(4-5)^2}{5}+\frac{(10-5)^2}{5}+\frac{(8-5)^2}{5} \\
& +\frac{(6-5)^2}{5}+\frac{(6-5)^2}{5}+\frac{(0-5)^2}{5} \\
& = \frac{72}{5} = 14.4 > 7.815 = \chi^2_{0.05}(3)
\end{aligned}
$$

이며, p−값은 0.0028이다. 따라서 두 종류의 자동차는 가속수명검정에서 수명의 길이가 다른 분포를 갖는다고 할 수 있다.

이 결과를 두 개 이상의 분포인 경우로 확장할 수 있으며 이는 연습문제에서 다루기로 하자.

확률실험의 결과가 신장이나 몸무게 같은 두 개의 특성으로 분류될 수 있다고 가정하자. 첫 번째 특성은 k개의 상호 배반이고 포괄적인 사건 $A_1, A_2, \ldots, A_k$ 중의 하나로 분류되어 할당되고, 두 번째 특성은 h개의 상호 배반이고 포괄적인 사건 $B_1, B_2, \ldots, B_h$로 분류된다고 가정하자. 이 때, $A_i \cap B_j$의 확률은 다음과 같이 정의된다고 하자.

$$p_{ij} = P(A_i \cap B_j), \quad i = 1, 2, \ldots, k, \quad j = 1, 2, \cdots, h$$

확률실험이 독립적으로 n번 반복되고 Y_{ij}를 사건 $A_i \cap B_j$의 도수라고 하자. $A_i \cap B_j$와 같은 사건이 kh개 있으므로

$$Q_{kh\quad 1} = \sum_{j=1}^{h}\sum_{i=1}^{k} \frac{(Y_{ij} - np_{ij})^2}{np_{ij}}$$

은 n이 큰 경우에 자유도가 $kh-1$인 근사 카이제곱분포를 따른다.

A와 B가 독립성을 가지는가에 대한 가설을 검정해 보자.

$$H_0 : P(A_i \cap B_j) = P(A_i)P(B_j), \quad i = 1, 2, \cdots, k, \quad j = 1, 2, \cdots, h$$

$P(A_i)$를 $p_{i.}$로 $P(B_j)$를 $p_{.j}$라고 놓으면,

$$p_{i.} = \sum_{j=1}^{h} p_{ij} = P(A_i), \qquad p_{.j} = \sum_{i=1}^{k} p_{ij} = P(B_j)$$

이다. 물론

$$1 = \sum_{j=1}^{h}\sum_{i=1}^{k} p_{ij} = \sum_{j=1}^{h} p_{.j} = \sum_{i=1}^{k} p_{i.}$$

이다. 이에 대해, 다음과 같은 가설을 설정할 수 있다.

$$H_0 : p_{ij} = p_{i.}\, p_{.j}\ ,\quad i = 1,2,\ldots,k,\ \ j = 1,2,\ldots,h$$

H_0을 검정하기 위해 p_{ij}를 $p_{i.}p_{.j}$로 대체하고 Q_{kh-1}을 사용할 수 있다. 그러나 보통 응용문제에서 발생하는 것처럼 만일 $p_{i.}$, $i = 1,2,\ldots,k$와 $p_{.j}$, $j = 1,2,..,h$를 모른다면 도수를 관찰하기 전에는 Q_{kh-1}을 계산할 수 없다. 이 경우에 미지의 모수를

$$\widehat{p_{i.}} = \frac{y_{i.}}{n}$$

로 추정할 수 있다. 여기서 $y_{i.} = \sum_{j=1}^{h} y_{ij}$는 A_i, $i = 1,2,\ldots,k$의 관측도수이다. 그리고

$$\hat{p}_{.j} = \frac{y_{.j}}{n}$$

이며, 여기서 $y_{\cdot j} = \sum_{i=1}^{k} y_{ij}$는 B_j, $j = 1,2,\ldots,h$의 관측도수이다. $\sum_{i=1}^{k} p_i = \sum_{j=1}^{h} p_{.j} = 1$이므로 실제로는 $k-1+h-1 = k+h-2$개의 모수만 추정한다. 그래서 Q_{kh-1}에 사용되는 추정치가 $p_{ij} = p_{i.}p_{.j}$이면, 앞에서 설명한 법칙에 따라, 확률변수

$$Q = \sum_{j=1}^{h}\sum_{i=1}^{k} \frac{[Y_{ij} - n(Y_{i.}/n)(Y_{.j}/n)]^2}{n(Y_{i.}/n)(Y_{.j}/n)}$$

는 귀무가설 H_0이 사실일 때 자유도가 $kh-1-(k+h-2) = (k-1)(h-1)$인 근사 카이제곱분포를 따른다. 만일 이 통계량의 계산 값이 $\chi^2_\alpha[(k-1)(h-1)]$보다 크면 가설 H_0을 기각한다.

예제 4.11-3 Iowa대학교에서 대학생 400명을 임의표본으로 추출하였다. 표본으로 추출된 학생들을 표 4.11−1과 같이 소속대학과 성별로 분류하였다. 이 표를 $k \times h$ **분할표**(contingency table)라 한다. 여기서 $k=2$, $h=5$이다.

표 4.11−1

성별	Iowa 대학					합계
	경영대	공대	인문대	간호대	약대	
남자	21 (16.625)	16 (9.5)	145 (152)	2 (7.125)	6 (4.75)	190
여자	14 (18.375)	4 (10.5)	175 (168)	13 (7.875)	4 (5.25)	210
합계	35	20	320	15	10	400

학생들이 소속되어 있는 대학과 학생들의 성별이 독립인지의 여부를 알기 위해, 다음과 같은 귀무가설

$$H_0 : p_{ij} = p_{i.}p_{.j}, \quad i=1,2, \; j=1,2,3,4,5$$

를 검정하려고 한다. H_0하에서 확률의 추정치는

$$\hat{p}_{1.} = \frac{190}{400} = 0.475, \quad \hat{p}_{2.} = \frac{210}{400} = 0.525$$

이고

$$\hat{p}_{.1} = \frac{35}{400} = 0.0875, \; \hat{p}_{.2} = 0.05, \; \hat{p}_{.3} = 0.08, \; \hat{p}_{.4} = 0.0375, \; \hat{p}_{.5} = 0.025$$

이다. 따라서, 기대도수 $n(y_{i.}/n)(y_{.j}/n)$는 다음과 같이 계산할 수 있다.

$$400(0.475)(0.0875) = 16.625$$

$$400(0.525)(0.0875) = 18.375$$

$$400(0.475)(0.05) = 9.5$$

$$\vdots$$

이와 같은 방법으로 계산한 값들을 표 4.11−1의 괄호 안에 표시하였다. 따라

서, χ^2 통계량은

$$q = \frac{(21-16.625)^2}{16.625} + \frac{(14-18.375)^2}{18.375} + \cdots + \frac{(4-5.255)^2}{5.25}$$

$$= 1.15 + 1.04 + 4.45 + 4.02 + 0.32 + 0.29 + 3.69$$

$$= 3.34 + 0.33 + 0.30 = 18.93$$

이다.

이 때, 자유도는 $(k-1)(h-1) = 4$이며, $q = 18.93 > 13.28 = \chi^2_{0.01}(4)$이므로 유의수준 $\alpha = 0.01$에서 H_0을 기각할 수 있다. 또한 q의 계산식을 보면 처음 두 개의 항은 경영대 자료이고, 다음 두 개의 항은 공대 등으로 구성되어 있으며 공대와 간호대는 다른 대학에 비해 성별에 더 종속된다. 이들 값이 χ^2 통계량의 대부분을 차지한다. 기대값을 보면 한 개의 기대값이 4.75로 5보다 작지만 q의 χ^2 값에 이바지하는 바가 작기 때문에 우려할 정도는 아니다.

위의 검정 절차를 특성이 두 개 이상인 경우로 확장할 수 있다. 예를 들면, 만일 세 번째 특성이 m개의 상호배반이고 배타적인 사건 $C_1, C_2, \ldots, C_m$ 중 하나로 분류되면 세 개 특성의 독립성에 대한 검정에 대한 검정통계량은

$$Q = \sum_{r=1}^{m} \sum_{j=1}^{h} \sum_{i=1}^{k} \frac{[Y_{ijr} - n(Y_{i..}/n)(Y_{.j.}/n)(Y_{..r}/n)]^2}{n(Y_{i..}/n)(Y_{.j.}/n)(Y_{..r}/n)}$$

를 사용하는데, 여기서, Y_{ijr}, $Y_{i..}$, $Y_{.j.}$, $Y_{..r}$은 각 실험의 n번 독립시행에서 사건 $A_i \cap B_j \cap C_r$, A_i, B_j, C_r의 관측도수이다. 만일 n이 크고 세 개의 특성이 독립이면 Q는 자유도

$$khm - 1 - (k-1) - (h-1) - (m-1) = khm - k - h - m + 2$$

인 근사 카이제곱분포를 따른다.

다음은 분할표의 또 다른 사용 예이다.

예제 4.11-4 30개의 확률변수 $X_1, X_2, \ldots, X_{30}$은 독립이고 동일한 분포를 갖는다고 가정하고, 이 확률변수의 실현값으로 확률표본 $x_1, x_2, \ldots, x_{30}$이 관측되었다고 하자. 그러나 30개의 관측값을 살펴보니 관측값이 점차 증가하는 경향이 있어 종속

인 것으로 의심되는데, 확률변수들이 실제로 동일한 분포를 갖지 않는다고 하자. 자료가 확률표본으로부터의 관측값인지 여부를 검정하는 간단한 방법은 다음과 같다. 각 x 값이 표본중위수보다 크면 "높음(H)"으로 표시하고 표본중위수보다 낮으면 "낮음(L)"으로 표시하자. 그 다음 x 값을 $x_1, x_2, \ldots, x_{10}$, $x_{11}, x_{12}, \ldots, x_{20}$, $x_{21}, x_{22}, \ldots, x_{30}$의 세 그룹으로 나눈다. 만일 확률표본의 자료이면 각 그룹에서 5개의 H와 5개의 L을 기대할 수 있다. 즉, H 또는 L로 분류된 특성은 그룹 분류번호와는 독립이어야 한다. 30개의 관측값이 다음과 같다고 하자.

5.6	8.2	7.8	4.8	5.5	8.1	6.7	7.7	9.3	6.9
8.2	10.1	7.5	6.9	11.1	9.2	8.7	10.3	10.7	10.0
9.2	11.6	10.3	11.7	9.9	10.6	10.0	11.4	10.9	11.1

이 자료의 중위수는 9.2와 9.3의 평균이다. 각 관측값을 중위수와 비교하여 H 또는 L로 표시하고 다음 3×2 분할표를 얻었다.

그룹	낮음(L)	높음(H)	전체
1	9	1	10
2	5	5	10
3	1	9	10
전체	15	15	30

여기서 각 $n(y_{i.}/n)(y_{.j}/n) = 30(10/30)(15/30) = 5$이고 검정통계량 Q의 계산된 값은

$$q = \frac{(9-5)^2}{5} + \frac{(1-5)^2}{5} + \frac{(5-5)^2}{5} + \frac{(5-5)^2}{5} + \frac{(1-5)^2}{5} + \frac{(9-5)^2}{5}$$

$$= 12.8 > 5.991 = \chi^2_{0.05}(2)$$

이다. 여기서 자유도는 $(k-1)(h-1) = 2$이며 p-값은 0.0017이다. 따라서 30개의 관측값이 확률표본이라는 주장을 기각할 수 있다. 물론 이 방법에서 표본을 세 개 이상의 그룹으로 할 수도 있고 관측값도 낮음(L), 보통(M), 높음(H)으로 수정하여 사용할 수도 있다.

예제 4.11-5 어떤 특정한 작업을 하는데 두 그룹의 근로자가 같은 자질을 가지고 있다. 각 그룹에 대한 임금 수준을 2×5 분할표에 정리하였다.

그룹	임금($1000)					전체
	20-22	22-24	24-26	26-28	28-	
1	6	11	16	14	13	60
2	5	9	8	6	2	30
전체	11	20	24	20	15	90

그룹할당과 임금 수준이 독립인지 유의수준 $\alpha = 0.05$로 검정하기 위하여 검정통계량 Q를 계산하면 다음과 같다.

$$q = \frac{[6 - 90(60/90)(11/90)]^2}{90(60/90)(11/90)} + \cdots + \frac{[2 - 90(30/90)(155/90)]^2}{90(30/90)(15/90)}$$

$$= 4.752 < 9.488 = \chi^2_{0.05}(4)$$

소프트웨어를 이용하여 계산한 p-값은 0.313이다. 따라서 이 자료에 의하면 그룹과 임금 수준은 독립이라 할 수 있다. 만일 각 셀의 도수를 세 배로 하여 전체 자료의 수를 세 배로 하면 계산된 χ^2 통계량 값은 4.752가 되고 독립성 가설은 기각된다.

이 절에서는 두 개 이상의 다항분포의 동일성 검정을 설명하였다. 예제 4.11-4에서는 이항분포를 갖는 세 개의 그룹을 다루었고 예제 4.11-5에서는 다항분포를 따르는 두 개의 그룹을 다루었다. 각 경우에 자유도는 $(k-1)(h-1)$이고 χ^2 값도 같았다. 따라서 이 경우 독립성 검정이든 다항분포의 동일성 검정이든 차이가 없다.

연습문제 4.11

4.11-1 두 그룹의 간호사들이 6개의 업무 범주에 시간을 같은 방법으로 할당하는지 검정하려고 한다. 즉, 귀무가설은 $H_0 : p_{i1} = p_{i2},\ i = 1,2,\cdots,6$이다. 검정을 실시하기 위하여 임의로 간호사들을 추출하여 몇 일간 관찰하여 다음과 같은 분할표를 작성하였다.

	범주						
	1	2	3	4	5	6	합
그룹 I	95	36	71	21	45	32	300
그룹 II	53	26	43	18	32	28	200

유의수준 $\alpha = 0.05$로 카이제곱 검정을 하여라.

4.11-2 두 개 그룹에 대해 서로 다른 두 개의 강의 방법을 사용하였다. 각 그룹에서 15명 학생들의 표준화 시험 성적은 다음과 같다.

그룹 U:	91	42	39	62	55	82	67	44
	51	77	61	52	76	41	59	
그룹 V:	80	71	55	67	61	93	49	78
	57	88	79	81	63	51	75	

취득한 표본을 낮음, 보통, 높음의 세 부분으로 나누고 두 그룹의 분포가 동일하다는 카이제곱 검정을 유의수준 $\alpha = 0.05$로 하여라.

4.11-3 연습문제 4.11 − 2에서 두 개 그룹 U와 V에 이어 세 번째 그룹(W) 15명의 점수가 다음과 같다.

91	73	67	83	59	98	87	69
78	80	65	94	82	74	85	

취득한 표본을 낮음, 보통, 높음의 세 부분으로 다시 나누고 세 그룹의 분포가 동일하다는 카이제곱 검정을 유의수준 $\alpha = 0.05$로 하여라.

4.11-4 다음 분할표는 공공장소에서 흡연을 완전히 금지하는 법안에 대한 1015명의 응답 자료를 의견(찬성, 반대, 의견 없음)과 성별에 따라 분류한 것이다. "성별과 공공장소에서의 흡연 의견이 독립"이라는 귀무가설을 검정하여라. 이 검정에 대해 근사 p−값을 구하여라.

성별	공공장소에서의 흡연			전체
	찬성	반대	의견 없음	
남자	262	231	10	503
여자	302	205	5	512
전체	564	436	15	1015

4.11-5 학생 100명을 확률표본으로 추출하여 성별과 연주하는 악기에 따라 분류하였다. 응답자의 성별과 악기 선택이 독립인지 검정하여라. 이 검정의 근사 p-값을 구하여라.

성별	악기					전체
	피아노	목관악기	금관악기	현악기	성악	
남자	4	11	15	6	9	45
여자	7	18	6	6	18	55
전체	11	29	21	12	27	100

4.11-6 확률표본으로 추출된 50명의 여성이 콜레스테롤 검사를 받고 나이와 콜레스테롤 수준에 따라 분류하여 다음 분할표를 얻었다.

나이	콜레스테롤 수준			전체
	<180	180-210	>210	
<50	5	11	9	25
≥ 50	4	3	18	25
전체	9	14	27	50

"나이와 콜레스테롤 수준이 독립"이라는 귀무가설 H_0을 유의수준 $\alpha = 0.01$로 검정하여라.

4.11-7 비록 고등학교 성적과 SAT나 ACT와 같은 시험점수를 대학 1학년 때의 평균학점(GPA)을 예측하는 데 사용될 수 있지만 많은 교육학자들은 GPA에 영향을 주는 더 중요한 요인은 학생의 주거조건이라고 주장하고 있다. 이 주장을 검정하기 위하여 임의로 200명의 학생을 추출하여 다음과 같은 두 개의 속성에 따라 분류하였다.

(a) 학생의 룸메이트 순위 (같이 살기 어려운 순서에 따라 1부터 5점까지)

(b) 학생의 1학년 GPA

다음은 5×4 분류표이다.

룸메이트 순위	학점 2.00 미만	2.00-2.69	2.70-3.19	3.20-4.00	전체
1	8	9	10	4	31
2	5	11	15	11	42
3	6	7	20	14	47
4	3	5	22	23	53
5	1	3	11	12	27
전체	23	35	78	64	200

두 개 속성의 독립성을 검정하기 위한 χ^2 통계량을 계산하고 유의수준 $\alpha = 0.05$에서의 기각역의 임계값과 비교하여라.

4.11-8 뉴스를 보도하는데 매체의 신뢰성을 알아보기 위한 연구가 수행되었다. 응답자의 연령, 성별, 교육수준, 그리고 가장 신뢰하는 매체에 대한 조사결과가 다음 표와 같다.

(a) 매체 신뢰도와 연령이 독립인지 검정하여라.

(b) 매체 신뢰도와 성별이 독립인지 검정하여라.

(c) 매체 신뢰도와 교육수준이 독립인지 검정하여라.

(d) 각 검정에 대한 근사 $p-$값을 구하여라.

연령	가장 신뢰성 있는 매체 신문	TV	라디오	합계
35세 미만	30	68	10	108
35-54 미만	61	79	20	160
54세 이상	98	43	21	162
합계	189	190	51	430

성별	가장 신뢰성 있는 매체 신문	TV	라디오	합계
남자	92	108	19	219
여자	97	81	32	210
합계	189	189	51	429

교육수준	가장 신뢰성 있는 매체			합계
	신문	TV	라디오	
중졸이하	45	22	6	73
고졸	94	115	30	239
대졸	49	52	13	114
합계	188	189	49	426

4.11-9 확률표본으로 추출된 $n = 1362$명 응답자의 교육수준과 종교(기독교, 천주교, 유대교)에 따라 분류되었다. 유의수준 $\alpha = 0.05$로 분류의 두 특성이 독립인 가설을 검정하여라.

교육수준	기독교	천주교	유대교
고졸 미만	359	140	5
고졸 또는 전문대 졸업	462	200	17
학사 졸업	88	39	2
대학원 이상	37	10	3

제4장 맺음말

현대적 의미의 통계적 가설검정은 1900년에 Karl Pearson의 카이제곱 검정으로부터 시작되었다고 할 수 있다. 언제 어떤 주제로부터 시작되었는가를 정확히 아는 것은 어려운 일이지만 1900년은 Pearson이 중요한 χ^2 통계량을 제안한 해이다. 이 이론이 발표된 직후 R. A. Fisher는 연장자인 Pearson에게 자유도는 추정된 모수의 수만큼 빼야 한다는 것을 지적했다. Fisher의 제안이 맞았지만 Pearson은 Fisher의 주장을 믿지 않았으며 이 의견의 차이는 두 거장 사이의 오랜 논쟁을 불러 일으켰다. Pearson이 Biometrika의 편집장이었기 때문에 이 의견의 불일치 이후 Fisher는 이 학술지에 논문을 게재하는 것이 허락되지 않았다.

또한 20세기 초기에 W. S. Gosset는 t-분포에 대한 이론을 제기하였다. 그러나 그는 양조회사에서 근무하였고 어떤 이유 (양조회사가 그의 시간을 통계학에 사용하는 사실을 알리고 싶지 않거나 다른 회사들이 양조회사에서 통계적 방법의 사용 사실을 알리고 싶지 않았다.)에서인지 그는 "A Student"라는 필명으로 논문을 발표하였다. 이로부터 이 통계량은 Student t로 알려져 있다. 어떤 면에서 보면 Gosset가 처음 4개의 적률로부터 이 t-분포를 발견한 것은 행운이었다. 후에 Fisher는 T가 그 분포를 갖는다는 것을 증명하였다.

4장에서 설명한 신뢰구간과 가설검정의 대부분은 Fisher, Neyman, Pearson (Karl의 아들인 Egon)의 연구 결과였으며 20세기 전반에 발표된 것들이었다. 분포-자유 방법(4.9절)은 주로 1975년 이전에 비모수 통계학자들에 의해 연구되었는데, 최근 들어 비모수통계학은 분포-자유 방법론보다 더 광범위한 연구영역을 가지게 되었다.

CHAPTER

5

컴퓨터를 이용한 방법

5.1 통계량을 계산하기

자료집합의 특징을 분석하기 위해 다양한 통계 패키지를 사용할 수 있다. 자료의 분포적 특징을 이해하기 위해서는 다양한 그래프적 기법을 사용하는 것도 바람직하다.

다음은 Minitab을 사용하여 이산형 분포의 확률을 구하는 예제이다.

예제 5.1-1

예제 2.3－1에서는 부록의 〈표 Ⅱ〉를 이용하여 이항분포 $b(10,0.5)$에 대한 확률을 구하였다. 여기서는 Minitab을 이용하여 확률을 구해 보자. 이 확률을 구하려면 Minitab에서

Calc → Probability Distributions → Binomial

절차를 거쳐 필요한 정보를 입력하면 구할 수 있다.

```
Cumulative Distribution Function
Binomial with n = 10 and p = 0.5
x  P( X <= x )
5     0.623047
```

```
Probability Density Function
Binomial with n = 10 and p = 0.5
x  P( X = x )
6      0.205078
```

예제 5.1-2 예제 2.3－4에서 $\lambda = 5$인 Poisson 분포의 확률을 부록의 〈표 Ⅲ〉을 이용하여 구하였다. 여기서는 Minitab을 이용하여 확률을 구해 보자. 이 확률을 구하려면 Minitab에서

Calc → Probability Distributions → Poisson

절차를 거쳐 필요한 정보를 입력하면 구할 수 있다.

```
Cumulative Distribution Function
Poisson with mean = 5
x  P( X <= x )
6      0.762183

Probability Density Function
Poisson with mean = 5
x  P( X = x )
6      0.146223
```

예제 5.1-3 예제 2.3－8에서 초기하분포의 확률을 계산하였다. Minitab을 사용하여 초기하분포의 확률을 계산하기 위해서는

Calc → Probability Distributions → Hypergeometric

절차를 거쳐 필요한 정보를 입력하면 구할 수 있다.

```
Probability Density Function
Hypergeometric with N = 50, M = 5, and n = 4
x  P( X = x )
0      0.646960
```

```
Cumulative Distribution Function
Hypergeometric with N = 50, M = 5, and n = 4
x  P( X <= x )
1     0.955037
```

다음은 이산자료 집합에 Minitab을 사용한 예제이다.

예제 5.1-4 처음 20개의 양의 정수들에 대한 확률순열(random permutation)에서 원래 위치에 있는 정수의 수를 X라 하자. 예를 들면 다음 확률순열

2 15 12 14 5 4 3 10 8 19 16 7 6 18 17 11 1 13 20 9

에서 정수 5가 원래의 위치인 5번째에 놓여 있으므로 $X=1$이 된다. 모의실험을 100번 하여 다음과 같이 X 값을 얻었다.

2	2	1	0	0	1	2	1	2	2	1	0	1	3	2	1	2	1	0	1
1	1	3	1	3	1	0	2	1	0	1	2	0	0	1	0	0	0	1	2
0	1	2	0	1	1	5	0	0	1	0	1	1	0	2	1	0	0	1	0
0	0	1	0	0	1	1	3	1	0	2	0	0	1	4	2	2	1	1	1
0	0	2	0	0	1	0	2	1	0	2	2	1	2	2	0	1	0	1	1

Minitab에서

Stat → Basic Statistics → Display Descriptive Statistics

절차를 거쳐 이 자료에 대한 특징을 분석할 수 있다. Descriptive Statistics에는 TrMean과 SE Mean 같은 통계값도 계산이 된다. TrMean은 **절사평균(trimmed mean)**을 나타내며 5% 절사평균이 계산된다. Minitab에서는 상위 5%와 하위 5%의 자료를 제거하고 나머지 자료에 대해 평균을 계산한다. SE Mean은 평균의 표준오차(standard error)이며 표준편차를 N의 제곱근으로 나눈 것이다. 즉 $\text{StDev}/\sqrt{\text{N}}$이다.

```
Descriptive Statistics

Variable    N     Mean    Median    TrMean    StDev    SE Mean
x         100   1.0100    1.0000    0.9222   0.9898     0.0990

Variable    Minimum    Maximum         Q1         Q3
```

```
x           0.0000     5.0000     0.0000    2.0000
```

Stat → Tables → Tally 절차를 거쳐 다음과 같이 x의 도수분포표를 구할 수 있다.

```
Tally for Discrete Variables : x
  x    Count
  0      35
  1      38
  2      21
  3       4
  4       1
  5       1
 N=     100
```

위의 자료에서 평균과 분산이 1에 가깝기 때문에 X의 분포가 $\lambda = 1$인 근사 Poisson 분포를 갖는다고 생각하는가? 이 질문에 답하기 위해서는 자료의 상대도수와 $\lambda = 1$인 Poisson 분포와 비교하여야 한다.

연속형 자료와 연속형 분포에 대해서도 Minitab을 사용할 수 있다. 다음 예제는 예제 3.1−4의 ACT 점수 자료로 줄기−잎 도표와 수치적 특징을 구한 것이다.

예제 5.1-5 예제 3.1−4의 ACT 점수 자료를 Minitab을 사용하여 줄기−잎 도표와 수치적 특징을 구해 보자. 줄기−잎 도표를 작성하기 위해서는

Graph → Stem-and-Leaf

를 선택하고 ACT를 입력한다. 증분으로 2를 입력한다. 그러면 다음과 같은 결과를 얻을 수 있으며 첫 번째 열은 깊이(depth)를 나타낸다.

```
Stem-and-Leaf Display: ACT
Stem-and-leaf of ACT N = 60
Leaf Unit = 1.0
   4    1 8999
  11    2 0000111
  20    2 222333333
```

```
30    2 4444455555
30    2 66666667777
19    2 8888999999
 9    3 00011
 4    3 223
 1    35
```

다음 절차를 이용하여 자료의 특징을 구할 수 있다.

Stat → Basic Statistics → Display Descriptive Statistics

```
Descriptive Statistics: ACT

Variable   N     Mean   Median   TrMean   StDev   SE Mean
ACT       60   25.450   25.500   25.389   3.933     0.508

Variable     Minimum     Maximum        Q1        Q3
ACT           18.000      35.000    23.000    28.750
```

다음은 Minitab을 사용하여 특정 분포의 백분위수(percentile)를 구하는 예제이다.

예제 5.1-6 Weibull 확률분포의 p.d.f.는

$$f(x) = \frac{\alpha x^{\alpha-1}}{\beta^{\alpha}} e^{-(x/\beta)^{\alpha}}, \quad 0 < x < \infty$$

이며, 여기서 α와 β는 양수이다. 예제 3.2－5에서 정의된 p.d.f.는

$$f(x) = \frac{3x^2}{4^3} e^{-(x/4)^3}, \quad 0 < x < \infty$$

으로 모수가 $\alpha = 3$, $\beta = 4$인 Weibull 분포의 p.d.f.이다. 제30백분위수와 제90백분위수를 계산하자. Minitab에서 백분위수를 구하기 위해서는

Calc → Probability Distributions → Weibull

을 선택하고 다음으로 "Inverse cumulative probability"를 선택한 후 두 개의 모수 3과 4 및 상수 0.3을 입력한다. 제90백분위수는 위의 절차에서 상수

값에 0.9를 입력한다. Minitab 수행 결과는 다음과 같다.

```
Inverse Cumulative Distribution Function

Weibull with first shape parameter=3.00000 and second=4.00000

P( X <= x )          x
    0.3000       2.8367
P( X <= x )          x
    0.9000       5.2820
```

연습문제 5.1

참고 Minitab이나 다른 통계소프트웨어를 사용하여 다음 연습문제들의 답을 구하여라.

5.1-1 X의 분포가 $b(23, 0.69)$라 하자. 다음을 구하여라.

(a) $P(X \le 17)$

(b) $P(X = 16)$

5.1-2 X가 $\lambda = 17.6$인 Poisson 분포를 따른다고 하자. 다음을 구하여라.

(a) $P(X \le 18)$

(b) $P(X = 17)$

5.1-3 LOTTO 49에서 게임자는 처음 49개의 양의 정수에서 6개의 성수를 선택한다. 주정부는 당첨 번호 6개를 임의로 추출한다. 만일 게임자의 번호가 3, 4, 또는 6개의 정수와 일치하면 각각에 해낭하는 당침금을 받는다. X가 일치하는 정수의 수라고 할 때 다음을 구하여라.

(a) $P(X \le 3)$

(b) $P(X = 0)$

(c) $P(X = 1)$

5.1-4 예제 2.1 − 5의 자료를 사용하여 다음을 구하여라.

(a) 표본평균과 표본표준편차

(b) $0, 1, \ldots, 9$에 대한 도수분포표

(c) 히스토그램

5.1-5 표 3.1 − 4와 표 3.1 − 5의 통계학점수에 대한 자료를 이용하여 다음을 구하여라.

(a) Minitab을 사용하여 줄기−잎 그림을 작성하여라.

(b) 표본평균과 표본표준편차를 구하여라.

(c) 다섯숫자요약을 구하여라.

(d) 상자−수염 그림을 작성하여라.

5.1-6 예제 3.2 − 5와 예제 5.1 − 6에서 정의된 와이블 분포에 대한 제1사분위수, 제2사분위수, 제3사분위수를 구하여라.

5.1-7 Z가 표준정규분포 $N(0,1)$을 따른다고 하자. 다음을 구하여라.

(a) $z_{0.01}$

(b) $z_{0.05}$

(c) $z_{0.975}$.

5.1-8 X가 $\chi^2(23)$을 따른다고 하자.

(a) $P(X \le 23)$

(b) $P(X \le a) = 0.07$인 a를 구하여라.

(c) $P(X \le b) = 0.92$인 b를 구하여라.

5.2 컴퓨터 대수 시스템

5.2절에서는 1장−4장에서 학습한 몇 개의 예제에 대한 Maple 해를 제시하고자 한다. 예제들은 서로 관련되어 있다. 비록 Maple 프로그램을 사용하였지만 다른 컴퓨터 대수 시스템(computer algebra system)을 사용할 수 있다. 일부 예제에서는 특별한 통계적 절차가 사용되었으며 stat.m으로 저장되었다.

참고 보조적인 절차를 이용하기 위해서는 그것들이 어디에 저장되어 있는지 나타내야 한다. 웹 사이트에 있는 "Maple Examples" 폴더를 개인용 컴퓨터 C 드라이버의 " Tanis−Hogg"라는 새로운 폴더에 저장한다. 예제에서는 이러한 절차가 완료되었다고 가정한다. Maple을 먼저 설치하여야 하고 "Maple Examples"에 있는 " Menu" 파일을 연다. 이 파일로부터 보조적인 절차와 이 절의 모든 예제에 접근할 수 있다. 개별 예제는 'C:\\Tanis−Hogg\\Maple Examples\\stat.m'에서 얻을 수 있다.

예제 5.2-1 예제 2.1-5에서 다음 p.m.f.가 정의되었다.

$$f(x) = P(X = x) = \left(\frac{2}{3}\right)^{x-1}\left(\frac{1}{3}\right), \quad x = 1, 2, 3, 4, \ldots$$

다음은 X의 평균과 분산을 구하기 위한 Maple 해이다.

```
Maple:
> mu := sum(x*(2/3)^(x-1)*(1/3), x = 1 .. infinity);
                    μ:= 3
Again using Maple, we can find the variance as follows:
> sum((x - mu)^2*(2/3)^(x-1)*(1/3), x = 1 .. infinity);
                    6
```

★

즉, $\sigma^2 = 6$이며 따라서 표준편차는 $\sigma = \sqrt{6} = 2.449$이다.

예제 5.2-2 X의 분포가 $b(n, p)$라 하자. (2.2절 참조.) 다음은 X의 평균과 분산을 구하기 위한 Maple 해이다.

```
Maple:
> read ‘C:\\Tanis-Hogg\\Maple Examples\\stat.m‘;
> f := BinomialPDF(n, p, x);
```

$$f := \text{binomial}(n, x)p^x (1-p)^{(n-x)}$$

```
> assume(p <1 ): additionally(p > 0):
  simplify(sum(f, x = 0..n));
                    1
> mu := simplify(sum(x*f, x = 0 .. n));
```

$$\mu := np$$

```
> sigma := simplify(sqrt(sum((x - mu)^2*f, x = 0 .. n)));
```

$$\sigma := \sqrt{np(1-p)}$$

★

이 결과, σ 값을 구할 수 있는데, 분산은 $\sigma^2 = np(1-p)$이다.

예제 5.2-3 X가 $\lambda > 0$인 Poisson 분포를 갖는다고 하자. (2.3절 참조.) Maple을 사용하여 Poisson p.m.f.의 모든 확률의 합이 1이 됨을 보이고 X의 평균과 분산을 구해 보자.

```
Maple:
> read `C:\\Tanis-Hogg\\Maple Examples\\stat.m`;
> f := PoissonPDF(lambda, x);
```

$$f := \frac{\lambda^x e^{(-\lambda)}}{x!}$$

```
> sum(f, x = 0 .. infinity);
```

$$1$$

```
> mu := sum(x*f, x = 0 .. infinity);
```

$$\mu := \lambda$$

```
> var := sum((x - mu)^2*f, x = 0 .. infinity);
```

$$var := \lambda$$

★

Note that for the Poisson distribution,

$$\mu = \sigma^2 = \lambda$$

Poisson 분포의 경우 평균과 분산이 같은 $\mu = \sigma^2 = \lambda$이다.

예제 5.2-4 X가 음이항분포

$$g(x) = \binom{x-1}{r-1} p^r (1-p)^{x-r} = \binom{x-1}{r-1} p^r q^{x-r}, \qquad x = r, r+1, \ldots$$

를 따른다고 하자. 여기서 $0 < p < 1$이고 $q = 1 - p$이다. (2.3절 참조.) 만일 $r = 1$이면 X는 기하분포

$$g(x) = p(1-p)^{x-1}, \qquad x = 1, 2, 3, \ldots$$

을 갖는다. Maple을 사용하여 음이항 p.m.f.의 모든 확률의 합이 1이 됨을 보이고 X의 평균과 분산을 구해 보자.

```
Maple:
> read ‘C:\\Tanis-Hogg\\Maple Examples\\stat.m‘;
> g := NegBinomialPDF(r, p, x);
```

$$g := \text{binomial}(x-1,\ r-1)p^r(1-p)^{(x-r)}$$

```
> sum(g, x = r .. infinity);
```

$$1$$

```
> mu := sum(x*g, x = r .. infinity);
```

$$\mu =:= \frac{r}{p}$$

```
> var := sum((x - mu)^2*g, x = r .. infinity));
```

$$var := \frac{r(-1+p)}{p^2}$$

즉,

$$\mu = \frac{r}{p}, \qquad \sigma^2 = \frac{r-p}{p^2}$$

이고 $r=1$인 특별한 경우(기하분포)에는

$$\mu = \frac{1}{p}, \qquad \sigma^2 = \frac{1-p}{p^2}$$

이다.

예제 5.2-5 X가 다음의 p.m.f.를 갖는 초기하분포를 한다.

$$f(x) = p(X=x) = \frac{\binom{N_1}{x}\binom{N_2}{n-x}}{\binom{N}{n}}$$

여기서 공간 S는 $x \le n$, $x \le N_1$, $x \le N_2$를 만족하는 음이 아닌 정수 x의 집합이다. 또한 N_1과 N_2는 양의 정수이고 $N = N_1 + N_2$이다. Maple을 사용하여 초기하 p.m.f.의 모든 확률의 합이 1이 됨을 보이고 X의 평균과 분산을 구해 보자.

```
Maple:
> read `C:\\Tanis-Hogg\\Maple Examples\\stat.m`;
> f := HypergeometricPDF(N[1], N[2], n, x);
```

$$f := \frac{\text{binomial}(N_1, x)\text{binomial}(N_2, n-x)}{\text{binomial}(N_1+N_2, n)}$$

```
> simplify(sum(f, x = 0 .. N[1]));
```

$$1$$

```
> mu := simplify(sum(x*f, x = 0 .. N[1]));
```

$$\mu := \frac{N_1 n}{N_1 + N2}$$

```
> var := simplify(sum(x^2*f, x = 0 .. N[1]) - mu^2);
```

$$var := \frac{N_2 N_1 (N_1 + N_2 - n)n}{(N_1 + N_2 - 1)(N_1 + N_2)^2}$$ ★

Maple에서 결과를 항상 표준적인 방법으로 나타내는 것은 아니다. 보통은

$$\mu = n\left(\frac{N_1}{N_2}\right) = np$$

와

$$\sigma^2 = n\left(\frac{N_1}{N}\right)\left(\frac{N_2}{N}\right)\left(\frac{N-n}{N-1}\right) = np(1-p)\left(\frac{N-n}{N-1}\right),$$

로 나타낸다. 여기서 항아리에 N_1개의 오렌지색 칩과 N_2개의 파란색 칩이 있는 경우에 $p = N_1/N$은 오렌지색 칩의 비율이고 $1-p = N_2/N$는 파란색 칩의 비율이다.

예제 5.2-6 예제 3.2−5에서 확률변수 X는 다음과 같은 와이블 분포함수 형태를 하였다.

$$F(x) = 1 - e^{-(x/4)^3}, \quad 0 \le x < \infty$$

Maple을 사용하여 X p.d.f.의 제30백분위수와 제90백분위수를 구하고 X가 계산된 백분위수 사이에 떨어질 확률을 구해 보자.

```
Maple:
> interface(showassumed=0): assume(x>0):
> F := 1 - exp(-(x/4)^3);
```

$$F := 1 - e^{-x^3/64}$$

```
> pi[0.3] := fsolve(F = 0.30, x);
```

$$\pi_{0.3} := 2.836726888$$

```
> pi[0.9] := fsolve(F = 0.90, x);
```

$$\pi_{0.9} := 5.282001914$$

```
> f := diff(F, x);
```

$$f := \frac{3}{64}x^2 e^{-x^3/64}$$

구간 제30백분위수와 제90백분위수 사이에서 X의 p.d.f.를 적분하면 다음과 같으며, 약간의 반올림오차를 감안해야 한다(그림 3.2−2 참조).

```
> int(f, x = pi[0.3] .. pi[0.9]);
```

0.6000000001 ★

예제 5.2-7 $\theta > 0$인 지수분포의 특징을 구해 보자(3.3절 참조).

```
Maple:
> interface(showassumed=0): assume(theta>0):
> f := piecewise(x < 0, 0, 1/theta*exp(-x/theta));
```

$$f(x) = \begin{cases} 0 & x < 0 \\ \dfrac{e^{-x/\theta}}{\theta} & 0 \le x < \infty \end{cases}$$

```
> mu := int(x*f, x = -infinity .. infinity);
```

$$\mu := \theta$$

```
> var := int((x - mu)^2*f, x = -infinity .. infinity);
```

$$var := \theta^2$$

```
> sigma := sqrt(var);
```

$$\sigma := \theta$$

다음은 u의 함수로서의 분포함수이다.

```
> F := int(f, x = -infinity .. u);
```

$$F(u) = \begin{cases} 0 & u < 0 \\ 1 - e^{-u/\theta} & 0 \le u < \infty \end{cases}$$

```
> m := solve(F = 1/2, u);
```

$$m := \ln(2)\theta$$ ★

위에서 중위수를 구하기 위해 분포함수를 사용하였다.

예제 5.2-8 Maple을 사용하여 $\alpha > 0$이고 $\theta > 0$인 Gamma 분포의 특징을 구해 보자(3.3절 참조). MGF는 6.1절에서 정의하였다.

```
Maple:
> interface(showassumed=0): assume(theta>0):
> additionally(alpha>0): additionally(t < 1/theta):
> f := 1/GAMMA(alpha)/theta^alpha*x^(alpha-1)*exp(-x/theta);
```

$$f := \frac{x^{\alpha-1} e^{-x/\theta}}{\Gamma(\alpha)\theta^{\alpha}}$$

```
> MGF := expand(int(exp(t*x)*f, x = 0 .. infinity));
```

$$MGF := \frac{1}{(1 - t\theta)^{\alpha}}$$

```
> mu := expand(int(x*f, x = 0 .. infinity));
```

$$\mu := \theta\alpha$$

```
> var := expand(int(x^2*f, x = 0 .. infinity) - mu^2);
```

$$var := \theta^2\alpha$$ ★

위의 계산 결과는 가정에 따라 달라지므로, 가정은 중요하다.

예제 5.2-9 X가 다음과 같은 p.m.f.를 가질 때 평균과 분산을 구하여라.

$$f(x) = \left(\frac{1}{2}\right)^x, \qquad x = 1, 2, 3, \ldots$$

Maple:

```
> f := (1/2)^x;
> mu := sum(x*f, x = 1 .. infinity);
```

$$\mu := 2$$

```
> var := sum((x - mu)^2*f, x = 1 .. infinity);
```

$$var := 2$$

```
> sum(x*(x + 1)*f, x = 1 .. infinity);
                              8
```

★

마지막 부분의 합은 $E[X(X+1)]$을 계산한 결과이다.

예제 5.2-10 Maple을 사용하여 확률변수가 정규분포 $N(a, b^2)$, $-\infty < a < \infty$, $b > 0$을 따를 때 평균과 분산을 구해 보자.

Maple:

```
> assume(b > 0):
> f := 1/b/sqrt(2*Pi)*exp(-(x - a)^2/2/b^2);
```

$$f := \frac{1}{2} \frac{\sqrt{2}\, e^{-(x-a)^2/(2b^2)}}{b\sqrt{\pi}}$$

```
> int(f, x = -infinity .. infinity);
                              1
> mu := int(x*f, x = -infinity .. infinity);
```

$$\mu := a$$

```
> sigma := sqrt(int((x - mu)^2*f, x = -infinity .. infinity));
```

$$\sigma := b$$

정규분포의 p.d.f.는 보통

$$f(x) = \frac{1}{\sigma\sqrt{2\pi}} \exp\left[-\frac{(x-\mu)^2}{2\sigma^2}\right], \qquad -\infty < x < \infty$$

로 나타내고 확률변수 X는 $N(\mu, \sigma^2)$을 따른다고 한다.

두 개의 미지수가 포함된 연립방정식을 풀어야 하는 경우가 있는데, 해를 구하는 것이 어려운 일은 아니지만 Maple을 사용하면 좀더 쉽게 구할 수 있다. 다음 예제는 방정식 4.3－1을 c와 n에 대해 계산한 결과이다.

예제 5.2-11 Maple:

```
> eqn1 := (c - 75)/(10/sqrt(n)) = 1.645;
```

$$eqn1 := \frac{1}{10}(c-75)\sqrt{n} = 1.645$$

```
> eqn2 := (c - 76.5)/(10/sqrt(n)) = -1.282;
```

$$eqn2 := \frac{1}{10}(c-76.5)\sqrt{n} = -1.282$$

```
> solve({eqn1, eqn2},{n,c});
```

$$\{c = 75.84301332,\ n = 380.7701778\}$$ ★

물론 n은 정수여야 하므로 $n = 381$이다.

다음 예제들은 다른 확률변수들의 일부로 정의된 확률변수들에 대한 평균과 분산을 Maple을 사용하여 구한 것이다. 이러한 분포들은 통계학의 응용에서 아주 중요하게 사용하는 분포들인데 t 분포, F 분포 및 베타분포 등이 있다.

예제 5.2-12 **(Student t 분포)** Z가 $N(0,1)$인 확률변수, U가 $\chi^2(r)$인 확률변수이고 Z와 U가 독립일 때(예제 5.2－2 참조)

$$T = \frac{Z}{\sqrt{U/r}}$$

라 정의하자. Maple 결과에서 Z와 U의 결합 p.d.f.를 정의한다. T의 분포함수는

$$F(t) = P(T \le t) = P(Z \le \sqrt{U/r}\,t)$$

이며, $F(t)$를 t에 대해 미분하면 T의 p.d.f.를 구할 수 있다.

```
Maple:
> read ‘C:\\Tanis-Hogg\\Maple Examples\\stat.m‘:
> interface(showassumed=0): assume(t, real):
> g := NormalPDF(0,1,z)*ChisquarePDF(r, u);
```

$$g := \frac{1}{2}\frac{\sqrt{2}\,e^{-z^2/2}\,u^{r/2-1}\,e^{-u/2}}{\sqrt{\pi}\,\Gamma\left(\frac{r}{2}\right)2^{r/2}}$$

```
> F := int(Int(g, z = -infinity..sqrt(u/r)*t),u = 0..infinity);
```

$$F := \int_0^{\infty}\int_{-\infty}^{\sqrt{\frac{u}{r}}\,t}\frac{1}{2}\frac{\sqrt{2}\,e^{-z^2/2}\,u^{r/2-1}\,e^{-u/2}}{\sqrt{\pi}\,\Gamma\left(\frac{r}{2}\right)2^{r/2}}\,dz\,du$$

```
> f := simplify(diff(F, t));
```

$$f := \frac{\sqrt{\frac{1}{r}}\left(\frac{t^2+r}{r}\right)^{(-1/2-r/2)}\Gamma\left(\frac{1}{2}+\frac{r}{2}\right)}{\sqrt{\pi}\,\Gamma\left(\frac{r}{2}\right)}$$

```
> mu := int(t*f, t = -infinity .. infinity);
```

$$\mu := 0$$

```
> var := simplify(int((t - mu)^2*f, t = -infinity .. infinity));
```

$$var := \frac{r}{r-2}$$

일반적으로 t의 p.d.f.를 다음과 같이 나타낸다.

$$f(t) = \frac{\Gamma((r+1)/2)}{\sqrt{\pi r}\,\Gamma(r/2)}\,\frac{1}{(1+t^2)^{(r+1)/2}}, \qquad -\infty < t < \infty$$

평균은 $r > 1$인 경우에, 분산은 $r > 2$인 경우에 정의된다.

그림 5.2−1은 $r = 1, 3, 7$인 경우 T의 p.d.f.와 $N(0,1)$의 p.d.f.를 함께 그린 것이다. 그림에서 보듯이 t 분포의 꼬리부분은 표준정규분포의 꼬리보다 두텁다. 즉, t 분포의 경우 표준정규분포보다 극단값의 발생 확률이 높다.

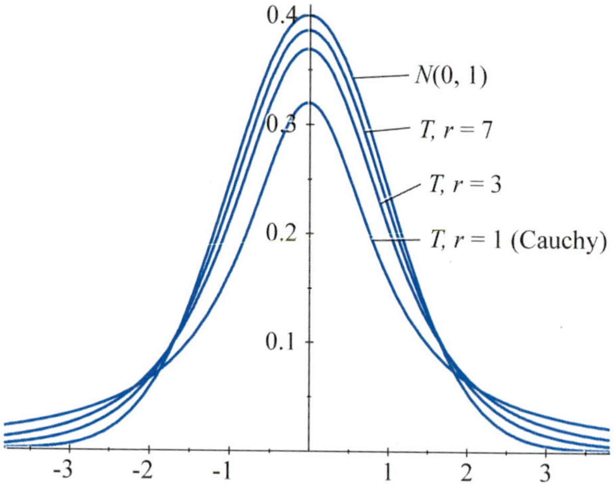

그림 5.2-1 t 분포의 p.d.f. 들

예제 5.2-13 **(Fisher 또는 Snedecor의 F 분포)** U와 V가 독립이고 자유도가 각각 r_1과 r_2인 χ^2 확률변수라고 할 때

$$F = \frac{U/r_1}{V/r_2}$$

라고 정의하자. Maple의 결과를 이용하여 U와 V의 결합 p.d.f.를 정의할 수 있다. 미분에서 변수의 기호로 f를 사용하는 것을 피하기 위하여 $W=F$라고 두자. W의 분포함수는

$$G(w) = P(W \leq w) = P(U \leq [r_1/r_2]w\,V)$$

이며 W의 p.d.f.는 $G(w)$를 미분하여 구할 수 있다.

```
Maple:
> read ‘C:\\Tanis-Hogg\\Maple Examples\\stat.m‘:
> interface(showassumed=0): assume(r[1]>0): additionally(r[2]>4):
> g := ChisquarePDF(r[1], u)*ChisquarePDF(r[2], v);
```

$$g := \frac{u^{(r_1/2-1)}e^{(-u/2)}v^{(r_2/2-1)}e^{(-v/2)}}{\Gamma\left(\frac{r_1}{2}\right)2^{(r_1/2)}\Gamma\left(\frac{r_2}{2}\right)2^{(r_2/2)}}$$

```
> G := int(Int(g, u = 0 .. (r[1]/r[2])*w*v), v = 0 .. infinity);
```

$$G := \int_0^\infty \int_0^{\frac{r_1 w v}{r_2}} \frac{u^{(r_1/2-1)} e^{(-u/2)} v^{(r_2/2-1)} e^{(-v/2)}}{\Gamma\left(\frac{r_1}{2}\right) 2^{(r_1/2)} \Gamma\left(\frac{r_2}{2}\right) 2^{(r_2/2)}} du\, dv$$

```
> h := diff(G, w): h := simplify(h, symbolic);
```

$$h := \frac{r_1^{(r_1/2)} r_2^{(r_2/2)} w^{(r_1/2-1)} (r_1 w + r_2)^{(-r_1/2 - r_2/2)} \Gamma\left(\frac{1}{2} r_1 + \frac{1}{2} r_2\right)}{\Gamma\left(\frac{1}{2} r_1\right) \Gamma\left(\frac{1}{2} r_2\right)}$$

```
> mu := simplify(int(w*h, w = 0 .. infinity));
```

$$\mu := \frac{r_2}{r_2 - 2}$$

```
> var := simplify(int((w - mu)^2*h, w = 0 .. infinity));
```

$$var := \frac{2 r_2^2 (r_1 + r_2 - 2)}{r_1 (r_2 - 4)(r_2 - 2)^2}$$

F의 p.d.f.를 다음과 같이 나타낸다.

$$f(w) = \frac{(r_1/r_2)^{r_1/2} \Gamma[(r_1 + r_2)/2] w^{r_1/2 - 1}}{\Gamma(r_1/2) \Gamma(r_2/2) [1 + (r_1 w / r_2)]^{(r_1 + r_2)/2}}$$

그림 5.2 − 2는 F 분포의 p.d.f.이다.

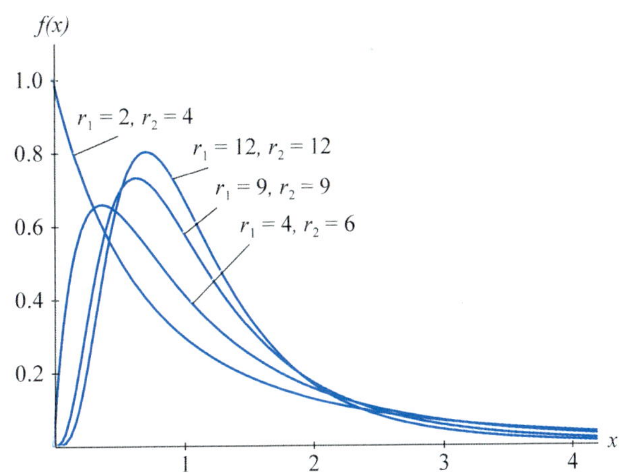

그림 5.2−2 F 분포의 p.d.f. 들

예제 5.2-14 (Beta 분포) X와 Y가 독립이고 각각 모수 α, θ와 β, θ를 갖는 Gamma확률변수라 하자. $W=X/(X+Y)$의 p.d.f.를 구하기 위해 Maple을 사용하여 먼저 W의 분포함수를 구하고 이 분포함수를 미분하여 p.d.f.를 구할 수 있다. W의 분포함수는 X와 Y의 결합 p.d.f.를 이용하여

$$F(w)=P(W\le w)=p\left(\frac{[1-w]X}{w}\le Y\right)$$

로 정의된다.

```
Maple:
> read ' C:\\Tanis-Hogg\\Maple Examples\\stat.m ' :
> interface(showassumed=0): assume(alpha > 0):additionally(w<1):
> additionally(beta>0): additionally(theta>0):additionally(w>0):
> g := GammaPDF(alpha, theta, x)*GammaPDF(beta, theta, y);
```

$$g:=\frac{x^{(\alpha-1)}e^{(-x/\theta)}y^{(\beta-1)}e^{(-y/\theta)}}{\Gamma(\alpha)\theta^{\alpha}\Gamma(\beta)\theta^{\beta}}$$

```
> F := int(Int(g, y=((1 - w)/w)*x..infinity), x=0..infinity);
```

$$F:=\int_0^{\infty}\int_{\frac{(1-w)x}{w}}^{\infty}\frac{x^{(\alpha-1)}e^{(-x/\theta)}y^{(\beta-1)}e^{(-y/\theta)}}{\Gamma(\alpha)\theta^{\alpha}\Gamma(\beta)\theta^{\beta}}\,dy\,dx$$

```
> f := simplify(diff(F, w));
```

$$f:=\frac{w^{(\alpha-1)}(1-w)^{\beta-1}\Gamma(\alpha+\beta)}{\Gamma(\alpha)\Gamma(\beta)}$$

```
> mu := int(w*f, w = 0 .. 1);
```

$$\mu:=\frac{\alpha}{\alpha+\beta}$$

```
> var := simplify(int((w - mu)^2*f, w = 0 .. 1));
```

$$var:=\frac{\alpha\beta}{(\alpha+\beta)^{2(}\alpha+\beta+1)}$$ ★

위에서 W의 p.d.f.는 물론 평균과 분산도 구하였다. 그림 5.2−3은 Beta 분포의 그래프이다.

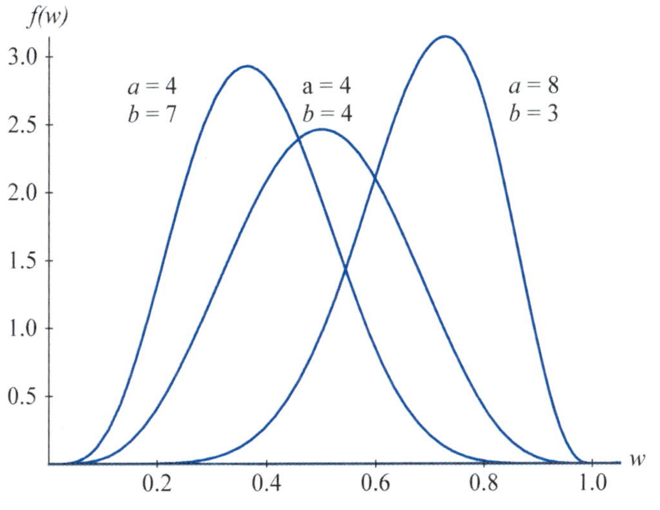

그림 5.2-3 Beta 분포의 p.d.f. 들

연습문제 5.2

5.2-1 연습문제 4.2−6에서 $N(\mu, \sigma^2)$으로부터 추출한 크기 n인 확률표본 $X_1, X_2, \ldots, X_n$을 사용하였다. σ에 대한 신뢰구간의 길이를 최소화하는 a와 b의 값을 구하려고 한다. 즉,

$$G(b) - G(a) = \int_a^b g(u)du = 1 - \alpha$$

인 제한조건하에서

$$k = s\sqrt{n-1}\left(\frac{1}{\sqrt{a}} - \frac{1}{\sqrt{b}}\right)$$

을 최소화하는 a와 b를 구한다. 여기서 $G(u)$와 $g(u)$는 각각 $\chi^2(n-1)$ 분포의 분포함수와 p.d.f.이다. 이 문제를 정리하면 a와 b는 다음을 만족해야 한다.

$$a^{n/2}e^{-a/2} - b^{n/2}e^{-b/2} = 0$$

(a) Maple을 사용하여 $n = 13$일 때 σ에 대한 90% 신뢰구간 문제에서 $a = 5.9397$, $b = 24.2017$ 임을 보여라.

Hint Maple에서 다음과 같이 두 개의 미지 변수가 포함된 두 개의 방정식의 해를 구한다.

```
Maple:
> restart: read `C:\\Tanis-Hogg\\Maple Examples\\stat.m`:
> g := ChisquarePDF(n-1, x):
> n := 13: alpha := 0.10:
> eq1 := int(g, x = a .. b) = 1 - alpha:
> eq2 := a^(n/2)*exp(-a/2) = b^(n/2)*exp(-b/2):
> fsolve({eq2,eq1},{a,b}, {a=0..n-1, b=n-1..infinity});
```

$$\{a = 5.939654248,\ b = 24.20167765\}$$ ★

(b) 예제 4.2−1의 자료를 이용하여 가장 길이가 짧은 σ의 90% 신뢰구간을 구하여라.

(c) 가장 짧은 길이를 갖는 σ의 신뢰구간 길이와 동일한 꼬리 확률을 갖는 신뢰구간의 길이를 비교하여라.

5.2-2 X, Y, Z가 표준정규분포 $N(0, 1)$에서 크기 3인 확률표본이라 하자.

(a) $T = X/\sqrt{(Y^2+Z^2)/2}$ 가 자유도가 2인 t 분포를 따르는 이유를 설명하여라.

(b) $U = X/\sqrt{(Y^2+Z^2)/2}$ 라 하자. 예제 5.2−12에서 사용한 방법과 비슷하게 U의 p.d.f.가 $f(u) = 1/(\pi\sqrt{2-u^2})$, $-\sqrt{2} < u < \sqrt{2}$ 임을 보여라. U의 p.d.f.가 T의 p.d.f.와 다른 이유를 설명하여라. U의 평균과 분산을 구하여라.

(c) U가 (b)에서 정의한 확률변수라고 할 때 $V = U^2/2$이라 하자. V의 분포함수를 구하고 이를 미분하여 V의 p.d.f.가 $\alpha = 1/2$이고 $\beta = 1/2$인 Beta 분포임을 보여라.

5.2-3 X, Y가 표준정규분포 $N(0, 1)$로부터의 크기 2인 확률표본이라 하고, $U = X/Y$ 라 하자. U의 분포함수를 구하고 이를 미분하여 U의 p.d.f.가 **코쉬분포(cauchy distribution)**임을 보여라.

5.2-4 X, Y가 cauchy분포로부터 크기 2인 확률표본이라 하고(식 5.3−1 참조.), 표본평균을 $W = (X+Y)/2$라 하자.

(a) X와 Y의 결합 p.d.f.를 정의하여라.

(b) 결합 p.d.f.로부터 W의 분포함수를 구하여라.

(c) W의 분포함수를 미분하여 W의 p.d.f.를 구하여라. W의 분포는 무엇인가?

(d) cauchy분포로부터 추출된 임의의 크기의 표본에 대한 표본평균의 분포는 무엇인가?

5.2-5 X의 p.d.f.가 $f(x)=4x^3$, $0<x<1$ 이다. $Y=X^2$의 p.d.f.를 구하여라.

5.2-6 X의 p.d.f.가 **로지스틱분포**(logistic distribution)

$$f(x)=\frac{e^{-x}}{(1+e^{-x})^2}, \qquad -\infty<x<\infty$$

을 따른다고 하자.

$$Y=\frac{1}{1+e^{-X}}$$

의 분포가 $U(0,1)$ 임을 보여라.

5.2-7 X의 p.d.f.가 $f(x)=xe^{-x^2/2}$, $0<x<\infty$ 이다. $Y=X^2$의 p.d.f.를 구하여라.

5.2-8 X의 p.d.f.가 cauchy분포 $f(x)=[\pi(1+x^2)]^{-1}$, $-\infty<x<\infty$ 이다. $Y=X^2$의 p.d.f.를 구하여라.

5.3 모의실험(simulation)

5.3절에서는 주어진 분포로부터 관측값을 모의실험할 수 있는 중요한 정리를 증명하고자 한다.

정리 1.1- 확률변수 Y가 $U(0,1)$을 따른다고 하자. $F(x)$가 공간 $a<x<b$에서 단조증가를 하고 $F(a)=0$, $F(b)=1$인 연속형 분포함수의 성질을 갖는다고 하자. a와 b는 각각 $-\infty$와 ∞ 값을 가질 수 있다. 그러면 $X=F^{-1}(Y)$로 정의되는 확률변수 X는 분포함수 $F(x)$를 갖는 연속형 확률변수가 된다.

증명 X의 분포함수는

$$P(X\le x)=P[F^{-1}(Y)\le x], \qquad a<x<b$$

이다. 그러나 $F(x)$는 단조증가를 하므로 $\{F^{-1}(Y) \le x\}$는 $\{Y \le F(x)\}$와 동등하다. 그러므로

$$P(X \le x) = P[Y \le F(x)], \quad a < x < b$$

이다. 그러나 Y는 $U(0,1)$이므로 $P(Y \le y) = y,\ 0 < y < 1$이고, 따라서

$$P(X \le x) = P[Y \le F(x)] = F(x), \quad 0 < F(x) < 1$$

이다. 즉 X의 분포함수는 $F(x)$이다.

다음 예제에서는 이 정리가 주어진 분포로부터 관측값을 모의실험하여 생성하는 데 어떻게 이용되는지 보여준다.

예제 5.3-1 평균이 $\theta = 10$인 지수분포로부터 관측값을 생성해 보자. X의 분포함수는 $F(x) = 1 - e^{-x/10},\ 0 \le x < \infty$이다. $y = F(x)$를 x에 대해 풀면

$$x = F^{-1}(y) = -10 \ln(1-y)$$

가 된다. 먼저 $U(0,1)$ 분포로부터 독립인 관측값 $y_1, y_2, \dots, y_n$을 생성하고

$$x_i = -10 \ln(1-y_i),\ i = 1, 2, \dots, n$$

을 계산하면 이는 평균이 $\theta = 10$인 지수분포를 따르는 n개의 독립인 확률변수 관측값이 된다. 표 5.3−1은 생성된 15개의 y_i와 $x_i = -10 \ln(1-y_i)$ 을 나타낸다.

그림 5.3−1은 지수분포의 이론적인 분위수에 대해 대응하는 표본 분위수를 그린 **q−q 도표**이다. 이 q−q 도표가 선형성을 가진다는 것은 지수분포가 옳은 모형임을 의미한다. 그림 5.3−1의 상자그림에서는 지수분포의 경우와 같은 자료의 비대칭성을 보인다.

표본평균은 $\bar{x} = 10.4270$이고 표본표준편차는 $s = 10.4311$로 두 값 모두 $\theta = 10$에 가깝다. 모의실험을 반복하면 어느 경우는 잘 적합되나 잘 적합되지 않은 경우도 있다.

부록 표 Ⅷ의 난수를 이용하거나 컴퓨터를 이용하여 좀더 큰 크기의 표본을 생성할 수 있다.

표 5.3-1 지수분포를 따르는 확률표본 관측값과 지수분포의 분위수

y	$x=-10\ln(1-y)$	x의 순서값	분위수
0.1514	1.6417	0.0431	0.6454
0.6697	11.0775	0.5414	1.3353
0.0527	0.5414	1.0569	2.0764
0.4749	6.4417	1.6417	2.8768
0.2900	3.4249	2.6840	3.7469
0.2354	2.6840	3.4249	4.7000
0.9662	33.8729	6.4417	5.7536
0.0043	0.0431	6.8736	6.9315
0.1003	1.0569	8.9526	8.2668
0.9192	25.1578	11.0775	9.8083
0.4971	6.8736	13.0674	11.6315
0.7293	13.0674	17.2878	13.8629
0.9118	24.2815	24.2815	16.7398
0.8225	17.2878	25.1578	20.7944
0.5915	8.9526	33.8729	27.7259

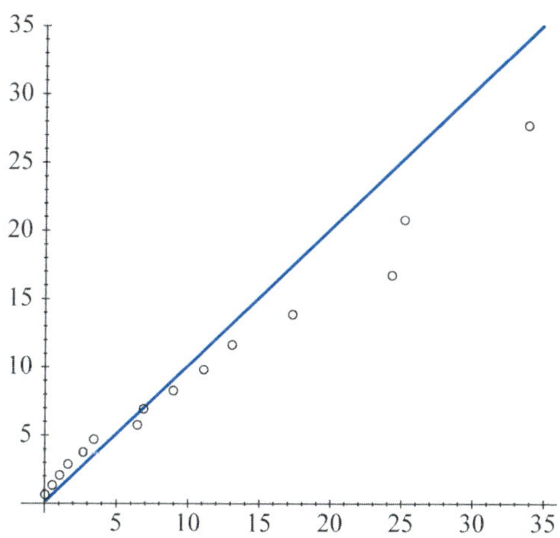

(a)

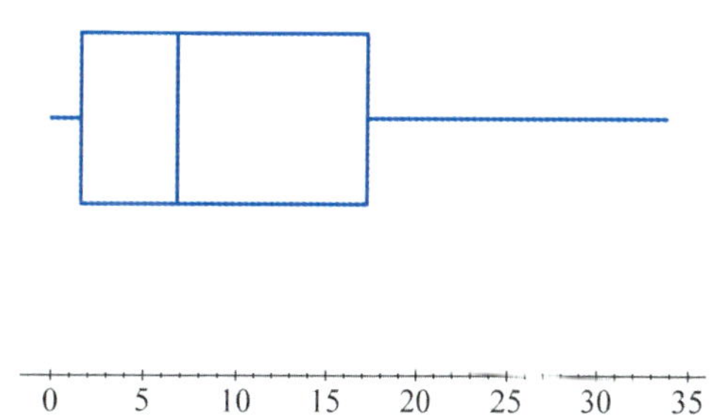

(b)

그림 5.3-1 지수 q-q 도표와 상자그림

회전판의 바늘이 $(0,1)$ 점에 고정되어 있다고 가정하자. 그림 5.3 − 2에서 $y-$축과 회전 바늘 사이의 작은 각도를 w라 하자. w는 구간 $(-\pi/2, \pi/2)$ 사이에서 균등분포를 갖는 확률변수 W의 실현 값이라 하자. 즉, W는 $U(-\pi/2, \pi/2)$를 가지며 W의 분포함수는

$$P(W \le w) = F(w) = \begin{cases} 0, & -\infty < w < -\dfrac{\pi}{2}, \\ \left(w = \dfrac{\pi}{2}\right)\left(\dfrac{1}{\pi}\right) & -\dfrac{\pi}{2} \le w < \dfrac{\pi}{2}, \\ 1, & \dfrac{\pi}{2} \le w < \infty \end{cases}$$

이다. x와 w의 관계는 $x = \tan w$로 나타낼 수 있다. 즉, x 값은 회전바늘을 연장했을 때 x−축과 만나는 점이다. 확률변수 $X = \tan W$의 분포를 구하기 위해 먼저 X의 분포함수를 구하면

$$\begin{aligned} G(x) &= P(X \le x) = P(\tan W \le x) = P(W \le \arctan x) \\ &= F(\arctan x) = (\arctan x + \frac{\pi}{2})\left(\frac{1}{\pi}\right), \quad -\infty < x < \infty \end{aligned}$$

이 된다. 여기서 $-\pi/2 < w < \pi/2$이므로 $-\infty < x = \tan w < \infty$이다. X의 p.d.f.는

$$g(x) = G'(x) = \frac{1}{\pi(1+x^2)}, \quad -\infty < x < \infty \qquad (5.3-1)$$

이다. 그림 5.3−2는 cauchy **확률밀도함수**의 그래프이다.

예제 5.3-2 cauchy 분포의 꼬리부분 확률이 크다는 것을 보기 위하여 cauchy 확률변수 X의 관측값을 생성해 보자. 먼저 $U(0,1)$ 분포로부터 확률 관측값 Y를 생성한다. 다음으로 X의 분포함수 $G(x)$는

$$y = G(x) = (\arctan x + \frac{\pi}{2})\left(\frac{1}{\pi}\right), \quad -\infty < x < \infty$$

이며 또는

$$x = \tan(\pi y - \frac{\pi}{2}) \qquad (5.3-2)$$

로부터 x의 관측값을 구할 수 있다.

표 5.3−2에서 y 값들은 부록 표 Ⅷ의 마지막 열에 있는 처음 10개의 난수이다. x에 대응하는 값은 식 5.3−2에 의해 계산할 수 있다. 비록 cauchy 분포로부터의 대부분의 관측값은 상대적으로 작은 값을 갖지만 아주 큰 값도 자주 발생한다. 이와 같은 상황을 예를 들어 설명하면, (0,1) 좌표를 갖는 제일 높은

꼭대기에서 목표를 향해 사격을 할 때 각각 균일분포 $U(-\pi/2, \pi/2)$를 갖는 독립인 임의의 각도를 관찰하는 경우이며 이 경우 목표점은 cauchy분포를 갖는다.

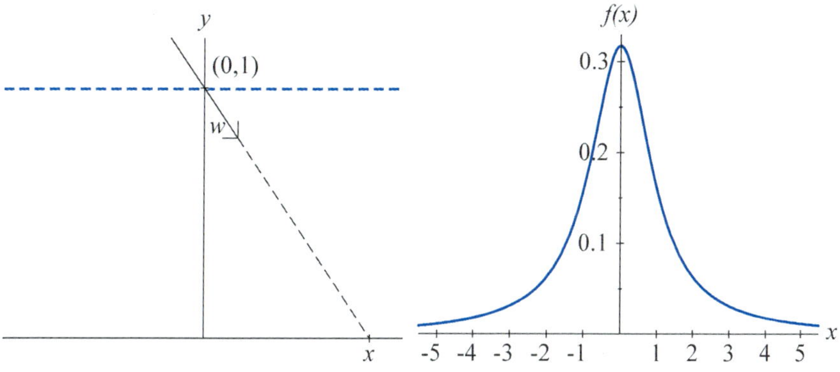

그림 5.3-2 회전바늘과 cauchy p.d.f.

표 5.3-2 cauchy 관측값

y	x
0.1514	−1.9415
0.6697	0.5901
0.0527	−5.9847
0.4749	−0.0790
0.2900	−0.7757
0.2354	−1.0962
0.9662	9.3820
0.0043	−74.0211
0.1003	−3.0678
0.9192	3.8545

예제 5.3-3 균일분포 $U(0,1)$로부터 크기 $n=6$인 확률표본 $X_1, X_2, \dots, X_6$을 생성했다고 하자. 이와 같은 모의실험을 1000번 반복실행한 후, 각 표본에서 표본평균 $\bar{x}$를 계산할 수 있다. 그림 5.3−3은 1000번 반복하여 얻은 표본평균 $\bar{x}$들의 히스토그램이다. 히스토그램의 모양은 정규 p.d.f.의 모양을 가지며 자세한 내용은 3.6절에서 학습한 바 있다.

경우에 따라 정규분포를 따르는 확률변수들의 관측값을 모의실험으로 만들어야 할 때가 있다. 간단한 방법 중 하나는 중심극한정리(Central Limit Theorem)를 이용하는 것이다. 만일 $U(0,1)$ 분포로부터의 크기 12인 확률표본을 $X_1, X_2, \dots, X_{12}$라고 하면,

$$Z = \frac{\Sigma_{i=1}^{2}(X_i - 1/2)}{\sqrt{12}\sqrt{1/12}} = \sum_{i=1}^{12} X_i - 6$$

은 근사적으로 $N(0,1)$인 분포를 가진다.

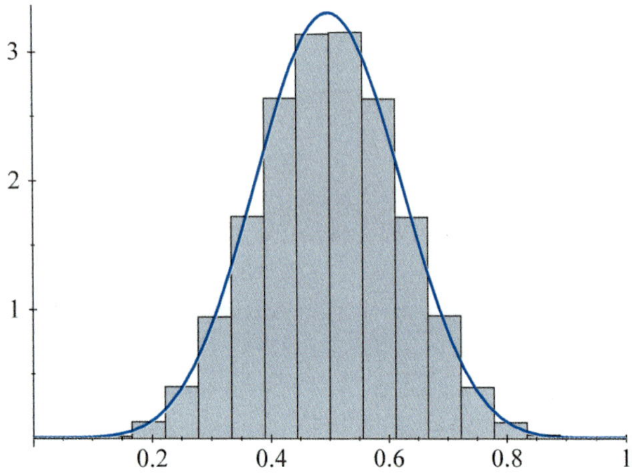

그림 5.3-3 $U(0,1)$에서 크기 6인 표본들을 1,000번 모의실험하여 얻은 $\bar{x}$들의 히스토그램

정규분포를 따르는 확률변수의 관측값을 생성하는 데 사용할 수 있는 흥미 있는 변환방법으로 Box-Muller 변환방법이 있다. U_1과 U_2가 독립인 $U(0,1)$ 확률변수라 하면

$$\begin{aligned} Z_1 &= \sqrt{-2\ln U_1}\cos(2\pi U_2) \\ Z_2 &= \sqrt{-2\ln U_1}\sin(2\pi U_2) \end{aligned} \tag{5.3-3}$$

는 각각 독립인 $U(0,1)$인 분포를 갖는다. (연습문제 5.3 − 15 참조.)

Z_1과 Z_2가 각각 독립인 $N(0,1)$인 확률변수일 때

$$X_1 = \sqrt{1-\rho^2}\, Z_1 + \rho Z_2, \quad X_2 = Z_2, \quad 0 \le \rho \le 1 \tag{5.3-4}$$

라 정의하자. $E(X_1) = E(X_2) = 0$이고 $\mathrm{Var}(X_1) = \mathrm{Var}(X_2) = 1$이다. 또한

$E(Z_2^2) = \text{Var}(Z_2) = 1$ 이므로 $E(X_1X_2) = \rho E(Z_2^2) = \rho$이다. 즉 X_1과 X_2의 상관계수는 ρ이다. X_1과 X_2는 평균들이 0이고 분산들이 1이며 상관계수가 ρ인 **이변량정규분포**(bivariate normal distribution)를 따른다고 한다. 그러나 평균이 μ_1, μ_2이고 분산이 σ_1^2, σ_2^2이며 상관계수가 ρ인 이변량 정규분포를 갖는 Y_1과 Y_2의 분포를 구한다고 하자.

$$X_1 = \frac{Y_1 - \mu_1}{\sigma_1}, \quad X_2 = \frac{Y_2 - \mu_2}{\sigma_2}$$

또는

$$Y_1 = \sigma_1 X_1 + \mu_1, \ Y_2 = \sigma_2 X_2 + \mu_2 \tag{5.3-5}$$

로 정의하면 Y_1과 Y_2는 이변량 분포를 갖는다. 예를 들면 만일 $\mu_1 = 5.8$(feet), $\mu_2 = 5.3$ (feet), $\sigma_1 = \sigma_2 = 0.2$(foot), 그리고 $\rho = 0.6$이면 Y_1과 Y_2는 각각 결혼한 쌍의 남자 신장과 여자 신장을 나타내며 이변량 정규분포를 갖는다.

연습문제 5.3

5.3-1 부록의 표 Ⅷ의 난수표에서 마지막 24개의 4자리 숫자를 사용하자.

(a) $f(x) = 4x^3, \quad 0 < x < 1$인 p.d.f.로부터 난수와 대응하는 20개의 확률 관측값을 구하여라.

(b) 표본평균과 $E(X)$를 비교하여라.

(c) 표본분산과 $\text{Var}(X)$를 비교하여라.

5.3-2 cauchy 확률변수 X의 p.d.f.는 다음과 같다.

$$f(x) = 1/[\pi(1+x^2)], \ -\infty < x < \infty$$

평균 $E(X)$가 존재하지 않음을 보여라.

Hint $\int_{-\infty}^{\infty} \frac{|x|}{\pi(1+x^2)} dx$가 유한하기 위해서는 적분 $\int_0^{\infty} \frac{x}{\pi(1+x^2)} dx$가 유한하여야 한다. 그러나

$$\int_0^{\infty} \frac{x}{\pi(1+x^2)} dx = \frac{1}{2\pi} \lim_{b\to\infty} \left[\ln(1+x^2)\right]_0^b$$

$$= \frac{1}{2\pi} \lim_{b\to\infty} \left[\ln(1+b^2) - \ln(1)\right] = \infty$$

이다.

5.3-3 X의 p.d.f.는 $f(x) = 2x, 0 < x < 1$이다.

(a) X의 분포함수를 구하여라.

(b) X관측값을 생성하는 방법을 기술하여라.

(c) X의 관측값 10개를 모의실험으로 생성하여라.

5.3-4 난수발생기를 사용하여 p.d.f. $f(x) = 2x, 0 < x < 1$로부터 $n = 18$개의 관측값을 구하여라. 표본평균 $\bar{x}$를 구하여라. 이 과정을 1000번 반복하고 1000개의 $\bar{x}$에 대한 히스토그램을 작성하여라. 종모양의 분포가 이 히스토그램에 얼마나 잘 적합되는가?

5.3-5 X가 cauchy 분포를 갖는다고 하자. 다음을 구하여라.

(a) $P(X > 1)$

(b) $P(X > 5)$

(c) $P(X > 10)$

5.3-6 (a)에 부록 표 Ⅷ를 사용.

(a) cauchy 확률변수 9개를 모의실험으로 생성하여라.

(b) 9개 관측값에 대한 표본평균과 중위수를 구하여라. 어떤 통계량이 분포의 중심(0)에 대해 더 나은 추정치인가? 다른 학생들의 결과와 비교하여라.

(c) 1000개의 cauchy 확률변수 관측값을 생성하고 연습문제 5.3－5의 확률과 상대도수를 비교하여라.

5.3-7 생일문제(연습문제 2.1－10과 2.1－11)는 n－면체 주사위에서 같은 면이 두 번 관측될 때까지 던지는 실험과 동일하다. $n = 20$면체 주사위를 사용하고, 이 주사위를 r번 던진다고 하자($r \le 21$).

(a) 모든 면이 서로 다를 확률을 구하여라.

(b) 적어도 같은 면이 두 번 나타날 확률을 r의 함수 $P(r)$로 정의하여라.

(c) 점의 집합 $\{[r, P(r)],\ r = 1, 2, \cdots, 20]\}$

(d) **(i)** $P(r) \approx 0.42$, **(ii)** $P(r) \approx 0.56$인 r값을 구하여라.

(e) 만일 주사위를 다섯 번 던진다면, 약 42% 정도 일치되는 경우가 있는지 모의실험으로 확인하여라.

(f) 만일 주사위를 여섯 번 던진다면, 약 56% 정도 일치되는 경우가 있는지 모의실험으로 확인하여라.

(g) 확률변수 Y를 처음 면이 일치하는 경우가 발생하기까지 필요한 횟수라 하자. Y의 p.d.f.를 구하여라.

(h) $\mu = E(Y)$, $\sigma^2 = \mathrm{Var}(Y)$, 그리고 σ를 구하여라.

(i) 이러한 실험을 200번 반복하여 구한 히스토그램과 확률 히스토그램을 $\bar{x}$는 μ와 s^2은 σ^2과 s는 σ와 비교하여라.

5.3-8 크랩(crap) 게임(연습문제 1.3 − 13)에서는 주사위 한 번으로 이기거나 질 수 있다. 게임자가 이기는지 지는지를 결정하려면 주사위를 여러 번 던져야 한다고 할 때 N을 승부가 날 때까지 주사위를 던지는 횟수라 하자.

(a) $P(N=k)$ $k = 1,2,3,4,\ldots$를 추정하기 위해 1,000번 모의실험을 시행한다. N의 평균이 $\mu = 557/165 \approx 3.376$이고 N의 표본분산이 $\sigma^2 = 245{,}672/27{,}225 \approx 9.0238$임을 보여라.

Hint Maple에는 크랩 게임을 한 번 시행하는 'Craps( )' 절차가 있다. 게임에 지면 첨자가 0이고 이기면 1의 값을 주는데 연속적인 첨자는 주사위 게임의 결과를 나타낸다.

(b) μ와 σ^2에 대한 값이 이론적으로 사실인 것을 증명하여라. 먼저

$$P(N=1) = \frac{12}{36}$$

임을 보이자. $n = 2,3 \cdots$에 대하여, $P(N=n)$은

$$2\left[\left(\frac{27}{35}\right)^{n-2}\left(\frac{3}{36}\right)\left(\frac{9}{36}\right) + \left(\frac{26}{36}\right)^{n-2}\left(\frac{4}{36}\right)\left(\frac{10}{36}\right) + \left(\frac{25}{26}\right)^{n-2}\left(\frac{5}{36}\right)\left(\frac{11}{36}\right)\right]$$

이다.

$$\mu = \sum_{n=1}^{\infty} nP(N=n) = \frac{557}{165}$$

이고

$$\sigma^2 = \sum_{n=1}^{\infty}(n-E(N))^2P(N=n) = \frac{245,672}{27,225}$$

임을 보여라.

(c) 그림 2.1－1과 2.1－2와 같은 확률히스토그램과 상대도수 히스토그램을 작성하여라.

5.3-9 N－면체 주사위를 던진다고 하자. N의 값은 미지이고 아주 크다고 하자. 이 주사위를 10번 던져 $x_1, x_2, \ldots, x_{10}$을 얻는다. 열 번의 결과로 N의 값을 추정하려고 한다. N을 추정하는 여러 가지 방법이 있는데, 이중 다섯 가지 방법을 비교하기 위해 $N=750$인 경우에 대해 모의실험을 한다. 다음 다섯 가지 방법이 가능한 이유를 설명하여라.

- $y_{10} = \max\{x_1, x_2, \ldots, x_{10}\}$ (예제 2.4－3 참조.)
- $[(11/10)*y_{10}]$ 이 때 [M]은 “ceiling” 함수 또는 최대정수함수이다.
- $[2*\overline{x}-1]$
- $[\sqrt{12}\,s-1$
- $2M$, 여기서 M은 관측값의 중위수이다.

(a) 1부터 750까지의 정수에서 10개의 정수를 복원추출한다. 이 과정을 500번 반복하여 생성한다.

(b) 5개의 추정방법에 대해 각 표본으로부터 추정치를 계산하고 500개의 추정치를 구하여라.

(c) 500개 추정치 자료 집합의 평균을 구하여라.

(d) 500개 추정치 자료 집합의 표준편차를 구하여라.

(e) 같은 그래프에 500개 추정치의 각 집합에 대해 상자–수염 그림을 작성하여라.

(f) 모의실험 결과와 각 추정치 집합의 평균과 분산 그리고 상자–수염 그림에 기초하여 어떤 추정치를 추천하겠는가? 그 이유를 설명하여라.

5.3-10 이동하는 동물이나 물고기의 모집단 개체수를 추정하기 위하여 각 개체들을 잡아서 표시를 하고 되돌려주는 실험을 실시하였다. 개체들이 모집단에서 잘 섞여진 후 새로운 표본을 추출하고 두 번째 표본에서 표

시된 개체의 수는 모집단을 추정하는 데 사용한다. 다음을 정의하자.

- N_1= 첫 번째 표본으로 잡은 개체수로 표식을 표시하고 다시 모집단에 풀어준다.
- n= 두 번째 표본으로 잡힌 개체 수
- x= 두 번째 표본으로 잡힌 개체 수에서 표식이 있는 수(즉, 다시 잡힌 개체 수)
- N= 전체 모집단 수

식 2.3-3에서 N의 최우추정치는

$$\widehat{N}= n\left[\frac{N_1 n}{x}\right]$$

이다.

(a) 물고기 대신 사탕을 사용해 보자. m&m이 들어 있는 큰 상자에서 컵으로 한 컵 꺼내어 m&m의 수를 세고 같은 숫자의 과일 사탕으로 대체한다.

(b) 두 종류의 사탕이 섞인 상자에서 한 컵 분량을 꺼내고 표본에 있는 과일 사탕의 비율을 사용하여 m&m의 모집단 크기를 추정하여라. 모든 사탕을 원래의 상자에 되돌려 놓아라.

(c) 위의 과정을 반복하여 모집단 크기에 대한 10개 추정치를 구하여라.

(d) 10개 추정치의 평균으로 모집단 크기를 추정하여라.

(e) 10개 추정치의 표준편차는 큰가? 또는 작은가?

(f) 이 실험을 대신할 수 있는 컴퓨터 모의실험을 하여라. $N_1 = 50, 100, 150, 200, 250, 300, 350$이고 $n = 400 - N_1$이라 하자. 서로 다른 조합에 대한 결과를 비교하고 가장 좋은 조합을 선택하여라.

5.3-11 모집단 분포가 정규분포가 아닐 경우 평균에 대한 90% 신뢰구간을 비교하는 모의실험을 하여라. 다음 각 분포에서 크기 $n = 5$인 확률표본을 50개 생성하여라. 각 표본에서 처음에는 σ와 $z_{0.05} = 1.645$를 사용하고 다음에는 s와 $t_{0.05}(4) = 2.213$을 사용하여 μ에 대한 90% 신뢰구간의 한계점을 구하여라. 구한 신뢰구간 중 90%가 평균을 포함하는가? 신뢰구간의 평균 길이는 얼마인가?

(a) $U(0,2)$

(b) $\theta = 1$인 지수분포

5.3-12 $X_1, X_2, \ldots, X_7$는 정규분포 $N(1,1)$에서 추출한 크기 $n=7$인 확률표본이라 하면 $T = (\overline{X}-1)/(S/\sqrt{7})$은 자유도가 7인 $t-$분포를 따른다.

(a) 정규분포 $N(1,1)$에서 크기 $n=7$인 확률표본을 500번 생성하고 각 표본에서 T값을 계산하여라. T 값의 히스토그램을 작성하고 자유도가 6인 $t-$분포의 p.d.f.와 겹쳐 비교하여라. 또한 자유도가 6인 $t-$분포의 백분위수와 T의 표본 관측값의 순서통계량에 대한 q-q 도표를 작성하여라.

(b) 평균이 1인 지수분포에서 크기 $n=7$인 확률표본을 추출하여 (a) 부분을 반복하여라.

(c) cauchy 분포에서 크기 $n=7$인 확률표본을 500번 생성하여라. 각 확률표본에 대해 $T = \overline{X}/(S/\sqrt{7})$의 값을 계산하여라. T 값의 히스토그램을 작성하고 자유도가 6인 $t-$분포의 p.d.f.와 겹쳐서 비교하여라. 또한 자유도가 6인 $t-$분포의 백분위수와 T의 표본 관측값의 순서통계량에 대한 q-q 도표를 작성하여라. 적합 정도에 대해 기술하여라.

5.3-13 크기 11의 확률표본 $X_1, X_2, \ldots, X_{11}$을 정규분포 $N(0,1)$에서 추출하였고, 크기 11의 확률표본 $Y_1, Y_2, \ldots, Y_{11}$도 역시 정규분포 $N(0,1)$에서 추출하였다고 하자. 그러면 표본 분산의 비 $F = S_X^2/S_Y^2$은 자유도가 $r_1 = 10$, $r_2 = 10$인 F 분포를 따른다.

(a) 각 정규분포에서 크기 11인 확률표본을 100번 생성하고 각 표본의 표본분산을 계산하여 F 값을 계산하여라. 이 자료에 대한 히스토그램을 그리고 $F(10,10)$의 p.d.f.와 겹쳐 그려라. 또한 $F(10,10)$의 백분위수와 F 값의 순서통계량에 대한 q-q 도표를 작성하여라. 적합이 잘되는가?

(b) 이번에는 평균이 1인 두 개의 지수분포로부터 표본을 추출하여 (a) 부분을 반복하고 적합이 잘되는지 보아라. 적합이 잘되었다면 이유는 무엇인가?

(c) 이번에는 두 개의 $U(-1,1)$ 분포에서 표본을 추출하고 (a) 부분을 반복하여라.

5.3-14 정규분포와 지수분포에서 표본추출을 하였을 때 $(n-1)S^2/\sigma^2$의 표본분포를 비교해 보자.

(a) 정규분포 $N(10,1)$에서 크기 $n=16$인 확률표본을 200번 생성하자. 각 표본에서 S^2을 계산하여 $s_1^2, s_2^2, \ldots, s_{200}^2$을 얻을 수 있다. $(n-1)S^2/\sigma^2$이 $\chi^2(n-1)$이므로 $15s_1^2/1$, $15s_2^2/1$, ..., $15s_{200}^2/1$의 히스토그램과 $\chi^2(15)$의 p.d.f.를 겹쳐 그려 보자.

(b) 이번에는 평균이 10이고 분산이 1인 지수분포 즉, $f(x)=e^{-(x-9)}$, $9<x$에서 확률표본을 추출하고 (a) 부분을 반복하여라.

(c) (a)와 (b)에서 구한 200개 s^2 값에 대하여 s의 제5백분위수와 제95백분위수를 찾아 σ에 대한 90% 신뢰구간을 구하여라. $\sigma^2=1$이라는 것을 알기 때문에 우리는 각 구간이 $\sigma^2=1$을 포함할 것으로 90% 신뢰한다.

5.3-15 $U(0,1)$ 분포로부터 200개 쌍의 관측값 U_1과 U_2를 생성하자. 각 쌍의 수로부터 다음 값을 계산해 보자.

$$Z_1=\sqrt{-2\ln U_1}\cos(2\pi U_2), \quad Z_2=\sqrt{-2\ln U_1}\sin(2\pi U_2)$$

(식 5.3-3 참조)

(a) Z_1과 Z_2의 평균과 분산이 각각 0과 1임을 보여라.

(b) Z_1과 Z_2 각각의 자료집합에서 상대도수 히스토그램을 작성하고 각각의 히스토그램에 $N(0,1)$ p.d.f.를 겹쳐 그려라.

(c) $N(0,1)$의 분위수와 Z_1과 Z_2 각각의 순서통계량에 대한 q-q 도표를 작성하여라. 적합이 잘 되었는가?

(d) (Z_1, Z_2) 관측값의 산점도를 그리고 상관계수를 계신히어라. 결론은 무엇인가?

5.4 재표집

표집 및 재표집방법(Sampling and resampling method)은 최근에 컴퓨터의 발달로 더욱 유용하게 사용되고 있는 방법이다. 재표집 방법을 통해 독자들은 표본평균이 근사적으로 정규분포를 따른다는 것을 확신할 수 있을 것이다.

그러나 재표집 방법을 이용하면 통계량의 분포를 찾는 것 외에도 그 이상의 일을 할 수 있는데, 재표집 방법은 통계적 추론에 사용되는 어떤 통계량의 근사 분포를 구하는 데 필요하다. 우리는 이미 $\overline{X}$의 분포에 대해 알고 있으므로 $\overline{X}$에 대해 재표집 방법을 사용할 필요는 없다. $\overline{X}$는 평균이 μ이고 표준오차가 $\sigma/\sqrt{n}$인 근사정규분포를 따르므로, 만일 표준오차를 모른다면 $s/\sqrt{n}$로 추정할 수 있다. 만일 표본 크기가 충분히 크고 모집단 분포가 길고 두터운 꼬리를 가지며 심하게 비대칭이 아니라면 $(\overline{X}-\mu)/(s/\sqrt{n})$는 근사적으로 $N(0,1)$ 분포를 따른다.

모집단 분포의 평균 μ와 분산 σ^2이 존재하면 $\overline{X}$는 항상 근사정규분포를 갖는다. 그러나 표본분산 S^2의 분포와 같이 모집단 분포에 의존하는 통계량의 분포을 구하는 방법은 무엇이겠는가? 재표집 방법은 컴퓨터를 이용하여 기본적으로 이론을 대체하는 방법으로 사용한다. 대응하는 모수들의 신뢰구간을 구하기 위해 다양한 통계량의 분포에 대한 정보가 필요하다.

지금부터 재표집 방법을 설명해 보자. 예를 들면 S^2과 같은 어떤 통계량의 분포를 구하려고 한다고 하자. 그러나 정규분포인 모집단에서 표본이 추출되었는지는 알 수 없다. $X_1, X_2, \ldots, X_n$의 관측값으로 $x_1, x_2, \ldots, x_n$을 얻었다고 하자. 만일 모집단 분포에 대해 모른다면 그 분포를 추정하는 가장 좋은 방법은 각 x_i에 가중치 $1/n$을 부가하여 **경험적 분포**(empirical distribution)를 구하는 것이다. 그러므로 S^2에 대한 분포를 구하기 위하여 경험적 분포로부터 크기 n인 표본을 추출하고 그 표본에 대한 S^2을 계산하면 된다. 이를 s_1^2이라 하자. 다시 반복하여 s_2^2을 얻고, 또 다시 반복하여 s_3^2을 계산한다. 이러한 반복을 아주 많이 N번 반복한다. N은 1000, 2000 또는 10,000번도 될 수 있다. 일단 S^2에 대한 N개의 값이 얻어지면 이들 값들을 이용하여 S^2의 분포에 대한 정보를 얻을 수 있는 히스토그램, 줄기-잎 도표, q-q 도표 등을 작성한다. 표본들이 추출된 경험적 분포는 모집단 분포에 대한 추정치이다.

이번에는 절사평균(trimmed mean)을 이용한 재표집 방법을 설명하고자 한다. 보통은 모집단 분포를 모르나 이 예에서는 cauchy 모집단 분포를 가정한다. 앞에서 말한 바와 같이 cauchy 분포의 p.d.f.는

$$f(x) = \frac{1}{\pi(1+x^2)}, \qquad -\infty < x < \infty$$

이고, 분포함수는

$$F(x) = \int_{-\infty}^{x} \frac{1}{\pi(1+w^2)}\,dw = \frac{1}{\pi}\arctan x + \frac{1}{2}, \qquad -\infty < x < \infty$$

이다. 만일 이 분포로부터 X 값을 생성하고자 하면, Y는 균일분포 $U(0,1)$을 따른다고 하고 X를 다음과 같이 정의할 수 있다.

$$Y = F(X) = \frac{1}{\pi}\arctan X + \frac{1}{2}$$

또는,

$$X = \tan\left[\pi\left(Y - \frac{1}{2}\right)\right]$$

이다.

컴퓨터를 이용하여 Y값 40개를 생성하고 이로부터 40개의 X값을 계산한 후, 중위수가 5인 cauchy 분포로부터 표본을 생성하기 위해 각 X 값에 $\theta = 5$를 더해 보자. 이와 같은 방법으로 $W = X + 5$인 40개의 확률표본을 얻을 수 있다. 이 분포의 중위수 θ를 추정하는 데 사용할 어떤 통계량을 생각해야 하는데, 물론 보통은 중위수 값을 모르지만 여기서는 이 값이 $\theta = 5$라고 알고 있고 통계량을 사용하여 알고 있는 이 값을 추정한다. 순서적으로 정렬된 40개의 W 값은 다음과 같다.

−7.34	−5.92	−2.98	0.19	0.77	0.95	2.86	3.17	3.76	4.20
4.20	4.27	4.31	4.42	4.60	4.73	4.84	4.87	4.90	4.96
4.98	5.00	5.09	5.09	5.14	5.22	5.23	5.42	5.50	5.83
5.94	5.95	6.00	6.01	6.24	6.82	9.62	10.03	18.27	93.62

이들 40개 값들의 대부분은 3과 7사이로 $\theta = 5$에 가까운 값을 갖는다. 이들은 마치 평균 $\mu = 5$이고 분산 $\sigma^2 = 1$인 정규분포로부터 추출된 것과 같아 보인다. 그러나 두텁고 긴 꼬리를 갖는 cauchy 분포로부터 추출되었기 때문에 아주 작거나 큰 이상점(outlier)들이 나타나므로 표본평균 $\overline{X}$가 중위수에 대한 좋은 추정치가 되지 못함을 알 수 있다. 실제로 표본평균은 $\overline{x} = 6.67$이다. 이

론적으로는 cauchy 분포의 평균 μ와 분산 σ^2이 존재하지 않기 때문에 $\overline{X}$는 중위수 θ를 추정하는 데 있어서 한 개의 관측값 X_i 보다 더 나은 것이 없다. 표본중위수 $\widetilde{m}$은 이상점에 영향을 받지 않기 때문에 θ의 추정치로 바람직하다. 위의 자료의 중위수는 4.97이며 이는 5에 아주 가깝다. 사실 우도함수

$$L(\theta)=\prod_{i=1}^{40}\frac{1}{\pi[1+(x_i-\theta)^2]}$$

을 최대화하는 최우추정량은 아주 좋은 추정량이지만 계산하기 위해서는 어려운 수리적 방법이 요구된다. cauchy 분포의 경우에 순서표본에서 상하 $3/8=37.5\%$를 버리고 중앙의 25%를 갖고 계산하는 절사평균은 거의 최우추정량 만큼 우수한 것을 보일 수도 있다. 절사평균은 보통 $\overline{X}_{0.375}$로 표현하지만 간단히 $\overline{X_t}$로 표시한다. 여기서는 $\overline{x_t}=4.96$으로 중위수보다 아주 좋지는 않지만 대부분의 표본에서는 더 좋은 추정량이 된다. 절사평균은 아주 유용한데 대부분의 경우 절사비율을 적게 하여 사용한다. 예를 들면 스케이팅이나 다이빙과 같은 스포츠 경기에서는 심판들의 최저 점수와 최고 점수를 버리고 평균을 계산하고 있다.

cauchy 분포 예제에서 40개 관측값 각각의 확률이 1/40일 때 생성된 경험적 분포로부터 재표집을 하여 보자. 각각의 표본에 대해 절사평균 $\overline{X_t}$를 구한다. 즉, 각 재표집된 표본의 관측값을 크기 순서로 정렬한 순서통계량에서 중앙의 25%, 즉 중앙의 10개 관측값에 대한 평균을 구한다. 이 과정을 $N=1000$번 반복하고 $N=1000$개의 $\overline{X_t}$ 값을 얻었으며 그림 5.4－1(a)에 히스토그램으로 나타내었다.

이 재표집 과정을 **붓스트래핑**(boorstrapping)이라고 하는데, 만일 표본이 경험적 분포로부터 발생되었다면 분포에 대한 정보를 얻을 수 있다. 만일 cauchy 분포로부터 표본을 추출하였다면 표본평균 $\overline{X}$의 분포는 정규분포가 아니다. 절사평균값의 히스토그램(그림 5.4－1(a))를 보면 이 경우에 해당한다. 그림 5.4－1(b)는 표준정규분포의 분위수와 1000개 $\overline{x_t}$값들의 분위수에 대한 q-q 도표이며 직선에 아주 가깝다.

θ에 대한 신뢰구간은 어떻게 구할 수 있을까? $\overline{X_t}-\theta$ 분포의 중앙값은 0이

다. 그러므로 θ에 대한 추정은 $\overline{X_t}$의 히스토그램의 중심이 0에 가깝게 되도록 이동해야 된다. 이 히스토그램은 원래 표본 $X_1, X_2, \ldots, X_{40}$으로부터 만들어졌으며 따라서 $\overline{X_t}$ 분포의 추정치이다.

θ의 점추정치는 중위수(또는 평균)가 0이 될 때까지 이동하여 얻을 수 있다. 그러나 이러한 과정에도 오차가 있을 수 있다. 그래서 θ에 대한 신뢰구간의 범위가 필요한 것이다.

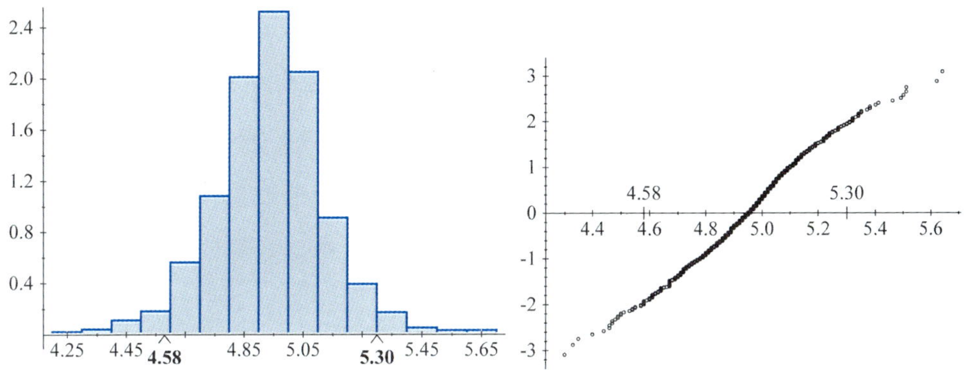

(a) 절사평균의 히스토그램 (b) $N(0,1)$에 대한 절사평균 분위수

그림 5.4-1 $N = 1000$개의 절사평균 관측값

다음과 같이 신뢰구간을 구하여 보자. $\overline{X_t}$의 $N = 1000$개 재표집 결과로부터 25개는 c보다 작고 25개는 d보다 큰 두 개의 점 c와 d를 구할 수 있다. 즉 c와 d는 $N = 1000$개의 재표집된 $\overline{X_t}$ 값의 경험적 분포에서 각각 제2.5백분위수와 제97.5백분위수이다. 따라서 θ는 c보다 크고 d 보다는 작아야 한다. 따라서 $c < \theta$이고 $\theta < d$이다. 즉, **백분위수 방법**(percentile method)에 의한 θ의 근사 95% 신뢰구간은 $[c, d]$이다. $N = 1000$개의 $\overline{X_t}$ 값의 붓스트랩 분포에서 θ의 95% 신뢰구간은 4.58에서 5.30이며 이 두 값을 히스토그램과 q-q 도표에 표시하였다. 물론 90%와 같은 다른 신뢰계수를 사용한 신뢰구간을 구할 수 있다.

붓스트립 방법에 관련된 백분위수 방법은 모집단 분포에 대한 가정이 없으므로 **비모수적 방법**(nonparametric method)이다. 순서통계량 $Y_1 < Y_2 < \cdots < Y_{40}$으로부터 구한 추정치와 비교해 보자. 만일 표본이 연속형 분포로부터 추출되고 θ가 중위수이면

$$P(Y_{14} < \theta < Y_{27}) = \sum_{k=14}^{26} \binom{40}{k} \left(\frac{1}{2}\right)^{40} = 0.9615$$

이다(4.9절 참조.). 위의 예에서 $Y_{14} = 4.42$이고 $Y_{27} = 5.23$이므로 구간 [4.42, 5.23]은 θ에 대한 96% 신뢰구간이다. 물론 $\theta = 5$는 두 신뢰구간 모두에 포함된다. 붓스트랩 신뢰구간은 $\theta = 5$에 대해 더 대칭이고 짧지만 더 많은 작업이 필요하다.

지금까지 모집단 분포의 특징에 대한 통계적 추론 이론을 대체할 수 있는 계산적 방법인 붓스트랩 방법을 설명하였다. 이 방법은 명백히 어떤 가정이 만족되지 않은 복잡한 자료가 있을 때 더욱 중요하게 사용된다. 예를 들면 $\mu = 1$인 지수분포 $f(x) = e^{-x}$, $0 < x < \infty$에서 표본을 추출할 때 $T = (\overline{X} - \mu)/(S/\sqrt{n})$의 분포를 생각해 보자. 먼저 재표집 방법을 사용하지 않는 대신 위의 지수분포로부터 표본크기 $n = 16$인 확률표본을 $N = 1000$개 생성하여 T의 분포를 구해 보자. X의 c.d.f.는

$$F(x) = \int_0^x e^{-w}\, dw = 1 - e^{-x}, \quad 0 < x < \infty$$

이고 $Y = F(X)$ 이므로

$$X = -\ln(1 - Y)$$

이다. Y가 균등분포 $U(0,1)$을 갖는다면 X는 $\mu = 1$인 지수분포를 갖는다. 컴퓨터를 이용하여 $n = 16$개의 Y 값을 추출하고 그 다음에 대응하는 $n = 16$개의 X 값을 구한 나음 $T = (\overline{X} - 1)/(S/\sqrt{16})$을 계산하여 T_1이라 한다. 이 과정을 반복하여 $T_2, T_3, \ldots, T_{1000}$ 값을 구한다. 그림 $5.4-2(a)$는 이렇게 해서 얻은 1000 개의 T 값에 대한 히스토그램이다. 그림 $5.4-2(b)$는 $N(0,1)$의 분위수와 T의 분위수를 표시한 q−q 도표이다. 히스토그램과 q−q 도표 모두에서 T의 분포는 왼쪽으로 기울어져 있다.

앞의 예에서는 모집단 분포를 알고 있었다. 평균이 $\mu = 1$인 지수분포로부터의 표본에서 각 X에 θ를 더하면 새로운 평균 $\theta + 1$을 추정할 수 있다. 저자는 θ 값을 알고 있지만 독자들은 모른다고 하자. 16개 확률표본의 관측값은 다음과 같다.

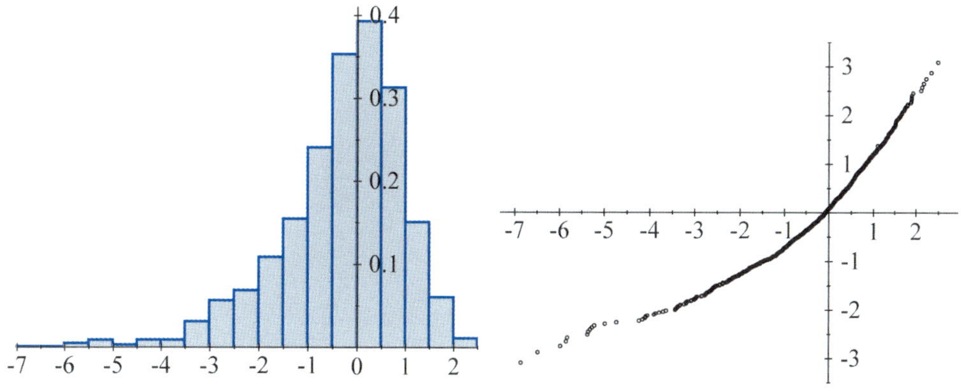

(a) T의 1000 개 관측값　　(b) $N(0,1)$ 분위수 대 T 분위수

그림 5.4–2 지수분포로부터의 T 관측값

11.9776	9.3889	9.9798	13.4676	9.2895	10.1242	9.5798	9.3148
9.0605	9.1680	11.0394	9.1083	10.3720	9.0523	13.2969	10.5852

지금은 $\mu = \theta + 1$에 대한 신뢰구간을 구하는 것이 목적이며, 모집단의 분포가 지수분포라는 것은 모른다고 가정하자. 실제 응용의 경우에서도 대부분 모집단의 분포를 알지 못한다. 따라서 모집단 분포를 추측하기 위하여 경험분포를 사용하며 이는 각 관측값에 1/16의 가중치를 주어 구할 수 있다. 경험분포의 평균은 $\overline{x} = 10.3003$이다. 따라서 경험분포로부터 $N = 1000$개의 확률표본을 추출하여

$$T = \frac{\overline{X} - 10.3003}{S/\sqrt{16}}$$

을 계산하면 T 분포에 대해 알 수 있다.

$t_1, t_2, \ldots, t_{1000}$개의 값을 얻고 이 값들을 사용하여 그림 5.4 − 3(a)와 q−q 도표를 얻었다. 이 두 그림은 그림 5.4 − 2와 비슷하다. 또한 1000개 t−값의 0.025 분위수와 0.975 분위수는 각각 $c = -3.1384$와 $d = 1.8167$이다.

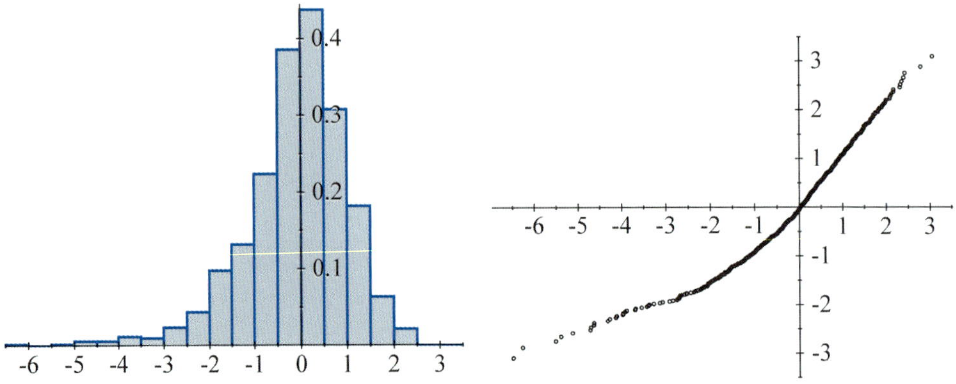

(a) T의 1000개 관측값

(b) $N(0,1)$ 분위수 대 T 분위수

그림 5.4-3 T 관측값과 경험적 분포

표를 이용하면 $T-$분포에 대한 2.5백분위수와 97.5백분위수를 알고 있으므로, 근사적으로

$$P\left(-3.1384 \le \frac{\overline{X}-\mu}{S/\sqrt{16}} \le 1.8167\right) \approx 0.95$$

를 얻을 수 있다. 이로부터 원래 표본자료의 $\overline{x}$와 s로 대체하면 근사 95% 신뢰구간은

$$[\,\overline{x}-1.8167s/\sqrt{16}\,,\ \overline{x}-(-3.1384)s/\sqrt{16}\,]$$

가 된다. $\overline{x}=10.3003$이고 $s=1.4544$이므로 $\mu=\theta+1$에 대한 근사 95% 신뢰구간은

$$\begin{aligned}&[\,10.3003-1.8167(1.4544)/4,\ 10.3003+3.1384(1.4544)/4\,]\\ &=[9.6397,\ 11.4414]\end{aligned}$$

이다. 각 $x-$값에 $\theta=9$를 더한 구간은 $\theta+1=10$을 포함한다.

이 방법의 이름은 경험분포를 부츠를 신을 때 잡아끌어 올리는 것처럼 부츠 역할을 하다고 하여 붓스트랩 방법이라 한다.

참고 "to pull oneself up by his or her bootstraps"라는 표현은 Rudolph Erick Raspe가 The Surprising Adventures of Baron Munchausen에서

처음 사용한 말이다. Baron이 높은 곳에서 떨어져 깊은 구멍에 빠졌는데 빠져 나올 방법이 없었다. 그는 "아래를 내려다보니 내가 아주 단단한 끈으로 묶여 있는 부츠를 신고 있었다. 신발 끈을 단단히 잡고서 당기다보니 나도 모르게 구멍에서 빠져 나올 수 있었다"고 말했다.
물론 붓스트랩핑(bootstrapping)은 통계학자들이 다른 가정 없이 모집단 분포의 가장 좋은 추정치가 경험분포라는 사실을 알고, 경험분포를 이용하여 통계학자 자신들의 성과를 끌어 올린다는 의미일 것이다. 그래서 그들은 관심 있는 통계량의 근사 분포를 구하기 위하여 경험분포를 모집단 분포처럼 사용하고 있다.

연습문제 5.4

5.4-1 다음은 태풍 재난과 관련된 40개의 손해액(백만$)에 관한 자료이다. 이 자료는 손해액이 $2백만이상인 경우만 포함되었으며 크기 순서로 정렬되어 있다.

2	2	2	2	2	2	2	2	2	2
2	2	3	3	3	3	4	4	4	5
5	5	5	6	6	6	6	8	8	9
15	17	22	23	24	24	25	27	32	43

붓스트랩에 관한 예를 보이기 위해 크기 $n = 40$인 재표본에서 매 번 $T = (\overline{X} - 5)/(S/\sqrt{40})$를 계산하여 모두 $n = 1000$번 계산한다. 여기서 원 자료의 중위수는 5이다.

5.4-2 **(a)** 다음은 지수 분포로부터 생성되고 소수점 아래 두 번째에서 반올림 한 16개 관측값이다.

12.0	9.4	10.0	13.5	9.3	10.1	9.6	9.3
9.1	9.2	11.0	9.1	10.4	9.1	13.3	10.6

크기 $n = 16$인 표본을 $N = 200$번 추출하고 매번 s^2을 계산하여라, 이 200개의 붓스트랩 된 S^2의 히스토그램을 작성하여라.

(b) 자료의 평균에서 9를 뺀 값을 θ로 하는 지수분포에서 크기 $n = 16$인 확률표본을 $N = 200$번 모의실험을 실시하여라. 각 표본으로부터 s^2 값을 계산하고 200개 S^2에 대한 히스토그램을 작성하여라.

(c) 두 표본분산 자료에 대한 q−q 도표를 작성하여 S^2의 경험분포를 비교하여라.

5.4-3 $N(0,1)$로부터의 각각 크기 $n=21$, $m=21$인 독립확률표본을 $X_1, X_2, \ldots, X_{21}$과 $Y_1, Y_2, \ldots, Y_{21}$이라 하자. 그러면 $F=S_X^2/S_Y^2$는 자유도가 $(20, 20)$인 F−분포를 갖는다.

(a) F 관측값을 100개 모의실험하여라.

(i) 상대도수 히스토그램과 $F(20,20)$ p.d.f.를 겹쳐 그려라.

(ii) $F(20,20)$의 분위수와 생성된 F값의 순서화 자료에 대해 q−q 도표를 작성하여라. 도표는 선형인가?

(b) $N(0,1)$ 분포에서 추출한 확률변수 X의 21개 관측값은

0.1616	−0.8593	0.3105	0.3932	−0.2357	0.9697	1.3633
−0.4166	0.7540	−1.0570	−0.1287	−0.6172	0.3208	0.9637
0.2494	−1.1907	−2.4699	−0.1931	1.2274	−1.2826	−1.1532

이고 Y의 21개 관측값은

0.4419	−0.2313	0.9233	−0.1203	1.7659	−0.2022	0.9036
−0.4996	−0.8778	−0.8574	2.7574	1.1033	0.7066	1.3595
−0.0056	−0.5545	−0.1491	−0.9774	−0.0868	1.7462	−0.2636

이다. 각 자료 집합으로부터 복원으로 표본 크기 21인 표본을 추출하고 $w=s_x^2/s_y^2$ 값을 계산하여라. 두 개 집합의 경험분포로부터 반복하여 W의 관측값을 100개 생성하여라. 관측값이 근사적으로 $F(20,20)$인 분포를 따르는지 (a) 부분에서 사용한 동일한 그래프 방법으로 비교하여라.

(c) 평균이 1인 지수확률변수 X의 21개 관측값은

0.6958	1.6394	0.2464	1.5827	0.0201	0.4544	0.8427
0.6385	0.1307	1.0223	1.3423	1.6653	0.0081	5.2150
0.5453	0.0844	1.2346	0.5721	1.5167	0.4843	0.9145

이고, 평균이 1인 지수확률변수 Y의 21개 관측값은

1.1921	0.3708	0.0874	0.5696	0.1192	0.0164	1.6482
0.2453	0.4522	3.2312	1.4745	0.8870	2.8097	0.8533
0.1466	0.9494	0.0485	4.4379	1.1244	0.2624	1.3655

이다. 각 자료 집합으로부터 복원으로 표본 크기 21인 표본을 추출하고 $w=s_x^2/s_y^2$ 값을 계산하여라. 두 개 집합의 경험분포로부

터 반복하여 W의 관측값을 100개 생성하여라. 관측값이 근사적으로 $F(20,20)$인 분포를 따르는지 (a) 부분에서 사용한 동일한 그래프 방법으로 비교하여라.

5.4-4 다음 54쌍의 자료는 Yellowstone 지역의 Old Faithful geyser 자료로 용암분출기간(분)과 다음 분출할 때까지의 시간(분)이다.

(2.500, 72)	(4.467, 88)	(2.333, 62)	(5.000, 87)	(1.683, 57)	(4.500, 94)
(4.500, 91)	(2.083, 51)	(4.367, 98)	(1.583, 59)	(4.500, 93)	(4.550, 86)
(1.733, 70)	(2.150, 63)	(4.400, 91)	(3.983, 82)	(1.767, 58)	(4.317, 97)
(1.917, 59)	(4.583, 90)	(1.833, 58)	(4.767, 98)	(1.917, 55)	(4.433, 107)
(1.750, 61)	(4.583, 82)	(3.767, 91)	(1.833, 65)	(4.817, 97)	(1.900, 52)
(4.517, 94)	(2.000, 60)	(4.650, 84)	(1.817, 63)	(4.917, 91)	(4.000, 83)
(4.317, 84)	(2.133, 71)	(4.783, 83)	(4.217, 70)	(4.733, 81)	(2.000, 60)
(4.717, 91)	(1.917, 51)	(4.233, 85)	(1.567, 55)	(4.567, 98)	(2.133, 49)
(4.500, 85)	(1.717, 65)	(4.783, 102)	(1.850, 56)	(4.583, 86)	(1.733, 62)

(a) 이 자료에 대한 산점도를 그리고 상관계수 R을 계산하여라.

(b) 상관계수 R의 분포를 추정하기 위하여 경험 분포로부터 크기 54인 확률표본을 500번 재표본 추출을 한다. 각 표본으로부터 R 값을 계산하여라.

(c) R의 500개 관측값에 대한 히스토그램을 작성하여라.

(d) 상관계수 500개의 관측값에 대한 히스토그램을 작성하여라.

5.4-5 다음은 12개 쌍의 자료이다.(상관계수가 $\rho=-0.8$인 이변량 정규분포로부터 추출된 확률표본이다.)

(−0.8118, 0.5205)	(−1.7527, 1.2374)	(−0.0639, 1.1181)	(−0.5526, 0.7047)
(−0.6387, −0.3772)	(0.1743, 0.2298)	(1.7126, −2.2842)	(0.3114, 0.0846)
(−0.6270, 1.0964)	(0.5996, −1.1564)	(−0.9370, 0.6896)	(0.6739, −0.0470)

(a) 상관계수 R의 분포를 추정하기 위하여 경험분포로부터 크기 12인 확률표본을 500번 재표본 추출을 한다. 각 표본으로부터 R값을 계산하여라.

(b) R의 500개 관측값에 대한 히스토그램을 작성하여라.

(c) 자료의 상관계수와 같은 값을 갖는 이변량 정규분포로부터 크기 12인 표본을 500번 생성하여라. 크기 12인 표본에서 상관계수 R을 계산하여라.

(d) 상관계수 500개의 관측값에 대한 히스토그램을 작성하여라.

(e) (c)의 이변량 정규분포에서 생성된 500개의 R 관측값에 대한 (a) 부분의 500개 관측값의 q−q 도표를 작성하여라. 두 개의 R 분포가 동일하게 나타나는가?

5.4-6 다음은 평균이 5인 두 개의 지수분포로부터 추출된 12개 쌍의 자료이다.

(5.4341, 8.4902) (33.2097, 4.7063) (0.4034, 1.8961) (1.4137, 0.2996)
(17.9365, 3.1350) (4.4867, 6.2089) (11.5107, 10.9784) (8.2473, 19.6554)
(1.9995, 3.6339) (1.8965, 1.7850) (1.7116, 1.1545) (4.4594, 1.2344)
(0.4036, 0.7260) (3.0578, 19.0489) (21.4049, 4.6495) (3.8845, 13.7945)
(5.9536, 9.2438) (11.3942, 1.7863) (5.4813, 4.3356) (7.0590, 1.15834)

(a) 이 자료에 대한 산점도를 그리고 상관계수 R을 계산하여라.

(b) 상관계수 R의 분포를 추정하기 위하여 경험분포로부터 크기 20인 확률표본을 500번 재표본 추출을 한다. 각 표본으로부터 R 값을 계산하여라.

(c) R의 500개 관측값에 대한 히스토그램을 작성하여라.

(d) 상관계수가 0인 이변량 정규분포로부터 크기 20인 표본을 500번 생성하여라. 크기 20인 표본에서 상관계수를 계산하여라.

(e) 상관계수 500개의 관측값에 대한 히스토그램을 작성하여라.

(f) (c)의 이변량 정규분포에서 생성된 500개의 R 관측값에 대한 (a) 부분의 500개 관측값의 q−q 도표를 작성하여라. 두 개의 R 분포가 동일하게 나타나는가?

5.4-7 다음은 두 개의 cauchy 분포로부터 추출된 20개 쌍의 자료이다.

(−6.0141, 3.1634) (−1.0420, 16.6134) (0.0894, 0.1775) (−4.0680, −0.4082)
(2.4561, −3.0045) (3.7596, −1.0007) (0.1678, −1.1852) (−0.5504, −0.9796)
(1.4399, −0.1211) (−0.2510, −0.7397) (−5.3430, 0.4839) (−0.8826, −2.9297
(1.4219, 1.7424) (−5.7973, 0.1788) (1.0064, −0.2806) (−2.1313, −0.5802)
(5.8900, 0.8383) (−2.2183, −0.4968) (1.1598, 1.2758) (−1.0269, −15.7753)

(a) 상관계수 R의 분포를 추정하기 위하여 경험분포로부터 크기 20인 확률표본을 500번 재표본 추출을 한다. 각 표본으로부터 R 값을 계산하여라.

(b) R의 500개 관측값에 대한 히스토그램을 작성하여라.

(c) 상관계수가 0인 이변량 정규분포로부터 크기 20인 표본을 500번 생성하여라. 크기 12인 표본에서 상관계수를 계산하여라.

(d) 상관계수 500개의 관측값에 대한 히스토그램을 작성하여라.

(e) (c)의 이변량 정규분포에서 생성된 500개 R의 관측값에 대한 (a) 부분의 500개 관측값의 q-q 도표를 작성하여라. 두 개의 R 분포가 동일하게 나타나는가?

제5장 맺음말

처음 두 개의 절에서는 통계량의 계산과 어떤 수학적 해를 구하는 방법을 설명하였다. 앞으로는 통계학을 응용할 때 컴퓨터를 많이 사용할 것이다. 마지막 두 개의 절은 현대 통계학자들이 관심있는 모의실험과 재표집 방법에 관한 내용을 다루었다. 스탠포드 대학의 Brad Efron교수는 붓스트랩의 개념을 처음 제안하였으며 이 분야의 초창기 발전에 많은 기여를 하였다.

컴퓨터는 현대통계학 분야의 발전에 많은 기여를 하였다. Bayes 정리가 오래된 이론이지만 신베이지안(Neo-Bayesian)이론은 컴퓨터에 더 많이 의존한다. 베이지안은 포함된 모수들을 확률변수로 취급한다. 예를 들면, p.d.f. (또는 p.m.f.) $f(x:\theta)$를 조건부 분포 $f(x|\theta)$의 하나로 생각하자. 그러면 확률표본 $X_1, X_2, \ldots, X_n$과 모수의 사전 p.d.f. $g(\theta)$로부터 관측값과 모수의 결합 p.d.f.는

$$g(\theta)f(x_1|\theta)f(x_2|\theta)\cdots f(x_n|\theta)$$

이다. θ에 대해 합 또는 적분을 실시하면 $X_1, X_2, \ldots, X_n$의 결합 주변분포 $h(x_1, x_2, \ldots, x_n)$을 얻을 수 있다. 따라서 관측값이 주어졌을 때 모수에 대한 조건부 분포는

$$\frac{g(\theta)f(x_1|\theta)f(x_2|\theta)\cdots f(x_n|\theta)}{h(x_1, x_2, \cdots, x_n)} = k(\theta \mid x_1, x_2, \ldots, x_n)$$

인데, 이것이 베이즈 정리의 개념이다. 베이지안은 사후 p.d.f.라고 하는 조건부 p.d.f. $k(\theta|x_1, x_2, \ldots, x_n)$을 사용하여 θ에 대한 점추정과 구간추정을 하는 방법이다. 예를 들면 조건부 평균 $E(\theta|x_1, x_2, \ldots, x_n) = u(x_1, x_2, \ldots, x_n)$은 θ의 가능한 점추정치이고 θ의 구간추정치는

$$\int_{v(x_1, x_2, \ldots, x_n)}^{w(x_1, x_2, \ldots, x_n)} k(\theta \mid x_1, x_2, \ldots, x_n)d\theta = 1 - \alpha$$

를 만족하는 $v(x_1,x_2,...,x_n)$과 $w(x_1,x_2,...,x_n)$이다. 간단한 경우에는 $u(x_1,x_2,...,x_n)$, $v(x_1,x_2,...,x_n)$, $w(x_1,x_2,...,x_n)$을 쉽게 구할 수 있지만 상황이 아주 복잡하면 컴퓨터를 사용하여 이 값들을 구해야 한다. 베이지안에서 사용하는 두 가지 방법이 Gibbs Sampler와 Markov Chain Monte Carlo (MCMC)이다. 더 자세한 내용은 Hogg, McKean and Craig(2005)를 참조하기 바란다. 컴퓨터의 발전이 베이지안 학파의 학자들에게 많은 도움이 되었다.

CHAPTER

6

표본분포이론

6.1 적률모함수(Moment Generating Function)법

평균, 분산, 표준편차는 분포의 중요한 특성들이다. 이항분포와 같은 확률분포에서 평균이나 분산을 구하기 위해 정의된 함수로부터 직접 $E(X)$나 $E(X^2)$을 계산하는 것은 쉽지 않다. 6.1절에서는 분포의 적률을 생성하는 데 도움이 되는 t의 함수, 즉 적률모함수(또는, 적률생성함수)를 정의하고자 한다. 적률모함수로부터 적률을 생성하는 특성은 중요하며 이 함수의 유일성(uniqueness)은 더욱 중요하다. 먼저 새로운 t의 함수를 정의하고, 이 함수가 적률을 계산하는 데 어떻게 이용되는지 알아보기 전에 유일성을 먼저 설명하고자 한다.

정의 6.1-1

X가 이산형 p.m.f. $f(x)$와 공간 S를 갖는 확률변수라 하자. 만일 어떤 양수 h에 대하여

$$E(e^{tX}) = \sum_{x \in S} e^{tx} f(x)$$

가 존재하고 $-h < t < h$에서 유한하면, t의 함수

$$M(t) = E(e^{tX})$$

를 X의 **적률모함수**(moment-generating function)라 한다.

만일 $t=0$이면 $M(0)=1$이 된다. 또한 공간 S가 $\{b_1, b_2, b_3, \ldots\}$이면 적률모함수는

$$M(t)=e^{tb_1}f(b_1)+e^{tb_2}f(b_2)+e^{tb_3}f(b_3)+\cdots$$

로 표시한다. 따라서 e^{tb_i}의 계수는 확률 $f(b_i)=P(X=b_i)$이 된다. 따라서 만일 두 개의 확률변수(또는 확률분포)가 동일한 적률모함수를 갖는다면 동일한 확률분포를 가져야만 할 것이다. 즉 만일 두 확률변수의 p.m.f.가 각각 $f(x)$와 $g(y)$이고 같은 공간 $S=\{b_1, b_2, b_3, \ldots\}$를 가지며 $-h<t<h$인 모든 t에 대해

$$e^{tb_1}f(b_1)+e^{tb_2}f(b_2)+\cdots=e^{tb_1}g(b_1)+e^{tb_2}g(b_2)+\cdots \qquad (6.1\text{-}1)$$

이면

$$f(b_i)=g(b_i), \qquad i=1,2,3,\cdots$$

이 된다.

적률모함수는 확률변수의 분포를 유일하게(uniquely) 결정한다. 즉 만일 적률모함수가 존재한다면 이 적률모함수와 연관된 확률분포는 오직 한 개밖에 없다.

참고 기초대수학의 이론으로부터 식 6.1－1이 성립하기 위해서는 $f(b_i)=g(b_i)$가 필요한지 이해할 수 있다. 이 식에서 $e^t=w$라 하고 공간의 점들 $b_1, b_2, \ldots, b_k$가 양의 정수라 하고 가장 큰 정수를 m이라 하자. 따라서 6.1－1 식은 두 개의 m차 다항식을 나타낸다. 대수학의 기초정리로부터 두 개의 다항식이 같기 위해서는 대응하는 계수들이 같아야 한다. 즉 $f(b_i)=g(b_i)$, $i=1,2,\ldots,k$이다.

예제 6.1-1 만일 X의 적률모함수가

$$M(t)=e^t\left(\frac{3}{6}\right)+e^{2t}\left(\frac{2}{6}\right)+e^{3t}\left(\frac{1}{6}\right)$$

이면 확률은

$$P(X=1)=\frac{3}{6},\qquad P(X=2)=\frac{2}{6},\qquad P(X=3)=\frac{1}{6}$$

이 된다. 이를 식으로 나타내면 X의 p.m.f.는

$$f(x)=\frac{4-x}{6},\quad x=1,2,3$$

이다.

예제 6.1-2 X의 적률모함수가 다음과 같다고 하자.

$$M(t)=\frac{e^t/2}{1-e^t/2},\quad t<\ln 2$$

$e^{b_i t}$의 계수를 구하기 위해서는 $M(t)$의 전개식이 필요하다.

$$(1-z)^{-1}=1+z+z^2+z^3+\cdots,\quad -1<z<1$$

이므로, $e^t/2<1$이면 즉, $t<\ln 2$이면

$$\frac{e^t}{2}\left(1-\frac{e^t}{2}\right)^{-1}=\frac{e^t}{2}\left(1+\frac{e^t}{2}+\frac{e^{2t}}{2^2}+\frac{e^{3t}}{23}+\cdots\right)$$

$$=(e^t)\left(\frac{1}{2}\right)+(e^{2t})\left(\frac{1}{2}\right)+(e^{3t})\left(\frac{1}{2}\right)^3+\cdots$$

이 되므로 양의 정수 x에 대해

$$P(X=x)=\left(\frac{1}{2}\right)^x$$

이고, X의 p.m.f.는

$$f(x)=\left(\frac{1}{2}\right)^x,\quad x=1,2,3,\cdots$$

이다.

해석학 이론에 의하면 $M(t)$, $-h<t<h$가 존재한다는 것은 $t=0$에서 $M(t)$에 대한 모든 차수의 미분이 존재함을 의미한다. 또한 미분과 합계의 결과에 대한 공유가 가능하다. 따라서

$$M'(t) = \sum_{x \epsilon S} x\, e^{tx} f(x)$$

$$M''(t) = \sum_{x \epsilon S} x^2 e^{tx} f(x)$$

이고, 양의 정수 r에 대해

$$M^{(r)}(t) = \sum_{x \epsilon S} x^r e^{tx} f(x)$$

이다. $t=0$으로 놓으면

$$M'(0) = \sum_{x \epsilon S} x f(x) = E(X)$$

$$M''(0) = \sum_{x \epsilon S} x^2 f(x) = E(X^2)$$

이고, 일반적으로

$$M^{(r)}(0) = \sum_{x \epsilon S} x^r f(x) = E(X^r)$$

이 된다. 특히 만일 적률모함수가 존재한다면

$$\mu = M'(0) \qquad \sigma^2 = M''(0) - [M'(0)]^2$$

이 된다.

위의 전개는 $M(t)$를 미분하여 X의 적률을 구할 수 있음을 의미한다. 이 기법을 사용하기 위해서 먼저 $M(t)$를 구한 후 X의 적률을 계산하기 위해 미분을 실시한다. 다음 예제 $6.1-3$에서는 적률모함수를 이용하여 1차 적률과 2차 적률을 구하여 이항분포의 평균과 분산을 구하는 방법을 설명한다.

예제 6.1-3 이항분포의 p.m.f.는

$$f(x) = \binom{n}{x} p^x (1-p)^{n-x}, \qquad x = 0, 1, 2, \ldots, n$$

이므로 적률모함수는

$$M(t) = E(e^{tX}) = \sum_{x=0}^{n} e^{tx} \binom{n}{x} p^x (1-p)^{n-x}$$

$$= \sum_{x=0}^{n} \binom{n}{x} (pe^t)^x (1-p)^{n-x}$$

$$= [(1-p)+pe^t]^n, \qquad -\infty < t < \infty$$

가 된다. 여기서 $(a+b)^n$의 이항전개식에서 $a=1-p$와 $b=pe^t$을 사용하였다. 보통 적률모함수는 이항 p.m.f.에서와 같이 p^x와 같은 요소를 갖는 경우에 쉽게 계산할 수 있다.
$M(t)$의 1차 미분은

$$M'(t) = n[(1-p)+pe^t]^{n-1}(pe^t)$$

이고, 2차 미분은

$$M''(t) = n(n-1)[(1-p)+pe^t]^{n-2}(pe^t)^2 + n[(1-p)+pe^t]^{n-1}(pe^t)$$

이다. 따라서

$$\mu = E(X) = M'(0) = np$$

이고

$$\begin{aligned}\sigma^2 &= E(X^2) - [E(X)]^2 \\ &= M''(0) - [M'(0)]^2 \\ &= n(n-1)p^2 + np - (np)^2 \\ &= np(1-p)\end{aligned}$$

으로서, 2.2절에서 구한 결과와 같다.

예제 6.1 − 3을 구하는데 CAS를 사용할 수 있다.

연속형 확률변수에 대한 적률모함수의 정의는 이산형 확률변수의 $\sum$ 기호를 적분기호($\int$)로 바꾸면 된다.

예제 6.1-4 확률변수 X의 p.d.f.가 다음과 같다.

$$f(x) = \begin{cases} xe^{-x}, & 0 \le x < \infty \\ 0, & \text{그 밖에서} \end{cases}$$

그러면 적률모함수는

$$\begin{aligned} M(t) &= \int_0^\infty e^{tx} x e^{-x} dx = \lim_{b\to\infty}\int_0^b x e^{-(1-t)x} dx \\ &= \lim_{b\to\infty}\left[-\frac{xe^{-(1-t)x}}{1-t} - \frac{e^{-(1-t)x}}{(1-t)^2}\right]_0^b \\ &= \lim_{b\to\infty}\left[-\frac{be^{-(1-t)b}}{1-t} - \frac{e^{-(1-t)b}}{(1-t)^2}\right] + \frac{1}{(1-t)^2} \\ &= \frac{1}{(1-t)^2} \end{aligned}$$

인데, $t < 1$이다.

$M(0) = 1$은 모든 적률모함수에 대해 성립한다. $M(t)$에 대한 1차 미분과 2차 미분이 각각

$$M'(t) = \frac{2}{(1-t)^3}, \quad M''(t) = \frac{6}{(1-t)^4}$$

이므로

$$\mu = M'(0) = 2$$

이고

$$\sigma^2 = M''(0) - [M'(0)]^2 = 6 - 2^2 = 2$$

이다.

예제 6.1-5 X가 정규분포 $N(\mu, \sigma^2)$을 따른다고 하자. X의 적률모함수는

$$\begin{aligned} M(t) &= \int_{-\infty}^\infty \frac{e^{tx}}{\sigma\sqrt{2\pi}} \exp\left[-\frac{(x-\mu)^2}{2\sigma^2}\right] dx \\ &= \int_{-\infty}^\infty \frac{1}{\sigma\sqrt{2\pi}} \exp\left\{-\frac{1}{2\sigma^2}[x^2 - 2(\mu+\sigma^2 t)x + \mu^2]\right\} dx \end{aligned}$$

이며

$$x^2 - 2(\mu+\sigma^2 t)x + \mu^2 = [x - (\mu+\sigma^2 t)]^2 - 2\mu\sigma^2 t - \sigma^4 t^2$$

이므로

$$M(t) = \exp\left(\frac{2\mu\sigma^2 t + \sigma^4 t^2}{2\sigma^2}\right)\int_{-\infty}^{\infty} \frac{1}{\sigma\sqrt{2\pi}}$$

$$\cdot \exp\left\{-\frac{1}{2\sigma^2}[x-(\mu+\sigma^2 t)]^2\right\} dx$$

이다. 적분기호 내부의 식은 정규분포에서 μ를 $\mu+\sigma^2 t$로 대체한 것과 같고 정규분포의 모든 구간에 대한 적분 값은 1이므로

$$M(t) = \exp\left(\frac{2\mu\sigma^2 t + \sigma^4 t^2}{2\sigma^2}\right) = \exp\left(\mu t + \frac{\sigma^2 t^2}{2}\right)$$

이다. 이에 대해 1차 미분을 하면

$$M'(t) = (\mu + \sigma^2 t)\exp\left(\mu t + \frac{\sigma^2 t^2}{2}\right)$$

이고, 2차 미분을 하면

$$M''(t) = [(\mu + \sigma^2 t)^2 + \sigma^2]\exp\left(\mu t + \frac{\sigma^2 t^2}{2}\right)$$

이다. 따라서

$$E(X) = M'(0) = \mu$$

$$Var(X) = M''(0) - [M'(0)]^2 = \mu^2 + \sigma^2 - \mu^2 = \sigma^2$$

이다. 즉 정규분포 확률변수 X의 p.d.f.에서 모수 μ와 σ^2은 X의 평균과 분산이다.

교재에서 공부한 이산형 분포와 연속형 분포의 평균, 분산, 적률모함수를 이 책의 표지 부분에 정리하여 놓았다.

연습문제 6.1

6.1-1 **(i)** 다음 적률모함수를 갖는 확률변수 X의 이름을 말하여라.

(ii) μ와 σ^2을 구하여라.

(iii) 확률 $P(1 \le X \le 2)$를 구하여라.

(a) $M(t) = (0.3 + 0.7e^t)^5$

(b) $M(t) = \dfrac{0.3e^t}{1 - 0.7e^t}, \quad t < -\ln(0.7)$

(c) $M(t) = 0.45 + 0.55e^t$

(d) $M(t) = 0.3e^t + 0.4e^{2t} + 0.2e^{3t} + 0.1e^{4t}$

(e) $M(t) = (0.6e^t)^2(1 - 0.4e^t)^{-2}, \quad t < -\ln(0.4)$

(f) $M(t) = \sum_{x=1}^{10} (0.1)e^{tx}$

6.1-2 정수집합 $\{1,2,3,4,5\}$의 임의순열(random permutation)에서 X는 원래 위치에 있는 정수의 수라고 하자. X의 적률모함수는 다음과 같다.

$$M(t) = \frac{44}{120} + \frac{45}{120}e^t + \frac{20}{120}e^{2t} + \frac{10}{120}e^{3t} + \frac{1}{120}e^{5t}$$

(a) X의 평균과 분산을 구하여라.

(b) 적어도 한 개 이상의 정수가 원래 위치에 있을 확률을 구하여라.

(c) X의 p.m.f.의 확률히스토그램 그래프를 그려라.

6.1-3 X의 적률모함수 $M(t)$가 $-h < t < h$에서 존재한다고 하고, 함수 $R(t) = \ln M(t)$라고 하자. $R(t)$의 1차 미분과 2차 미분은 각각

$$R'(t) = \frac{M'(t)}{M(t)} \quad \text{과} \quad R''(t) = \frac{M(t)M''(t) - [M'(t)]^2}{[M(t)]^2}$$

이다. $t = 0$이라 놓고 다음을 보여라.

(a) $\mu = R'(0)$

(b) $\sigma^2 = R''(0)$

6.1-4 Poisson 분포의 적률모함수를 구하고 연습문제 6.1−3의 결과를 사용하여 평균과 분산을 구하여라.

Hint 적률모함수를 구할 때 $e^{tx}\lambda^x$를 $(\lambda e^t)^x$로 표시하고 $e^{\lambda e^t}$의 전개식을 이용하여라.

6.1-5 Gamma 분포의 적률모함수를 구하고 연습문제 6.1－3의 결과를 사용하여 평균과 분산을 구하여라.

Hint 적률모함수를 구할 때 $y=(1-\theta t)x/\theta$로 변수변환을 실시한다. $1-\theta t>0$이다.

6.1-6 다음 적률모함수와 관련된 분포는 무엇인가?

(a) $M(t)=\dfrac{1}{1-4t}, \qquad t<\dfrac{1}{4}$

(b) $M(t)=\dfrac{2}{2-t}, \qquad t<2$

(c) $M(t)=(1-5t)^{-10}, \qquad t<1/5$

(d) $M(t)=(1-2t)^{-12}, \qquad t<1/2$

(e) $M(t)=e^{-7t+8t^2}, \qquad -\infty<t<\infty$

6.1-7 CAS를 사용하여 이항분포 $b(n,p)$의 적률모함수, 평균, 분산을 구하여라. (연습문제 6.1－3 참조)

6.1-8 CAS를 사용하여 예제 6.1－4의 분포에 대한 적률모함수, 평균, 분산을 구하여라.

6.2 선형 함수의 적률모함수

독립인 확률변수들의 선형결합의 적률모함수를 쉽게 구할 수 있다. X_1과 X_2가 각각 이산형 확률변수라 하자. 각각의 p.m.f.는 $f_1(x_1)$, $x_1\in S_1$, $f_2(x_2)$, $x_2\in S_2$이고 적률모함수는 $M_1(t)$, $M_2(t)$라 하자. 이 경우는 n개의 이산형 독립확률변수로 쉽게 확장할 수 있으며 적분기호($\int$)를 합($\sum$)으로 바꾸면 된다. 연속형 X_i의 p.d.f.가 $f_i(x_i)$ $(i=1,2,\ldots,n)$인 경우에 결합 p.d.f.가

$$f_1(x_1)f_2(x_2)\cdots f_n(x_n)$$

이면 확률변수 $X_1,X_2,\cdots,X_n$는 독립(independent)이라 한다.

$Y=a_1X_1+a_2X_2$이라 하자. Y의 적률모함수는

$$\begin{aligned} M_Y(t) &= E(e^{tY}) = E[e^{t(a_1X_1+a_2X_2)}] \\ &= \sum_{x_1 \epsilon S_1}\sum_{x_2 \epsilon S_2} e^{a_1tx_1}f_1(x_1)e^{a_2tx_2}f_2(x_2) \\ &= \left[\sum_{x_1 \epsilon S_1} e^{(a_1t)x_1}f_1(x_1)\right]\left[\sum_{x_2 \epsilon S_2} e^{(a_2t)x_2}f_2(x_2)\right] \end{aligned}$$

이다. 그러나

$$M_i(t) = \sum_{x_i \epsilon S_i} e^{tx_i}f_i(x_i)$$

이므로

$$M_i(a_it) = \sum_{x_i \epsilon s_i} e^{(a_it)x_i}f_i(x_i), \qquad i = 1, 2$$

이고 따라서

$$M_Y(t) = M_1(a_1t)M_2(a_2t)$$

이다.

참고 위의 전개에서

$$E[e^{e^{t(a_1X_1+a_2X_2)}}] = E[e^{ta_1X_1}e^{ta_2X_2}] = E[e^{ta_1X_1}]E[e^{ta_2X_2}]$$

임을 보였다. 일반적으로 만일 $X_1, X_2, \cdots, X_n$이 독립인 확률변수라면

$$E[u_1(X_1)u_2(X_2)\cdots\ u_n(X_n)] = E[u_1(X_1)]E[u_2(X_2)]\cdots\ E[u_n(X_n)]$$

인데, 이미 2－5절에서 설명한 바 있다.

$M_i(t)$가 X_i, $i = 1, 2, \ldots, n$의 p.m.f.(또는 p.d.f)와 관련된 적률모함수라고 하면 독립확률변수 $X_1, X_2, \ldots, X_n$의 선형결합인 $Y = a_1X_1 + a_2X_2 + \cdots + a_nX_n$의 적률모함수는

$$M_Y(t) = \prod_{i=1}^{n} M_i(a_it)$$

이다. 특히 $a_1 = a_2 = \cdots = a_n = 1$이면

$$M_Y(t) = M_1(t)M_2(t)\cdots\ M_n(t)$$

이다.

예제 6.2-1 X_1, X_2, X_3의 평균이 각각 $\lambda_1 = 3, \lambda_2 = 5, \lambda_3 = 2$이고 독립인 Poisson 확률변수라 하자. 만일 $Y = X_1 + X_2 + X_3$라면 적률모함수는

$$M_Y(t) = e^{3(e^t-1)}e^{5(e^t-1)}e^{2(e^t-1)} = e^{10(e^t-1)}$$

이다. 이것은 $\lambda = 10$인 Poisson 확률변수의 적률모함수이다. 따라서 적률모함수의 유일성 성질로부터 Y는 $\lambda = 10$인 Poisson 분포를 따른다.

정리 6.2-1은 위 예제를 일반화한 것이며 증명은 연습문제로 남겨두겠다. (연습문제 6.2-3)

정리 6.2-1 만일 $X_1, X_2, \ldots, X_n$이 각각 모수가 $\lambda_1, \lambda_2, \ldots, \lambda_n$이고, 독립인 Poisson 확률변수라하면 $Y = X_1 + X_2 + \cdots + X_n$는 평균이 $\lambda_1 + \lambda_2 + \cdots + \lambda_n$인 Poisson 분포를 따른다.

예제 6.2-2 X_1, X_2, X_3, X_4가 각각 자유도가 $r_1 = 4, r_2 = 2, r_3 = 5, r_4 = 4$이고 독립인 카이제곱 확률변수라 하자. 합 $Y = X_1 + X_2 + X_3 + X_4$의 적률모함수는

$$M_Y(t) = (1-2t)^{-4/2}(1-2t)^{-2/2}(1-2t)^{-5/2}(1-2t)^{-4/2} = (1-2t)^{-15/2}$$

이다. 이것은 자유도가 15인 χ^2 분포의 적률모함수이다. 따라서 적률모함수의 유일성으로부터 Y는 $\chi^2(15)$인 분포를 따른다.

예제 6.2-2의 결과를 일반화한 것이 정리 4.1-1이며 이는 연습문제 6.2-8에서 다루기로 하자.

만일 확률표본 $X_1, X_2, \cdots, X_n$의 적률모함수가 $M(t)$라 하면 합 $Y = X_1 + X_2 + \cdots + X_n$의 적률모함수는

$$M_Y(t) = [M(t)]^n$$

이다. 또한 $\overline{X} = (X_1 + X_2 + \cdots + X_n)/n$이라 하면 $a_1 = a_2 = \ldots = a_n = 1/n$로 표본평균의 적률모함수는

$$M_{\overline{X}}(t) = \left[M(\frac{t}{n})\right]^n$$

이다.

예제 6.2-3 $X_1, X_2, \cdots, X_n$을

$$f(x) = p^x(1-p)^{1-x}, \ x = 0, 1$$

로부터의 확률표본이라 하자. 각각의 적률모함수는

$$M(t) = E(e^{tX}) = (1-p) + pe^t$$

이다. 이들 확률변수들의 합

$$Y = X_1 + X_2 + \cdots + X_n$$

의 적률모함수는

$$M_Y(t) = [1 - p + pe^t]^n$$

이다.
이것은 $b(n, p)$의 적률모함수이다.

예제 6.2-4 $N(\mu, \sigma^2)$으로부터 추출된 확률표본의 평균을 $\overline{X}$라 하자. 정규분포의 적률모함수는

$$M(t) = e^{\mu t + \sigma^2 t^2/2}$$

이므로 $\overline{X}$의 적률모함수는

$$M_{\overline{X}}(t) = \left[e^{\mu(t/2) + \sigma^2(t/n)^2/2}\right]^n = e^{\mu t + (\sigma^2/n)t^2/2}$$

이다. 이것은 $N(\mu, \sigma^2/n)$의 적률모함수이다. 따라서 $\overline{X}$는 정규분포를 따른다.

만일 정규분포로부터 확률표본이 추출되었다면

$$Z = \frac{\overline{X} - \mu}{\sigma/\sqrt{n}}$$

는 $N(0, 1)$을 따른다.

정리 6.2-2 만일 $\overline{X}$가 정규분포 $N(\mu,\sigma^2)$로부터 추출된 확률표본의 평균이라면

$$Z=\frac{\overline{X}-\mu}{\sigma/\sqrt{n}}$$

는 $N(0,1)$을 따른다.

다음 절에서는 평균이 μ이고 분산이 σ^2인 임의의 분포로부터의 확률표본에서 표본크기 n이 충분히 크다면

$$Z=\frac{\overline{X}-\mu}{\sigma/\sqrt{n}}$$

는 근사적으로 $N(0,1)$을 따른다는 중심극한정리를 증명해 보자. 만일 모집단 분포가 정규분포이면 모든 가능한 표본크기 $n=1,2,3,\ldots$에 대해 Z는 정확히 정규분포를 따르는데, 정규분포만이 이런 결과를 갖는 유일한 분포이다.

마지막으로 독립인 정규 확률변수들의 선형결합의 분포에 대해 설명하고자 한다. X_i가 $N(\mu_i,\sigma_i^2)$, $(i=1,2,\ldots,n)$이고 $X_1,X_2,\ldots,X_n$이 독립이라고 하자. 만일 $Y=\sum_{i=1}^{n}a_iX_i$이면

$$\begin{aligned} M_Y(t) &= \prod_{i=1}^{n}M_i(a_it)=\prod_{i=1}^{n}e^{\mu_i(a_it)+\sigma_i^2(a_it)^2/2} \\ &= e^{(\Sigma a_i\mu_i)t+(\Sigma a_i^2\sigma_i^2)t^2/2} \end{aligned}$$

이다. 그러나 이는 $N(\Sigma_{i=1}^{n}a_i\mu_i,\ \Sigma_{i=1}^{n}a_i^2\sigma_i^2)$의 적률모함수이다. 따라서 n개의 독립인 정규확률변수의 선형결합인 Y는 정규분포를 따른다. 그리고 정리 4.1−2는 이 결과를 정리한 것이다.

예제 6.2-5 X_1은 $N(70,100)$를 따르고 X_2는 $N(85,200)$를 따른다. 만일 X_1과 X_2가 독립이고 $Y=X_1+2X_2$이라면 $\mu_Y=70+2(85)=240$이고 $\sigma_Y^2=100+2^2(200)=900$이다. 따라서 Y는 $N(240,900)$이다. 예를 들면

$$\begin{aligned} P(210<X_1+2X_2<300) &= P\left(\frac{210-240}{30}<\frac{Y-240}{30}<\frac{300-240}{30}\right) \\ &= \Phi(2)-\Phi(-1)=0.9772-0.1587=0.8185 \end{aligned}$$

또한 $W = X_1 - 2X_2$는 평균이 $\mu_W = 70 - 2(85) = -100$이고 분산은 $\sigma_W^2 = 100 + (-2)^2(200) = 900$ 이므로 $N(-100, 900)$을 따른다.

연습문제 6.2

6.2-1 X_1과 X_2가 독립이고 이항분포 $b(n_1, p)$와 $b(n_2, p)$를 따른다고 하자. $Y = X_1 + X_2$의 적률모함수를 구하여라. Y의 분포는 무엇인가?

6.2-2 X_1, X_2, X_3은 독립이고 평균이 각각 $2, 1, 4$인 Poisson 확률변수라고 하자.

(a) 합 $Y = X_1 + X_2 + X_3$의 적률모함수를 구하여라.

(b) Y는 어떤 분포를 따르는가?

(c) $P(3 \le Y \le 9)$를 구하여라.

6.2-3 각각의 평균이 $\lambda_1, \lambda_2, \cdots, \lambda_n$이고 독립인 n개의 Poisson 확률변수의 합이 평균이 $\lambda_1 + \lambda_2 + \cdots + \lambda_n$인 Poisson 분포임을 보임으로써 정리 6.2－1을 증명하여라.

6.2-4 $p = 1/3$인 기하분포에서 크기 5의 확률표본을 X_1, X_2, X_3, X_4, X_5라 하자.

(a) $Y = X_1 + X_2 + X_3 + X_4 + X_5$의 적률모함수를 구하여라.

(b) Y의 분포는 무엇인가?

6.2-5 평균이 θ인 지수분포에서 독립이고 동일한 지수분포를 갖는 지수 확률변수들의 합을 $W = X_1 + X_2 + \cdots + X_h$라 하자. W가 평균 $h\theta$인 Gamma 분포를 갖는 것을 증명하여라.

6.2-6 X의 적률모함수는

$$M_X(t) = \left(\frac{1}{4}\right)(e^t + e^{2t} + e^{3t} + e^{4t})$$

이고 Y의 적률모함수는

$$M_Y(t) = \left(\frac{1}{3}\right)(e^t + e^{2t} + e^{3t})$$

이며 X와 Y는 독립인 확률변수라 하자. $W = X + Y$라고 하자.

(a) W의 적률모함수를 구하여라.

(b) W의 p.m.f.를 구하여라. 즉 W의 적률모함수로부터 $P(W=w)$, $w=2,3,\ldots,7$을 구하여라.

6.2-7 평균이 $\mu=77$이고 분산이 $\sigma^2=25$인 $N(77,25)$로부터의 확률표본을 $X_1,X_2,\ldots,X_{16}$이라 하자. 다음을 구하여라.

(a) $P(77<\overline{X}<79.5)$

(b) $P(74.2<\overline{X}<78.4)$

6.2-8 만일 $X_1,X_2,\ldots,X_n$이 각각 자유도가 $r_1,r_2,\ldots,r_n$이고 독립인 χ^2 확률변수일 때

$$Y=X_1+X_2+\cdots+X_n\text{이 }\ \chi^2\left(\sum_{i=1}^{n}r_i\right)$$

을 따름을 보여라.

6.2-9 표준정규분포 $N(0,1)$로부터의 확률표본을 $Z_1,Z_2,\ldots,Z_7$이라 하자. $W=Z_1^2+Z_2^2+\cdots+Z_7^2$일 때 $P(1.69<W<14.07)$를 구하여라.

6.2-10 정규분포 $N(50,100)$으로부터 $n=16$인 확률표본을 $X_1,X_2,\ldots,X_{16}$이라 하자. 다음 확률을 구하여라.

$$P\left(796.2\le\sum_{i=1}^{16}(X_i-50)^2\le 2630\right)$$

6.2-11 X_1과 X_2가 독립이고 각각 정규분포 $N(4,1)$과 $N(5,4)$를 갖는 확률변수라고 하자. $P(X_1<X_2)$를 구하여라.

Hint $P(X_1<X_2)=P(X_1-X_2<0)$이므로 X_1-X_2의 분포를 구한다.

6.2-12 독립인 확률변수 X_1과 X_2가 각각 $b(n_1,p=1/2)$과 $b(n_2,p=1/2)$을 따른다고 하자. $Y=X_1-X_2+n_2$의 적률모함수를 구하고 Y가 $b(n_1+n_2,p=1/2)$임을 보여라.

6.2-13 X_1,X_2,X_3이 $N(2,9)$로부터의 확률표본이라 하자. $P(2X_1+4X_2-4X_3>8)$을 구하여라.

6.2-14 정육면체 주사위를 각 면이 적어도 한 번 이상 나타날 때까지 던진다고 하자. 처음 새로운 면이 나타나면 1, 그 다음 새로운 면이 나타나면 2,

등으로 나타낸다. X_i를 $i-1$면이 관찰된 후 i번 면이 나타날 때까지의 추가적인 시행횟수라 하자 ($i=2,3,4,5,6$). 처음 새로운 면이 관찰될 때까지의 시행횟수는 $X_1=1$이다. X_i의 분포는 $p_i=(7-i)/6$, $i=1,2,\dots,6$ 인 기하분포를 따른다. $Y=X_1+X_2+\cdots+X_6$라 하자.

(a) Y의 적률모함수를 구하여라.

(b) $\mu_Y=E(Y)=E(X_1)+E(X_2)+\cdots+E(X_6)$인 사실을 이용하거나 Y의 적률모함수를 이용하여 평균을 구하여라.

(c) $\sigma_Y^2=Var(Y)=Var(X_1)+Var(X_2)+\cdots+Var(X_6)$인 사실을 이용하여 Y의 분산을 구하여라.

(d) 위의 이론적인 결과를 검토하기 위한 모의실험을 수행하여라.

6.2-15 X_1과 X_2가 독립인 확률변수이고 $Y=X_1+X_2$는 평균이 λ인 Poisson 분포를 하고 X_1은 평균이 λ_1 $(\lambda>\lambda_1)$인 Poisson 분포를 한다고 하자. X_2가 평균이 $\lambda-\lambda_1$인 Poisson 분포를 따르는 것을 보여라.

6.2-16 X_1과 X_2가 독립인 확률변수이고 $Y=X_1+X_2$는 $\chi^2(r)$이고 X_1은 $\chi^2(r_1)$ $(r>r_1)$이다. X_2가 $\chi^2(r-r_1)$임을 보여라.

6.3 극한 적률모함수

다음은 n이 매우 큰 반면 p는 아주 작을 때 임의의 조건 하에서는 이항분포의 적률모함수의 극한이 Poisson 분포의 적률모함수가 됨을 보이고자 한다.

이항분포 $b(n,p)$를 따르는 확률변수 Y의 적률모함수를 고려해 보자. $n\to\infty$ 이고 $p\to 0$이므로 $np=\lambda$라 하자. Y의 적률모함수는

$$M(t)=(1-p+pe^t)^n$$

이다. $p=\lambda/n$이므로

$$M(t)=\left[1-\frac{\lambda}{n}+\frac{\lambda}{n}e^t\right]^n=\left[1+\frac{\lambda(e^t-1)}{n}\right]$$

이다.

$$\lim_{n\to\infty}(1+\frac{b}{n})^n=e^b$$

이므로

$$\lim_{n\to\infty} M(t) = e^{\lambda(e^{t}-1)}$$

이며 모든 실수값 t에 대해 존재한다. 그러나 이것은 평균이 λ인 Poisson 분포의 적률모함수이다. 이로부터 n이 크고 p가 작을 때 Poisson 분포는 이항분포의 근사로서 적당하다. 이 근사는 $n \geq 20$이고 $p \leq 0.05$인 경우에는 좋고 $n \geq 100$이고 $p \leq 0.10$인 경우에는 아주 좋다. 그러나 이러한 범위를 벗어나면 근사의 정도가 좋지 않다.

정리 6.3-1 만일 적률모함수의 열(sequence)이 어떤 값 $M(t)$에 수렴한다면 이에 대응하는 분포의 극한은 $M(t)$에 대응하는 분포이어야 한다.

참고 이 이론에서 적률모함수 대신에 **특성함수**(characteristic function) $\phi(t) = E(e^{itX})$를 사용하면 적률모함수의 존재에 대한 가정이 필요 없다.

다음 예제는 이항분포의 적률모함수가 Poisson 분포의 적률모함수에 수렴하는 것을 그래프로 보여준다.

예제 6.3-1 $\lambda = 5$인 Poisson 분포의 적률모함수와 $np = 5$인 3개의 이항분포 $b(50, 1/10)$, $b(100, 0.05)$ 및 $b(200, 0.025)$의 적률모함수를 생각해 보자. 이 4개의 적률모함수는 각각 다음과 같다.

$$M(t) = e^{5(e^{t}-1)}$$

$$M(t) = (0.9 + 0.1e^{t})^{50}$$

$$M(t) = (0.95 + 0.05e^{t})^{100}$$

$$M(t) = (0.975 + 0.025e^{t})^{200}$$

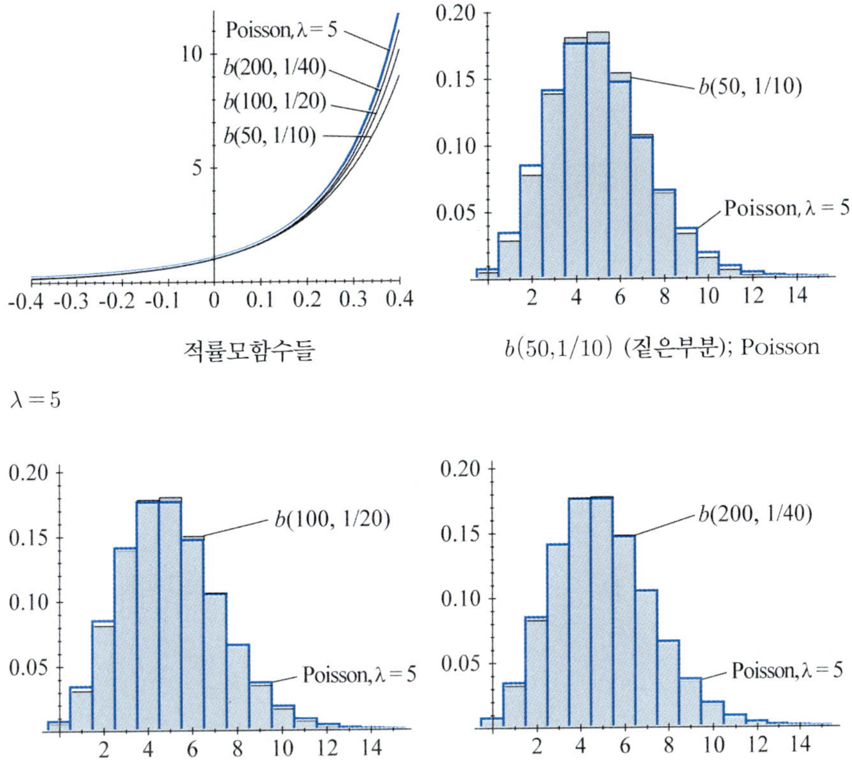

적률모함수들

$b(50,1/10)$ (짙은부분); Poisson $\lambda=5$

$b(100,1/20)$ (짙은부분); Poisson $\lambda=5$

$b(200,1/40)$ (짙은부분); Poisson $\lambda=5$

그림 6.3−1 이항분포의 Poisson 근사

그림 6.3−1은 이 적률모함수들의 그래프를 나타낸다. 비록 이 그래프는 이항 적률모함수이나 Poisson 적률모함수에 수렴하는 것을 보여주고 있으나, 그 외의 그래프는 n이 크고 p가 작은 경우에 Poisson분포가 근사 이항분포확률을 구하는데 사용될 수 있음을 명백하게 보여주고 있다.

예제 6.3-2 Y가 $b(50,1/25)$라 하자. 그러면

$$P(Y \le 1) = (\frac{24}{25})^{50} + 50(\frac{1}{25})(\frac{24}{25})^{49} = 0.400$$

$\lambda = np = 2$이므로, Poisson 근사는 부록의 표 Ⅲ으로부터

$$P(Y \le 1) \approx 0.406$$

이다.

정리 6.3－1은 중심극한정리를 증명하는 데 사용할 수 있다. 먼저 이 증명을 이해하는 데 도움이 될 수 있는 다른 문제를 생각해 보자. 평균이 μ인 분포로부터 추출된 확률표본 $X_1, X_2, \cdots, X_n$ 의 표본평균 $\overline{X}$의 극한분포를 고려하자. 만일 분포의 적률모함수가 $M(t)$이면 $\overline{X}$의 적률모함수는 $[M(t/n)]^n$이다. Taylor 전개식에서 0과 t/n 사이에

$$M\left(\frac{t}{n}\right) = M(0) + M'(t_1)\frac{t}{n}$$

$$= 1 + \frac{\mu t}{n} + \frac{[M'(t_1) - M'(0)]t}{n}$$

를 만족하는 어떤 수 t_1이 존재하는데, $M(0) = 1$, $M'(0) = \mu$ 이므로 위의 관계가 성립한다.

$M'(t)$가 $t = 0$에서 연속이고 $n \to \infty$이면 $t_1 \to 0$이므로

$$\lim_{n \to \infty}[M'(t_1) - M'(0)] = 0$$

이다. 따라서 고급 해석학의 결과를 사용하면 모든 실수값 t에 대해

$$\lim_{n \to \infty}\left[M\left(\frac{t}{n}\right)\right]^n = \lim_{n \to \infty}\left\{1 + \frac{\mu t}{n} + \frac{[M'(t_1) - M'(0)]t}{n}\right\}^n$$

$$= e^{\mu t}$$

이다. 그러나 이 극한값은 평균 μ에 모든 확률이 있는 **퇴화분포(degenerate distribution)**의 적률모함수이다. 따라서 $\overline{X}$의 극한분포는 어떤 의미에서 $\overline{X}$가 μ에 수렴함을 나타내며, 이는 대수의 법칙의 한 형태이다.

확률적 의미에서 $\overline{X}$는 μ에 수렴한다. 같은 의미로 $\overline{X} - \mu$는 0에 수렴한다. 두 평균의 차이 $\overline{X} - \mu$에 어떤 n의 함수를 곱하여 결과가 0에 수렴하지 않게 하자. 이러한 함수로

$$W = \frac{\overline{X} - \mu}{\sigma / \sqrt{n}} = \frac{\sqrt{n}(\overline{X} - \mu)}{\sigma} = \frac{Y - n\mu}{\sqrt{n}\,\sigma}$$

를 생각할 수 있으며 여기서, Y는 확률표본 관측치의 합이다. 이 함수를 고려하는 이유는 각 양의 정수 n에 대하여 W는 평균이 0이고 분산이 1인 표준화 확률변수이기 때문이다.

정리 6.3-2 **(중심극한정리)**

만일 $\overline{X}$가 평균 μ와 분산 σ^2을 갖는 분포로부터 크기 n인 확률표본 X_1, $X_2, \cdots, X_n$ 의 표본평균이라 하자. 그러면

$$W = \frac{\overline{X} - \mu}{\sigma / \sqrt{n}} = \frac{\sum_{i=1}^{n} X_i - n\mu}{\sqrt{n}\,\sigma}$$

의 분포는 $n \to \infty$ 일 때 $N(0,1)$을 갖는다.

증명 $X_1, X_2, \cdots, X_n$ 이 독립인 확률변수이므로

$$E = [\exp(tW)] = E\left\{\exp\left[\left(\frac{t}{\sqrt{n}\,\sigma}\right)\left(\sum_{i-1}^{n} X_i - n\mu\right)\right]\right\}$$

$$= E\left\{\exp\left[\left(\frac{t}{\sqrt{n}}\right)\left(\frac{X_1 - \mu}{\sigma}\right)\right] \cdots \exp\left[\left(\frac{t}{\sqrt{n}}\right)\left(\frac{X_n - \mu}{\sigma}\right)\right]\right\}$$

$$= E\left\{\exp\left[\left(\frac{t}{\sqrt{n}}\right)\left(\frac{X_1 - \mu}{\sigma}\right)\right]\right\} \cdots E\left\{\exp\left[\left(\frac{\mathrm{t}}{\sqrt{\mathrm{n}}}\right)\left(\frac{\mathrm{X_n} - \mu}{\sigma}\right)\right]\right\}$$

이다. 그러면

$$E[\exp(tW)] = \left[m\left(\frac{t}{\sqrt{n}}\right)\right]^n, \qquad -h < \frac{t}{\sqrt{n}} < h$$

이며, 여기서

$$m(t) = E\left\{\exp\left[t\left(\frac{X_i - \mu}{\sigma}\right)\right]\right\}, \qquad -h < t < h$$

인데, 이는 $Y_i = \dfrac{X_i - \mu}{\sigma}$, $(i = 1, 2, \cdots, n)$의 공통적률모함수이다. 또한, $E(Y_i) = 0$이고 $E(Y_i^2) = 1$이므로

$$m(0) = 1, \quad m'(0) = E\left(\frac{X_i - \mu}{\sigma}\right) = 0, \quad m''(0) = E\left[\left(\frac{X_i - \mu}{\sigma}\right)^2\right] = 1$$

이 된다. 따라서 Taylor의 공식을 사용하면

$$m(t) = m(0) + m'(0)t + \frac{m''(t_1)t^2}{2} = 1 + \frac{m''(t_1)t^2}{2}$$

인 t_1값이 0과 t 사이에 존재한다. $t^2/2$을 더하고 빼면

$$m(t) = 1 + \frac{t^2}{2} + \frac{[m''(t_1) - 1]t^2}{2}$$

이 된다. $E[\exp(tW)]$ 식을 $m(t)$로 나타내면, W의 적률모함수는

$$E[\exp(tW)] = \left\{1 + \frac{1}{2}\left(\frac{t}{\sqrt{n}}\right)^2 + \frac{1}{2}[m''(t_1) - 1]\left(\frac{t}{\sqrt{n}}\right)^2\right\}^n$$

$$= \left\{1 + \frac{t^2}{2n} + \frac{[m''(t_1) - 1]t^2}{2n}\right\}^n, \quad -\sqrt{n}\,h < t < \sqrt{n}\,h$$

인데, t_1은 0과 $t/\sqrt{n}$ 사이의 값이다. $m''(t)$가 $t=0$에서 연속이고 $n\to\infty$ 일 때 $t_1 \to 0$이므로

$$\lim_{n\to\infty}[m''(t_1) - 1] = 1 - 1 = 0$$

이다. 따라서 해석학의 결과를 응용하면, 모든 실수값 t에 대해

$$\lim_{n\to\infty} E[\exp(tW)] = \lim_{n\to\infty}\left\{1 + \frac{t^2}{2n} + \frac{[m''(t_1) - 1]t^2}{2n}\right\}^n$$

$$= \lim_{n\to\infty}\left\{1 + \frac{t^2}{2n}\right\}^n = e^{t^2/2}$$

이며 이것은 표준정규분포 $N(0,1)$의 적률모함수이다. 따라서

$$W = \frac{\overline{X} - \mu}{\sigma/\sqrt{n}} = \frac{\sum_{i=1}^{n} X_i - n\mu}{\sqrt{n}\,\sigma}$$

의 극한분포는 $N(0,1)$이다.

참고 위의 증명에서 적률모함수가 존재한다고 가정하였다. 이것은 모든 차수의 적률이 존재한다는 의미이다. 고급이론 과정에서는 특성함수 $\phi(t) = E(e^{itX})$를 사용하고 이 경우에는 이론에서 1차 적률과 2차 적률의 존재 조건만 필요하다. 이 경우의 증명도 위의 경우와 동일하다.

예제 6.3-3 $\chi^2(1)$분포로부터의 크기 n인 확률표본을 $X_1, X_2, \ldots, X_n$을 추출했다고 하자. $(\overline{X}-1)/(\sqrt{2}/\sqrt{n})$의 적률모함수는

$$M_n(t) = \frac{e^{-t\sqrt{n}/\sqrt{2}}}{(1-\sqrt{2}t/\sqrt{n})^{n/2}}$$

이다. 중심극한정리로부터 n이 증가하면 적률모함수는 표준정규분포의 적률모함수 즉

$$M(t) = e^{t^2/2}$$

에 접근한다. 그림 6.3−2(*a*)는 $M(t)$와 $M_n(t)$, $n=20, 100, 250$에 대한 적률모함수 그래프이다. 그림 6.3−2(*b*)는 $(\overline{X}-1)/(\sqrt{2}/\sqrt{n})$의 그래프로 $N(0,1)$의 p.d.f.와 함께 나타내었다. 이 경우 $\chi^2(1)$이 비대칭분포이므로 수렴 속도가 아주 느리다.

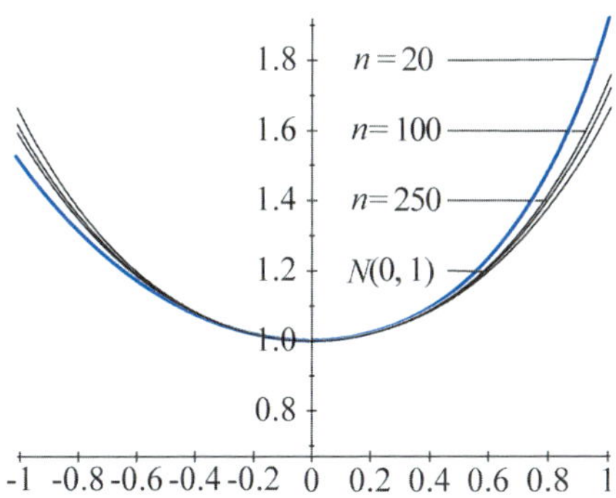

(a) 적률모함수들

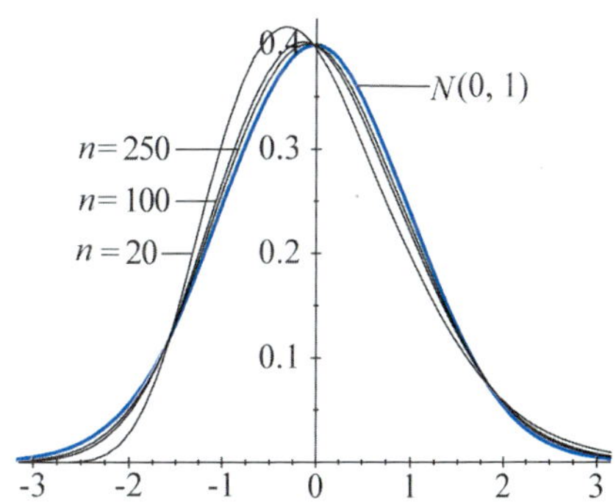

(b) p.d.f.들

그림 6.3−2 $\chi^2(1)$ 분포로부터의 표본추출

예제 6.3-4 확률변수 X가 U−자형 분포

$$f(x) = (3/2)x^2, \quad -1 < x < 1$$

를 갖는다고 하자. 이 분포의 평균은 $\mu = 0$이고 분산은 $\sigma^2 = 3/5$이다. $t \neq 0$에 대한 적률모함수는

$$M(t) = \frac{3}{2}\,\frac{e^t t^2 - 2e^t t + 2e^t - e^{-t}t^2 - 2e^{-t}t - 2e^{-t}}{t^3}$$

이며, 물론 $M(0)=1$이다.

$$W_n = \frac{\overline{X}-0}{\sqrt{(3/5)/n}}$$

의 적률모함수는

$$E[e^{tW_n}] = \left\{E\left[\exp\left(\sqrt{\frac{5}{3n}}\,t\right)\right]\right\}^n = \left[M\left(\sqrt{\frac{5}{3n}}\,t\right)\right]^n$$

이다. 그림 6.3－3(a)는 $n=2,5,10$의 적률모함수와 표준정규분포의 그래프를 나타낸다.

그림 6.3－3(b)는 $W_n = \dfrac{\overline{X}-0}{\sqrt{(3/5)/n}}$의 p.d.f.와 $N(0,1)$의 p.d.f.를 비교해 놓은 것이다.

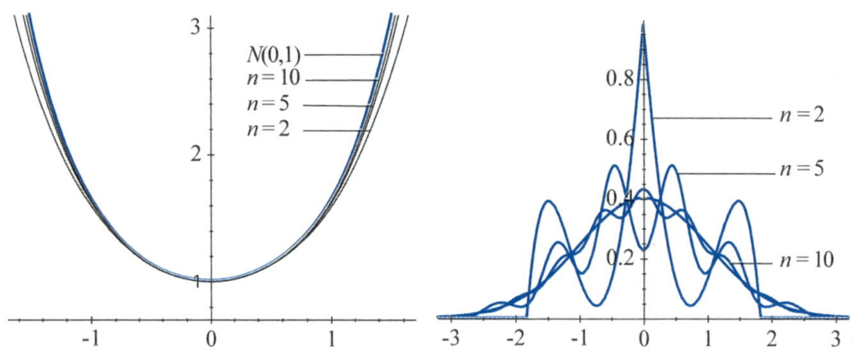

(a) 적률모함수들　　　(b) p.d.f.들

그림 6.3-3 U-형 분포로부터의 표본추출

연습문제 6.3

6.3-1 \$1짜리 Michigan 주 복권을 구매하면 \$499의 상금을 받을 확률이 0.001이다. Y를 n번 복권을 구매하였을 때 \$499 상금을 타는 횟수라고 하면 Y는 $b(n, 0.001)$이다. $n=2000$번 구입했다고 했을 때 Poisson 분포를 사용하여 $P(Y \le 4)$의 근사확률을 구하여라.

6.3-2 어떤 독감 백신의 부작용이 나타날 확률은 0.005라고 하자. 만일 1,000명이 백신을 맞았다면 다음 사건의 근사 확률을 구하여라.

(a) 많아야 1명이 부작용

(b) 4명에서 6명이 부작용

6.3-3 평균이 $\mu = 40$이고 분산이 $\sigma^2 = 8$인 분포로부터 추출된 표본크기 32인 확률표본의 표본평균을 $\overline{X}$라 하자. $P(39.75 \leq \overline{X} \leq 41.25)$의 근사 확률을 구하여라.

6.3-4 자유도가 $r = 1$인 χ^2 분포에서 표본크기 18인 확률표본을 $X_1, X_2, \ldots, X_{18}$이라 하자. $\chi^2(1)$의 평균은 $\mu = 1$이고 분산은 $\sigma^2 = 2$이다.

(a) $Y = \sum_{i=1}^{18} X_i$는 어떤 분포를 따르는가?

(b) (a)의 결과를 사용하여 부록의 표 Ⅳ로부터

$$P(Y \leq 9.390) = 0.05 \quad P(Y \leq 34.80) = 0.99$$

를 구하였다. 이 두 확률을 중심극한정리를 이용하여 구한 근사확률과 비교하여라.

6.3-5 p.d.f $f(x) = 1 - x/2,\ 0 \leq x \leq 2$로부터 표본크기 $n = 18$인 확률표본을 추출하였다.

(a) μ와 σ^2을 구하여라.

(b) $P(2/3 \leq \overline{X} \leq 5/6)$의 근사확률을 구하여라.

6.3-6 Y가 $b(72, 1/3)$를 따르면, $P(22 < Y \leq 28)$의 근사확률을 구하여라.

6.3-7 공정한 주사위 한 개를 12번 독립적으로 던지는 시행에서 $n = 12$인 확률표본의 합을 Y라 하자.

(a) $P(36 \leq Y \leq 48)$의 근사확률을 구하여라.

Hint 관심 있는 사건이 $\{Y = 36, 37, \ldots, 48\}$이므로 $P(35.5 < Y < 48.5)$를 구한다.

(b) $P(36 \leq Y \leq 48) = \dfrac{49,300,925}{68,024,448} = 0.72475$임을 보여라.

6.3-8 X가 평균 $\mu = n$인 Poisson 분포를 따르면, $Z = (X - n)/\sqrt{n}$에 대한 적률모함수의 극한이 $e^{t^2/2}$임을 보여라. 이는 Poisson 분포에서 평균이 클 때 정규분포를 이용하여 근사확률을 구하는 이유이다.

6.4 비정규 경우에서 순서통계량의 사용

이 장에서는 **비정규적(non-regular) 모수에 대한 신뢰구간**을 구하는 데 순서 통계량을 사용하는 예를 다루고자 한다. 확률표본 $X_1, X_2, \ldots, X_n$이 p.d.f.

$$f(x;\theta) = \frac{1}{\theta}, \qquad 0 \le x \le \theta$$

로부터 추출되는 경우 θ에 대한 최우추정량은 최대 순서통계량 $Y_n = \max(X_i)$임을 알고 있다. $X_1, X_2, \ldots, X_n$이 독립인 확률변수라면 Y_n의 분포함수는, $0 \le y \le \theta$에서

$$G(y) = P(Y_n \le y) = P(\text{모든 } X_i \le y) = \left(\int_0^y \frac{1}{\theta} dx\right)^n = \left(\frac{y}{\theta}\right)^n$$

이며, 따라서 Y_n의 p.d.f.는

$$g(y) = G'(y) = \frac{ny^{n-1}}{\theta^n}, \qquad 0 \le y \le \theta$$

이다. 다음 확률을 생각해 보자.

$$P(c \le Y_n \le \theta) = \int_c^\theta \frac{ny^{n-1}}{\theta^n} dy = 1 - \alpha$$

이고, 여기서 α는 0.05와 같은 작은 수이다. 이 식으로부터

$$1 - \left(\frac{c}{\theta}\right)^n = 1 - \alpha \text{ 또는 } c = (\alpha^{1/n})\theta$$

이다. 따라서

$$\begin{aligned} 1 - \alpha &= P(\alpha^{1/n}\theta \le Y_n \le \theta) \\ &= P\left(\frac{\alpha^{1/n}}{Y_n} \le \frac{1}{\theta} \le \frac{1}{Y_n}\right) \\ &= P\left(Y_n \le \theta \le \frac{Y_n}{\alpha^{1/n}}\right) \end{aligned}$$

이다. 즉 $[y_n, y_n/\alpha^{1/n}]$은 모수 θ에 대한 $100(1-\alpha)\%$ 신뢰구간이다. $n = 10$이고 $\alpha = 0.05$라고 하자. 그러면 $\alpha^{1/n} = 0.05^{1/10} = 0.74$이다. Y_{10}의 관측치

를 $y_{10} = 2.10$이라 하면 θ의 95% 신뢰구간은

$$2.10 \le \theta \le \frac{2.10}{0.74} \quad \text{또는} \quad 2.10 \le \theta \le 2.84 \quad \text{또는} \quad [2.10, 2.84]$$

이다.

이 예제에서 μ에 대한 신뢰구간이 $\overline{X}$에 근거한 신뢰구간보다 작은 이유를 Y_n과 $\overline{X}$의 분산을 이용함으로써 설명할 수 있다. Y_n의 평균은

$$E(Y_n) = \int_0^\theta y \frac{ny^{n-1}}{\theta^n}\, dy = \frac{n}{n+1}\theta$$

이고 분산은

$$\begin{aligned} Var(Y_n) &= \int_0^\theta y^2 \frac{ny^{n-1}}{\theta^n} dy - \left(\frac{n}{n+1}\right)^2 \theta^2 \\ &= \frac{n}{n+2}\theta^2 - \frac{n^2}{(n+1)^2}\theta^2 = \frac{n}{(n+1)^2(n+2)}\theta^2 \end{aligned}$$

이다. 즉 모집단 분포의 분산이 $Var(X) = \theta^2/12$일 때 $Var(Y_n)$은 분모에 n^2이 있는 반면 $Var(\overline{X}) = \sigma^2/n = (\theta^2/12)/n$이다. 따라서 n이 크면 $Var(Y_n) \le Var(\overline{X})$이다. 만일 $n = 10$이면,

$$Var(Y_n) = (0.0069)\theta^2 < (0.0083)\theta^2 = Var(\overline{X})$$

이고, $n = 100$이면

$$Var(Y_n) = (0.000069)\theta^2 < (0.000833)\theta^2 = Var(\overline{X})$$

으로 n이 커지면 차이가 더 많이 생긴다.

예제 6.4-1 $X_1, X_2, \ldots, X_n$이 다음 p.d.f.로부터의 확률표본이라 하자.

$$f(x;\theta) = e^{-(x-\theta)}, \quad \theta \le x < \infty$$

θ의 최우추정량을 구하기 위해 우도함수를 구하면

$$L(\theta) = \prod_{i=1}^{n} e^{-(x_i-\theta)} = e^{-\Sigma(x_i-\theta)}, \qquad \theta \le x_i < \infty$$

이다. $L(\theta)$를 최대화하거나 $\Sigma_{i=1}^{n}(x_i - \theta)$를 최소화하려고 한다. 이는 θ를 가

능한 크게 함으로써 얻을 수 있으므로 최소 순서통계량은 $\hat{\theta}=\min(X_i)=Y_1$ 이다. θ는 가장 작은 x_i보다 클 수 없으며 그 경우 $L(\theta)$는 0이 되고 이는 $L(\theta)$의 최대값이 아니다. 따라서 θ에 대한 최대 가능한 값은 $Y_1=\min(X_i)$이다. Y_1의 p.d.f.는 먼저 Y_1의 분포함수를 구하여 얻을 수 있다. $\theta \le y \le \infty$에 대해

$$G(y)=P(Y_1 \le y)=1-P(y< \text{모든 } X_i)$$

$$=1-\left(\int_y^{\infty} e^{-(x-\theta)}dx\right)^n=1-e^{-n(y-\theta)}$$

이다. 따라서 Y_1의 p.d.f.는

$$g(y)=G'(y)=ne^{-n(y-\theta)},\quad \theta \le y<\infty$$

이다. θ에 대한 신뢰구간을 구하기 위해

$$P(\theta \le Y_1 \le c)=1-\alpha$$

또는

$$G(c)-G(\theta)=1-e^{-n(c-\theta)}=1-\alpha$$

이므로

$$e^{-n(c-\theta)}=\alpha \text{ 이고 } c=\theta-\frac{1}{n}\ln\alpha$$

이다. 따라서

$$1-\alpha=P\left(\theta \le Y_1 \le \theta-\frac{1}{n}\ln\alpha\right)$$

$$=P\left(-Y_1 \le -\theta \le -Y_1-\frac{1}{n}\ln\alpha\right)$$

$$=P\left(Y_1+\frac{1}{n}\ln\alpha \le \theta \le Y_1\right).$$

이다. 즉 θ에 대한 $100(1-\alpha)\%$ 신뢰구간은 $[y_1+\ln\alpha/n,\ y_1]$이다. 만일 $\alpha=0.05$이고 $n=10$이면 $y_1=2.70$이고 따라서 θ에 대한 95% 신뢰구간은

$$[2.70+(-2.996)/10,\ 2.70]=[2.40, 2.70]$$

이다.

예제 6.4-2 Y_1이 **이동지수분포**(shifted exponential distribution)

$$f(x;\theta) = e^{-(x-\theta)}, \quad \theta \le x < \infty$$

로부터의 추출된 확률표본의 최소 순서통계량이라 하자. 예제 6.4－1에서 θ에 대한 $100(1-\alpha)\%$ 신뢰구간은 $[y_1 + \ln\alpha/n,\ y_1]$였다. $E(\overline{X}) = \theta + 1$이므로 $[\overline{x} - 1 - 2s/\sqrt{n}\ ,\ \ \overline{x} - 1 + 2s/\sqrt{n}]$은 θ에 대한 근사 95% 신뢰구간이다. θ에 대한 신뢰구간을 비교하기 위하여 $\theta = 5$인 이동지수분포로부터 크기 $n = 30$인 확률표본을 50개 생성하였다. 그림 6.4－1(a)는 50개의 신뢰구간 $[y_1 + \ln(0.05)/30,\ y_1]$을 나타내고, 그림 6.4－1(b)는 같은 자료에 대해 $\overline{x}$를 사용한 50개의 근사 95% 신뢰구간을 나타낸다.(두 그래프의 척도에 차이가 있음.) 그림 6.4－1(a)에서 신뢰구간의 길이는 0.09986인 반면 그림 6.4－1(b)에서 근사신뢰구간의 평균 길이는 0.72068이다. 이것은 평균길이에서 아주 큰 차이이다. 또한 이 특정한 모의실험에서 y_1을 사용할 때 $\theta = 5$를 포함하는 구간은 47개인 반면 $\overline{x}$를 사용할 때 $\theta = 5$를 포함하는 근사신뢰구간은 46개이다. 이러한 숫자는 모의실험을 할 때마다 다르게 나타난다.

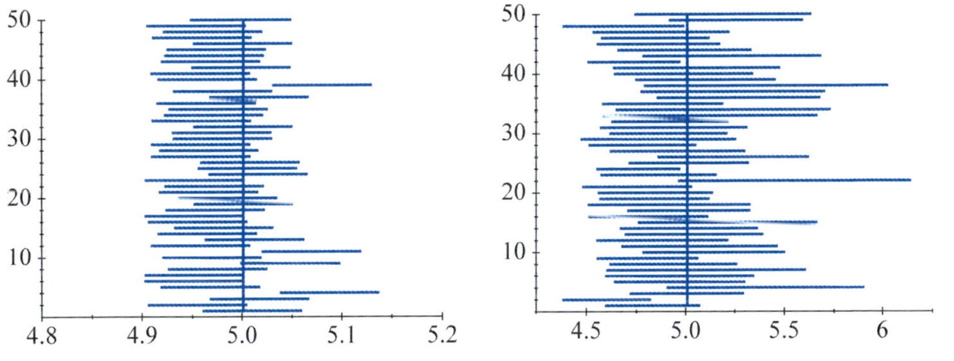

(a) $[y_1 + \ln(0.05/30), y_1]$

(b) $[\overline{x} - 1 - 2s/\sqrt{30}, \overline{x} - 1 + 2s/\sqrt{30}]$

그림 6.4-1 θ에 대한 신뢰구간

연습문제 6.4

6.4-1 p.d.f가 $f(x\,;\theta)=e^{-(x-\theta)}$, $\theta \le x \le \infty$인 분포로부터 추출된 확률표본의 최소 순서통계량을 Y_1이라 하자.

(a) Y_1의 p.d.f.를 구하여라.

(b) $E(Y_1)=\theta+1/n$임을 보여라.

(c) $Var(Y_1)=1/n^2$임을 보여라.

6.4-2 예제 6.4-2는 이동지수분포로부터 표본을 추출할 때 θ의 구간추정을 비교하기위한 모의실험 결과를 나타내었다. 모의실험을 위한 컴퓨터 프로그램을 작성하고 결과를 해석하여라.

6.4-3 p.d.f.가 $f(x;\theta)=1/2\theta$, $-\theta < x < \theta$인 분포로부터 추출된 확률표본 X_1과 X_2의 순서통계량을 $Y_1 < Y_2$이라 하자.

(a) $Z=\max(-Y_1, Y_2)$가 θ의 최우추정량임을 보여라.

(b) Z의 분포함수가

$$P(Z \le z)=P(-z \le Y_1 \text{ 이고 } Y_2 \le z)=(z/\theta)^2,\quad 0 \le z < \theta$$

임을 보여라.

(c) 만일 $Z \le c$이거나 $Z \ge 1$일 때 $H_0: \theta=1$을 기각한다면 $\alpha=0.05$일 때 c를 구하여라.

제6장 맺음말

6.4절에서 지적하였듯이 일반적으로 비정규적인 경우의 추정에서 순서통계량을 이용한 추정량이 $\overline{X}$를 이용한 추정량보다 좋은 결과를 나타낸다. 즉 $\overline{X}$에 관련된 추정량보다 작은 분산을 갖고 신뢰구간의 길이가 짧다는 의미이다. 또한 이 장에서는 적률모함수를 소개하고 $\overline{X}$와 같은 선형 통계량의 분포를 다루었다. 중심극한정리의 증명은 적률모함수를 사용하여 증명하였지만 고급 이론에서는 특성함수 $\phi(t) = E(e^{itX})$를 사용하여 증명할 수도 있다.

적률모함수를 사용하지 않고 중심극한정리를 연구한 세 명의 초기 수학자를 소개하고자 한다. 첫 번째는 Abraham de Moivre로 대부분의 인생을 영국에서 우울하게 보낸 프랑스인이다. 저서 "The Doctrine of Chance"를 출판한 후 Nicolaus Bernoulli가 그에게 제안한 프로젝트를 수행하였으며, Y가 $b(n,p)$라는 사실을 사용하여 성공, 즉 Y/n의 상대도수가 흥미 있는 근사확률을 갖는다는 사실을 발견하였다. De Moivre는 우리가 잘 알고 있는 정규분포인 종모양의 분포를 발견하였고, 이 분포를 이용하여 표준편차라고 하는 흩어짐의 측도를 계산하였다. 또한 Y/n가 p를 포함하는 주어진 구간에 떨어질 확률을 근사적으로 구하였다.

다른 두 명의 학자는 Carl Friedrich Gauss와 Marquis Pierre Simon de Laplace이다. Gauss는 Laplace보다 29살 어리지만 그의 업적이 잘 알려지지 않아 누가 중심극한정리를 발견하였는지 말하기가 쉽지 않다. 이것은 de Moivre의 결과를 일반화한 것이다. de Moivre의 경우에 i번째 시행의 결과가 $X_i = 1$ 또는 0인 베르누이 분포로부터 확률표본을 추출하면 성공의 상대도수

$$\frac{Y}{n} = \sum_{i=1}^{n} \frac{X_i}{n} = \overline{X}$$

는 근사 정규분포를 갖는다는 것을 보였다. Laplace와 Gauss는 만일 2차 적률이 존재하는 임의의 분포로부터 표본추출을 할 때 표본평균 $\overline{X}$는 근사정규분포를 갖는다는 것을 보였다. 비슷하게도 이 중심극한정리는 Gauss의 1810년

"Theoria Motus"에 1년 앞서 Laplace에 의해 1809년에 발표되었다. 여러 가지 이유로 정규분포는 Gaussian분포라고도 한다. 많은 사람들은 Laplace의 공로는 물론 83년 이전에 de Moivre가 처음 발표했던 공로를 잊고 사는 것 같다. 이들 이후로 중심극한정리를 일반화한 많은 결과가 있었는데, 특히 자료의 수가 어느 정도 이상이면 대부분의 모수 추정량들은 근사적인 정규분포를 갖는다는 것은 편리하게 이용하고 있다.

APPENDIX A

참고문헌

Anscombe, F. J., "Graphs in Statistical Analysis," *The American Statistician,27*, (1973), pp. 17-–21.

Aspin, A. A., "Tables for Use in Comparisons Whose Accuracy Involves Two Variances, Separately Estimated," *Biometrika*, **36** (1949), pp. 290–296.

Box, G. E. P., W. G. Hunter, and J. S. Hunter, *Statistics for Experimenters*, John Wiley & Sons, Inc., New York, 1978.

Box, G. E. P., and M. E. Muller, "A Note on the Generation of Random Normal Deviates," *Ann. Math. Statist.*," **29** (1958), p. 610.

Crisman, R., "Shortest Confidence Interval for the Standard Deviation of a Normal Distribution," *J. Undergrad. Math.*, **7**, 2 (1975), p. 57.

Guenther, William C., "Shortest Confidence Intervals," *Amer. Statist.*, **23**, 1(1969), p. 22.

Hogg, R. V., and J. Ledolter, *Applied Statistics for Engineers and Physical Scientists*, 2nd ed., Macmillan Publishing Company, New York, 1992.

Hogg, R. V., J.W. McKean, and A. T. Craig, *Introduction to Mathematical Statistics*, 6th ed., Prentice Hall, NJ, 2005.

Hogg, R. V., and A. T. Craig, "On the Decomposition of Certain Chi–Square Variables," *Ann. Math. Statist.*, **29** (1958), p. 608.

Hogg, R. V., and E. A. Tanis, *Probability and Statistical Inference*, 7th ed., Prentice Hall, NJ, 2006.

Iman,Ronald L., *A Data-BasedApproach to Statistics*,Wadsworth Publishing Co., Belmont, CA, 1994.

Johnson, V. E. and J. H. Albert, *Ordinal Data Modeling*, Springer–Verlag, New York, 1999.

Kaigh, W. D., "The Case of the Missing Lottery Number," *The College Mathematics Journal*, January, 2001, pp. 15–19.

Karian, Z. A., and E. A. Tanis, *Probability & Statistics: Explorations with MAPLE*, 2nd ed., Prentice Hall, NJ, 1999.

Keating, Jerome P., and Scott, David W., "Ask Dr. STATS," *Stats, The Magazine for Students of Statistics*, **25**, Spring, 1999, pp. 16–22.

Kinney, J., "Mathematica As an Aid in Teaching Probability and Statistics," *Proceedings of the Statistical Computing Section*, (1998), American Statistical Association, pp. 25–32.

Montgomery, D. C., *Design andAnalysis ofExperiments,* 2nd ed., John Wiley & Sons, Inc., New York, 1984.

Pearson, K., "On the Criterion That a Given System of Deviations from the Probable in the Case of a Correlated System of Variables Is Such That It Can Be Reasonably Supposed to Have Arisen from Random Sampling," *Phil. Mag.*, Series 5, 50 (1900), p. 157.

Putz, John, "The Golden Section and the Piano Sonatas of Mozart," *Mathematics Magazine*, Vol. 68, No. 4, Oct., 1995, pp. 275–282.

Quain, J. R., "Going Mainstream," *PC Magazine*, February, 1994.

Rafter, J. A., M. L. Abell, J. P. Braselton, *Statistics with Maple*, Academic Press, An imprint of Elsevier Science (USA), 2003.

Snee, R. D., L. B. Hare, and J. R. Trout, *Experiments in Industry*, American Society of Quality Conrol, Milwaukee, Wis., 1985.

Tanis, E. A., "Maple Integrated Into the Instruction of Probability and Statistics," *Proceedings of the Statistical Computing Section*, (1998), American Statistical Association, pp. 19–24.

Tate, R. F., and G. W. Klett, "Optimum Confidence Intervals for the Variance of a Normal Distribution," *J. Am. Statist. Assoc.,* **54** (1959), p. 674.

Tukey, John W., *Exploratory Data Analysis,* Addison–Wesley Publishing Company, Reading, Mass., 1977.

Velleman, P. F., and D. C. Hoaglin, *Applications, Basics, and Computing of Exploratory Data Analysis*, Duxbury Press, Boston, 1981.

Yobs, A .R., Swanson, R. A., and Lamotte, L. C. "Laboratory Reliability of the Papanicolaou Smear." *Obstetrics and Gynecology*, Volume 65, February 1985, pp. 235–244.

APPENDIX B

TABLES

표 I 이항계수

$$\binom{n}{r} = \frac{n!}{r!(n-r)!} = \binom{n}{n-r}$$

n	$\binom{n}{0}$	$\binom{n}{1}$	$\binom{n}{2}$	$\binom{n}{3}$	$\binom{n}{4}$	$\binom{n}{5}$	$\binom{n}{6}$	$\binom{n}{7}$	$\binom{n}{8}$	$\binom{n}{9}$	$\binom{n}{10}$	$\binom{n}{11}$	$\binom{n}{12}$	$\binom{n}{13}$
0	1													
1	1	1												
2	1	2	1											
3	1	3	3	1										
4	1	4	6	4	1									
5	1	5	10	10	5	1								
6	1	6	15	20	15	6	1							
7	1	7	21	35	35	21	7	1						
8	1	8	28	56	70	56	28	8	1					
9	1	9	36	84	126	126	84	36	9	1				
10	1	10	45	120	210	252	210	120	45	10	1			
11	1	11	55	165	330	462	462	330	165	55	11	1		
12	1	12	66	220	495	792	924	792	495	220	66	12	1	
13	1	13	78	286	715	1,287	1,716	1,716	1,287	715	286	78	13	1
14	1	14	91	364	1,001	2,002	3,003	3,432	3,003	2,002	1,001	364	91	14
15	1	15	105	455	1,365	3,003	5,005	6,435	6,435	5,005	3,003	1,365	455	105
16	1	16	120	560	1,820	4,368	8,008	11,440	12,870	11,440	8,008	4,368	1,820	560
17	1	17	136	680	2,380	6,188	12,376	19,448	24,310	24,310	19,448	12,376	6,188	2,380
18	1	18	153	816	3,060	8,568	18,564	31,824	43,758	48,620	43,758	31,824	18,564	8,568
19	1	19	171	969	3,876	11,628	27,132	50,388	75,582	92,378	92,378	75,582	50,388	27,132
20	1	20	190	1,140	4,845	15,504	38,760	77,520	125,970	167,960	184,756	167,960	125,970	77,520
21	1	21	210	1,330	5,985	20,349	54,264	116,280	203,490	293,930	352,716	352,716	293,930	203,490
22	1	22	231	1,540	7,315	26,334	74,613	170,544	319,770	497,420	646,646	705,432	646,646	497,420
23	1	23	253	1,771	8,855	33,649	100,947	245,157	490,314	817,190	1,144,066	1,352,078	1,352,078	1,144,066
24	1	24	276	2,024	10,626	42,504	134,596	346,104	735,471	1,307,504	1,961,256	2,496,144	2,704,156	2,496,144
25	1	25	300	2,300	12,650	53,130	177,100	480,700	1,081,575	2,042,975	3,268,760	4,457,400	5,200,300	5,200,300
26	1	26	325	2,600	14,950	65,780	230,230	657,800	1,562,275	3,124,550	5,311,735	7,726,160	9,657,700	10,400,600

For $r > 13$ you may use the identity $\binom{n}{r} = \binom{n}{n-r}$.

표 II 이항분포

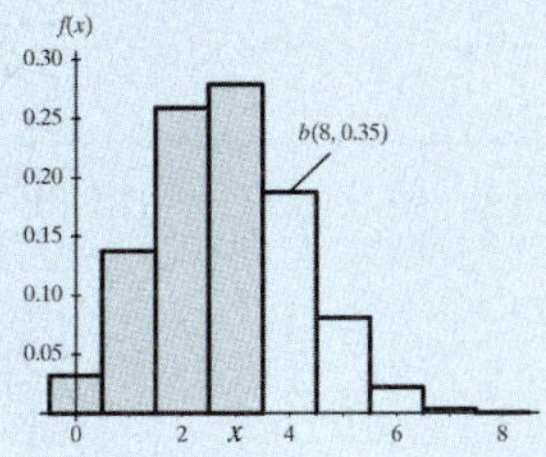

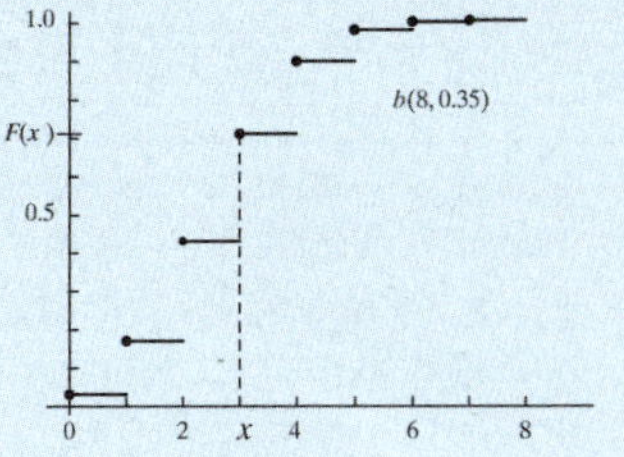

$$F(x) = P(X \le x) = \sum_{k=0}^{x} \frac{n!}{k!(n-k)!} p^k (1-p)^{n-k}$$

		p									
n	x	0.05	0.10	0.15	0.20	0.25	0.30	0.35	0.40	0.45	0.50
2	0	0.9025	0.8100	0.7225	0.6400	0.5625	0.4900	0.4225	0.3600	0.3025	0.2500
	1	0.9975	0.9900	0.9775	0.9600	0.9375	0.9100	0.8775	0.8400	0.7975	0.7500
	2	1.0000	1.0000	1.0000	1.0000	1.0000	1.0000	1.0000	1.0000	1.0000	1.0000
3	0	0.8574	0.7290	0.6141	0.5120	0.4219	0.3430	0.2746	0.2160	0.1664	0.1250
	1	0.9928	0.9720	0.9392	0.8960	0.8438	0.7840	0.7182	0.6480	0.5748	0.5000
	2	0.9999	0.9990	0.9966	0.9920	0.9844	0.9730	0.9571	0.9360	0.9089	0.8750
	3	1.0000	1.0000	1.0000	1.0000	1.0000	1.0000	1.0000	1.0000	1.0000	1.0000
4	0	0.8145	0.6561	0.5220	0.4096	0.3164	0.2401	0.1785	0.1296	0.0915	0.0625
	1	0.9860	0.9477	0.8905	0.8192	0.7383	0.6517	0.5630	0.4752	0.3910	0.3125
	2	0.9995	0.9963	0.9880	0.9728	0.9492	0.9163	0.8735	0.8208	0.7585	0.6875
	3	1.0000	0.9999	0.9995	0.9984	0.9961	0.9919	0.9850	0.9744	0.9590	0.9375
	4	1.0000	1.0000	1.0000	1.0000	1.0000	1.0000	1.0000	1.0000	1.0000	1.0000
5	0	0.7738	0.5905	0.4437	0.3277	0.2373	0.1681	0.1160	0.0778	0.0503	0.0312
	1	0.9774	0.9185	0.8352	0.7373	0.6328	0.5282	0.4284	0.3370	0.2562	0.1875
	2	0.9988	0.9914	0.9734	0.9421	0.8965	0.8369	0.7648	0.6826	0.5931	0.5000
	3	1.0000	0.9995	0.9978	0.9933	0.9844	0.9692	0.9460	0.9130	0.8688	0.8125
	4	1.0000	1.0000	0.9999	0.9997	0.9990	0.9976	0.9947	0.9898	0.9815	0.9688
	5	1.0000	1.0000	1.0000	1.0000	1.0000	1.0000	1.0000	1.0000	1.0000	1.0000
6	0	0.7351	0.5314	0.3771	0.2621	0.1780	0.1176	0.0754	0.0467	0.0277	0.0156
	1	0.9672	0.8857	0.7765	0.6553	0.5339	0.4202	0.3191	0.2333	0.1636	0.1094
	2	0.9978	0.9842	0.9527	0.9011	0.8306	0.7443	0.6471	0.5443	0.4415	0.3438
	3	0.9999	0.9987	0.9941	0.9830	0.9624	0.9295	0.8826	0.8208	0.7447	0.6562
	4	1.0000	0.9999	0.9996	0.9984	0.9954	0.9891	0.9777	0.9590	0.9308	0.8906
	5	1.0000	1.0000	1.0000	0.9999	0.9998	0.9993	0.9982	0.9959	0.9917	0.9844
	6	1.0000	1.0000	1.0000	1.0000	1.0000	1.0000	1.0000	1.0000	1.0000	1.0000
7	0	0.6983	0.4783	0.3206	0.2097	0.1335	0.0824	0.0490	0.0280	0.0152	0.0078
	1	0.9556	0.8503	0.7166	0.5767	0.4449	0.3294	0.2338	0.1586	0.1024	0.0625
	2	0.9962	0.9743	0.9262	0.8520	0.7564	0.6471	0.5323	0.4199	0.3164	0.2266
	3	0.9998	0.9973	0.9879	0.9667	0.9294	0.8740	0.8002	0.7102	0.6083	0.5000
	4	1.0000	0.9998	0.9988	0.9953	0.9871	0.9712	0.9444	0.9037	0.8471	0.7734
	5	1.0000	1.0000	0.9999	0.9996	0.9987	0.9962	0.9910	0.9812	0.9643	0.9375

표 II 계속

n	x	p									
		0.05	0.10	0.15	0.20	0.25	0.30	0.35	0.40	0.45	0.50
	6	1.0000	1.0000	1.0000	1.0000	0.9999	0.9998	0.9994	0.9984	0.9963	0.9922
	7	1.0000	1.0000	1.0000	1.0000	1.0000	1.0000	1.0000	1.0000	1.0000	1.0000
8	0	0.6634	0.4305	0.2725	0.1678	0.1001	0.0576	0.0319	0.0168	0.0084	0.0039
	1	0.9428	0.8131	0.6572	0.5033	0.3671	0.2553	0.1691	0.1064	0.0632	0.0352
	2	0.9942	0.9619	0.8948	0.7969	0.6785	0.5518	0.4278	0.3154	0.2201	0.1445
	3	0.9996	0.9950	0.9786	0.9437	0.8862	0.8059	0.7064	0.5941	0.4770	0.3633
	4	1.0000	0.9996	0.9971	0.9896	0.9727	0.9420	0.8939	0.8263	0.7396	0.6367
	5	1.0000	1.0000	0.9998	0.9988	0.9958	0.9887	0.9747	0.9502	0.9115	0.8555
	6	1.0000	1.0000	1.0000	0.9999	0.9996	0.9987	0.9964	0.9915	0.9819	0.9648
	7	1.0000	1.0000	1.0000	1.0000	1.0000	0.9999	0.9998	0.9993	0.9983	0.9961
	8	1.0000	1.0000	1.0000	1.0000	1.0000	1.0000	1.0000	1.0000	1.0000	1.0000
9	0	0.6302	0.3874	0.2316	0.1342	0.0751	0.0404	0.0207	0.0101	0.0046	0.0020
	1	0.9288	0.7748	0.5995	0.4362	0.3003	0.1960	0.1211	0.0705	0.0385	0.0195
	2	0.9916	0.9470	0.8591	0.7382	0.6007	0.4628	0.3373	0.2318	0.1495	0.0898
	3	0.9994	0.9917	0.9661	0.9144	0.8343	0.7297	0.6089	0.4826	0.3614	0.2539
	4	1.0000	0.9991	0.9944	0.9804	0.9511	0.9012	0.8283	0.7334	0.6214	0.5000
	5	1.0000	0.9999	0.9994	0.9969	0.9900	0.9747	0.9464	0.9006	0.8342	0.7461
	6	1.0000	1.0000	1.0000	0.9997	0.9987	0.9957	0.9888	0.9750	0.9502	0.9102
	7	1.0000	1.0000	1.0000	1.0000	0.9999	0.9996	0.9986	0.9962	0.9909	0.9805
	8	1.0000	1.0000	1.0000	1.0000	1.0000	1.0000	0.9999	0.9997	0.9992	0.9980
	9	1.0000	1.0000	1.0000	1.0000	1.0000	1.0000	1.0000	1.0000	1.0000	1.0000
10	0	0.5987	0.3487	0.1969	0.1074	0.0563	0.0282	0.0135	0.0060	0.0025	0.0010
	1	0.9139	0.7361	0.5443	0.3758	0.2440	0.1493	0.0860	0.0464	0.0233	0.0107
	2	0.9885	0.9298	0.8202	0.6778	0.5256	0.3828	0.2616	0.1673	0.0996	0.0547
	3	0.9990	0.9872	0.9500	0.8791	0.7759	0.6496	0.5138	0.3823	0.2660	0.1719
	4	0.9999	0.9984	0.9901	0.9672	0.9219	0.8497	0.7515	0.6331	0.5044	0.3770
	5	1.0000	0.9999	0.9986	0.9936	0.9803	0.9527	0.9051	0.8338	0.7384	0.6230
	6	1.0000	1.0000	0.9999	0.9991	0.9965	0.9894	0.9740	0.9452	0.8980	0.8281
	7	1.0000	1.0000	1.0000	0.9999	0.9996	0.9984	0.9952	0.9877	0.9726	0.9453
	8	1.0000	1.0000	1.0000	1.0000	1.0000	0.9999	0.9995	0.9983	0.9955	0.9893
	9	1.0000	1.0000	1.0000	1.0000	1.0000	1.0000	1.0000	0.9999	0.9997	0.9990
	10	1.0000	1.0000	1.0000	1.0000	1.0000	1.0000	1.0000	1.0000	1.0000	1.0000
11	0	0.5688	0.3138	0.1673	0.0859	0.0422	0.0198	0.0088	0.0036	0.0014	0.0005
	1	0.8981	0.6974	0.4922	0.3221	0.1971	0.1130	0.0606	0.0302	0.0139	0.0059
	2	0.9848	0.9104	0.7788	0.6174	0.4552	0.3127	0.2001	0.1189	0.0652	0.0327
	3	0.9984	0.9815	0.9306	0.8389	0.7133	0.5696	0,4256	0.2963	0.1911	0.1133
	4	0.9999	0.9972	0.9841	0.9496	0.8854	0.7897	0.6683	0.5328	0.3971	0.2744
	5	1.0000	0.9997	0.9973	0.9883	0.9657	0.9218	0.8513	0.7535	0.6331	0.5000
	6	1.0000	1.0000	0.9997	0.9980	0.9924	0.9784	0.9499	0.9006	0.8262	0.7256
	7	1.0000	1.0000	1.0000	0.9998	0.9988	0.9957	0.9878	0.9707	0.9390	0.8867
	8	1.0000	1.0000	1.0000	1.0000	0.9999	0.9994	0.9980	0.9941	0.9852	0.9673
	9	1.0000	1.0000	1.0000	1.0000	1.0000	1.0000	0.9998	0.9993	0.9978	0.9941

표 II 계속

n	x	p 0.05	0.10	0.15	0.20	0.25	0.30	0.35	0.40	0.45	0.50
	10	1.0000	1.0000	1.0000	1.0000	1.0000	1.0000	1.0000	1.0000	0.9998	0.9995
	11	1.0000	1.0000	1.0000	1.0000	1.0000	1.0000	1.0000	1.0000	1.0000	1.0000
12	0	0.5404	0.2824	0.1422	0.0687	0.0317	0.0138	0.0057	0.0022	0.0008	0.0002
	1	0.8816	0.6590	0.4435	0.2749	0.1584	0.0850	0.0424	0.0196	0.0083	0.0032
	2	0.9804	0.8891	0.7358	0.5583	0.3907	0.2528	0.1513	0.0834	0.0421	0.0193
	3	0.9978	0.9744	0.9078	0.7946	0.6488	0.4925	0.3467	0.2253	0.1345	0.0730
	4	0.9998	0.9957	0.9761	0.9274	0.8424	0.7237	0.5833	0.4382	0.3044	0.1938
	5	1.0000	0.9995	0.9954	0.9806	0.9456	0.8822	0.7873	0.6652	0.5269	0.3872
	6	1.0000	0.9999	0.9993	0.9961	0.9857	0.9614	0.9154	0.8418	0.7393	0.6128
	7	1.0000	1.0000	0.9999	0.9994	0.9972	0.9905	0.9745	0.9427	0.8883	0.8062
	8	1.0000	1.0000	1.0000	0.9999	0.9996	0.9983	0.9944	0.9847	0.9644	0.9270
	9	1.0000	1.0000	1.0000	1.0000	1.0000	0.9998	0.9992	0.9972	0.9921	0.9807
	10	1.0000	1.0000	1.0000	1.0000	1.0000	1.0000	0.9999	0.9997	0.9989	0.9968
	11	1.0000	1.0000	1.0000	1.0000	1.0000	1.0000	1.0000	1.0000	0.9999	0.9998
	12	1.0000	1.0000	1.0000	1.0000	1.0000	1.0000	1.0000	1.0000	1.0000	1.0000
13	0	0.5133	0.2542	0.1209	0.0550	0.0238	0.0097	0.0037	0.0013	0.0004	0.0001
	1	0.8646	0.6213	0.3983	0.2336	0.1267	0.0637	0.0296	0.0126	0.0049	0.0017
	2	0.9755	0.8661	0.6920	0.5017	0.3326	0.2025	0.1132	0.0579	0.0269	0.0112
	3	0.9969	0.9658	0.8820	0.7473	0.5843	0.4206	0.2783	0.1686	0.0929	0.0461
	4	0.9997	0.9935	0.9658	0.9009	0.7940	0.6543	0.5005	0.3530	0.2279	0.1334
	5	1.0000	0.9991	0.9924	0.9700	0.9198	0.8346	0.7159	0.5744	0.4268	0.2905
	6	1.0000	0.9999	0.9987	0.9930	0.9757	0.9376	0.8705	0.7712	0.6437	0.5000
	7	1.0000	1.0000	0.9998	0.9988	0.9944	0.9818	0,9538	0.9023	0.8212	0.7095
	8	1.0000	1.0000	1.0000	0.9998	0.9990	0.9960	0.9874	0.9679	0.9302	0.8666
	9	1.0000	1.0000	1.0000	1.0000	0.9999	0.9993	0.9975	0.9922	0.9797	0.9539
	10	1.0000	1.0000	1.0000	1.0000	1.0000	0.9999	0.9997	0.9987	0.9959	0.9888
	11	1.0000	1.0000	1.0000	1.0000	1.0000	1.0000	1.0000	0.9999	0.9995	0.9983
	12	1.0000	1.0000	1.0000	1.0000	1.0000	1.0000	1.0000	1.0000	1.0000	0.9999
	13	1.0000	1.0000	1.0000	1.0000	1.0000	1.0000	1.0000	1.0000	1.0000	1.0000
14	0	0.4877	0.2288	0.1028	0.0440	0.0178	0.0068	0.0024	0.0008	0.0002	0.0001
	1	0.8470	0.5846	0.3567	0.1979	0.1010	0.0475	0.0205	0.0081	0.0029	0.0009
	2	0.9699	0.8416	0.6479	0.4481	0.2811	0.1608	0.0839	0.0398	0.0170	0.0065
	3	0.9958	0.9559	0.8535	0.6982	0.5213	0.3552	0.2205	0.1243	0.0632	0.0287
	4	0.9996	0.9908	0.9533	0.8702	0.7415	0.5842	0.4227	0.2793	0.1672	0.0898
	5	1.0000	0.9985	0.9885	0.9561	0.8883	0.7805	0.6405	0.4859	0.3373	0.2120
	6	1.0000	0.9998	0.9978	0.9884	0.9617	0.9067	0.8164	0.6925	0.5461	0.3953
	7	1.0000	1.0000	0.9997	0.9976	0.9897	0.9685	0.9247	0.8499	0.7414	0.6047
	8	1.0000	1.0000	1.0000	0.9996	0.9978	0.9917	0.9757	0.9417	0.8811	0.7880
	9	1.0000	1.0000	1.0000	1.0000	0.9997	0.9983	0.9940	0.9825	0.9574	0.9102
	10	1.0000	1.0000	1.0000	1.0000	1.0000	0.9998	0.9989	0.9961	0.9886	0.9713

표 II 계속

		p									
n	x	0.05	0.10	0.15	0.20	0.25	0.30	0.35	0.40	0.45	0.50
	11	1.0000	1.0000	1.0000	1.0000	1.0000	1.0000	0.9999	0.9994	0.9978	0.9935
	12	1.0000	1.0000	1.0000	1.0000	1.0000	1.0000	1.0000	0.9999	0.9997	0.9991
	13	1.0000	1.0000	1.0000	1.0000	1.0000	1.0000	1.0000	1.0000	1.0000	0.9999
	14	1.0000	1.0000	1.0000	1.0000	1.0000	1.0000	1.0000	1.0000	1.0000	1.0000
15	0	0.4633	0.2059	0.0874	0.0352	0.0134	0.0047	0.0016	0.0005	0.0001	0.0000
	1	0.8290	0.5490	0.3186	0.1671	0.0802	0.0353	0.0142	0.0052	0.0017	0.0005
	2	0.9638	0.8159	0.6042	0.3980	0.2361	0.1268	0.0617	0.0271	0.0107	0.0037
	3	0.9945	0.9444	0.8227	0.6482	0.4613	0.2969	0.1727	0.0905	0.0424	0.0176
	4	0.9994	0.9873	0.9383	0.8358	0.6865	0.5155	0.3519	0.2173	0.1204	0.0592
	5	0.9999	0.9978	0.9832	0.9389	0.8516	0.7216	0.5643	0.4032	0.2608	0.1509
	6	1.0000	0.9997	0.9964	0.9819	0.9434	0.8689	0.7548	0.6098	0.4522	0.3036
	7	1.0000	1.0000	0.9994	0.9958	0.9827	0.9500	0.8868	0.7869	0.6535	0.5000
	8	1.0000	1.0000	0.9999	0.9992	0.9958	0.9848	0.9578	0.9050	0.8182	0.6964
	9	1.0000	1.0000	1.0000	0.9999	0.9992	0.9963	0.9876	0.9662	0.9231	0.8491
	10	1.0000	1.0000	1.0000	1.0000	0.9999	0.9993	0.9972	0.9907	0.9745	0.9408
	11	1.0000	1.0000	1.0000	1.0000	1.0000	0.9999	0.9995	0.9981	0.9937	0.9824
	12	1.0000	1.0000	1.0000	1.0000	1.0000	1.0000	0.9999	0.9987	0.9989	0.9963
	13	1.0000	1.0000	1.0000	1.0000	1.0000	1.0000	1.0000	1.0000	0.9999	0.9995
	14	1.0000	1.0000	1.0000	1.0000	1.0000	1.0000	1.0000	1.0000	1.0000	1.0000
	15	1.0000	1.0000	1.0000	1.0000	1.0000	1.0000	1.0000	1.0000	1.0000	1.0000
16	0	0.4401	0.1853	0.0743	0.0281	0.0100	0.0033	0.0010	0.0003	0.0001	0.0000
	1	0.8108	0.5147	0.2839	0.1407	0.0635	0.0261	0.0098	0.0033	0.0010	0.0003
	2	0.9571	0.7892	0.5614	0.3518	0.1971	0.0994	0.0451	0.0183	0.0066	0.0021
	3	0.9930	0.9316	0.7899	0.5981	0.4050	0.2459	0.1339	0,0651	0.0281	0.0106
	4	0.9991	0.9830	0.9209	0.7982	0.6302	0.4499	0.2892	0.1666	0.0853	0.0384
	5	0.9999	0.9967	0.9765	0.9183	0.8103	0.6598	0.4900	0.3288	0.1976	0.1051
	6	1.0000	0.9995	0.9944	0.9733	0.9204	0.8247	0.6881	0.5272	0.3660	0.2272
	7	1.0000	0.9999	0.9989	0.9930	0.9729	0.9256	0.8406	0.7161	0.5629	0.4018
	8	1.0000	1.0000	0.9998	0.9985	0.9925	0.9743	0.9329	0.8577	0.7441	0.5982
	9	1.0000	1.0000	1.0000	0.9998	0.9984	0.9929	0.9771	0.9417	0.8759	0.7728
	10	1.0000	1.0000	1.0000	1.0000	0.9997	0.9984	0.9938	0.9809	0.9514	0.8949
	11	1.0000	1.0000	1.0000	1.0000	1.0000	0.9997	0.9987	0.9951	0.9851	0.9616
	12	1.0000	1.0000	1.0000	1.0000	1.0000	1.0000	0.9998	0.9991	0.9965	0.9894
	13	1.0000	1.0000	1.0000	1.0000	1.0000	1.0000	1.0000	0.9999	0.9994	0.9979
	14	1.0000	1.0000	1.0000	1.0000	1.0000	1.0000	1.0000	1.0000	0.9999	0.9997
	15	1.0000	1.0000	1.0000	1.0000	1.0000	1.0000	1.0000	1.0000	1.0000	1.0000
	16	1.0000	1.0000	1.0000	1.0000	1.0000	1.0000	1.0000	1.0000	1.0000	1.0000
20	0	0.3585	0.1216	0.0388	0.0115	0.0032	0.0008	0.0002	0.0000	0.0000	0.0000
	1	0.7358	0.3917	0.1756	0.0692	0.0243	0.0076	0.0021	0.0005	0.0001	0.0000
	2	0.9245	0.6769	0.4049	0.2061	0.0913	0.0355	0.0121	0.0036	0.0009	0.0002
	3	0.9841	0.8670	0.6477	0.4114	0.2252	0.1071	0.0444	0.0160	0.0049	0.0013
	4	0.9974	0.9568	0.8298	0.6296	0.4148	0.2375	0.1182	0.0510	0.0189	0.0059

표 II 계속

n	x	p = 0.05	0.10	0.15	0.20	0.25	0.30	0.35	0.40	0.45	0.50
	5	0.9997	0.9887	0.9327	0.8042	0.6172	0.4164	0.2454	0.1256	0.0553	0.0207
	6	1.0000	0.9976	0.9781	0.9133	0.7858	0.6080	0.4166	0.2500	0.1299	0.0577
	7	1.0000	0.9996	0.9941	0.9679	0.8982	0.7723	0.6010	0.4159	0.2520	0.1316
	8	1.0000	0.9999	0.9987	0.9900	0.9591	0.8867	0.7624	0.5956	0.4143	0.2517
	9	1.0000	1.0000	0.9998	0.9974	0.9861	0.9520	0.8782	0.7553	0.5914	0.4119
	10	1.0000	1.0000	1.0000	0.9994	0.9961	0.9829	0.9468	0.8725	0.7507	0.5881
	11	1.0000	1.0000	1.0000	0.9999	0.9991	0.9949	0.9804	0.9435	0.8692	0.7483
	12	1.0000	1.0000	1.0000	1.0000	0.9998	0.9987	0.9940	0.9790	0.9420	0.8684
	13	1.0000	1.0000	1.0000	1.0000	1.0000	0.9997	0.9985	0.9935	0.9786	0.9423
	14	1.0000	1.0000	1.0000	1.0000	1.0000	1.0000	0.9997	0.9984	0.9936	0.9793
	15	1.0000	1.0000	1.0000	1.0000	1.0000	1.0000	1.0000	0.9997	0.9985	0.9941
	16	1.0000	1.0000	1.0000	1.0000	1.0000	1.0000	1.0000	1.0000	0.9997	0.9987
	17	1.0000	1.0000	1.0000	1.0000	1.0000	1.0000	1.0000	1.0000	1.0000	0.9998
	18	1.0000	1.0000	1.0000	1.0000	1.0000	1.0000	1.0000	1.0000	1.0000	1.0000
	19	1.0000	1.0000	1.0000	1.0000	1.0000	1.0000	1.0000	1.0000	1.0000	1.0000
	20	1.0000	1.0000	1.0000	1.0000	1.0000	1.0000	1.0000	1.0000	1.0000	1.0000
25	0	0.2774	0.0718	0.0172	0.0038	0.0008	0.0001	0.0000	0.0000	0.0000	0.0000
	1	0.6424	0.2712	0.0931	0.0274	0.0070	0.0016	0.0003	0.0001	0.0000	0.0000
	2	0.8729	0.5371	0.2537	0.0982	0.0321	0.0090	0.0021	0.0004	0.0001	0.0000
	3	0.9659	0.7636	0.4711	0.2340	0.0962	0.0332	0.0097	0.0024	0.0005	0.0001
	4	0.9928	0.9020	0.6821	0.4207	0.2137	0.0905	0.0320	0.0095	0.0023	0.0005
	5	0.9988	0.9666	0.8385	0.6167	0.3783	0.1935	0.0826	0.0294	0.0086	0.0020
	6	0.9998	0.9905	0.9305	0.7800	0.5611	0.3407	0.1734	0.0736	0.0258	0.0073
	7	1.0000	0.9977	0.9745	0.8909	0.7265	0.5118	0.3061	0.1536	0.0639	0.0216
	8	1.0000	0.9995	0.9920	0.9532	0.8506	0.6769	0.4668	0.2735	0.1340	0.0539
	9	1.0000	0.9999	0.9979	0.9827	0.9287	0.8106	0.6303	0.4246	0.2424	0.1148
	10	1.0000	1.0000	0.9995	0.9944	0.9703	0.9022	0.7712	0.5858	0.3843	0.2122
	11	1.0000	1.0000	0.9999	0.9985	0.9893	0.9558	0.8746	0.7323	0.5426	0.3450
	12	1.0000	1.0000	1.0000	0.9996	0.9966	0.9825	0.9396	0.8462	0.6937	0.5000
	13	1.0000	1.0000	1.0000	0.9999	0.9991	0.9940	0.9745	0.9222	0.8173	0.6550
	14	1.0000	1.0000	1.0000	1.0000	0.9998	0.9982	0.9907	0.9656	0.9040	0.7878
	15	1.0000	1.0000	1.0000	1.0000	1.0000	0.9995	0.9971	0.9868	0.9560	0.8852
	16	1.0000	1.0000	1.0000	1.0000	1.0000	0.9999	0.9992	0.9957	0.9826	0.9461
	17	1.0000	1.0000	1.0000	1.0000	1.0000	1.0000	0.9998	0.9988	0.9942	0.9784
	18	1.0000	1.0000	1.0000	1.0000	1.0000	1.0000	1.0000	0.9997	0.9984	0.9927
	19	1.0000	1.0000	1.0000	1.0000	1.0000	1.0000	1.0000	0.9999	0.9996	0.9980
	20	1.0000	1.0000	1.0000	1.0000	1.0000	1.0000	1.0000	1.0000	0.9999	0.9995
	21	1.0000	1.0000	1.0000	1.0000	1.0000	1.0000	1.0000	1.0000	1.0000	0.9999
	22	1.0000	1.0000	1.0000	1.0000	1.0000	1.0000	1.0000	1.0000	1.0000	1.0000
	23	1.0000	1.0000	1.0000	1.0000	1.0000	1.0000	1.0000	1.0000	1.0000	1.0000
	24	1.0000	1.0000	1.0000	1.0000	1.0000	1.0000	1.0000	1.0000	1.0000	1.0000
	25	1.0000	1.0000	1.0000	1.0000	1.0000	1.0000	1.0000	1.0000	1.0000	1.0000

표 III Poisson 분포

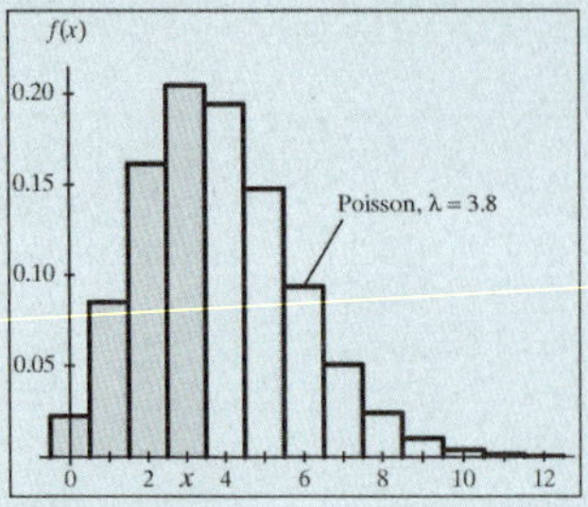

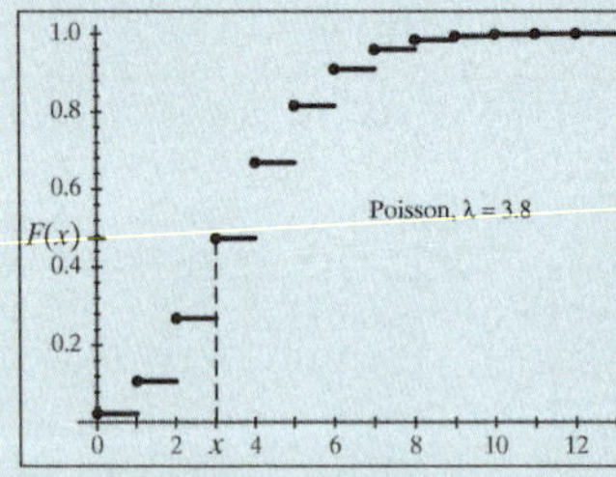

$$F(x) = P(X \le x) = \sum_{k=0}^{x} \frac{\lambda^k e^{-\lambda}}{k!}$$

$\lambda = E(X)$

x	0.1	0.2	0.3	0.4	0.5	0.6	0.7	0.8	0.9	1.0
0	0.905	0.819	0.741	0.670	0.607	0.549	0.497	0.449	0.407	0.368
1	0.995	0.982	0.963	0.938	0.910	0.878	0.844	0.809	0.772	0.736
2	1.000	0.999	0.996	0.992	0.986	0.977	0.966	0.953	0.937	0.920
3	1.000	1.000	1.000	0.999	0.998	0.997	0.994	0.991	0.987	0.981
4	1.000	1.000	1.000	1.000	1.000	1.000	0.999	0.999	0.998	0.996
5	1.000	1.000	1.000	1.000	1.000	1.000	1.000	1.000	1.000	0.999
6	1.000	1.000	1.000	1.000	1.000	1.000	1.000	1.000	1.000	1.000

x	1.1	1.2	1.3	1.4	1.5	1.6	1.7	1.8	1.9	2.0
0	0.333	0.301	0.273	0.247	0.223	0.202	0.183	0.165	0.150	0.135
1	0.699	0.663	0.627	0.592	0.558	0.525	0.493	0.463	0.434	0.406
2	0.900	0.879	0.857	0.833	0.809	0.783	0.757	0.731	0.704	0.677
3	0.974	0.966	0.957	0.946	0.934	0.921	0.907	0.891	0.875	0.857
4	0.995	0.992	0.989	0.986	0.981	0.976	0.970	0.964	0.956	0.947
5	0.999	0.998	0.998	0.997	0.996	0.994	0.992	0.990	0.987	0.983
6	1.000	1.000	1.000	0.999	0.999	0.999	0.998	0.997	0.997	0.995
7	1.000	1.000	1.000	1.000	1.000	1.000	1.000	0.999	0.999	0.999
8	1.000	1.000	1.000	1.000	1.000	1.000	1.000	1.000	1.000	1.000

x	2.2	2.4	2.6	2.8	3.0	3.2	3.4	3.6	3.8	4.0
0	0.111	0.091	0.074	0.061	0.050	0.041	0.033	0.027	0.022	0.018
1	0.355	0.308	0.267	0.231	0.199	0.171	0.147	0.126	0.107	0.092
2	0.623	0.570	0.518	0.469	0.423	0.380	0.340	0.303	0.269	0.238
3	0.819	0.779	0.736	0.692	0.647	0.603	0.558	0.515	0.473	0.433
4	0.928	0.904	0.877	0.848	0.815	0.781	0.744	0.706	0.668	0.629
5	0.975	0.964	0.951	0.935	0.916	0.895	0.871	0.844	0.816	0.785
6	0.993	0.988	0.983	0.976	0.966	0.955	0.942	0.927	0.909	0.889
7	0.998	0.997	0.995	0.992	0.988	0.983	0.977	0.969	0.960	0.949
8	1.000	0.999	0.999	0.998	0.996	0.994	0.992	0.988	0.984	0.979
9	1.000	1.000	1.000	0.999	0.999	0.998	0.997	0.996	0.994	0.992
10	1.000	1.000	1.000	1.000	1.000	1.000	0.999	0.999	0.998	0.997
11	1.000	1.000	1.000	1.000	1.000	1.000	1.000	1.000	0.999	0.999
12	1.000	1.000	1.000	1.000	1.000	1.000	1.000	1.000	1.000	1.000

표 III 계속

x	4.2	4.4	4.6	4.8	5.0	5.2	5.4	5.6	5.8	6.0
0	0.015	0.012	0.010	0.008	0.007	0.006	0.005	0.004	0.003	0.002
1	0.078	0.066	0.056	0.048	0.040	0.034	0.029	0.024	0.021	0.017
2	0.210	0.185	0.163	0.143	0.125	0.109	0.095	0.082	0.072	0.062
3	0.395	0.359	0.326	0.294	0.265	0.238	0.213	0.191	0.170	0.151
4	0.590	0.551	0.513	0.476	0.440	0.406	0.373	0.342	0.313	0.285
5	0.753	0.720	0.686	0.651	0.616	0.581	0.546	0.512	0.478	0.446
6	0.867	0.844	0.818	0.791	0.762	0.732	0.702	0.670	0.638	0.606
7	0.936	0.921	0.905	0.887	0.867	0.845	0.822	0.797	0.771	0.744
8	0.972	0.964	0.955	0.944	0.932	0.918	0.903	0.886	0.867	0.847
9	0.989	0.985	0.980	0.975	0.968	0.960	0.951	0.941	0.929	0.916
10	0.996	0.994	0.992	0.990	0.986	0.982	0.977	0.972	0.965	0.957
11	0.999	0.998	0.997	0.996	0.995	0.993	0.990	0.988	0.984	0.980
12	1.000	0.999	0.999	0.999	0.998	0.997	0.996	0.995	0.993	0.991
13	1.000	1.000	1.000	1.000	0.999	0.999	0.999	0.998	0.997	0.996
14	1.000	1.000	1.000	1.000	1.000	1.000	0.999	0.999	0.999	0.999
15	1.000	1.000	1.000	1.000	1.000	1.000	1.000	1.000	1.000	0.999
16	1.000	1.000	1.000	1.000	1.000	1.000	1.000	1.000	1.000	1.000

x	6.5	7.0	7.5	8.0	8.5	9.0	9.5	10.0	10.5	11.0
0	0.002	0.001	0.001	0.000	0.000	0.000	0.000	0.000	0.000	0.000
1	0.011	0.007	0.005	0.003	0.002	0.001	0.001	0.000	0.000	0.000
2	0.043	0.030	0.020	0.014	0.009	0.006	0.004	0.003	0.002	0.001
3	0.112	0.082	0.059	0.042	0.030	0.021	0.015	0.010	0.007	0.005
4	0.224	0.173	0.132	0.100	0.074	0.055	0.040	0.029	0.021	0.015
5	0.369	0.301	0.241	0.191	0.150	0.116	0.089	0.067	0.050	0.038
6	0.527	0.450	0.378	0.313	0.256	0.207	0.165	0.130	0.102	0.079
7	0.673	0.599	0.525	0.453	0.386	0.324	0.269	0.220	0.179	0.143
8	0.792	0.729	0.662	0.593	0.523	0.456	0.392	0.333	0.279	0.232
9	0.877	0.830	0.776	0.717	0.653	0.587	0.522	0.458	0.397	0.341
10	0.933	0.901	0.862	0.816	0.763	0.706	0.645	0.583	0.521	0.460
11	0.966	0.947	0.921	0.888	0.849	0.803	0.752	0.697	0.639	0.579
12	0.984	0.973	0.957	0.936	0.909	0.876	0.836	0.792	0.742	0.689
13	0.993	0.987	0.978	0.966	0.949	0.926	0.898	0.864	0.825	0.781
14	0.997	0.994	0.990	0.983	0.973	0.959	0.940	0.917	0.888	0.854
15	0.999	0.998	0.995	0.992	0.986	0.978	0.967	0.951	0.932	0.907
16	1.000	0.999	0.998	0.996	0.993	0.989	0.982	0.973	0.960	0.944
17	1.000	1.000	0.999	0.998	0.997	0.995	0.991	0.986	0.978	0.968
18	1.000	1.000	1.000	0.999	0.999	0.998	0.096	0.993	0.988	0.982
19	1.000	1.000	1.000	1.000	0.999	0.999	0.998	0.997	0.994	0.991
20	1.000	1.000	1.000	1.000	1.000	1.000	0.999	0.998	0.997	0.995
21	1.000	1.000	1.000	1.000	1.000	1.000	1.000	0.999	0.999	0.998
22	1.000	1.000	1.000	1.000	1.000	1.000	1.000	1.000	0.999	0.999
23	1.000	1.000	1.000	1.000	1.000	1.000	1.000	1.000	1.000	1.000

표 III 계속

x	11.5	12.0	12.5	13.0	13.5	14.0	14.5	15.0	15.5	16.0
0	0.000	0.000	0.000	0.000	0.000	0.000	0.000	0.000	0.000	0.000
1	0.000	0.000	0.000	0.000	0.000	0.000	0.000	0.000	0.000	0.000
2	0.001	0.001	0.000	0.000	0.000	0.000	0.000	0.000	0.000	0.000
3	0.003	0.002	0.002	0.001	0.001	0.000	0.000	0.000	0.000	0.000
4	0.011	0.008	0.005	0.004	0.003	0.002	0.001	0.001	0.001	0.000
5	0.028	0.020	0.015	0.011	0.008	0.006	0.004	0.003	0.002	0.001
6	0.060	0.046	0.035	0.026	0.019	0.014	0.010	0.008	0.006	0.004
7	0.114	0.090	0.070	0.054	0.041	0.032	0.024	0.018	0.013	0.010
8	0.191	0.155	0.125	0.100	0.079	0.062	0.048	0.037	0.029	0.022
9	0.289	0.242	0.201	0.166	0.135	0.109	0.088	0.070	0.055	0.043
10	0.402	0.347	0.297	0.252	0.211	0.176	0.145	0.118	0.096	0.077
11	0.520	0.462	0.406	0.353	0.304	0.260	0.220	0.185	0.154	0.127
12	0.633	0.576	0.519	0.463	0.409	0.358	0.311	0.268	0.228	0.193
13	0.733	0.682	0.629	0.573	0.518	0.464	0.413	0.363	0.317	0.275
14	0.815	0.772	0.725	0.675	0.623	0.570	0.518	0.466	0.415	0.368
15	0.878	0.844	0.806	0.764	0.718	0.669	0.619	0.568	0.517	0.467
16	0.924	0.899	0.869	0.835	0.798	0.756	0.711	0.664	0.615	0.566
17	0.954	0.937	0.916	0.890	0.861	0.827	0.790	0.749	0.705	0.659
18	0.974	0.963	0.948	0.930	0.908	0.883	0.853	0.819	0.782	0.742
19	0.986	0.979	0.969	0.957	0.942	0.923	0.901	0.875	0.846	0.812
20	0.992	0.988	0.983	0.975	0.965	0.952	0.936	0.917	0.894	0.868
21	0.996	0.994	0.991	0.986	0.980	0.971	0.960	0.947	0.930	0.911
22	0.999	0.997	0.995	0.992	0.989	0.983	0.976	0.967	0.956	0.942
23	0.999	0.999	0.998	0.996	0.994	0.991	0.986	0.981	0.973	0.963
24	1.000	0.999	0.999	0.998	0.997	0.995	0.992	0.989	0.984	0.978
25	1.000	1.000	0.999	0.999	0.998	0.997	0.996	0.994	0.991	0.987
26	1.000	1.000	1.000	1.000	0.999	0.999	0.998	0.997	0.995	0.993
27	1.000	1.000	1.000	1.000	1.000	0.999	0.999	0.998	0.997	0.996
28	1.000	1.000	1.000	1.000	1.000	1.000	0.999	0.999	0.999	0.998
29	1.000	1.000	1.000	1.000	1.000	1.000	1.000	1.000	0.999	0.999
30	1.000	1.000	1.000	1.000	1.000	1.000	1.000	1.000	1.000	0.999
31	1.000	1.000	1.000	1.000	1.000	1.000	1.000	1.000	1.000	1.000
32	1.000	1.000	1.000	1.000	1.000	1.000	1.000	1.000	1.000	1.000
33	1.000	1.000	1.000	1.000	1.000	1.000	1.000	1.000	1.000	1.000
34	1.000	1.000	1.000	1.000	1.000	1.000	1.000	1.000	1.000	1.000
35	1.000	1.000	1.000	1.000	1.000	1.000	1.000	1.000	1.000	1.000

표 IV 카이제곱 분포

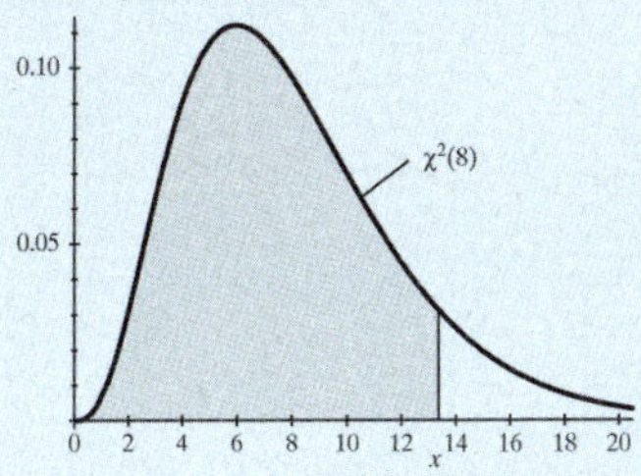

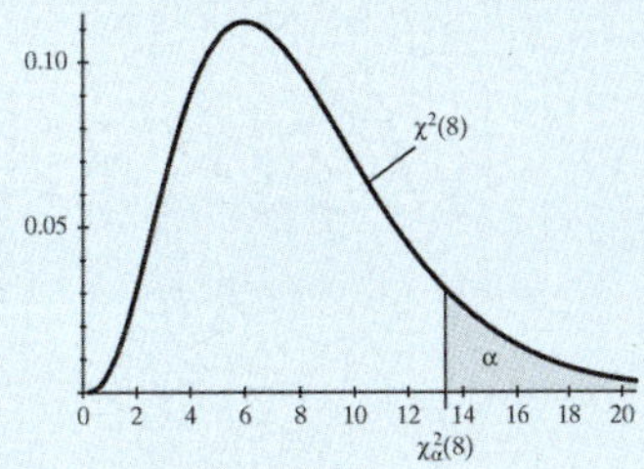

$$P(X \le x) = \int_0^x \frac{1}{\Gamma(r/2)2^{r/2}} w^{r/2-1} e^{-w/2} dw$$

	$P(X \le x)$							
	0.010	0.025	0.050	0.100	0.900	0.950	0.975	0.990
r	$\chi^2_{0.99}(r)$	$\chi^2_{0.975}(r)$	$\chi^2_{0.95}(r)$	$\chi^2_{0.90}(r)$	$\chi^2_{0.10}(r)$	$\chi^2_{0.05}(r)$	$\chi^2_{0.025}(r)$	$\chi^2_{0.01}(r)$
1	0.000	0.001	0.004	0.016	2.706	3.841	5.024	6.635
2	0.020	0.051	0.103	0.211	4.605	5.991	7.378	9.210
3	0.115	0.216	0.352	0.584	6.251	7.815	9.348	11.34
4	0.297	0.484	0.711	1.064	7.779	9.488	11.14	13.28
5	0.554	0.831	1.145	1.610	9.236	11.07	12.83	15.09
6	0.872	1.237	1.635	2.204	10.64	12.59	14.45	16.81
7	1.239	1.690	2.167	2.833	12.02	14.07	16.01	18.48
8	1.646	2.180	2.733	3.490	13.36	15.51	17.54	20.09
9	2.088	2.700	3.325	4.168	14.68	16.92	19.02	21.67
10	2.558	3.247	3.940	4.865	15.99	18.31	20.48	23.21
11	3.053	3.816	4.575	5.578	17.28	19.68	21.92	24.72
12	3.571	4.404	5.226	6.304	18.55	21.03	23.34	26.22
13	4.107	5.009	5.892	7.042	19.81	22.36	24.74	27.69
14	4.660	5.629	6.571	7.790	21.06	23.68	26.12	29.14
15	5.229	6.262	7.261	8.547	22.31	25.00	27.49	30.58
16	5.812	6.908	7.962	9.312	23.54	26.30	28.84	32.00
17	6.408	7.564	8.672	10.08	24.77	27.59	30.19	33.41
18	7.015	8.231	9.390	10.86	25.99	28.87	31.53	34.80
19	7.633	8.907	10.12	11.65	27.20	30.14	32.85	36.19
20	8.260	9.591	10.85	12.44	28.41	31.41	34.17	37.57
21	8.897	10.28	11.59	13.24	29.62	32.67	35.48	38.93
22	9.542	10.98	12.34	14.04	30.81	33.92	36.78	40.29
23	10.20	11.69	13.09	14.85	32.01	35.17	38.08	41.64
24	10.86	12.40	13.85	15.66	33.20	36.42	39.36	42.98
25	11.52	13.12	14.61	16.47	34.38	37.65	40.65	44.31
26	12.20	13.84	15.38	17.29	35.56	38.88	41.92	45.64
27	12.88	14.57	16.15	18.11	36.74	40.11	43.19	46.96
28	13.56	15.31	16.93	18.94	37.92	41.34	44.46	48.28
29	14.26	16.05	17.71	19.77	39.09	42.56	45.72	49.59
30	14.95	16.79	18.49	20.60	40.26	43.77	46.98	50.89
40	22.16	24.43	26.51	29.05	51.80	55.76	59.34	63.69
50	29.71	32.36	34.76	37.69	63.17	67.50	71.42	76.15
60	37.48	40.48	43.19	46.46	74.40	79.08	83.30	88.38
70	45.44	48.76	51.74	55.33	85.53	90.53	95.02	100.4
80	53.34	57.15	60.39	64.28	96.58	101.9	106.6	112.3

표 Va 표준정규분포함수

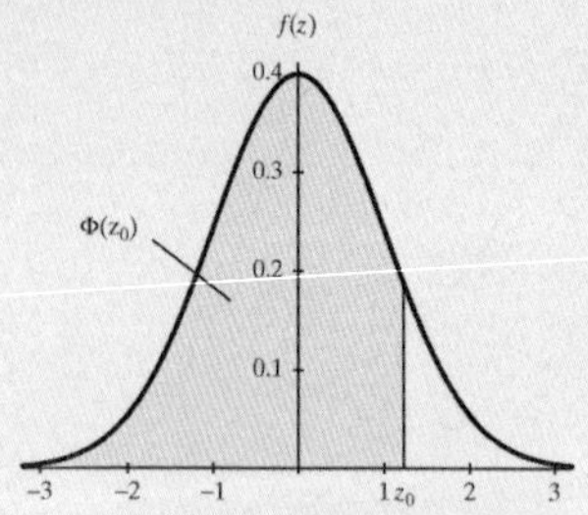

$$P(Z \le z) = \Phi(z) = \int_{-\infty}^{z} \frac{1}{\sqrt{2\pi}} e^{-w^2/2}\, dw$$

$$\Phi(-z) = 1 - \Phi(z)$$

z	0.00	0.01	0.02	0.03	0.04	0.05	0.06	0.07	0.08	0.09
0.0	0.5000	0.5040	0.5080	0.5120	0.5160	0.5199	0.5239	0.5279	0.5319	0.5359
0.1	0.5398	0.5438	0.5478	0.5517	0.5557	0.5596	0.5636	0.5675	0.5714	0.5753
0.2	0.5793	0.5832	0.5871	0.5910	0.5948	0.5987	0.6026	0.6064	0.6103	0.6141
0.3	0.6179	0.6217	0.6255	0.6293	0.6331	0.6368	0.6406	0.6443	0.6480	0.6517
0.4	0.6554	0.6591	0.6628	0.6664	0.6700	0.6736	0.6772	0.6808	0.6844	0.6879
0.5	0.6915	0.6950	0.6985	0.7019	0.7054	0.7088	0.7123	0.7157	0.7190	0.7224
0.6	0.7257	0.7291	0.7324	0.7357	0.7389	0.7422	0.7454	0.7486	0.7517	0.7549
0.7	0.7580	0.7611	0.7642	0.7673	0.7703	0.7734	0.7764	0.7794	0.7823	0.7852
0.8	0.7881	0.7910	0.7939	0.7967	0.7995	0.8023	0.8051	0.8078	0.8106	0.8133
0.9	0.8159	0.8186	0.8212	0.8238	0.8264	0.8289	0.8315	0.8340	0.8365	0.8389
1.0	0.8413	0.8438	0.8461	0.8485	0.8508	0.8531	0.8554	0.8577	0.8599	0.8621
1.1	0.8643	0.8665	0.8686	0.8708	0.8729	0.8749	0.8770	0.8790	0.8810	0.8830
1.2	0.8849	0.8869	0.8888	0.8907	0.8925	0.8944	0.8962	0.8980	0.8997	0.9015
1.3	0.9032	0.9049	0.9066	0.9082	0.9099	0.9115	0.9131	0.9147	0.9162	0.9177
1.4	0.9192	0.9207	0.9222	0.9236	0.9251	0.9265	0.9279	0.9292	0.9306	0.9319
1.5	0.9332	0.9345	0.9357	0.9370	0.9382	0.9394	0.9406	0.9418	0.9429	0.9441
1.6	0.9452	0.9463	0.9474	0.9484	0.9495	0.9505	0.9515	0.9525	0.9535	0.9545
1.7	0.9554	0.9564	0.9573	0.9582	0.9591	0.9599	0.9608	0.9616	0.9625	0.9633
1.8	0.9641	0.9649	0.9656	0.9664	0.9671	0.9678	0.9686	0.9693	0.9699	0.9706
1.9	0.9713	0.9719	0.9726	0.9732	0.9738	0.9744	0.9750	0.9756	0.9761	0.9767
2.0	0.9772	0.9778	0.9783	0.9788	0.9793	0.9798	0.9803	0.9808	0.9812	0.9817
2.1	0.9821	0.9826	0.9830	0.9834	0.9838	0.9842	0.9846	0.9850	0.9854	0.9857
2.2	0.9861	0.9864	0.9868	0.9871	0.9875	0.9878	0.9881	0.9884	0.9887	0.9890
2.3	0.9893	0.9896	0.9898	0.9901	0.9904	0.9906	0.9909	0.9911	0.9913	0.9916
2.4	0.9918	0.9920	0.9922	0.9925	0.9927	0.9929	0.9931	0.9932	0.9934	0.9936
2.5	0.9938	0.9940	0.9941	0.9943	0.9945	0.9946	0.9948	0.9949	0.9951	0.9952
2.6	0.9953	0.9955	0.9956	0.9957	0.9959	0.9960	0.9961	0.9962	0.9963	0.9964
2.7	0.9965	0.9966	0.9967	0.9968	0.9969	0.9970	0.9971	0.9972	0.9973	0.9974
2.8	0.9974	0.9975	0.9976	0.9977	0.9977	0.9978	0.9979	0.9979	0.9980	0.9981
2.9	0.9981	0.9982	0.9982	0.9983	0.9984	0.9984	0.9985	0.9985	0.9986	0.9986
3.0	0.9987	0.9987	0.9987	0.9988	0.9988	0.9989	0.9989	0.9989	0.9990	0.9990

α	0.400	0.300	0.200	0.100	0.050	0.025	0.020	0.010	0.005	0.001
z_α	0.253	0.524	0.842	1.282	1.645	1.960	2.054	2.326	2.576	3.090
$z_{\alpha/2}$	0.842	1.036	1.282	1.645	1.960	2.240	2.326	2.576	2.807	3.291

표 Vb 표준정규분포의 오른쪽 꼬리 확률

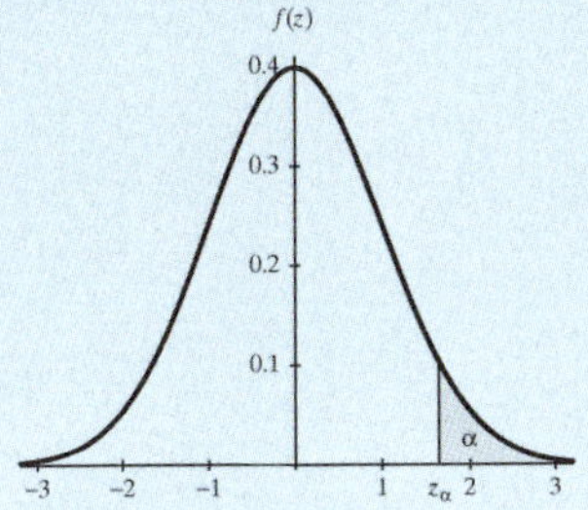

$$P(Z > z_\alpha) = \alpha$$

$$P(Z > z) = 1 - \Phi(z) = \Phi(-z)$$

z_α	0.00	0.01	0.02	0.03	0.04	0.05	0.06	0.07	0.08	0.09
0.0	0.5000	0.4960	0.4920	0.4880	0.4840	0.4801	0.4761	0.4721	0.4681	0.4641
0.1	0.4602	0.4562	0.4522	0.4483	0.4443	0.4404	0.4364	0.4325	0.4286	0.4247
0.2	0.4207	0.4168	0.4129	0.4090	0.4052	0.4013	0.3974	0.3936	0.3897	0.3859
0.3	0.3821	0.3783	0.3745	0.3707	0.3669	0.3632	0.3594	0.3557	0.3520	0.3483
0.4	0.3446	0.3409	0.3372	0.3336	0.3300	0.3264	0.3228	0.3192	0.3156	0.3121
0.5	0.3085	0.3050	0.3015	0.2981	0.2946	0.2912	0.2877	0.2843	0.2810	0.2776
0.6	0.2743	0.2709	0.2676	0.2643	0.2611	0.2578	0.2546	0.2514	0.2483	0.2451
0.7	0.2420	0.2389	0.2358	0.2327	0.2296	0.2266	0.2236	0.2206	0.2177	0.2148
0.8	0.2119	0.2090	0.2061	0.2033	0.2005	0.1977	0.1949	0.1922	0.1894	0.1867
0.9	0.1841	0.1814	0.1788	0.1762	0.1736	0.1711	0.1685	0.1660	0.1635	0.1611
1.0	0.1587	0.1562	0.1539	0.1515	0.1492	0.1469	0.1446	0.1423	0.1401	0.1379
1.1	0.1357	0.1335	0.1314	0.1292	0.1271	0.1251	0.1230	0.1210	0.1190	0.1170
1.2	0.1151	0.1131	0.1112	0.1093	0.1075	0.1056	0.1038	0.1020	0.1003	0.0985
1.3	0.0968	0.0951	0.0934	0.0918	0.0901	0.0885	0.0869	0.0853	0.0838	0.0823
1.4	0.0808	0.0793	0.0778	0.0764	0.0749	0.0735	0.0721	0.0708	0.0694	0.0681
1.5	0.0668	0.0655	0.0643	0.0630	0.0618	0.0606	0.0594	0.0582	0.0571	0.0559
1.6	0.0548	0.0537	0.0526	0.0516	0.0505	0.0495	0.0485	0.0475	0.0465	0.0455
1.7	0.0446	0.0436	0.0427	0.0418	0.0409	0.0401	0.0392	0.0384	0.0375	0.0367
1.8	0.0359	0.0351	0.0344	0.0336	0.0329	0.0322	0.0314	0.0307	0.0301	0.0294
1.9	0.0287	0.0281	0.0274	0.0268	0.0262	0.0256	0.0250	0.0244	0.0239	0.0233
2.0	0.0228	0.0222	0.0217	0.0212	0.0207	0.0202	0.0197	0.0192	0.0188	0.0183
2.1	0.0179	0.0174	0.0170	0.0166	0.0162	0.0158	0.0154	0.0150	0.0146	0.0143
2.2	0.0139	0.0136	0.0132	0.0129	0.0125	0.0122	0.0119	0.0116	0.0113	0.0110
2.3	0.0107	0.0104	0.0102	0.0099	0.0096	0.0094	0.0091	0.0089	0.0087	0.0084
2.4	0.0082	0.0080	0.0078	0.0075	0.0073	0.0071	0.0069	0.0068	0.0066	0.0064
2.5	0.0062	0.0060	0.0059	0.0057	0.0055	0.0054	0.0052	0.0051	0.0049	0.0048
2.6	0.0047	0.0045	0.0044	0.0043	0.0041	0.0040	0.0039	0.0038	0.0037	0.0036
2.7	0.0035	0.0034	0.0033	0.0032	0.0031	0.0030	0.0029	0.0028	0.0027	0.0026
2.8	0.0026	0.0025	0.0024	0.0023	0.0023	0.0022	0.0021	0.0021	0.0020	0.0019
2.9	0.0019	0.0018	0.0018	0.0017	0.0016	0.0016	0.0015	0.0015	0.0014	0.0014
3.0	0.0013	0.0013	0.0013	0.0012	0.0012	0.0011	0.0011	0.0011	0.0010	0.0010
3.1	0.0010	0.0009	0.0009	0.0009	0.0008	0.0008	0.0008	0.0008	0.0007	0.0007
3.2	0.0007	0.0007	0.0006	0.0006	0.0006	0.0006	0.0006	0.0005	0.0005	0.0005
3.3	0.0005	0.0005	0.0005	0.0004	0.0004	0.0004	0.0004	0.0004	0.0004	0.0003
3.4	0.0003	0.0003	0.0003	0.0003	0.0003	0.0003	0.0003	0.0003	0.0003	0.0002

표 VI t-분포

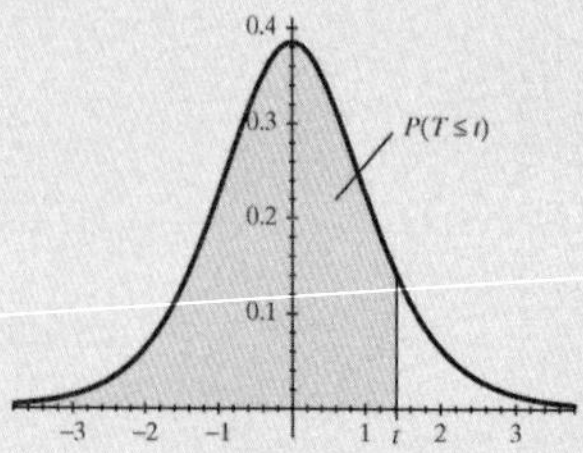

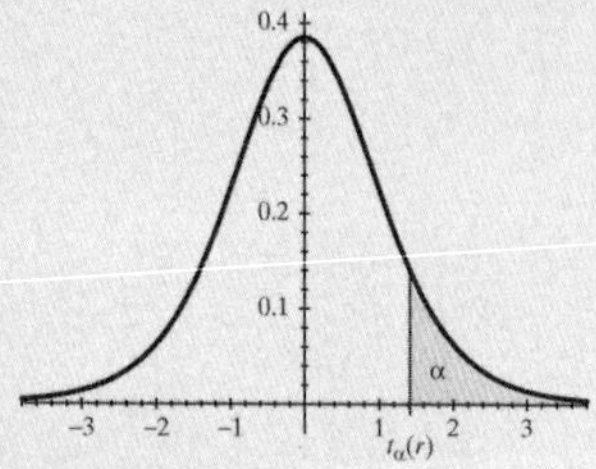

$$P(T \le t) = \int_{-\infty}^{t} \frac{\Gamma[(r+1)/2]}{\sqrt{\pi r}\,\Gamma(r/2)(1+w^2/r)^{(r+1)/2}}\,dw$$

$$P(T \le -t) = 1 - P(T \le t)$$

	$P(T \le t)$						
	0.60	0.75	0.90	0.95	0.975	0.99	0.995
r	$t_{0.40}(r)$	$t_{0.25}(r)$	$t_{0.10}(r)$	$t_{0.05}(r)$	$t_{0.025}(r)$	$t_{0.01}(r)$	$t_{0.005}(r)$
1	0.325	1.000	3.078	6.314	12.706	31.821	63.657
2	0.289	0.816	1.886	2.920	4.303	6.965	9.925
3	0.277	0.765	1.638	2.353	3.182	4.541	5.841
4	0.271	0.741	1.533	2.132	2.776	3.747	4.604
5	0.267	0.727	1.476	2.015	2.571	3.365	4.032
6	0.265	0.718	1.440	1.943	2.447	3.143	3.707
7	0.263	0.711	1.415	1.895	2.365	2.998	3.499
8	0.262	0.706	1.397	1.860	2.306	2.896	3.355
9	0.261	0.703	1.383	1.833	2.262	2.821	3.250
10	0.260	0.700	1.372	1.812	2.228	2.764	3.169
11	0.260	0.697	1.363	1.796	2.201	2.718	3.106
12	0.259	0.695	1.356	1.782	2.179	2.681	3.055
13	0.259	0.694	1.350	1.771	2.160	2.650	3.012
14	0.258	0.692	1.345	1.761	2.145	2.624	2.997
15	0.258	0.691	1.341	1.753	2.131	2.602	2.947
16	0.258	0.690	1.337	1.746	2.120	2.583	2.921
17	0.257	0.689	1.333	1.740	2.110	2.567	2.898
18	0.257	0.688	1.330	1.734	2.101	2.552	2.878
19	0.257	0.688	1.328	1.729	2.093	2.539	2.861
20	0.257	0.687	1.325	1.725	2.086	2.528	2.845
21	0.257	0.686	1.323	1.721	2.080	2.518	2.831
22	0.256	0.686	1.321	1.717	2.074	2.508	2.819
23	0.256	0.685	1.319	1.714	2.069	2.500	2.807
24	0.256	0.685	1.318	1.711	2.064	2.492	2.797
25	0.256	0.684	1.316	1.708	2.060	2.485	2.787
26	0.256	0.684	1.315	1.706	2.056	2.479	2.779
27	0.256	0.684	1.314	1.703	2.052	2.473	2.771
28	0.256	0.683	1.313	1.701	2.048	2.467	2.763
29	0.256	0.683	1.311	1.699	2.045	2.462	2.756
30	0.256	0.683	1.310	1.697	2.042	2.457	2.750
∞	0.253	0.674	1.282	1.645	1.960	2.326	2.576

표 VII *F* 분포

$$P(F \le f) = \int_0^f \frac{\Gamma[(r_1+r_2)/2](r_1/r_2)^{r_1/2} w^{r_1/2-1}}{\Gamma(r_1/2)\Gamma(r_2/2)(1+r_1 w/r_2)^{(r_1+r_2)/2}}\, dw$$

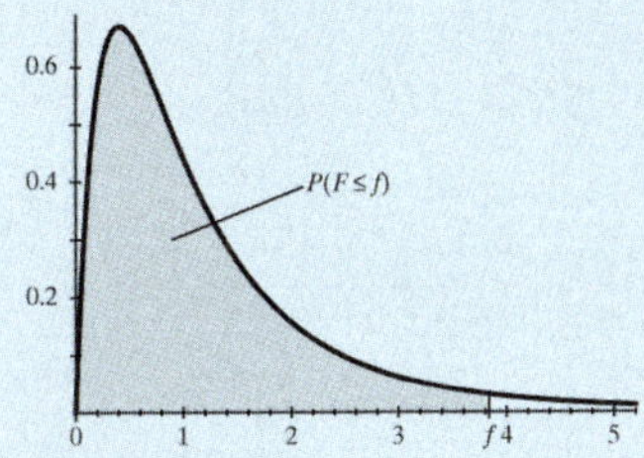

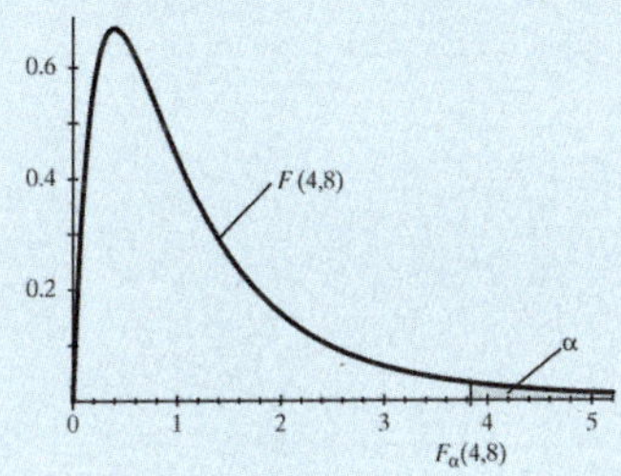

표 VII 계속

$$P(F \le f) = \int_0^f \frac{\Gamma[(r_1 + r_2)/2](r_1/r_2)^{r_1/2} w^{r_1/2-1}}{\Gamma(r_1/2)\Gamma(r_2/2)(1 + r_1 w/r_2)^{(r_1+r_2)/2}} dw$$

		Den. d.f.	Numerator Degrees of Freedom, r_1									
α	$P(F \le f)$	r_2	1	2	3	4	5	6	7	8	9	10
0.05	0.95	1	161·4	199·5	215·7	224·6	230·2	234·0	236·8	238·9	240·5	241·9
0.025	0.975		647·79	799·50	864·16	899·58	921·85	937·11	948·22	956·66	963·28	968·63
0.01	0.99		4052	4999·5	5403	5625	5764	5859	5928	5981	6022	6056
0.05	0.95	2	18·51	19·00	19·16	19·25	19·30	19·33	19·35	19·37	19·38	19·40
0.025	0.975		38·51	39·00	39·17	39·25	39·30	39·33	39·36	39·37	39·39	39·40
0.01	0.99		98·50	99·00	99·17	99·25	99·30	99·33	99·36	99·37	99·39	99·40
0.05	0.95	3	10·13	9·55	9·28	9·12	9·01	8·94	8·89	8·85	8·81	8·79
0.025	0.975		17·44	16·04	15·44	15·10	14·88	14·73	14·62	14·54	14·47	14·42
0.01	0.99		34·12	30·82	29·46	28·71	28·24	27·91	27·67	27·49	27·35	27·23
0.05	0.95	4	7·71	6·94	6·59	6·39	6·26	6·16	6·09	6·04	6·00	5·96
0.025	0.975		12·22	10·65	9·98	9·60	9·36	9·20	9·07	8·98	8·90	8·84
0.01	0.99		21·20	18·00	16·69	15·98	15·52	15·21	14·98	14·80	14·66	14·55
0.05	0.95	5	6·61	5·79	5·41	5·19	5·05	4·95	4·88	4·82	4·77	4·74
0.025	0.975		10·01	8·43	7·76	7·39	7·15	6·98	6·85	6·76	6·68	6·62
0.01	0.99		16·26	13·27	12·06	11·39	10·97	10·67	10·46	10·29	10·16	10·05
0.05	0.95	6	5·99	5·14	4·76	4·53	4·39	4·28	4·21	4·15	4·10	4·06
0.025	0.975		8·81	7·26	6·60	6·23	5·99	5·82	5·70	5·60	5·52	5·46
0.01	0.99		13·75	10·92	9·78	9·15	8·75	8·47	8·26	8·10	7·98	7·87
0.05	0.95	7	5·59	4·74	4·35	4·12	3·97	3·87	3·79	3·73	3·68	3·64
0.025	0.975		8·07	6·54	5·89	5·52	5·29	5·12	4·99	4·90	4·82	4·76
0.01	0.99		12·25	9·55	8·45	7·85	7·46	7·19	6·99	6·84	6·72	6·62
0.05	0.95	8	5·32	4·46	4·07	3·84	3·69	3·58	3·50	3·44	3·39	3·35
0.025	0.975		7·57	6·06	5·42	5·05	4·82	4·65	4·53	4·43	4·36	4·30
0.01	0.99		11·26	8·65	7·59	7·01	6·63	6·37	6·18	6·03	5·91	5·81
0.05	0.95	9	5·12	4·26	3·86	3·63	3·48	3·37	3·29	3·23	3·18	3·14
0.025	0.975		7·21	5·71	5·08	4·72	4·48	4·32	4·20	4·10	4·03	3·96
0.01	0.99		10·56	8·02	6·99	6·42	6·06	5·80	5·61	5·47	5·35	5·26
0.05	0.95	10	4·96	4·10	3·71	3·48	3·33	3·22	3·14	3·07	3·02	2·98
0.025	0.975		6·94	5·46	4·83	4·47	4·24	4·07	3·95	3·85	3·78	3·72
0.01	0.99		10·04	7·56	6·55	5·99	5·64	5·39	5·20	5·06	4·94	4·85

표 VII 계속

$$P(F \le f) = \int_0^f \frac{\Gamma[(r_1+r_2)/2](r_1/r_2)^{r_1/2} w^{r_1/2-1}}{\Gamma(r_1/2)\Gamma(r_2/2)(1+r_1 w/r_2)^{(r_1+r_2)/2}}\, dw$$

α	$P(F \le f)$	Den. d.f. r_2	Numerator Degrees of Freedom, r_1: 1	2	3	4	5	6	7	8	9	10
0.05	0.95	12	4.75	3.89	3.49	3.26	3.11	3.00	2.91	2.85	2.80	2.75
0.025	0.975		6.55	5.10	4.47	4.12	3.89	3.73	3.61	3.51	3.44	3.37
0.01	0.99		9.33	6.93	5.95	5.41	5.06	4.82	4.64	4.50	4.39	4.30
0.05	0.95	15	4.54	3.68	3.29	3.06	2.90	2.79	2.71	2.64	2.59	2.54
0.025	0.975		6.20	4.77	4.15	3.80	3.58	3.41	3.29	3.20	3.12	3.06
0.01	0.99		8.68	6.36	5.42	4.89	4.56	4.32	4.14	4.00	3.89	3.80
0.05	0.95	20	4.35	3.49	3.10	2.87	2.71	2.60	2.51	2.45	2.39	2.35
0.025	0.975		5.87	4.46	3.86	3.51	3.29	3.13	3.01	2.91	2.84	2.77
0.01	0.99		8.10	5.85	4.94	4.43	4.10	3.87	3.70	3.56	3.46	3.37
0.05	0.95	24	4.26	3.40	3.01	2.78	2.62	2.51	2.42	2.36	2.30	2.25
0.025	0.975		5.72	4.32	3.72	3.38	3.15	2.99	2.87	2.78	2.70	2.64
0.01	0.99		7.82	5.61	4.72	4.22	3.90	3.67	3.50	3.36	3.26	3.17
0.05	0.95	30	4.17	3.32	2.92	2.69	2.53	2.42	2.33	2.27	2.21	2.16
0.025	0.975		5.57	4.18	3.59	3.25	3.03	2.87	2.75	2.65	2.57	2.51
0.01	0.99		7.56	5.39	4.51	4.02	3.70	3.47	3.30	3.17	3.07	2.98
0.05	0.95	40	4.08	3.23	2.84	2.61	2.45	2.34	2.25	2.18	2.12	2.08
0.025	0.975		5.42	4.05	3.46	3.13	2.90	2.74	2.62	2.53	2.45	2.39
0.01	0.99		7.31	5.18	4.31	3.83	3.51	3.29	3.12	2.99	2.89	2.80
0.05	0.95	60	4.00	3.15	2.76	2.53	2.37	2.25	2.17	2.10	2.04	1.99
0.025	0.975		5.29	3.93	3.34	3.01	2.79	2.63	2.51	2.41	2.33	2.27
0.01	0.99		7.08	4.98	4.13	3.65	3.34	3.12	2.95	2.82	2.72	2.63
0.05	0.95	120	3.92	3.07	2.68	2.45	2.29	2.17	2.09	2.02	1.96	1.91
0.025	0.975		5.15	3.80	3.23	2.89	2.67	2.52	2.39	2.30	2.22	2.16
0.01	0.99		6.85	4.79	3.95	3.48	3.17	2.96	2.79	2.66	2.56	2.47
0.05	0.95	∞	3.84	3.00	2.60	2.37	2.21	2.10	2.01	1.94	1.88	1.83
0.025	0.975		5.02	3.69	3.12	2.79	2.57	2.41	2.29	2.19	2.11	2.05
0.01	0.99		6.63	4.61	3.78	3.32	3.02	2.80	2.64	2.51	2.41	2.32

표 VII 계속

$$P(F \le f) = \int_0^f \frac{\Gamma[(r_1+r_2)/2](r_1/r_2)^{r_1/2} w^{r_1/2-1}}{\Gamma(r_1/2)\Gamma(r_2/2)(1+r_1 w/r_2)^{(r_1+r_2)/2}}\, dw$$

α	$P(F \le f)$	Den. d.f. r_2	Numerator Degrees of Freedom, r_1								
			12	15	20	24	30	40	60	120	∞
0.05 0.025 0.01	0.95 0.975 0.99	1	243·9 976·71 6106	245·9 984·87 6157	248·0 993·10 6209	249·1 997·25 6235	250·1 1001·4 6261	251·1 1005·6 6287	252·2 1009·8 6313	253·3 1014·0 6339	254·3 1018·3 6366
0.05 0.025 0.01	0.95 0.975 0.99	2	19·41 39·42 99·42	19·43 39·43 99·43	19·45 39·45 99·45	19·45 39·46 99·46	19·46 39·47 99·47	19·47 39·47 99·47	19·48 39·48 99·48	19·49 39·49 99·49	19·50 39·50 99·50
0.05 0.025 0.01	0.95 0.975 0.99	3	8·74 14·34 27·05	8·70 14·25 26·87	8·66 14·17 26·69	8·64 14·12 26·60	8·62 14·08 26·50	8·59 14·04 26·41	8·57 13·99 26·32	8·55 13·95 26·22	8·53 13·90 26·13
0.05 0.025 0.01	0.95 0.975 0.99	4	5·91 8·75 14·37	5·86 8·66 14·20	5·80 8·56 14·02	5·77 8·51 13·93	5·75 8·46 13·84	5·72 8·41 13·75	5·69 8·36 13·65	5·66 8·31 13·56	5·63 8·26 13·46
0.05 0.025 0.01	0.95 0.975 0.99	5	4·68 6·52 9·89	4·62 6·43 9·72	4·56 6·33 9·55	4·53 6·28 9·47	4·50 6·23 9·38	4·46 6·18 9·29	4·43 6·12 9·20	4·40 6·07 9·11	4·36 6·02 9·02
0.05 0.025 0.01	0.95 0.975 0.99	6	4·00 5·37 7·72	3·94 5·27 7·56	3·87 5·17 7·40	3·84 5·12 7·31	3·81 5·07 7·23	3·77 5·01 7·14	3·74 4·96 7·06	3·70 4·90 6·97	3·67 4·85 6·88
0.05 0.025 0.01	0.95 0.975 0.99	7	3·57 4·67 6·47	3·51 4·57 6·31	3·41 4·47 6·16	3·41 4·42 6·07	3·38 4·36 5·99	3·34 4·31 5·91	3·30 4·25 5·82	3·27 4·20 5·74	3·23 4·14 5·65
0.05 0.025 0.01	0.95 0.975 0.99	8	3·28 4·20 5·67	3·22 4·10 5·52	3·15 4·00 5·36	3·12 3·95 5·28	3·08 3·89 5·20	3·04 3·84 5·12	3·01 3·78 5·03	2·97 3·73 4·95	2·93 3·67 4·86
0.05 0.025 0.01	0.95 0.975 0.99	9	3·07 3·87 5·11	3·01 3·77 4·96	2·94 3·67 4·81	2·90 3·61 4·73	2·86 3·56 4·65	2·83 3·51 4·57	2·79 3·45 4·48	2·75 3·39 4·40	2·71 3·33 4·31

표 VII 계속

$$P(F \le f) = \int_0^f \frac{\Gamma[(r_1 + r_2)/2](r_1/r_2)^{r_1/2} w^{r_1/2-1}}{\Gamma(r_1/2)\Gamma(r_2/2)(1 + r_1 w/r_2)^{(r_1+r_2)/2}}\, dw$$

α	$P(F \le f)$	Den. d.f. r_2	Numerator Degrees of Freedom, r_1: 12	15	20	24	30	40	60	120	∞
0.05	0.95	10	2·91	2·85	2·77	2·74	2·70	2·66	2·62	2·58	2·54
0.025	0.975		3·62	3·52	3·42	3·37	3·31	3·26	3·20	3·14	3·08
0.01	0.99		4·71	4·56	4·41	4·33	4·25	4·17	4·08	4·00	3·91
0.05	0.95	12	2·69	2·62	2·54	2·51	2·47	2·43	2·38	2·34	2·30
0.025	0.975		3·28	3·18	3·07	3·02	2·96	2·91	2·85	2·79	2·72
0.01	0.99		4·16	4·01	3·86	3·78	3·70	3·62	3·54	3·45	3·36
0.05	0.95	15	2·48	2·40	2·33	2·29	2·25	2·20	2·16	2·11	2·07
0.025	0.975		2·96	2·86	2·76	2·70	2·64	2·59	2·52	2·46	2·40
0.01	0.99		3·67	3·52	3·37	3·29	3·21	3·13	3·05	2·96	2·87
0.05	0.95	20	2·28	2·20	2·12	2·08	2·04	1·99	1·95	1·90	1·84
0.025	0.975		2·68	2·57	2·46	2·41	2·35	2·29	2·22	2·16	2·09
0.01	0.99		3·23	3·09	2·94	2·86	2·78	2·69	2·61	2·52	2·42
0.05	0.95	24	2·18	2·11	2·03	1·98	1·94	1·89	1·84	1·79	1·73
0.025	0.975		2·54	2·44	2·33	2·27	2·21	2·15	2·08	2·01	1·94
0.01	0.99		3·03	2·89	2·74	2·66	2·58	2·49	2·40	2·31	2·21
0.05	0.95	30	2·09	2·01	1·93	1·89	1·84	1·79	1·74	1·68	1·62
0.025	0.975		2·41	2·31	2·20	2·14	2·07	2·01	1·94	1·87	1·79
0.01	0.99		2·84	2·70	2·55	2·47	2·39	2·30	2·21	2·11	2·01
0.05	0.95	40	2·00	1·92	1·84	1·79	1·74	1·69	1·64	1·58	1·51
0.025	0.975		2·29	2·18	2·07	2·01	1·94	1·88	1·80	1·72	1·64
0.01	0.99		2·66	2·52	2·37	2·29	2·20	2·11	2·02	1·92	1·80
0.05	0.95	60	1·92	1·84	1·75	1·70	1·65	1·59	1·53	1·47	1·39
0.025	0.975		2·17	2·06	1·94	1·88	1·82	1·74	1·67	1·58	1·48
0.01	0.99		2·50	2·35	2·20	2·12	2·03	1·94	1·84	1·73	1·60
0.05	0.95	120	1·83	1·75	1·66	1·61	1·55	1·50	1·43	1·35	1·25
0.025	0.975		2·05	1·95	1·82	1·76	1·69	1·61	1·53	1·43	1·31
0.01	0.99		2·34	2·19	2·03	1·95	1·86	1·76	1·66	1·53	1·38
0.05	0.95	∞	1·75	1·67	1·57	1·52	1·46	1·39	1·32	1·22	1·00
0.025	0.975		1·94	1·83	1·71	1·64	1·57	1·48	1·39	1·27	1·00
0.01	0.99		2·18	2·04	1·88	1·79	1·70	1·59	1·47	1·32	1·00

표 VIII 구간 [0, 1]에서의 난수

3407	1440	6960	8675	5649	5793	1514
5044	9859	4658	7779	7986	0520	6697
0045	4999	4930	7408	7551	3124	0527
7536	1448	7843	4801	3147	3071	4749
7653	4231	1233	4409	0609	6448	2900
6157	1144	4779	0951	3757	9562	2354
6593	8668	4871	0946	3155	3941	9662
3187	7434	0315	4418	1569	1101	0043
4780	1071	6814	2733	7968	8541	1003
9414	6170	2581	1398	2429	4763	9192
1948	2360	7244	9682	5418	0596	4971
1843	0914	9705	7861	6861	7865	7293
4944	8903	0460	0188	0530	7790	9118
3882	3195	8287	3298	9532	9066	8225
6596	9009	2055	4081	4842	7852	5915
4793	2503	2906	6807	2028	1075	7175
2112	0232	5334	1443	7306	6418	9639
0743	1083	8071	9779	5973	1141	4393
8856	5352	3384	8891	9189	1680	3192
8027	4975	2346	5786	0693	5615	2047
3134	1688	4071	3766	0570	2142	3492
0633	9002	1305	2256	5956	9256	8979
8771	6069	1598	4275	6017	5946	8189
2672	1304	2186	8279	2430	4896	3698
3136	1916	8886	8617	9312	5070	2720
6490	7491	6562	5355	3794	3555	7510
8628	0501	4618	3364	6709	1289	0543
9270	0504	5018	7013	4423	2147	4089
5723	3807	4997	4699	2231	3193	8130
6228	8874	7271	2621	5746	6333	0345
7645	3379	8376	3030	0351	8290	3640
6842	5836	6203	6171	2698	4086	5469
6126	7792	9337	7773	7286	4236	1788
4956	0215	3468	8038	6144	9753	3131
1327	4736	6229	8965	7215	6458	3937
9188	1516	5279	5433	2254	5768	8718
0271	9627	9442	9217	4656	7603	8826
2127	1847	1331	5122	8332	8195	3322
2102	9201	2911	7318	7670	6079	2676
1706	6011	5280	5552	5180	4630	4747
7501	7635	2301	0889	6955	8113	4364
5705	1900	7144	8707	9065	8163	9846
3234	2599	3295	9160	8441	0085	9317
5641	4935	7971	8917	1978	5649	5799
2127	1868	3664	9376	1984	6315	8396

APPENDIX C

연습문제 정답

CHAPTER 1

1.1-1 **(a)** $O = \{1, 2, 3, \dots, 36\}$;
(b) $O = \{w : 19 \le w \le 23\}$, where w is the weight in grams;
(c) $O = \{HHH, HHT, HTH, THH, HTT, THT, TTH, TTT\}$.

1.1-3 **(a)** 12/52; **(b)** 2/52; **(c)** 16/52; **(d)** 1; **(e)** 0.

1.1-5 0.6.

1.1-7 **(a)** $O = \{00, 0, 1, 2, 3, \dots, 36\}$;
(b) $P(A) = 2/38$;
(c) $P(B) = 4/38$;
(d) $P(D) = 18/38$.

1.1-9 2/3.

1.2-1 4096.

1.2-3 **(a)** 6,760,000; **(b)** 17,576,000.

1.2-5 **(a)** 60; **(b)** 125.

1.2-7 **(a)** 2; **(b)** 8; **(c)** 20; **(d)** 40.

1.2-9 **(a)** 362,880; **(b)** 84; **(c)** 512.

1.2-11 **(a)** 0.00024; **(b)** 0.00144; **(c)** 0.02113; **(d)** 0.04754; **(e)** 0.42257.

1.3-1 **(a)** 5000/1,000,000; **(b)** 78,515/1,000,000;
(c) 73,630/995,000; **(d)** 4,885/78,515.

1.3-3 **(a)** 5/35; **(b)** 26/35; **(c)** 5/19; **(d)** 9/23; **(e)** left.

1.3-5 **(a)** $O = \{(R, R), (R, W), (W, R), (W, W)\}$; **(b)** 1/3.

1.3-7 1/5.

1.3-9 **(a)** 365^r; **(b)** ${}_{365}P_r$; **(c)** $1 - {}_{365}P_r/365^r$; **(d)** 23.

1.3-11 **(a)** 49/153; **(b)** 4/7.

1.3-13 **(b)** 8/36; **(c)** 5/11;

(e) $8/36 + 2[(5/36)(5/11) + (4/36)(4/10) + (3/36)(3/9)] = 0.49293$.

1.4-1 **(a)** 0.14; **(b)** 0.76; **(c)** 0.86.

1.4-3 **(a)** 1/6; **(b)** 1/12; **(c)** 1/4; **(d)** 1/4; **(e)** 1/2.

1.4-5 **(a)** 0.29; **(b)** 0.44.

1.4-7 **(a)** 0.36; **(b)** 0.49; **(c)** 0.01.

1.4-9 $(2/3)^3(1/3)^2$; $(2/3)^3(1/3)^2$.

1.4-11 **(a)** $10(1/2)^6$;

(b) $[(120)(45)/15,504][7/15]$;

(c) neither model is very good.

1.4-13 **(b)** $1 - 1/e$.

1.5-1 **(a)** 21/32; **(b)** 16/21.

1.5-3 **(a)** 11/24; **(b)** 2/11.

1.5-5 60/95 = 0.632.

1.5-7 50/95 = 0.526.

1.5-9 **(a)** 495/30,480 = 0.016; **(b)** 29,985/30,480 = 0.984.

CHAPTER 2

2.1-1 **(a)** 15, 50; **(b)** 5, 0; **(c)** 5/3, 5/9.

2.1-3 **(a)** $c = 1/21$; **(b)** $c = 1/2$; **(c)** $c = 1/14$; **(d)** $c = 1/5$.

2.1-5 **(a)** $f(x) = 1/10, \quad x = 0, 1, 2, \ldots, 9$;

(b) The respective frequencies are: 21, 15, 16, 13, 6, 15, 13, 17, 17, 17;

(c) $\mu = 9/2 = 4.5, \bar{x} = 671/150 = 4.473; \sigma^2 = 33/4 = 8.25, s_x^2 = 9.6067$;

(d) The respective frequencies are: 8, 13, 15, 10, 12, 10, 4, 9, 15, 0;
$\bar{y} = 63/16 = 3.9375; s_y^2 = 6.9645$.

2.1-7 **(a)** $f(x) = \dfrac{6 - |x - 7|}{36}, \quad x = 2, 3, 4, \ldots, 12$;

(c) $\mu = 7, \sigma^2 = 35/6$.

2.1.9 $\dfrac{79,137}{190,120} = 0.41625$.

2.1-11 **(a)** $g(y) = \dfrac{365!(y-1)}{(366-y)!365^y}, \quad y = 2, 3, \ldots, 366$;

(b) $\mu = 24.6166, \sigma^2 = 148.6403, \sigma = 12.1918$.

2.2-1 $E(X) = 3, E(X^2) = 11, E[(X+2)^2] = 27$.

2.2-3 $E(X) = 0, E(X^2) = 8/9, E(3X^2 - 2X + 4) = 20/3$.

2.2-5 $E(X) = -\$0.50$.

2.2-7 **(a)** 50;

(b)

$$f(x) = \begin{cases} 0.4, & x = 25, \\ 0.3, & x = 100, \\ 0.3, & x = 300, \end{cases}$$

(c) $E(X) = 130$.

2.2-9 **(a)** **(ii)** 127/64; **(iii)** $\sqrt{7359}/64$; **(iv)** 1.6635;

(b) **(ii)** 385/64; **(iii)** $\sqrt{7359}/64$; **(iv)** -1.6635.

2.2-11 $E(|X-c|) = \frac{1}{7}\sum_{x \varepsilon S}|x-c|$, where $S = \{1, 2, 3, 5, 15, 25, 50\}$.

When $c = 5$,

$$E(|X-5|) = \frac{1}{7}[(5-1)+(5-2)+(5-3)+(5-5)+(15-5)+(25-5)+(50-5)].$$

If c is either increased or decreased by 1, this expectation is increased by 1/7. Thus $c = 5$, the median, minimizes this expectation while $b = E(X) = \mu$, the mean, minimizes $E[(X-b)^2]$. You could also let $h(c) = E(|X-c|)$ and show that $h'(c) = 0$ when $c = 5$.

2.2-13 **(a)** $(1/5)^2(4/5)^4 = 0.0164$;

(b) $\frac{6!}{2!4!}(1/5)^2(4/5)^4 = 0.2458$;

(c) $f(x) = \binom{6}{x}\left(\frac{1}{5}\right)^x\left(\frac{4}{5}\right)^{6-x}, \qquad x = 0, 1, \ldots, 6,$

$\mu = 6/5, \sigma^2 = 24/25$.

2.3-1 **(a)** X is $b(7,\ 0.15)$;

(b) **(i)** 0.2834, **(ii)** 0.3960, **(iii)** 0.9879.

2.3-3 **(a)** $P(X \le 5) = 0.5269$;

(b) $P(X \ge 6) = 0.4731$;

(c) $P(X = 7) = 0.1490$;

(d) $\mu = 5.4,\ \sigma^2 = 2.97,\ \ \sigma - \sqrt{2.97} = 1.723$.

2.3-5 $n = 5$.

2.3-7 1/6.

2.3-9 **(a)** 0.8197;

(b) 0.8153.

2.3-11 0.540.

2.3-13

$$\begin{aligned} P(\mu - 2\sigma < X < \mu + 2\sigma &= P(0 < X < 8) \\ &= P(X \le 7) - P(X = 0) \\ &= 0.931. \end{aligned}$$

2.3-15
$$OC(p) = P(X \le 3) \approx \sum_{x=0}^{3} \frac{(400p)^x e^{-400p}}{x!};$$
$$\begin{aligned} OC(0.002) &\approx 0.991; \\ OC(0.004) &\approx 0.921; \\ OC(0.006) &\approx 0.779; \\ OC(0.01) &\approx 0.433; \\ OC(0.02) &\approx 0.042. \end{aligned}$$

2.3-17 **(a)** Negative binomial with $r = 10, p = 0.6$ so
$$\mu = \frac{10}{0.60} = 16.667, \sigma^2 = \frac{10(0.40)}{(0.60)^2} = 11.111, \sigma = 3.333;$$

(b) $P(X = 16) = 0.1240.$

2.3-19
$$f(x) = \frac{\binom{20}{x}\binom{180}{10-x}}{\binom{200}{10}}, \qquad x = 0, 1, \ldots, 10;$$

$\mu = 1; \sigma^2 = 171/199 = 0.8593;$

$0.3398, 0.3487, 0.368.$

2.3-21 **(a)** $f(x) = P(X = x) = \dfrac{\binom{6}{x}\binom{43}{6-x}}{\binom{49}{6}}, \qquad x = 0, 1, 2, 3, 4, 5, 6;$

(b) $\mu = 0.7347, \sigma^2 = 0.5776, \sigma = 0.7600;$

(c) $f(0) = \dfrac{435{,}461}{998{,}844} > \dfrac{412{,}542}{998{,}844} = f(1);$ $X = 0$ is most likely to occur.

(d) The numbers are reasonable because
$$\begin{aligned} (25{,}000{,}000)f(6) &= 1.79; \\ (25{,}000{,}000)f(5) &= 461.25; \\ (25{,}000{,}000)f(4) &= 24{,}215.49. \end{aligned}$$

2.4-1 **(a)** $\bar{x} = 4/3 = 1.333, s^2 = 88/69 = 1.275;$

(b) $\widehat{\lambda} = \bar{x}$, yes.

2.4-3 **(a)** $\bar{x} = 397/50 = 7.940, s^2 = 18,941/2,450 = 7.731;$

(b) both the Poisson, $\lambda = 7.940$, and the $b(302, 0.0263)$ provide good fits.

2.4-5 **(a)** $\bar{x} = 223/45 = 4.956, s^2 = 4093/990 = 4.134;$

(b) both the Poisson with $\lambda = 4.956$ and the $b(30, 0.1657)$ provide good fits.

2.4-7 $\lceil p(n+1) - 1 \rceil$, where $\lceil y \rceil$ is the ceiling of y, the smallest integer greater than or equal to y.

2.5-1 $E(Y) = -1, \mathrm{Var}(Y) = 72.$

2.5-3 $E(\overline{X}) = 7/3, \mathrm{Var}(\overline{X}) = 5/81$.

2.5-5 **(a)** 0.0035; **(b)** 8; **(c)** $E(Y) = 6, \mathrm{Var}(Y) = 4$.

2.5-7 [8.07, 15.83].

2.5-9 [0.646, 0.774].

2.5-11 $n = 2500$.

2.6-1 **(a)** $f_1(1) = f_1(2) = 1/2; f_2(1) = f_2(2) = 1/2$;

(b) $\mu_1 = \mu_2 = 3/2$;

(c) $\sigma_1^2 = \sigma_2^2 = 1/4$;

(d) $\mathrm{Cov}(X_1, X_2) = 1/8$;

(e) $\rho = 1/2$;

(f) no.

2.6-3 **(a)** $\mu_1 = \frac{7}{3}, \mu_2 = \frac{5}{3}, \sigma_1^2 = \frac{5}{9}, \sigma_2^2 = \frac{2}{9}$;

(b) $\frac{1}{3}$;

(c) $\frac{2}{9}$;

(d)

$$g(y) = \begin{cases} \frac{1}{18}, & y = 2, \\ \frac{4}{18}, & y = 3, \\ \frac{7}{18}, & y = 4, \\ \frac{6}{18}, & y = 5, \end{cases}$$

(e) $\mu_Y = 4, \sigma_Y^2 = \frac{7}{9}$;

(f) same.

2.6-5 **(a)** $\mu_Y = 2, \sigma_Y^2 = 18(1 - \rho)$; **(b)** $\rho - 1$.

2.6-7 **(d)** **(i)** 9/14, **(ii)** 7/18, **(iii)** 5/9; **(e)** 20/7, 55/49.

2.6-9 $r = 0.383$.

CHAPTER 3

3.1-1 **(a)** The respective class frequencies are 2, 8, 15, 13, 5, 6, 1;

(c) $\bar{x} = 8.773, \bar{u} = 8.785, s_x = 0.365, s_u = 0.352$;

(d) $800\bar{u} = 7028, 800(\bar{u} + 2s_u) = 7591.2$. The answer depends on the cost of the nails as well as the time and distance required if too few nails are purchased.

3.1-3 **(a)**

Stems	Leaves	Frequency	Depths
34	0 0	2	2
35	0 4 9	3	5
36	0 0	2	7
37	0 0 3 4 5 9 9	7	14
38	0 0 0 0 2 3 5	7	21
39	0 0 0 0 0 3 5 5	8	(8)
40	0 5 7 8	4	22
41	0 1 5 6 6 8 9	7	18
42	0 0 0 3 5 7	6	11
43	2 2 4	3	5
44	0	1	2
45	2	1	1

(b) Frequencies: [2, 3, 2, 7, 7, 8, 4, 7, 6, 3, 1, 1];

(d) Five-number summary: 340, 379, 390, 418, 452;

(e) $\bar{x} = 394.82, s_x^2 = 709.0282, s_x = 26.63$;

(f) $\bar{u} = 396.46, s_u^2 = 688.0784, s_u = 26.23$.

3.1-5 **(a)**

Stems	Leaves	Frequency	Depths
127	8	1	1
128	8	1	2
129	5 8 9	3	5
130	8	1	6
131	2 3 4 4 5 5 7	7	(7)
132	2 7 7 8	4	7
133	7 9	2	3
134	8	1	1

(Multiply numbers by 10^{-1}.)

(b) 7.0, 2.575, 131.45, 131.47, 3.034.

(c) Five-number summary: 127.80, 130.125, 131.45, 132.70, 134.80.

3.1-7 **(a)**

Stems	Leaves	Frequency	Depths
0•	612	1	1
1*	450	1	2
1•	560 889 961 994	4	6
2*	065 142 151 172 195 290	6	12
2•	510 545 788 817 880 921 938	7	(7)
3*	011 041 051 060 062 080 090	7	7

(Multiply numbers by 10^{-2}.)

(b) Five-number summary: 6.12, 20.4725, 25.275, 30.185, 30.90;

(c) skewed to the left.

3.1-9 **(a)**

Stems	Leaves	Frequency	Depths
101	7	1	1
102	0 0 0	3	4
103		0	4
104		0	4
105	8 9	2	6
106	1 3 3 6 6 7 7 8 8	9	(9)
107	3 7 9	3	10
108	8	1	7
109	1 3 9	3	6
110	0 2 2	3	3

(Multiply numbers by 10^{-1}.)

(b) Five-number summary: 101.7, 106.0, 106.7, 108.95, 110.2.

3.2-1 **(a)** 1/16;

(b) 5/16;

(c) 81/256.

3.2-3 **(a)** 1/2, 3/4;

(b) 2/9, 1/3.

3.2-5 **(a)** $1/\sqrt{2}, 1/2^{1/4}, 3^{1/4}/\sqrt{2}$;

(b) $-1,\ 0,\ 1.$

3.2-7 **(a)** $\mu = 1/2, \sigma^2 = 1/20$;

(b) $\mu = 2, \sigma^2$ does not exist.

(c) neither the mean nor the variance exists.

3.2-9 **(a)** **(i)** $c = 2$, **(ii)** $F(x) = \begin{cases} 0, & x < 0, \\ x^4/16, & 0 \le x < 2, \\ 1, & 2 \le x < \infty. \end{cases}$

(b) **(i)** $c = 3/16$, **(ii)** $F(x) = \begin{cases} 0, & x < 0, \\ (1/8)x^{3/2}, & 0 \le x < 4, \\ 1, & 4 \le x < \infty. \end{cases}$

(c) **(i)** $c = 1/2$, this p.d.f. is unbounded, **(ii)** $F(x) = \begin{cases} 0, & x < 0, \\ \sqrt{x}, & 0 \le x < 1, \\ 1, & 1 \le x < \infty. \end{cases}$

(d) **(i)** $c = 1$, **(ii)** $F(x) = \begin{cases} 0, & x < 1, \\ 1 - 1/x, & 1 \le x < \infty. \end{cases}$

3.2-11 $f(x) = e^{-x}/(1 + e^{-x})^2, \qquad -\infty < x < \infty$;

$$f(-x) = \frac{e^x}{(1 + e^{-x})^2} \cdot \frac{(e^{-x})^2}{(e^{-x})^2} = \frac{e^{-x}}{(e^{-x} + 1)^2} = f(x).$$

3.3-3 **(a)** $G(w) = (w - a)/(b - a), \qquad a \le w \le b$;

(b) $U(a, b)$.

3.3-5 **(a)** 10.524; 9.320; yes.

3.3-7 **(a)** $\mu = 240/7 = 34.286, \bar{x} = 32.636$;

(b) $\sigma^2 = 28{,}800/49 = 587.755, s^2 = 548.338$;

(c) $0.605 \approx 0.591 = 13/22$.

3.3-9 $\theta = 2$, 0.950.

3.3-11 $a = 8 - 4\sqrt{3}, b = 8 + 4\sqrt{3}$.

3.4-1 **(a)** 0.3078; **(b)** 0.4959; **(c)** 0.2711; **(d)** 0.1646;
(e) 0.0526; **(f)** 0.3174 (0.3173); **(g)** 0.0456 (0.0455); **(h)** 0.0026 (0.0027).

3.4-3 **(a)** 0.3849; **(b)** 0.5403; **(c)** 0.0603; **(d)** 0.0013;
(e) 0.6826; **(f)** 0.9544; **(g)** 0.9974; **(h)** 0.99.

3.4-7 **(a)**

Stems	Leaves	Frequencies	Depths
11•	8	1	1
12∗	0 3	2	3
12•	5 6	2	5
13∗	1 3 4	3	8
13•	5 5 7 7 7 9	6	14
14∗	0 0 2 2 3 4 4 4	8	22
14•	6 6 7 7 7 8 9 9	8	30
15∗	0 0 0 0 1 1 1 2 3 3 4 4	12	30
15•	5 5 6 7 8 8 8 9	8	18
16∗	0 0 0 2 3 4	6	10
16•	5 5	2	4
17∗	1	1	2
17•	5	1	1

3.4-9 0.025.

3.4-11 0.514.

3.4-13 $c = 1/\sqrt{\pi/\ln 3}$.

3.5-1 $\widehat{\theta}_1 = \widehat{\mu} = 33.4267;\ \widehat{\theta}_2 = \widehat{\sigma^2} = 5.0980$.

3.5-3 **(c)** **(i)** $\widehat{\theta} = 0.5493, \widetilde{\theta} = 0.5975$,
(ii) $\widehat{\theta} = 2.2101, \widetilde{\theta} = 2.4004$,
(iii) $\widehat{\theta} = 0.9588, \widetilde{\theta} = 0.8646$.

3.5-5 $\widehat{\theta} = \min(X_1, X_2, \ldots, X_n)$.

3.5-7 $[\overline{x}(1 - 2/\sqrt{n}\,), \overline{x}(1 + 2/\sqrt{n}\,)]$ or $\left[\dfrac{\overline{x}}{1 + 2/\sqrt{n}}, \dfrac{\overline{x}}{1 - 2/\sqrt{n}}\right]$.

3.6-1 0.4772.

3.6-3 0.8185.

3.6-5 0.6247.

3.6-7 0.95.

3.6-9 **(a)** The frequencies are 5, 6, 12, 18, 31, 31, 20, 17, 6, 4; the fifth and sixth classes; **(c)** yes.

3.6-11 0.9522.

3.6-13 $P(Y \le 35) \approx 0.6462$ using normal approximation; $P(Y \le 35) = 0.6725$ using the gamma distribution with $\alpha = 16$ and $\theta = 2$.

3.7-1 **(a)** 0.2878, 0.2881; **(b)** 0.4428, 0.4435; **(c)** 0.1550, 0.1554.

3.7-3 0.9258 using normal approximation, 0.9258 using binomial.

3.7-5 0.6915 using normal approximation, 0.7030 using binomial.

3.7-7 0.3085.

3.7-9 0.6247 using normal approximation, 0.6148 using Poisson.

3.7-11 **(a)** 0.5548; **(b)** 0.3823.

3.7-13 0.6813 using normal approximation, 0.6788 using binomial.

3.7-15 **(a)** 0.3802; **(b)** 0.7571.

3.7-17 0.4734 using normal approximation, 0.4749 using Poisson approximation with $\lambda = 50$, 0.4769 using $b(5000,\ 0.01)$.

3.7-19 0.6455 using normal approximation, 0.6449 using Poisson.

3.7-21 **(a)** 0.8289 using normal approximation, 0.8294 using Poisson.

(b) 0.0261 using tables in book, 0.0218 using *Maple*.

CHAPTER 4

4.1-3 **(a)** 0.890; **(b)** 0.05.

4.1-3 0.8644.

4.1-5 **(a)** $d = 2.131$;

(b) $u(\bar{x}, s) = \bar{x} - 2.131s/4$, $v(\bar{x}, s) = \bar{x} + 2.131s/4$.

4.1-7 **(a)** $d = 1.746$;

(b) $\overline{X} - \overline{Y} \pm 1.746\sqrt{\dfrac{7S_X^2 + 9S_Y^2}{16}}\sqrt{\dfrac{1}{8} + \dfrac{1}{10}}$;

(c) $[-8.5517,\ 10.3517]$;

(d) $c = 1/4.82$, $d = 4.20$;

(e) $P\left(\dfrac{S_Y^2}{4.82S_X^2} < \dfrac{\sigma_Y^2}{\sigma_X^2} < \dfrac{4.20S_Y^2}{S_X^2}\right) = 0.95$;

(f) $[0.1365,\ 2.7626]$.

4.2-1 **(a)** $s = 6.144$; **(b)** $[4.406, 10.142]$ or $[4.107, 9.521]$.

4.2-3 $\left[\dfrac{\sum_{i=1}^{n}(X_i - \mu)^2}{\chi^2_{\alpha/2}(n)}, \dfrac{\sum_{i=1}^{n}(X_i - \mu)^2}{\chi^2_{1-\alpha/2}(n)}\right]$.

4.2-5 **(a)** 0.4987; **(b)** $[0, 1.835]$.

4.2-7 $[19.47, 22.33]$.

4.2-9 **(a)** $\bar{x} = 3.580$;

(b) $s = 0.512$;

(c) $[0,\ 3.877]$.

4.2-11 **(a)** $\bar{x} = 25.475$, $s = 2.4935$; **(b)** $[24.059, \infty)$.

4.2-13 **(a)** $[-115.480,\ 129.105]$; **(c)** no.

4.2-15 $\bar{x} - \bar{y} \pm t_{\alpha/2}(n+m-2)\sqrt{\dfrac{(n-1)s_x^2/d + (m-1)s_y^2}{n+m-2}\left(\dfrac{d}{n} + \dfrac{1}{m}\right)}$.

4.2-17 $n = 135$ or $n = 136$.

4.3-1 **(a)** $1.4 < 1.645$, do not reject H_0;

(b) $1.4 > 1.282$, reject H_0.

4.3-3 **(a)** $\alpha = 0.0478$; **(b)** $\overline{x} = 24.1225 > 22.5$, do not reject H_0.

4.3-5 **(a)** $n = 25,\ c = 1.6$.

4.3-7 $c = 19.5,\ n = 164$ or 165.

4.4-1 **(a)** $t = 3.0 > 1.753$, reject H_0;

(b) Since $t_{0.005}(15) = 2.947$, the approximate p-value of this test is 0.005.

4.4-3 **(a)** $t = (\overline{x} - 47)/(s/\sqrt{20}) \le -1.729$;

(b) $-1.789 < -1.729$, reject H_0;

(c) $0.025 < p$-value < 0.05, p-value ≈ 0.045.

4.4-5 $1.477 < 1.833$, do not reject H_0.

4.4-7 **(a)** $\chi^2 = 8.895 < 10.12$ so the company was successful.

(b) Since $\chi^2_{0.975}(19) = 8.907, p$-value ≈ 0.025.

4.4-9 **(a)** 0.3032 using $b(100, 0.08)$, 0.313 using Poisson approximation, 0.2902 using normal approximation;

(b) 0.1064 using $b(100, 0.04)$, 0.111 using Poisson approximation, 0.1010 using normal approximation.

4.4-11 **(a)** $\alpha = 0.1056, \alpha = 0.1040$ using $b(192, 0.75)$;

(b) $\beta = 0.3524, \beta = 0.3467$ using $b(192, 0.8)$.

4.4-13 With $n = 130, c = 8.5, \alpha \approx 0.055, \beta \approx 0.094$.

4.5-1 **(a)** $$t = \frac{\overline{x} - \overline{y}}{\sqrt{\dfrac{15s_x^2 + 12s_y^2}{27}\left(\dfrac{1}{16} + \dfrac{1}{13}\right)}} \ge t_{0.01}(27) = 2.473;$$

(b) $t = 5.570 > 2.473$, reject H_0.

(c) The critical region is

$$\frac{s_x^2}{s_y^2} \ge F_{0.025}(15, 12) = 3.18 \ \text{ or } \ \frac{s_y^2}{s_x^2} \ge F_{0.025}(12, 15) = 2.96.$$

Since $\dfrac{s_x^2}{s_y^2} = \dfrac{1356.75}{692.21} = 1.96 < 3.18$ and $\dfrac{s_y^2}{s_x^2} = 0.51 < 2.96$, accept H_0.

4.5-3 **(a)** $t < -1.706$; **(b)** $-1.714 < -1.706$, reject H_0;

(c) $0.025 < p$-value < 0.05; **(e)** $1.836 < 3.28$, do not reject.

4.5-5 **(a)** $$\frac{4.88}{5.81} = 0.84 < 2.53 = F_{0.01}(24, 28),$$

$$\frac{5.81}{4.88} = 1.19 < 2.91 = F_{0.01}(28, 24),$$

do not reject $\sigma_X^2 = \sigma_Y^2$;

(b) $3.402 > 2.326 = z_{0.01}$, reject $\mu_X = \mu_Y$.

4.5-7 $[0.007, 0.071]$, yes.

4.5-9 **(a)** $$z = \frac{\widehat{p}_1 - \widehat{p}_2}{\sqrt{\widehat{p}(1 - \widehat{p})(1/n_1 + 1/n_2)}} \ge 1.645;$$

(b) $z = 2.341 > 1.645$, reject H_0.

(c) $z = 2.341 > 2.326$, reject H_0.

(d) The p-value $\approx P(Z \geq 2.341) = 0.0096$.

4.6-1 **(a)** $\widehat{y} = 86.8 + (842/829)(x - 74.5)$;

(c) $\widehat{\sigma^2} = 17.9998$.

4.6-3 **(a)** $r = 0.953, \widehat{y} = 0.9810 + 0.0249x$;

(c) quadratic regression is more appropriate.

4.6-5

$$P\left[\chi^2_{1-\gamma/2}(n-2) \leq \frac{n\widehat{\sigma^2}}{\sigma^2} \leq \chi^2_{\gamma/2}(n-2)\right] = 1 - \gamma$$

$$P\left[\frac{n\widehat{\sigma^2}}{\chi^2_{\gamma/2}(n-2)} \leq \sigma^2 \leq \frac{n\widehat{\sigma^2}}{\chi^2_{1-\gamma/2}(n-2)}\right] = 1 - \gamma.$$

4.6-7 **(a)** $\widehat{y} = 0.506x + 14.657$;

(c) $\widehat{\alpha} = 26.33,\ \widehat{\beta} = 0.506, \widehat{\sigma^2} = 14.126$;

(d) [24.081, 28.585] for α, [0.044, 0.968] for β, [8.566, 42.301] for σ^2.

4.6-9 $2.148 < 2.160$, do not reject H_0.

4.6-11 $\widehat{\beta} = (1/n)\sum_{i=1}^{n} y_i/x_i;\ \ \widehat{\gamma^2} = (1/n)\sum_{i=1}^{n}(y_i - \widehat{\beta}x_i)^2/x_i^2$.

4.7-1 **(a)** [75.283, 85.113], [83.838, 90.777], [89.107, 99.728];

(b) [68.206, 92.190], [75.833, 98.783], [82.258, 106.577].

4.7-3 **(a)** [62.793, 129.495], [101.854, 135.266], [119.483, 162.470];

(b) [28.926, 163.361], [57.856, 179.265], [78.784, 203.169].

4.7-5 **(a)** $\widehat{y} = 208.467 + 140.479x$;

(c) 1753.733 ± 160.368 or [1593.365, 1914.101].

4.7-7 **(b)** $\widehat{y} = 0.8387 + 0.4891x$;

(c) $\widehat{\beta} = 0.4891, t = 14.228 > 1.895$, reject H_0;

(d) [45.926, 63.355].

4.8-1 $7.875 > 4.26$, reject H_0.

4.8-3 $F = 15.4 > 3.59$, reject H_0.

4.8-5 **(a)** $F \geq F_{0.05}(3, 24) = 3.01$;

(b)

Source	SS	DF	MS	*F*	*p*-value
Treatment	12,280.86	3	4,093.62	3.455	0.0323
Error	28,434.57	24	1,184.77		
Total	40,715.43	27			

$F = 3.455 > 3.01$, reject H_0;

(c) $0.025 < p\text{-value} < 0.05$.

4.8-7 10.224 > 4.26, reject H_0.

4.8-9 **(a)** $F \geq 5.61$; **(b)** 6.337 > 5.61, reject H_0.

4.9-1 **(a)** (6.31, 7.40); **(b)** (6.58, 7.22), 0.8204.

4.9-3 **(a)** $(y_3 = 5.2,\ y_{10} = 6.6)$; **(b)** $(y_1 = 4.9,\ y_7 = 6.2)$, 0.9476.

4.9-5 (15.40, 17.05).

4.9-7 **(a)**

Stems	Leaves	Frequencies	Depths
0.8•	7 8 9	3	3
0.9∗	0 0 1 2 2 2 3 4	8	11
0.9•	5 5 5 7 8 8 8 8 9	9	(9)
1.0∗	0 0 1 2	4	5
1.0•	6	1	1

(b) $\tilde{m} = 0.95$;

(c) $(y_8 = 0.92, y_{18} = 0.98)$, 0.9568;

(d) $\tilde{q}_1 = 0.915$;

(e) $(y_3 = 0.89, y_{10} = 0.93)$, 0.8966;

(f) $\tilde{q}_3 = 0.985$;

(g) $(y_{15} = 0.97, y_{23} = 1.01)$, 0.9382.

4.9-9 **(a)** $\gamma = 0.9992$; **(b)** $\gamma \approx 0.9999$.

4.9-11 0.8852.

4.10-1 6.25 < 7.815, do not reject if $\alpha = 0.05$; p-value ≈ 0.10.

4.10-3 202.4 > 21.67, reject at $\alpha = 0.01$.

4.10-5 $q_3 \geq 7.815$; **(b)** $q_3 = 1.744 < 7.815$; do not reject H_0.

4.10-7 $2.010 < 11.07 = \chi^2_{0.05}(5)$, do not reject the null hypothesis.

4.10-9 **(a)** Frequencies are 2, 4, 21, 33, 20, 14, 4, 1, 1;

(b) $q = 4.653 < 9.488$, do not reject H_0.

4.11-1 3.23 < 11.07, do not reject H_0.

4.11-3 $q = 10.4 > 9.488$, reject equality of three distributions.

4.11-5 8.449 < 9.488, do not reject the null hypothesis.

4.11-7 23.78 > 21.03, reject hypothesis of independence.

4.11-9 9.925 < 12.59, do not reject independence.

CHAPTER 5

5.1-1 **(a)** 0.7642; **(b)** 0.1781.

5.1-3 **(a)** 0.999013; **(b)** 0.435965; **(c)** 0.413019.

5.1-5 **(a)**

```
Stem-and-leaf of TestScores  N  = 50
Leaf Unit = 1.0
   2    3 48
   6    4 2257
  13    5 1247889
  23    6 0135567899
 (13)   7 0112334556679
  14    8 112334457
   5    9 01337
```

```
Stem-and-leaf of TestScores  N  = 50
Leaf Unit = 1.0
   1    3 4
   2    3 8
   4    4 22
   6    4 57
   9    5 124
  13    5 7889
  16    6 013
  23    6 5567899
  (7)   7 0112334
  20    7 556679
  14    8 1123344
   7    8 57
   5    9 0133
   1    9 7
```

(b) and **(c)**

```
Descriptive Statistics: TestScores

Variable      N     Mean   Median   TrMean    StDev   SE Mean
TestScor     50    69.32    71.00    69.75    15.25      2.16

Variable        Minimum   Maximum       Q1       Q3
TestScor          34.00     97.00    58.75    81.25
```

5.1-7 **(a)** 2.32635; **(b)** 1.64485; **(c)** -1.95996.

5.2-1 **(b)** $[2.3034, 4.6496]$; **(c)** $2.3462 < 2.49$.

5.2-3 $g(x,y) = (1/2\pi)e^{-(x^2+y^2)/2}, \qquad -\infty < x < \infty, \qquad -\infty < y < \infty;$

$F(u) = \int_0^\infty \int_{-\infty}^{uy} g(x,y)\,dx\,dy + \int_{-\infty}^{0} \int_{uy}^{\infty} g(x,y)\,dx\,dy;$

$$f(u) = F'(u) = \frac{1}{\pi(1+u^2)}, \qquad -\infty < u < \infty.$$

5.2-5 $g(y) = 2y, \qquad 0 < y < 1.$

5.2-7 $g(y) = (1/2)e^{-y/2}, \qquad 0 < y < \infty.$

5.3-1 **(a)** 0.9309, 0.4827, 0.7997, 0.9496, 0.4310, 0.7767, 0.8600, 0.6503, 0.7480, 0.7921, 0.9663, 0.9693, 0.7592, 0.7192, 0.8301, 0.8128, 0.9961, 0.9825, 0.8726, 0.9572;

(b) $\mu = 4/5 = 0.80, \bar{x} = 0.8143$;

(c) $\sigma^2 = 2/75 = 0.0267, s^2 = 0.0247$.

5.3-3 **(a)** $F(x) = x^2, \qquad 0 < x < 1$;

(b) Let the distribution of Y be $U(0, 1)$. Then $x = \sqrt{y}$ is an observation of X when y is an observation of Y.

5.3-5 **(a)** $1/4 = 0.25$; **(b)** 0.0628; **(c)** 0.0317.

5.3-7 **(a)** $\dfrac{20!}{(20-r)!20^r}, \qquad r = 1, 2, \ldots, 20$;

(b) $P(r) = 1 - \dfrac{20!}{(20-r)!20^r}, \qquad r = 2, 3, \ldots, 21$;

(d) **(i)** 5, **(ii)** 6;

(g) $g(y) = \dfrac{20!(y-1)}{(21-y)!20^y}, \qquad y = 2, 3, \ldots, 21$;

(h) $\mu = 6.2936, \sigma^2 = 6.6844, \sigma = 2.5854$.

CHAPTER 6

6.1-1 **(a)** **(i)** $b(5,\ 0.7)$; **(ii)** $\mu = 3.5,\ \sigma^2 = 1.05$; **(iii)** 0.1607;

(b) **(i)** geometric, $p = 0.3$; **(ii)** $\mu = 10/3,\ \sigma^2 = 70/9$; **(iii)** 0.51;

(c) **(i)** Bernoulli, $p = 0.55$; **(ii)** $\mu = 0.55,\ \sigma^2 = 0.2475$; **(iii)** 0.55;

(d) **(ii)** $\mu = 2.1,\ \sigma^2 = 0.89$; **(iii)** 0.7;

(e) **(i)** negative binomial, $p = 0.6,\ r = 2$; **(ii)** $\mu = 10/3, \sigma^2 = 20/9$; **(iii)** 0.36;

(f) **(i)** discrete uniform on $1, 2, \ldots, 10$; **(ii)** 5.5, 8.25; **(iii)** 0.2.

6.1-5 $M(t) = (1 - \theta t)^{-\alpha},\ t < 1/\theta$; $R(t) = -\alpha \ln(1 - \theta t)$; $\mu = \alpha\theta$; $\sigma^2 = \alpha\theta^2$.

6.1-7 $M(t) = (1 - p + pe^t)^n$; $\mu = np$; $\sigma^2 = np(1-p)$.

6.2-1 $M(t) = (1 - p + pe^t)^{n_1+n_2}$; $b(n_1 + n_2, p)$.

6.2-7 **(a)** 0.4772; **(b)** 0.8561.

6.2-9 0.925.

6.2-11 0.6726.

6.2-13 0.4120.

6.3-1 0.947.

6.3-3 0.6853.

6.3-5 **(a)** $\mu = 2/3, \sigma^2 = 2/9$; **(b)** 0.4332.

6.3-7 **(a)** 0.7282.

6.4-1 **(a)** $g_1(y_1) = ne^{-n(y_1-\theta)}, \qquad \theta \le y_1 < \infty$.

6.4-3 **(c)** $c = 0.224$.

찾아보기

신뢰구간들

Parameter	Assumptions	Endpoints
μ	$N(\mu,\sigma^2)$ or n large, σ^2 known	$\overline{x} \pm z_{\alpha/2}\dfrac{\sigma}{\sqrt{n}}$
μ	$N(\mu,\sigma^2)$ σ^2 unknown	$\overline{x} \pm t_{\alpha/2}(n-1)\dfrac{s}{\sqrt{n}}$
$\mu_X - \mu_Y$	$N(\mu_X,\sigma_X^2)$ $N(\mu_Y,\sigma_Y^2)$ σ_X^2,σ_Y^2 known	$\overline{x} - \overline{y} \pm z_{\alpha/2}\sqrt{\dfrac{\sigma_X^2}{n} + \dfrac{\sigma_Y^2}{m}}$
$\mu_X - \mu_Y$	Variances unknown, large samples	$\overline{x} - \overline{y} \pm z_{\alpha/2}\sqrt{\dfrac{s_x^2}{n} + \dfrac{s_y^2}{m}}$
$\mu_X - \mu_Y$	$N(\mu_X,\sigma_X^2)$ $N(\mu_Y,\sigma_Y^2)$ $\sigma_X^2 = \sigma_Y^2$, unknown	$\overline{x} - \overline{y} \pm t_{\alpha/2}(n+m-2)s_p\sqrt{\dfrac{1}{n} + \dfrac{1}{m}}$, $s_p = \sqrt{\dfrac{(n-1)s_x^2 + (m-1)s_y^2}{n+m-2}}$
$\mu_D = \mu_X - \mu_Y$	X and Y normal, but dependent	$\overline{d} \pm t_{\alpha/2}(n-1)\dfrac{s_d}{\sqrt{n}}$
σ^2	$N(\mu,\sigma^2)$	$\dfrac{(n-1)s^2}{\chi^2_{\alpha/2}(n-1)}, \dfrac{(n-1)s^2}{\chi^2_{1-\alpha/2}(n-1)}$
$\dfrac{\sigma_X^2}{\sigma_Y^2}$	$N(\mu_X,\sigma_X^2)$ $N(\mu_Y,\sigma_Y^2)$	$\dfrac{s_x^2/s_y^2}{F_{\alpha/2}(n-1,m-1)}, F_{\alpha/2}(m-1,n-1)\dfrac{s_x^2}{s_y^2}$
p	$b(n,p)$ n is large	$\dfrac{y}{n} \pm z_{\alpha/2}\sqrt{\dfrac{(y/n)(1-y/n)}{n}}$
$p_1 - p_2$	$b(n_1,p_1)$ $b(n_2,p_2)$ n_1,n_2 large	$\dfrac{y_1}{n_1} - \dfrac{y_2}{n_2} \pm z_{\alpha/2}\sqrt{\dfrac{\widehat{p}_1(1-\widehat{p}_1)}{n_1} + \dfrac{\widehat{p}_2(1-\widehat{p}_2)}{n_2}}$, $\widehat{p}_1 = y_1/n_1,\ \widehat{p}_2 = y_2/n_2$

가설검정들

Hypotheses	Assumptions	Critical Region
$H_0: \mu = \mu_0$ $H_1: \mu > \mu_0$	$N(\mu, \sigma^2)$ or n large, σ^2 known	$z = \dfrac{\overline{x} - \mu_0}{\sigma/\sqrt{n}} \geq z_\alpha$
$H_0: \mu = \mu_0$ $H_1: \mu > \mu_0$	$N(\mu, \sigma^2)$ σ^2 unknown	$t = \dfrac{\overline{x} - \mu_0}{s/\sqrt{n}} \geq t_\alpha(n-1)$
$H_0: \mu_X - \mu_Y = 0$ $H_1: \mu_X - \mu_Y > 0$	$N(\mu_X, \sigma_X^2)$ $N(\mu_Y, \sigma_Y^2)$ σ_X^2, σ_Y^2 known	$z = \dfrac{\overline{x} - \overline{y} - 0}{\sqrt{\sigma_X^2/n + \sigma_Y^2/m}} \geq z_\alpha$
$H_0: \mu_X - \mu_Y = 0$ $H_1: \mu_X - \mu_Y > 0$	Variances unknown, large samples	$z = \dfrac{\overline{x} - \overline{y} - 0}{\sqrt{s_x^2/n + s_y^2/m}} \geq z_\alpha$
$H_0: \mu_X - \mu_Y = 0$ $H_1: \mu_X - \mu_Y > 0$	$N(\mu_X, \sigma_X^2)$ $N(\mu_Y, \sigma_Y^2)$ $\sigma_X^2 = \sigma_Y^2$, unknown	$t = \dfrac{\overline{x} - \overline{y} - 0}{s_p\sqrt{1/n + 1/m}} \geq t_\alpha(n+m-2)$ $s_p = \sqrt{\dfrac{(n-1)s_x^2 + (m-1)s_y^2}{n+m-2}}$
$H_0: \mu_D = \mu_X - \mu_Y = 0$ $H_1: \mu_D = \mu_X - \mu_Y > 0$	X and Y normal, but dependent	$t = \dfrac{\overline{d} - 0}{s_d/\sqrt{n}} \geq t_\alpha(n-1)$
$H_0: \sigma^2 = \sigma_0^2$ $H_1: \sigma^2 > \sigma_0^2$	$N(\mu, \sigma^2)$	$\chi^2 = \dfrac{(n-1)s^2}{\sigma_0^2} \geq \chi_\alpha^2(n-1)$
$H_0: \sigma_X^2/\sigma_Y^2 = 1$ $H_1: \sigma_X^2/\sigma_Y^2 > 1$	$N(\mu_X, \sigma_X^2)$ $N(\mu_Y, \sigma_Y^2)$	$F = \dfrac{s_x^2}{s_y^2} \geq F_\alpha(n-1, m-1)$
$H_0: p = p_0$ $H_1: p > p_0$	$b(n, p)$ n is large	$z = \dfrac{y/n - p_0}{\sqrt{p_0(1-p_0)/n}} \geq z_\alpha$
$H_0: p_1 - p_2 = 0$ $H_1: p_1 - p_2 > 0$	$b(n_1, p_1)$ $b(n_2, p_2)$ n_1, n_2 large	$z = \dfrac{y_1/n_1 - y_2/n_2 - 0}{\sqrt{\left(\dfrac{y_1+y_2}{n_1+n_2}\right)\left(1 - \dfrac{y_1+y_2}{n_1+n_2}\right)\left(\dfrac{1}{n_1} + \dfrac{1}{n_2}\right)}} \geq z_\alpha$